建筑施工五大员岗位培训丛书

预算员必读

（第二版）

潘全祥　主编

中国建筑工业出版社

图书在版编目（CIP）数据

预算员必读/潘全祥主编. —2版. —北京：中国建筑
工业出版社，2005
（建筑施工五大员岗位培训丛书）
ISBN 978-7-112-07505-8

Ⅰ. 预... Ⅱ. 潘... Ⅲ. 建筑预算定额-技术培训-教材 Ⅳ. TU723.3

中国版本图书馆 CIP 数据核字（2005）第 109328 号

本书为建筑施工五大员岗位培训丛书之一，主要讲述预算员必须掌握的建筑基础知识和专业知识。内容包括：建筑材料、建筑工程识图知识、建筑构造知识、建筑工程定额、建筑工程概预算、工程量清单的编制和计价方法等知识。

本书可供各地施工企业对预算员进行短期培训时选用，也可作为基层预算员、定额员学习参考用书。

* * *

责任编辑：郦锁林　岳建光
责任设计：董建平
责任校对：李志瑛　王金珠

建筑施工五大员岗位培训丛书
预 算 员 必 读
（第二版）
潘全祥　主编
*
中国建筑工业出版社出版、发行（北京西郊百万庄）
各地新华书店、建筑书店经销
霸州市顺浩图文科技发展有限公司制版
北京中科印刷有限公司印刷
*

开本：787×1092 毫米　1/16　印张：26¾　字数：650 千字
2005 年 11 月第二版　　2012 年 9 月第十五次印刷
印数：35001—36500 册　　定价：**55.00 元**
ISBN 978-7-112-07505-8
（21040）

版权所有　翻印必究
如有印装质量问题，可寄本社退换
（邮政编码 100037）

本社网址：http://www.cabp.com.cn
网上书店：http://www.china-building.com.cn

《预算员必读》第二版编写人员名单

主　　编：潘全祥

编写人员：吕书田　许增林　潘庹谦　朱　钰　吕红梅

　　　　　马红生　张静波　崔维军　潘毛栗　谢志红

　　　　　陈立强　温仲慧　徐云程　霍连生　李　国

　　　　　李志刚　胡定安　宋文莹　王　莹　唐力楣

第二版出版说明

　　建筑施工现场五大员（施工员、预算员、质量员、安全员和材料员），担负着繁重的技术管理任务，他们个人素质的高低、工作质量的好坏，直接影响到建设项目的成败。

　　2001年初，我社根据建设部对现场技术管理人员的要求，编辑出版了"建筑施工五大员岗位培训丛书"共五册，着重对五大员的基础知识和专业知识作了介绍。其中基础知识部分浓缩了建筑业几大科目的知识要点，便于各地施工企业短期、集中培训用。这套书出版后反映良好，共陆续印刷了近10万册。

　　近4～5年来，我国建筑业形势有了新的发展，《建设工程质量管理条例》、《建设工程安全生产管理条例》、《建设工程工程量清单计价规范》……等一系列法规文件相继出台；由建设部负责编制的《建筑工程施工质量验收统一标准》及相关的十几个专业的施工质量验收规范也已出齐；施工技术管理现场的新做法、新工艺、新技术不断涌现；建筑材料新标准及有关的营销管理办法也陆续颁发。建筑业的这些新的举措和大好发展形势，不啻为我国施工现场的技术管理工作规划了新的愿景，指明了改革创新的方向。

　　有鉴于此，我们及时组织了对这套"丛书"的修订。修订工作不仅在专业层面上，按照新的法规和标准规范做了大量调整和更新；而且在基础知识方面，对以人为本的施工安全、环保措施等内容以及新的科学知识结构方面也加强了论述。希望施工现场的五大员，通过对这套"丛书"的学习和培训，能具备较全面的基础知识和专业知识，在建筑业发展新的形势和要求下，从容应对施工现场的技术管理工作，在各自的岗位上作出应有的贡献。

中国建筑工业出版社

2005年6月

第一版出版说明

　　建筑施工企业五大员（施工员、预算员、质量员、安全员和材料员）为建筑业施工关键岗位的管理人员，是施工企业项目基层的技术管理骨干。他们的基础知识水平和业务能力大小，直接影响到工程项目的施工质量和企业的经济效益。五大员的上岗培训工作一直是各施工企业关心和重视的工作之一，原建设部教育司曾讨论制订施工企业八大员的培训计划和大纲，对全国开展系统的教育培训，持证上岗工作，发挥了积极作用。

　　当前我国建筑业的发展十分迅猛，各地施工任务十分繁忙，活跃在施工现场的五大员，工作任务重，学习时间少，不少企业难以集中较长时间进行正规培训。为了适应这一形势，我们以原建设部教育司的八大员培训计划和大纲为基础，以少而精的原则，结合施工企业目前的人员素质状况和实际工作需要，组织编辑出版了这套"建筑施工五大员岗位培训丛书"，丛书共分5册，它们分别是：《施工员必读》、《预算员必读》、《质量员必读》、《安全员必读》和《材料员必读》，每册介绍各大员必须掌握的基础知识和专业技术、管理知识，内容强调实用性、科学性和先进性，便于教学和培训之用。

　　本丛书可供各地施工企业对五大员进行短期培训时选用，同时也可作为基层施工管理人员学习参考用书。

中国建筑工业出版社

第二版前言

本书为建筑施工五大员岗位培训丛书之一，它根据原建设部教育司审定的培训大纲和要求，结合施工实际编写的，主要讲述预算员应掌握的建筑基础知识和专业知识。本书从预算员的基础知识讲起，通过识图、建筑构造、施工程序、定额与预算的编制等内容的讲解，对预算员应该掌握的业务知识进行深入浅出的、全面系统的介绍。在建筑业已走向市场经济的今天，为了满足建筑市场的需要，建筑工程预算定额，已由原来的量价合一的单位估价表形式过渡成为量价分离的定额量、市场价的管理模式，因此要求工程预算员必须熟练掌握预算专业技术知识，以适应新的时代需要。

本书在编写中，注重理论与实践结合和实际处理能力的培养，从学会看施工图，熟悉建筑构造和施工程序入手，以定额的应用、预算的编制为重点，编排了大量的练习题，集科学性、系统性、逻辑性、实用性于一身，具有很强的可操作性。

由于我国建筑工程勘察设计、施工质量验收，材料等标准规范的全面修订，新技术、新工艺、新材料的应用和发展，以及北京市新预算定额的出台，特别是《建设工程工程量清单计价规范》GB 50500—2003 的颁布和施行，为了适应我国加入 WTO 以后建筑业与国际接轨的形势，我们对《预算员必读》进行了修订。

由于预算定额有较强的地区性，加之我们的编写水平有限，书中难免有不妥之处，望读者批评指正。

第一版前言

本书为建筑施工五大员岗位培训丛书之一,它根据原建设部教育司审定的培训大纲和要求,结合施工实际编写的,主要讲述预算员应掌握的建筑基础知识和专业知识。本书从预算员的基础知识讲起,通过识图、建筑构造、施工程序、定额与预算的编制等内容的讲解,对预算员应该掌握的业务知识进行深入浅出的、全面系统的介绍。在建筑业已走向市场经济的今天,为了满足建筑市场的需要,建筑工程预算定额,已由原来的量价合一的单位估价表形式过渡成为量价分离的定额量、市场价的管理模式,因此要求工程预算员必须熟练掌握预算专业技术知识,以适应新的时代需要。

本书在编写中,注重理论与实践结合和实际处理能力的培养,从学会看施工图,熟悉建筑构造和施工程序入手,以定额的应用、预算的编制为重点,编排了大量的练习题,集科学性、系统性、逻辑性、实用性于一身,具有很强的可操作性。

由于我国正处于社会主义市场经济体制的建立和发展阶段,有关定额和预算的编制方法还在不断改革,另外预算定额有较强的地区性,加之我们的编写水平有限,书中难免有不妥之处,望读者批评指正。

目 录

第一章 绪论 ... 1
- 第一节 课程研究的对象和任务 ... 1
- 第二节 基本建设概述 ... 2

第二章 建筑识图基础知识 ... 10
- 第一节 物体投影的基本知识 ... 10
- 第二节 物体多面正投影图 ... 11
- 第三节 基本形体的三面图 ... 13
- 第四节 组合体 ... 16

第三章 建筑工程识图 ... 34
- 第一节 建筑图中的一些规定 ... 34
- 第二节 建筑物的表述方法 ... 42
- 第三节 建筑施工图 ... 46

第四章 建筑构造 ... 58
- 第一节 民用建筑构造 ... 58
- 第二节 工业建筑构造 ... 95
- 第三节 建筑材料 ... 119

第五章 建筑工程定额 ... 154
- 第一节 建筑工程定额概述 ... 154
- 第二节 施工定额 ... 158
- 第三节 建筑安装工程预算定额 ... 173
- 第四节 建筑安装工程预算定额基价的确定 ... 189
- 第五节 建筑工程概算定额与概算指标 ... 202

第六章 建筑安装工程概预算 ... 211
- 第一节 建筑安装工程概（预）算分类 ... 211
- 第二节 一般土建施工图预算的编制 ... 224
- 第三节 室内电气、水暖施工图预算的编制 ... 284
- 第四节 建筑工程概算 ... 296

  第五节 施工预算…………………………………………………… 298
  第六节 工程竣工结算和竣工决算……………………………… 302

第七章 工程量清单和清单计价………………………………… 309
 第一节 工程量清单编制…………………………………………… 309
 第二节 工程量清单计价…………………………………………… 310
 第三节 工程量清单及其计价格式………………………………… 312
 第四节 建筑工程工程量清单项目及计算规则………………… 365
 第五节 装饰装修工程工程量清单项目及计算规则…………… 380
 第六节 安装工程工程量清单项目及计算规则………………… 390

第一章 绪 论

第一节 课程研究的对象和任务

一、课程研究的对象和任务

本课程主要讲述建筑产品生产成果和生产消耗之间的定量关系。从研究完成一定建筑产品的生产消耗数量的规律入手，合理地确定单位建筑产品的消耗数量标准（定额）和建筑产品计划价格（预算）。并在此基础上，全面加强建筑企业管理和经济核算，力求用最少的人力、物力和财力，生产出更好更多的建筑产品。为了学好工程预算这门专业，本书还安排了建筑识图、建筑构造、建筑材料等方面的基础知识。只有熟练掌握建筑识图、建筑构造、建筑工程施工程序、常用建筑材料等基础知识，才能学好工程预算专业课。

建筑工程生产中的消耗，虽然受诸多因素的影响，但在一定生产力水平条件下，生产一定质量合格的建筑产品与所消耗的人力、物力和财力之间，存在着一定必然的以质量为基础的定量关系，即建筑工程定额。例如，砌 $1m^3$ 的砖砌体，在砖砌体厚度和灰缝厚度一定的条件下，一般来说，所需砖的块数和砂浆的体积是固定的；在工人的技术水平、劳动强度和生产条件相同的条件下，所需的劳动、机械消耗也应该是固定的和有一定标准的。

研究建筑产品的生产消耗，无论是在理论上还是在实践上都具有重要意义。改革开放以来，我国建筑业由计划经济体制开始向社会主义市场经济体制转变，把建筑业推向市场。建筑业作为国民经济支柱产业，发挥了越来越重要的作用。不断扩大社会再生产的物质基础，迅速提高社会生产力的发展水平，逐步改善人民群众的物质文化生活状况，是社会主义市场经济的基本特征。为了现代化建设和人民生活的需要，我国每年用大量资金作为工程建设投资，建设新的工厂、矿山、铁路、公路、住宅、学校、医院、影剧院及体育场（馆）等工业与民用建筑项目。目前，我国已经逐步建立了独立的比较完整的工业体系和国民经济体系。但是，与世界经济发达国家相比，我国的经济实力和科学技术水平还存在着不小的差距。

因此，为了迅速实现党和国家提出的社会主义现代化建设的宏伟目标，要求基本建设进一步降低生产消耗和工程成本，节约建设资金和提高投资的经济效益，这是建设工程管理中的主要课题，也是《预算员必读》的主要任务。

建筑产品计划价格，即建筑工程概、预算，主要是以货币指标形式，研究确定某建筑工程的预算造价。建筑工程概、预算不正确，就会造成经济管理混乱，就会影响工程建设计划的准确性和财政开支的合理性，以及影响建筑安装企业经济收入和工程成本分析的正确性。

建筑工程定额与建筑工程概、预算有着密切的联系，也有很大区别。

建筑工程定额与概、预算的密切联系主要体现在：施工定额、预算定额、概算定额、间接费定额、其他工程和费用定额等建筑工程定额，是编制施工预算、施工图预算和工程概算的主要依据；而建筑工程概、预算的编制和执行情况，又能检查建筑工程定额的编制质量、定额水平以及简明适用性等问题，并为修订定额提供必要的依据和资料。

建筑工程定额一般是以建筑工程中的各个组成部分作为研究对象，通过一定的形式规定出各种人工、材料和机械台班消耗的数量标准。建筑工程概、预算则是以某个建设项目、单项工程或单位工程为核定对象，以货币形式确定其概、预算价格。

二、课程重点内容

全教材内容共七章，可分为三大部分。

第一部分为预算员专用基础知识部分，第一章至第四章共四章内容。

这部分主要阐述建筑工程识图、建筑构造及建筑材料等基础知识。

第二部分为建筑工程的定额与预算部分，第五、六章共两章内容。

第二部分的第五章着重阐述了建筑工程定额的基本理论，定额的编制水平、编制原则、编制程序和编制方法，以及建筑工程定额的应用。第六章则以一般土建工程施工图预算的编制为重点，讲述建筑安装工程费用构成、编制单位工程施工图预算的一般原则、方法和步骤，研究运用统筹法原理计算工程量的方法。了解室内电气照明、水暖卫工程工程量计算规则和工程预算书的编制步骤。

第三部分为工程量清单和清单计价，主要是第七章，讲述工程量清单的编制和工程量清单计价的格式和计算规则等。

三、本课程与其他学科的关系和学习方法

本课程是一门技术性很强的专业学科。它是建筑业进行经济核算、考核工程成本、对工程建设投资进行分配管理和监督的依据。它涉及建筑施工技术、建筑施工组织管理、建筑结构以及其他工程技术等有关知识。要学好这门课程必须与上述有关基础知识结合起来进行讲学。

本课程在学习过程中要注意解决以下几个问题：

1. 本课程的教学内容编入了建筑识图、建筑构造、建筑材料等基础知识。为的是更好地编制好概、预算，因此必须学好以上的内容，为编制好概预算打下基础。

2. 本课程的教学内容具有很强的地区性，预算员必须了解本地区各种建筑工程定额，构成本地区建筑工程概、预算的各项费用及其费率标准。讲学时要注意地区特点，使本地区的有关规定与本书有关内容结合起来。

3. 编制建筑安装工程概、预算时，各项费用的费率和计取程序必须按本地区的规定执行。

4. 套用定额时，要做到套用准确，必要时应进行人工、材料、机械的消耗量和价格换算，不可生搬硬套。

5. 学习工程量清单及其计价方法时，必须掌握实行工程量清单计价的意义，了解它与定额计价方法的各自特点与区别，为两种不同计价方法的共存与过渡打好基础。

第二节 基本建设概述

一、基本建设的含义

基本建设是发展国民经济的物质技术基础，是实现社会主义扩大再生产的重要手段。

因此，基本建设在国家的社会主义现代化建设中占据重要地位。

基本建设是指投资建设固定资产和形成物质基础的经济活动。凡是固定资产扩大再生产的新建、扩建、改建及与之有关的活动均称为基本建设。因此，基本建设实质是形成新的固定资产的经济活动。

固定资产是指在社会再生产过程中，可供生产或生活较长时间使用，在使用过程中基本保持原有实物形态的劳动资料和其他物质资料。如建筑物、构筑物、建筑设备及运输设备等。

为了便于管理和核算，目前在有关制度中规定，凡列为固定资产的劳动资料，一般应同时具备两个条件：

1. 使用期限在一年以上。

2. 单位价值在规定的限额以上。根据财政部（92）财工字第61号文件的规定：小型国营企业为1000元以上，中型国营企业为1500元以上，大型国营企业在2000元以上的。

不同时具备上述两个条件的应列为低值易耗品。

基本建设是一种宏观的经济活动，它是通过建筑业的勘察、设计和施工等活动以及其他有关部门的经济活动来实现的。这种经济活动的综合性较强，它横跨于国民经济各部门，既有非物质生产活动，又有物质生产活动。

二、基本建设的分类

基本建设是由一个个基本建设项目组成的。根据不同的分类标准，基本建设项目可大致分为以下几类：

（一）按建设项目不同的建设性质分

1. 新建项目

新建项目是指新开始建设的项目，或对原有建设单位重新进行总体设计，经扩大建设规模后，其新增加的固定资产价值超过原有固定资产价值三倍以上的建设项目。

2. 扩建项目

扩建项目是指原有建设单位，为了扩大原有主要产品的生产能力或效益，或增加新产品生产能力，在原有固定资产的基础上兴建一些主要车间或其他固定资产。

3. 改建项目

改建项目是指原有建设单位，为了提高生产效率，对原有设备、工艺流程进行技术改造的项目。

4. 迁建项目

迁建项目是指原有建设单位，由于各种原因迁到另外的地方建设的项目。

（二）按建设项目不同的建设阶段分

1. 筹建项目

筹建项目是指在计划年度内，只作准备还不能开工的项目。

2. 施工项目

施工项目是指正在继续施工的项目。

3. 投产项目

投产项目是指可以全部竣工并已投产或交付使用的项目。

4. 收尾项目

收尾项目是指已经竣工投产或交付使用，设计能力全部达到，但还遗留少量扫尾工程的项目。

（三）按建设项目资金来源渠道的不同分

1. 国家投资项目

国家投资项目是指国家预算计划内直接安排的投资项目。

2. 自筹资金项目

自筹资金项目是指国家预算计划以外的投资项目，自筹投资又分为地方财政自筹和企业自筹。

（四）按建设项目建设总规模和投资额的多少分

大、中、小型项目。其划分标准在各行各业中是不一样的，一般情况下按产品的设计能力或按其全部投资额划分。

三、基本建设工程项目的划分

基本建设工程中，建筑安装工程造价的计算比较复杂。为了能准确地计算出工程造价，必须把建筑安装工程的组成分解为简单的、便于计算的基本构成项目。用汇总这些基本项目的办法，来求出工程造价。

基本建设工程，按照它组成的内容不同，从大到小，把一个建设项目划分为单项工程、单位工程、分部工程及分项工程等项目。

（一）建设项目

建设项目一般是指具有设计任务书，按一个总体设计组织施工的一个或几个单项工程所组成的建设工程。在工业建设中，一般是以一个工厂为一个建设项目，如一座汽车厂、机械制造厂等；在民用建设中，一般是以一个事业单位，如一所学校、医院等为一个建设项目。

一个建设项目中，可以有几个单项工程，也可能只有一个单项工程。

（二）单项工程

单项工程是建设项目的组成部分。

单项工程一般是指在一个建设项目中，具有独立的设计文件，建成后可以独立发挥生产能力或工程效益的项目。如一座工厂中的各个车间、办公楼、礼堂及住宅等，一所医院中的病房楼、门诊楼等。

单项工程是具有独立存在意义的一个完整的建筑及设备安装工程，也是一个很复杂的综合体。为了便于计算工程造价，单项工程仍需进一步分解为若干单位工程。

（三）单位工程

单位工程是单项工程的组成部分。

单位工程一般是指具有独立设计文件，可以独立组织施工和单独成为核算对象，但建成后一般不能单独进行生产或发挥效益的工程项目。如某车间的一个单项工程，该车间的土建工程就是一个单位工程，该车间的设备安装工程也是一个单位工程等等。

建筑设备安装工程是一个包容水暖、电卫及设备等单项工程的综合体，需要根据其中各组成部分的系统性和作用，分解为若干单位工程。

1. 建筑工程通常包括下列单位工程：

（1）一般土建工程。一切建筑物、构筑物的结构工程和装饰工程均属于一般土建工程。

(2)电气照明工程。如室内外照明设备、灯具的安装、室内外线路敷设等工程。

(3)给排水及暖通工程。如给排水工程、采暖通风工程、卫生器具安装等工程。

(4)工业管道工程。如供热及动力等管道工程。

2. 设备安装通常包括下列单位工程：

(1)机械设备安装工程。如各种机床的安装、锅炉汽机等安装工程。

(2)电气设备安装工程。如变配电及电力拖动设备安装调试等工程。

每一个单位工程仍然是一个比较大的综合体，对单位工程还可以按工程的结构形式、工程部位等进一步划分为若干分部工程。

(四)分部工程

分部工程是单位工程的组成部分。

分部工程一般是按单位工程的结构形式、工程部位、构件性质、使用材料、设备种类等的不同而划分的工程项目。例如一般土建工程可以划分为：地基与基础工程、主体结构工程、建筑装饰装修工程、屋面工程、建筑电气工程、……，当分部工程较大时，可将其分为若干子分部工程。如装饰工程可分为地面、门窗、吊顶工程；建筑电气工程可划分为：室外电气、电气照明安装、电气动力等子分部工程。

分部工程中，影响工料消耗的因素仍然很多。例如同样是砖石工程，由于工程部位不同，如：外墙、内墙及墙体厚度等，则每一计量单位砖石工程所消耗的工料有差别。因此，还必须把分部工程按照不同的施工方法、不同的材料(设备)等，进一步划分为若干分项工程。

(五)分项工程

分项工程是分部工程的组成部分。

分项工程一般是按选用的施工方法、所使用材料及结构构件规格的不同等因素划分的，用较为简单的施工过程就能完成的，以适当的计量单位就可以计算工料消耗的最基本构成项目。例如砖石工程，根据施工方法、材料种类及规格等因素的不同，可进一步划分为：砖基础、内墙、外墙、女儿墙、保护墙、空心砖墙、砖柱、小型砖砌体、墙勾缝等分项工程。

分项工程是单项工程组成部分中最基本的构成因素。每个分项工程都可以用一定的计量单位(例如墙的计量单位为$10m^3$，墙面勾缝的计量单位为$10m^2$)计算，并能求出完成相应计量单位分项工程所需消耗的人工、材料、机械台班的数量及其预算价值。

综上所述，一个建设项目是由一个或几个单项工程组成的，一个单项工程是由几个单位工程组成的，一个单位工程又可划分为若干分部工程，一个分部工程又可划分成许多分项工程。

建筑施工及设备安装工程造价的计算就是从最基本构成因素开始的。首先，把建筑及设备安装工程的组成分解为简单的便于计算的基本构成项目；其次，根据国家现行统一规定的工程量计算规则和地方主管部门制定的完成一定计量单位相应基本构成项目的单价，对每个基本构成项目逐一地计算出工程量及其相应价值；这些基本构成项目价值的总和就是建筑及设备安装工程直接费；再根据直接费(定额工资总额)和有关部门规定的各项费用标准计取间接费、计划利润和税金；上述各项费用总和即为建筑及设备安装工程造价。

由此可见，对基本建设项目进行科学的分析和与分解，有利于国家对基本建设项目工程造价的统一管理，便于建设工程概（预）算文件的编制。

四、基本建设程序

基本建设程序是指基本建设项目从决策、设计、施工到竣工验收全过程中，各项工作必须遵循的先后顺序。

基本建设是把投资转化为固定资产的经济活动，是一种多行业、各部门密切配合的综合性比较强的经济活动。

完成一项建设项目，要进行多方面的工作，其中有些是需要前后衔接的，有些是横向、纵向密切配合的，还有些是交叉进行的。对这些工作必须遵循一定的科学规律，有步骤有计划的进行。实践证明，基本建设只有按工作程序办事，才能加快建设速度，提高工程质量，降低工程造价，提高投资效益。否则，欲速则不达。

（一）前期工作阶段

基本建设前期工作是指从提出建设项目建议书到列入年度基建计划期间的工作，即开工建设以前进行的工作。前期工作阶段主要包括以下内容：

1. 项目建议书

拟定项目建议书是基本建设程序中最初阶段的任务。是各部门根据发展规划要求，结合工程所在地区自然资源、生产力布局状况以及产品市场预测等，经过调查研究、分析，向国家有关部门提出具体工程项目建议的必要性。项目建议书是国家选择建设项目和有计划地进行可行性研究的依据。

2. 可行性研究

根据国民经济发展的总体设想及项目建议书的建议事项，对建设项目进行可行性研究。

可行性研究实际上就是运用多种研究成果，对建设项目投资决策前进行的技术经济论证。其主要任务是研究建设项目在技术上是否先进适用，在经济上是否合理，以便减少项目决策的盲目性，使建设项目决策建立在科学可靠的基础上。在我国，建设项目开展可行性研究始于1981年。国家规定：所有新建、扩建大中型项目，不论是用什么资金安排的，都必须先由主管部门对项目的产品方案和资源地质情况，以及原料、材料、煤、电、油、水、运等协作配套条件，经过反复周密的论证和比较后，提出可行性报告，并应有国家计委批准的设计任务书和国家建委批准的设计文件。

根据国家有关文件规定，建设项目可行性研究的具体内容，应包括以下几个方面：

（1）总论

1）建设项目提出的背景，投资的必要性和经济意义。

2）调查研究的主要依据、工作范围。

（2）市场需求情况和拟建规模

1）国内、外市场近期需求情况。

2）国内现有工厂生产能力的估计。

3）销售预测、价格分析、产品竞争能力，进入国际市场的前景。

4）拟建项目的规模、产品方案和发展方向的技术经济比较和分析。

（3）资源、原材料、燃料及公用设施情况

1) 经过储量委员会正式批准的资源储备量、品位、成分以及开采、利用条件的评述。
2) 原料、辅助材料、燃料的种类、数量、来源和供应可能。
3) 所需公用设施的数量、供应方式和供应条件。

(4) 厂址方案和建厂条件
1) 建厂的地理位置、气象、水文、地质、地形条件和社会经济现状。
2) 交通、运输及水、电、汽的现状和发展趋势。
3) 厂址方案比较与选择意见。
4) 地价、拆迁及其他工程费用情况。

(5) 设计方案
1) 建设项目的构成范围（指包括的主要单项工程）、技术来源和生产方法、主要技术工艺和设备选型方案的比较。
2) 全厂土建工程量估算和布置方案的初步选择。
3) 公用辅助设施和厂内外交通运输方式的比较和初步选择。

(6) 环境保护
1) 拟建项目的三废治理和回收的初步方案。
2) 对环境影响的预评价。

(7) 生产组织、劳动定员和人员培训（估算数）。

(8) 投资估算和资金筹措。
1) 主体工程占用的资金和使用计划。
2) 与本工程有关的外部协作配合工程的投资和使用计划。
3) 生产流动资金的估算。
4) 建设资金总计。
5) 资金来源，筹措方式。

(9) 产品成本估算。

(10) 经济效果评价。运用各种数据，从财务方面测算投资回收期和预期利润率，即论述建设项目经济效益的可行性、存在问题和建议。有些建设项目尚应考虑社会效益，如文教、卫生、科研、农业及某些能源、交通等开发，往往经济效益不高而社会效益很高，甚至关系到国计民生。

可行性研究的内容随行业不同有所差别，各部门根据行业特点，对可行性研究的上述内容可以进行适当增减。

可行性研究阶段的投资估算相当于建设项目的总概算。投资估算的误差一般在 $\pm(5\% \sim 10\%)$ 左右。

3. 编制设计任务书

设计任务书是确定建设方案的基本文件。基本建设工程在可行性研究的基础上编制设计任务书。

设计任务书的内容，各类建设项目不尽相同。大中型工业项目一般应包括以下几个方面：

(1) 建设的目的和根据。
(2) 建设规模、产品方案及生产工艺要求。

（3）矿产资源、水文、地质、燃料、动力、供水、运输等协作配套条件。

（4）资源综合利用和三废治理的要求。

（5）建设地点和占地面积。

（6）建设工期和投资估算。

（7）防空、抗震等要求。

（8）人员编制和劳动力资源。

（9）经济效益和技术水平。

非工业大中型建设项目设计任务书的内容，各地区可根据上述基本要求，结合各类建设项目的特点，加以补充和删改。

4. 选择建设地点

建设地点应根据区域计划和设计任务书的要求选择。建设地点的选择主要考虑下面几个因素：

（1）原料、燃料、水源、电源、劳动力等技术经济条件是否落实。

（2）地形、工程地质、水文地质、气候等自然条件是否可靠。

（3）交通、动力、矿产等外部建设条件是否经济合理。

对于职工生活条件，三废治理等，亦需认真地考虑，在综合研究和进行多方案比较的基础上，确定建设地点。

5. 编制设计文件

设计文件是安排建设项目和组织施工的主要依据。建设项目的设计任务书和建设地点，按规定程序审批后，建设单位可以委托具有设计许可证的设计单位编制设计文件，也可以组织设计招标。

设计文件一般分为初步设计和施工图设计两个阶段。对于大型的、技术上复杂而又缺乏设计经验的建设项目，可分为三个设计阶段，即初步设计、技术设计和施工图设计。

经过批准的初步设计，可用做主要材料（设备）的订货和施工准备工作，但不能作为施工的依据。施工图设计是在经过批准的初步设计和技术设计基础上，设计和绘制更加具体详细的图纸，以满足施工的需要。

初步设计应编制设计概算（总概算），技术设计编制修正设计概算，它们是控制建设项目总投资和控制施工图预算的依据，施工图设计应编制施工图预算，它是确定工程造价、实行经济核算和考核工程成本的依据，也是建设银行划拨工程价款的依据。

6. 列入年度基本建设计划

建设项目的初步设计和总概算，经过综合平衡审批后，列入基本建设年度计划。经过批准的年度建设计划，是进行基本建设拨款或贷款、定购材料和设备的主要依据。

（二）施工阶段

施工阶段就是按照设计文件的规定，确定实施方案，将建设项目的设计变成可供人们进行生产和生活活动的建筑物、构筑物等固定资产。施工阶段主要包括以下几项内容：

1. 设备订货和施工准备

当建设项目列入年度计划后，就可以进行主要材料、设备的订货。材料、设备申请订货，以设计文件审定的数量、品种、规格、型号为准，向有关供应单位订货。

施工准备的内容很多，包括征地拆迁，建设场地"三通一平"等。

2. 组织施工

建设项目在列入年度基本建设计划后，根据年度计划确定的任务，按照施工图的要求组织施工。

在建设项目开工之前，建设单位应按有关规定办理开工手续，取得当地建设主管部门颁发的建设施工许可证，通过施工招标选择施工单位，方可进行施工。

3. 生产准备

在建设项目竣工投产前，由建设单位有计划、有步骤地做好各项生产准备工作。其准备工作主要内容有：招收和培训生产人员；组织生产人员进行设备安装、调试和工程验收；落实生产所需原材料、燃料、水、电等的来源；组织工具、器具等的订货等等。

（三）竣工验收、交付生产阶段

建设项目按批准的设计文件所规定的内容建完。工业项目经过试运转和试生产，能生产出合格产品；非工业项目竣工后，符合设计要求，都要及时组织办理竣工验收。

竣工项目验收前，建设单位要组织设计、施工等单位进行初验，向主管部门提出验收报告，整理技术资料，在正式验收时作为技术档案，移交生产单位保存。

竣工验收后，建设单位要及时办理工程竣工决算，分析概算的执行情况，考虑基本建设投资的经济效益。

思 考 题

1. 基本建设的含义是什么？
2. 根据不同的分类标准，基本建设项目大致可分为几类？
3. 基本建设工程项目是如何划分的？
4. 什么是基本建设程序？
5. 基本建设的全部过程通常可分为哪三个阶段和十项程序内容？

第二章 建筑识图基础知识

第一节 物体投影的基本知识

我们经常所接触到的工程图样，是采用了投影的方法，在只有两个尺度的平面（纸面）上画出具有三个尺度（长、宽、高）的空间物体。那么什么叫投影？投影的基本规律又是些什么呢？

如果在电灯与桌面（P）之间，放一块三角板，在 P 面上就出现三角板的影子（图 2-1-1a）；太阳光照射电线杆，在地面上就出现电线杆的影子（图 2-1-1b），这些都是投影现象。经过人们的科学抽象，找到了影子和物体之间的几何关系，逐步形成了在平面上表达空间物体的各种投影方法。

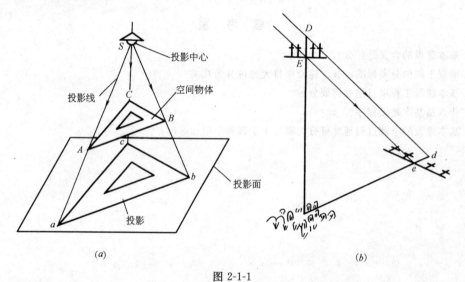

图 2-1-1

在图 2-1-1（a）中，把光源（灯泡）抽象为一点 S，叫做投影中心，把 S 点和三角板上 A 点的连线 SA 叫做投影线，把 P 平面叫做投影面。投影线 SA 和 P 平面的交点 a，叫做 A 点在 P 平面上的投影。同样 b、c 点为 B、C 点在 P 平面上的投影，连接 a、b、c 各点，就得到了三角板 ABC 在 P 平面上的投影 $\triangle abc$。

投影分为两类：中心投影和平行投影。

一、中心投影

当投影中心与投影面为有限距离时，投影线集中于一点（投影中心），这样得到的投影叫中心投影，如图 2-1-1（a）所示。人的视觉，放映的电影，美术画以及照片所显示的形象，都具有中心投影的性质。

二、平行投影

当投影中心与投影面的距离为无穷远时,则投影线互相平行(如太阳光),这样得到的投影叫平行投影,如图 2-1-1(b)所示。平行投影又分为两种:

1. **正投影** 互相平行的投影线垂直于投影面时,得到的投影叫做正投影(图 2-1-2a)。

2. **斜投影** 互相平行的投影线与投影面斜交时,得到的投影叫做斜投影(图 2-1-2b)。

在工程图样中,广泛采用正投影。图 2-1-3 是一个简单物体的正投影情况。

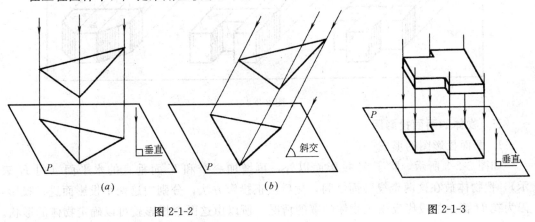

图 2-1-2   图 2-1-3

第二节 物体多面正投影图

一、物体的长、宽、高

我们知道物体有长(用 l 表示)、宽(用 b 表示)、高(用 h 表示)三个方向的尺度,如果选择物体上某个面作为前面,那么物体的前后、左右和上下的方位就随着确定了。通常规定,物体左右之间的距离为长,前后之间的距离为宽,上下之间的距离为高,如图 2-2-1 所示。

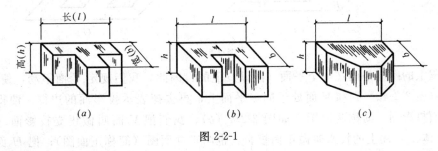

图 2-2-1

二、物体的单面正投影

如果把图 2-2-1 所示的三个不同形状的物体,分别向一个竖立的投影面(用 V 表示)上进行投影,如图 2-2-2。显然,它们的投影是完全相同的。但是只凭这个投影是不能确定空间物体的形状的,这是因为在 V 面上的投影只反映了物体的长和高的情况,不能反映物体的宽的情况。所以在一般情况下,物体的一个投影是不能确定它的形状的。而工程

11

上所用的图样，要求能准确地反映物体的形状，为此，还必须增加投影面（也就是增加物体的投影），至于需要增加几个投影面，才能把物体的形状确切地反映出来，则要看物体的复杂程度而定。

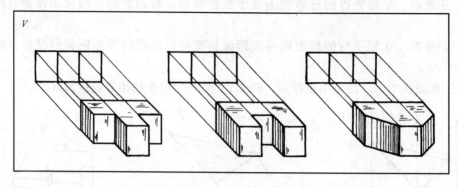

图 2-2-2

三、物体的两面投影图

1. 两面投影图的形成

如图 2-2-3 所示，除了 V 投影面以外，再增加一个和 V 面垂直的水平面（用 H 表示），把物体放在这两个投影面之间，然后按正投影方法，分别向这两个投影面进行投影，因为在 H 面上的投影反映了物体的宽的情况，所以由这两个投影就可以确定物体的形状。

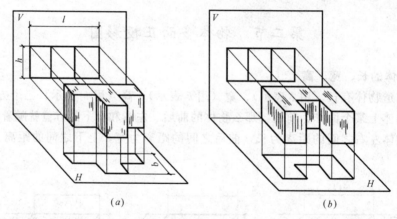

图 2-2-3

工程上的图样是画在一个平面（图纸）上的，因此，我们规定 V 面不动，使 H 面向下旋转（图 2-2-4a）到和 V 面处于同一平面上，再去掉表示投影面的边框，便得到了物体的两面投影图，简称两面图，如图 2-2-4（b）。我们把 V 面叫做正立投影面（简称正面），物体在 V 面上的投影叫做正面投影，也叫正立面图（简称正面图）；把 H 面叫做水平投影面（简称水平面），物体在 H 面上的投影叫做水平投影，也叫平面图。

图 2-2-5 是图 2-2-3（b）所示物体的两面图。图 2-2-6 是图 2-2-2 中第三个物体的两面图。

2. 两面图的投影关系

在两面图（图 2-2-4 中），正面图反映了物体的长和高，平面图反映了物体的长和宽。

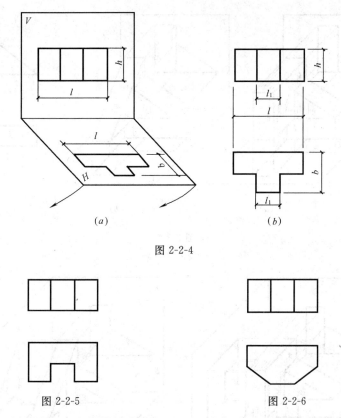

图 2-2-4

图 2-2-5　　　　　　　　　　图 2-2-6

这样，正面图和平面图都反映物体的长度，因此，它们应当左右对齐，这种关系叫做"长对正"。

"长对正"的投影关系，不独对物体的整体，而且对物体的局部也是一样的，如图2-2-4（b）中的 l_1。

第三节　基本形体的三面图

有了物体的两面图，是不是能完全确定物体的形状呢？有时还不能。如图 2-3-1（a）、(b) 是两个不同形状的物体在水平投影面和正立投影面上的投影情况，它们的两面图是完全一样的，如图 2-3-1（c）。这说明在某些情况下，物体的两面图还不能完全确定它的形状。为了确切地反映物体的形状，还需再增加投影面。

一、三面投影图的形成

如图 2-3-2 所示，如果在水平投影面和正立投影面之外，再增加一个和它们都垂直的投影面（用 W 表示），并按正投影的方法，再向 W 面投影。则因这两个物体在 W 面上的投影各自不同，所以它们的形状便分别被确定了。我们把 W 面叫做侧立投影面（简称侧面），物体在 W 面上的投影叫做侧面投影，也叫侧立面图（简称侧面图）。

让 V 面仍保持不动，使 H、W 面分别向下、向后旋转，如图 2-3-3（a），使它们与 V 面处于同一平面上，并去掉表示投影面的边框，这样便得到了物体的三面投影图（简称三面图），如图 2-3-3（b）所示。

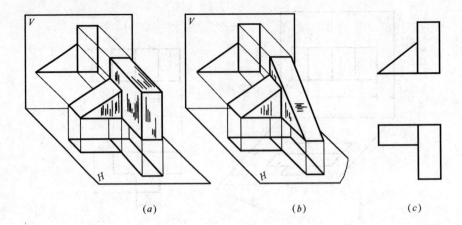

图 2-3-1

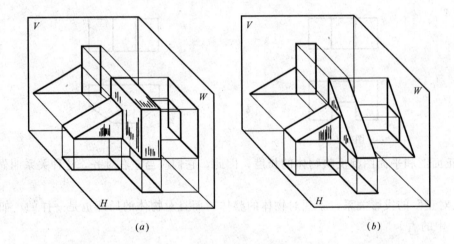

图 2-3-2

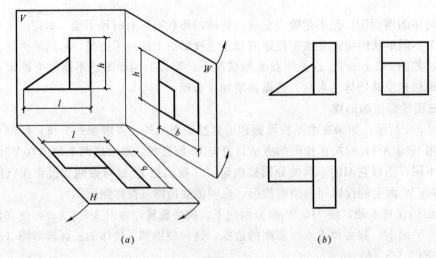

图 2-3-3

二、三面图的投影关系

在三面图中，正面图反映了物体的长和高，平面图反映了物体的长和宽，侧面图反映了物体的高和宽（见图 2-3-3a），所以平面图和正面图都反映了物体的长度；正面图和侧面图都反映了物体的高度；平面图和侧面图都反映了物体的宽度。因此三面图的投影关系是除了正面图和平面图左右对齐的"长对正"关系外，正面图和侧面图必须上下对齐，这种关系叫做"高平齐"，平面图和侧面图必须保持宽度相等，这种关系叫做"宽相等"，如图 2-3-4（a）。

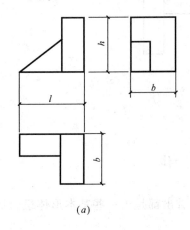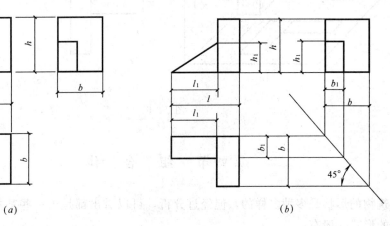

图 2-3-4

这种投影关系可以归结为：

平面图和正面图长对正；

正面图和侧面图高平齐；

平面图和侧面图宽相等。

三面图中这种"长对正"、"高平齐"、"宽相等"的投影关系，不仅对于物体的整体是如此，而且对于物体的每一局部也是这样，如图 2-3-4（b）中的 l_1、b_1、h_1。图中画的一条 45°细实线，是为了反映平面图和侧面图宽相等的投影关系而画出的。

总之，三面图的这种投影关系，是画图和看图的依据，应该熟练地掌握。

图 2-3-5 是图 2-3-2（b）所示物体的三面图。

这里应注意，不是每一个物体都需要用三面图来表达，有的物体用两面图就可以表达清楚，有些形状复杂的物体可能需要用三个以上的投影图来表达。

三、三面图与物体方位的对应关系

物体有前后、上下、左右六个方位，如图 2-3-6（a）。它们在三面图中也有所反映，如图 2-3-6（b）；正面图反映了物体的上、下和左、右的关系；平面图反映了物体的前、后和左、右的关系；侧面图反映了物体的上、下和前、后的关系。从三面图去识别物体的方位，在看图时可用它来分析物体各部分之间的相对位置。

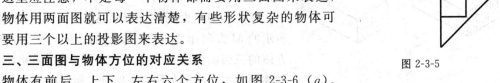

图 2-3-5

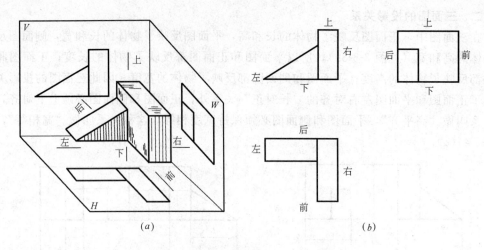

(a)　　　　　　　　　　　　(b)

图 2-3-6

第四节　组　合　体

建筑物的形状是多种多样的，但经过分析，可以看出都是由一些基本形体组合而成。其组合的形式一般有：

(1) 由若干个基本形体叠加在一起而形成的；

(2) 由某个基本形体切割去某些部分而形成的；

(3) 由基本形体叠加与切割综合而形成的。

另外，在研究上述三种组合形式的同时，还应注意各基本形体间的相对位置。

本章将分别说明它们的组合情况、三面图、尺寸标注和它们的三面图的读法等。

一、组合体的三面图

(一) 叠加式组合体

1. 叠加时两形体的结合处为平面　如图 2-4-1 所示的物体是由两个长方体叠加而成的。上面是一个小长方体，下面是一个大长方体。它们的结合处是平面，也就是小长方体的底面和大长方体的顶面结合在一起。它们的相对位置是：大、小长方体的后表面是靠齐的，也就是共面的；右表面也是靠齐的、共面的。

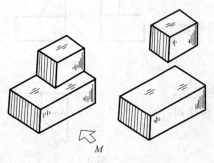

图 2-4-1

该物体的三面图的情况是这样的：如以图 2-4-1 所示的 M 方向作为正面图的投影方向，则下面的长方体的三面图如图 2-4-2 (a) 所示。然后再把小长方体叠加上去，即得如图 2-4-2 (b) 所示的三面图。在图中一方面反映了组成这一物体的两个长方体的形状，另一方面也反映了两长方体之间的相对位置。当然在三面图中，不论是整体，还是局部，都应分别保持长对正、高平齐、宽相等的投影关系。

又如图 2-4-3 所示的挡土墙，可以看成是由三个基本形体组成，即底板（长方体）、

16

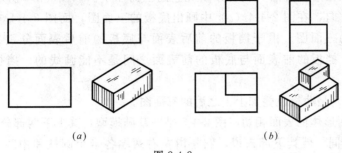

图 2-4-2

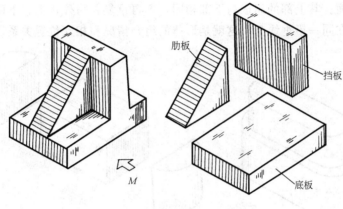

图 2-4-3

挡板（长方体）和肋板（三棱柱）。挡板与肋板的结合处是平面，挡板、肋板与底板的结合处也是平面。它们的相对位置是：挡板放在底板上的靠右一些，而且它的前后表面与底板的前后表面分别靠齐并共面。肋板位于底板左部前后方向的中央。看清了形

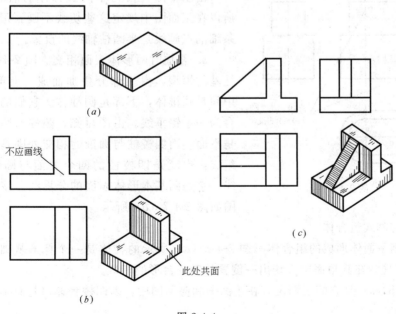

图 2-4-4

体各部分形状和相对位置后，就可以研究它的三面图了。以图 2-4-3 所示的 M 方向作为正面图的投影方向，在图 2-4-4（a）中画出底板的三面图，而图 2-4-4（b）是挡板叠加到底板上之后的三面图。由于挡板的前后表面与底板的前后表面分别靠齐、共面，所以在正面图中，挡板的前表面与底板的前表面之间是不能画线的。挡板与底板的后表面也是如此。

图 2-4-4（c）是肋板也叠加上去之后的三面图。

2. **叠加时两形体的表面相切** 图 2-4-5 是一基础模型，其上下两部分形状都是长圆柱体，只是大小不同。就其下部来说，它是由左右两端各半个圆柱和中间一个长方体所组成，它们的结合处都是平面。但它们的前后表面则为长方体表面与圆柱表面相切，形成一个光滑过渡的表面。其上部的组成与下部相同，不再重复。另外，上、下两半圆柱的轴线是共同的，即都在同一铅垂线上。这就是形体的组合情况和相互位置关系。

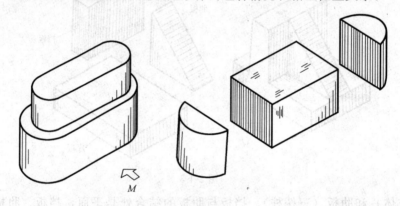

图 2-4-5

如以图 2-4-5 中的 M 方向作为正面图的投影方向。则它的三面图如图 2-4-6 所示。

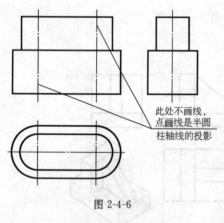

图 2-4-6

由于半圆柱面与中间长方体的前后表面相切，所以在正面图中规定这些切线不画。正面图中的两条细的点画线是半圆柱轴线的投影。

3. **叠加时两形体表面相交** 图 2-4-7（a）是一柱基的模型，由三部分叠加而成。上部是四棱柱，中间是圆锥体，下部是圆柱体。它们的中心轴线重合为一条铅垂线。由图可知，圆柱与圆锥的结合处是平面，而四棱柱与圆锥的相交处则是由四段曲线组成，也就是四棱柱的四个表面与圆锥表面的交线，它是两基本形体表面的分界线。该物体的三面图如图 2-4-7（b）所示。

（二）切割式组合体

1. **切割平面体形成的组合体** 图 2-4-8（a）所示的物体是一个杯形基础的模型，它是一正四棱柱，在其顶面中央切出一倒置的四棱台形的杯口。

图 2-4-8（b）是它的三面图。在正面图和侧面图中，因四棱台杯口是看不见的，所以都画成虚线。

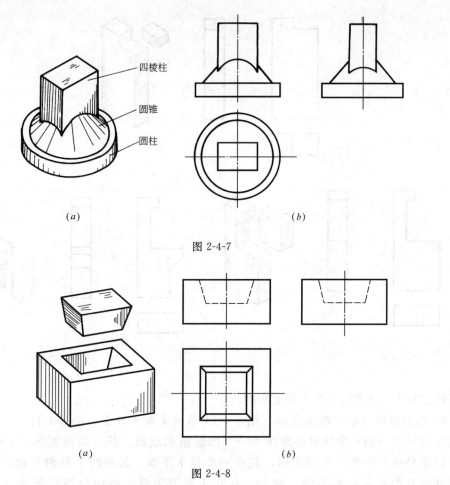

图 2-4-7

图 2-4-8

由于该基础前后、左右对称,所以在图中还画出了它的对称面(点画线)的投影,这对于施工放线是必需的。

图 2-4-9 所示的物体是一厂房柱子的模型(俗称"牛腿柱")及其三面图。它的形成可以看成是由长方体经过切割之后而成的。切割过程如下:

首先将长方体的左上角切去一小长方体,如图 2-4-10(a)所示,这时正面图中的缺口就反映了被切去的小长方体的长和高,根据三面图的投影关系,在平面图和侧面图中分别出现了一条可见的轮廓线(实线)。

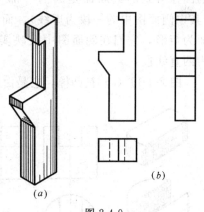

图 2-4-9

接着又在下边切去一较大的长方体,如图 2-4-10(b)所示,这时,在平面图中出现了一条虚线,在侧面图中出现了一条粗实线。

最后在柱的左下角再切去一梯形的四棱柱,如图 2-4-10(c)所示,这时,在平面图中又增加了一条虚线;侧面图中增加了两条粗实线。

从上述切割过程可以看出,每次切割后,三面图都有变化。根据第二章关于平面的投

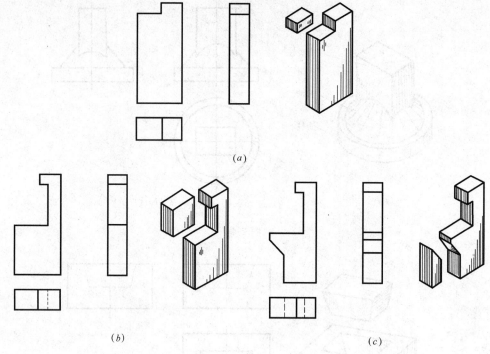

图 2-4-10

影特性的知识，这些变化是不难看出的。

2. 切割曲面体形成的组合体　图 2-4-11 是两个圆木榫头。图 2-4-11（a）是凹榫，它是在圆柱的一端正中间对称地开了一个凹形槽而成的，其三面图如图 2-4-11（b）所示。凹槽是由三个平面切割成的，其中一个是水平面，另外两个是侧平面。水平面切割圆柱得到的截断面是圆的一部分，它在正面图和侧面图中分别积聚为一水平线段（其中侧面图中的一段为虚线）。而在平面图中反映实形。两个侧平面切割圆柱的截断面为矩形，它们在侧面图中反映实形而且重合在一起，在平面图和正面图中分别积聚为两直线段。

图 2-4-11（c）是凸榫，它是由圆柱的一端对称地切去两个相同的弓形块而成的。它

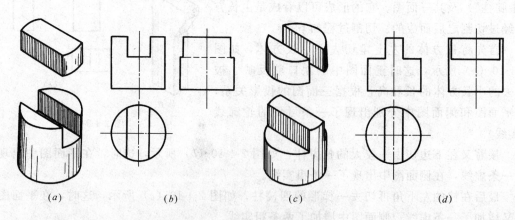

图 2-4-11

的三面图如图2-4-11（d）所示。两个弓形块各是由一个侧平面和一个水平面切成的。我们可仿凹榫的情况，研究它的三面图，这里不再重复。

图2-4-12（a）所示的屋顶是由半个圆球体被四个平面对称地切割而成的。在这里把两个切割平面置于正平位置，把另两个切割平面置于侧平位置，因为圆球被任何平面切割后，截断面的形状总是圆，所以切出的截断面在三面图中或是积聚为直线段，或是反映圆的实形，如图2-4-12（b）所示。

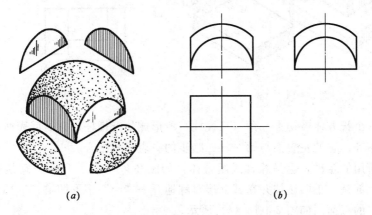

图 2-4-12

在图2-4-13（a）中，画出了半圆球被前后两正平面切割后的三面图，由于是对称地切割，所以两截面圆在正面图中重合。在图2-4-13（b）中画出它再被左右对称的两侧平面切割后的情况，这时，两截面圆在侧面图中的投影也重合。

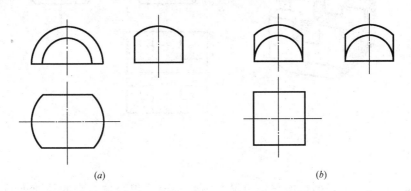

图 2-4-13

从图2-4-13（b）看出，屋顶的正面图和侧面图的形状和大小完全一样，但它们却是球体上不同轮廓线的投影，就像一个球的三面图都是大小相等的圆的情况一样，它们的含意是各不相同的。

（三）综合式组合体

图2-4-14是一台阶的模型，它是由第一踏步、第二踏步和边墙组成的。它的三面图如图2-4-15所示：

第一踏步是长方板被切去一个小长方体，第二踏步是一小长方板叠加在第一踏步之上，它们的后表面与右表面是靠齐的。

21

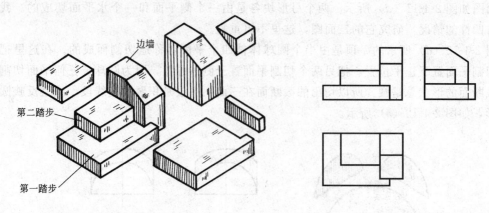

图 2-4-14　　　　　　　　　　　　　图 2-4-15

边墙是一个长方体被切去一角（三棱柱）所形成的五棱柱，它的后表面与第一、二踏步的后表面靠齐；它的左表面与第一、二踏步的右表面相结合。

建筑上所用的斗拱，也是综合式组合体，如图 2-4-16（a）所示，它是由上、下两部分组成的。上部是一正四棱柱并在其上端对称地开一"十"字形凹槽；下部是一个倒置的正四棱台。它的三面图如图 2-4-16（b）所示。

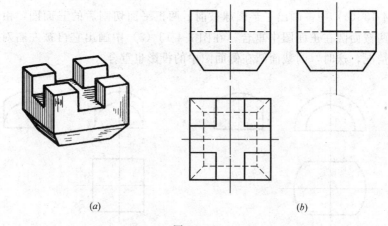

(a)　　　　　　　　　　(b)

图 2-4-16

图 2-4-17（a）所示的烟囱与烟道又是一种综合式组合体。它的外形由两部分组成，即竖立的圆柱形烟囱和横放的拱形烟道。而拱形烟道又可看作是半圆柱与长方体叠加而且表面相切的拱形柱体。烟囱与烟道叠加时，它们的表面相交，产生交线。

由于烟囱与烟道内部是空的，所以就有内表面，内表面是由圆柱体中间切成的圆柱孔表面与拱形烟道内部被切成的拱形柱孔的表面所组成，所以内表面相交处也出现与外表面类似的交线，见图 2-4-17（b）。

整个形体的三面图就如图 2-4-18 所示的那样。拱形烟道内外表面都有半圆柱面与烟道前后平面相切的问题，所以在正面图中不画切线的投影。

总之，把建筑上的一些物体分解为上述三种组合方式，仅仅是人们分析认识这些物体的一种方法，总称为形体分析法。它是画图和看图以及标注尺寸的一种基本方法。

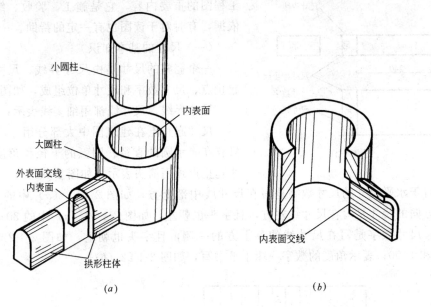

图 2-4-17

另外，三种组合方式的划分并不是绝对的。如图 2-4-19 所示的叠加式组合体也可以认为是由一个大长方体切去两个小长方体而成的切割式形体，如图 2-4-20 所示。因此在进行形体分析时应根据物体的具体情况，结合所学的基本知识进行研究。

图 2-4-18　　　　　　　图 2-4-19

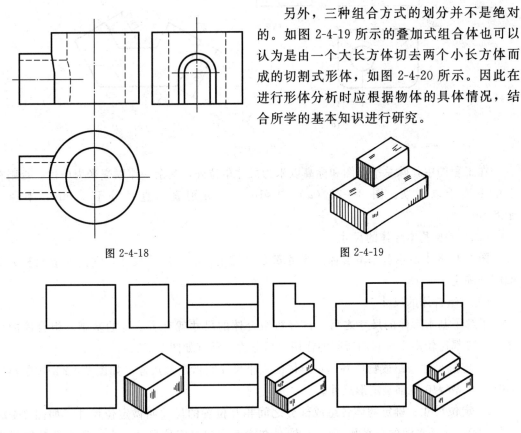

图 2-4-20

二、组合体的尺寸

组合体的多面投影图仅仅表示了它的形状，其大小则是由尺寸来决定的。所以尺寸是工程图的重要内容，它是施工、验收、维修的主要依据，有时对于读图也有一定的帮助。

（一）尺寸的基本知识

一个完整的尺寸是由尺寸界线、尺寸线、尺寸起止点、尺寸数字和尺寸单位组成，如图 2-4-21。

尺寸界线、尺寸线都用细实线表示；

尺寸起止点在建筑图中大部分用 45°短画表示，只有在表示圆的直径、圆弧的半径和角度大小时尺寸起止点须用箭头表示，如图 2-4-22。

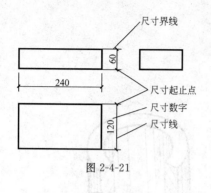

图 2-4-21

对于水平尺寸的尺寸数字是写在尺寸线中部上方，如图 2-4-22（a）中的 120；对于垂直方向的尺寸是写在尺寸线左方，且字头也朝左，如图 2-4-22（a）中的 30；对于倾斜尺寸，尺寸数字是写在尺寸线的靠上方的一侧，且字头也朝上，如图 2-4-22（b）中的 2400 和 1400；表示角度的数字一律水平书写，如图 2-4-22（b）。

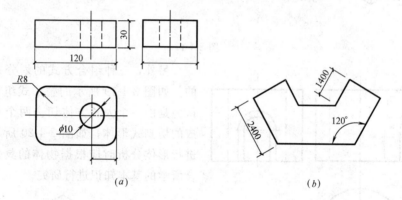

图 2-4-22

在工程图中，除总平面图和标高以米为尺寸单位外，其余一律以毫米为单位，否则在图中必须予以说明。图 2-4-22（a）中 $\phi 10$、$R8$ 分别表示直径等于 10mm，半径等于 8mm。

（二）常见基本形体的尺寸

图 2-4-23 中所示各基本形体的尺寸都是必需的，有了这些尺寸，它们的形状和大小就完全确定了。

（三）组合体的尺寸

了解了基本形体的尺寸之后，再分析组合体的尺寸就有了一定的基础。组合体的尺寸，一般都比较多，按它们所起的作用，可分为三种（如图 2-4-24）：

1. 定形尺寸　组成物体各基本形体的大小尺寸叫做定形尺寸。如图 2-4-24 中的 440、340、320 和 $\phi 40$ 等都是定形尺寸。

2. 定位尺寸　确定物体各组成部分之间相互位置的尺寸叫做定位尺寸。如图 2-4-24 中的 160，就是水池的泄水孔（$\phi 40$）轴线在宽度方向的定位尺寸。由于泄水孔的轴线恰好在水池的左右对称面上，所以可不标注它在长度方向的定位尺寸。

3. 总体尺寸　表示整个物体的大小尺寸叫做总体尺寸。图 2-4-24 中的 600、500、400

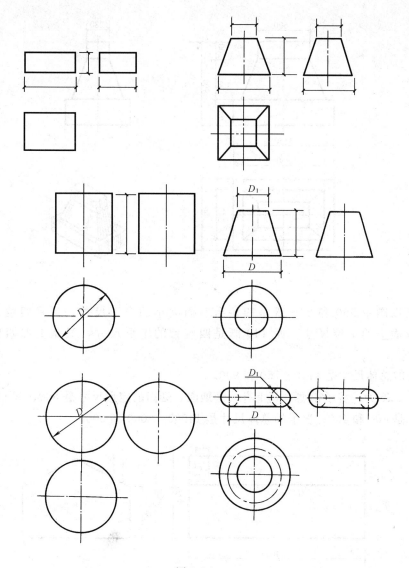

图 2-4-23

就是水池长、宽、高三个方向的总体尺寸，同时也是水池的定形尺寸。

图 2-4-25 是一柱的基础图，它由上、中、下三部分组成。

上部是四棱柱，由 600（长）、280（宽）和 200（高）定形；

中间是四棱台，由 950、540、600、280 和 440 定形；

下部是四棱柱，由 1150、750 和 260 定形。

由于四棱台和四棱柱的对称平面是互相重

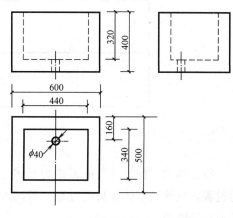

图 2-4-24

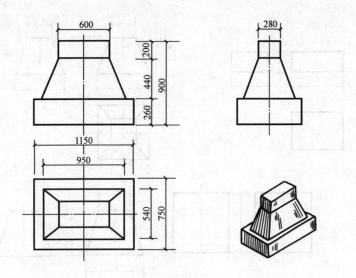

图 2-4-25

合的,所以图中 950 和 540 既是四棱台底面大小的定形尺寸,又是四棱台置于下部四棱柱顶面上的定位尺寸。而 440 既是四棱台的定形尺寸,又是上部四棱柱的定位尺寸。

基础的总体尺寸是 1150、750 和 900。

图 2-4-26 为一房子模型,其上有一个烟囱,烟囱的定形尺寸是 800、500 和 6000,其定位尺寸是 400 和 400;房子的总体尺寸是 14000、8000 和 6000。

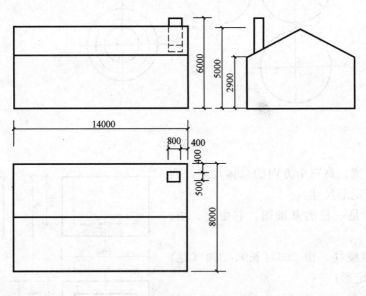

图 2-4-26

组合体的三种尺寸与前面讲的形体分析有着密切的关系。分析各个尺寸是哪一种尺寸的过程,也就是形体分析的过程。看图时经常作形体分析和尺寸分析,对于提高看图能力是大有帮助的。

习 题

1 在三面正投影图中注明 A、B、C 点的三个投影

2 在三面正投影图中注明 P、Q、R 面的三个投影

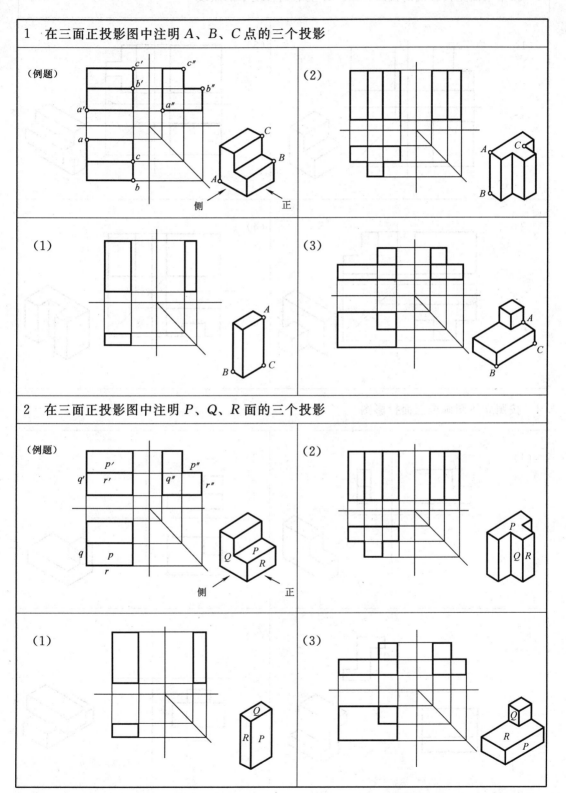

3 根据三面正投影图的投影关系，补全下列各图中的缺线

4 按照立体图画全三面投影图

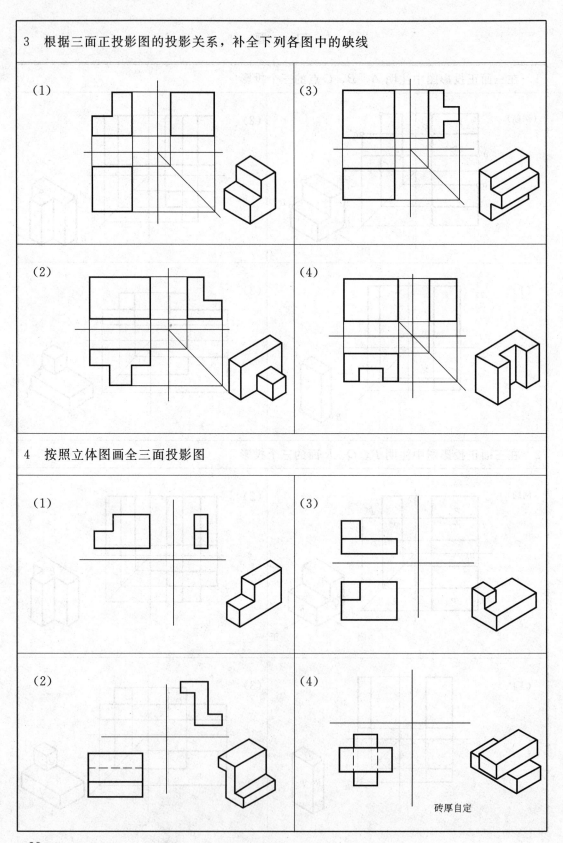

砖厚自定

28

5 按照立体图画出三面正投影图

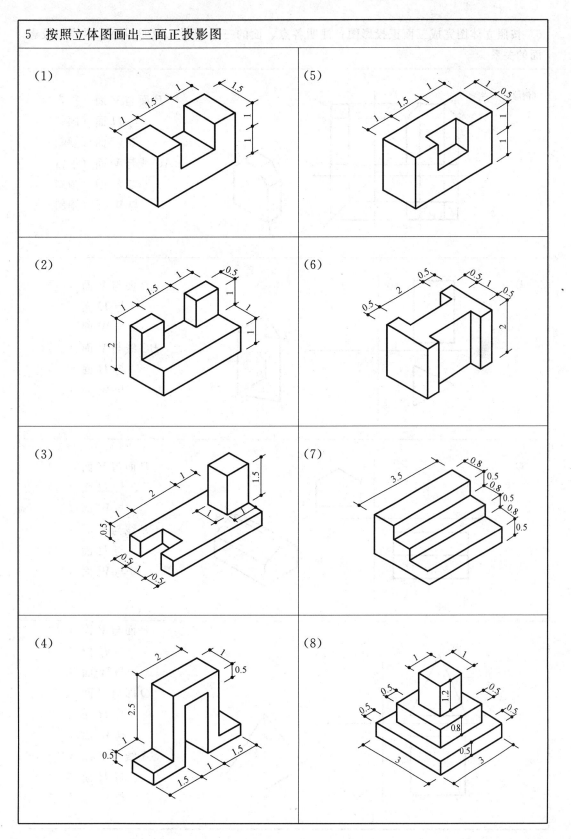

6 按照立体图完成三面正投影图；注明各点、面的三个投影；说明斜面、斜线与投影面的关系

(例题)

P 面与 V 面（垂直）
与 H 面（倾斜）
与 W 面（倾斜）
AC 线与 V 面（平行）
与 H 面（倾斜）
与 W 面（倾斜）

(1)

P 面与 V 面（ ）
与 H 面（ ）
与 W 面（ ）
BC 线与 V 面（ ）
与 H 面（ ）
与 W 面（ ）

(2)

P 面与 V 面（ ）
与 H 面（ ）
与 W 面（ ）
CE 线与 V 面（ ）
与 H 面（ ）
与 W 面（ ）

(3)

P 面与 V 面（ ）
与 H 面（ ）
与 W 面（ ）
Q 面与 V 面（ ）
与 H 面（ ）
与 W 面（ ）
SA 线与 V 面（ ）
与 H 面（ ）
与 W 面（ ）

7 按照立体图完成三面正投影图

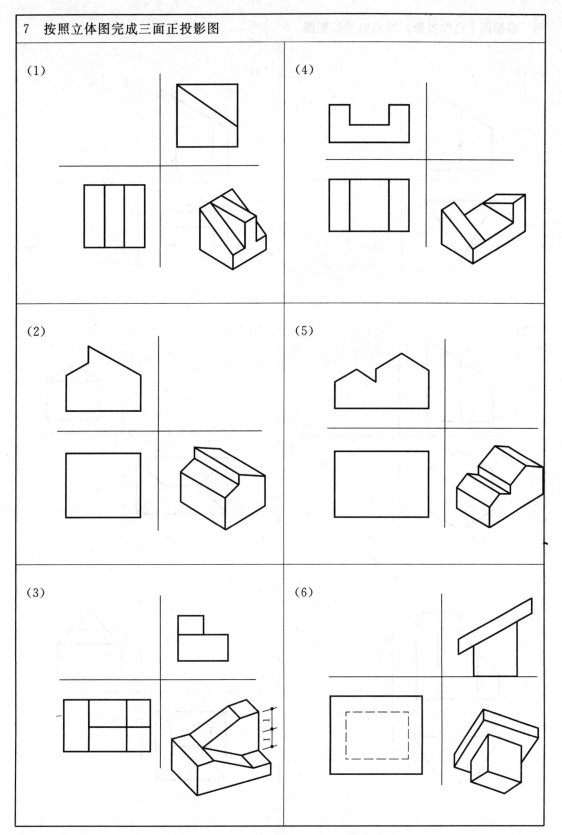

8 根据两个已知投影,画出第三投影图

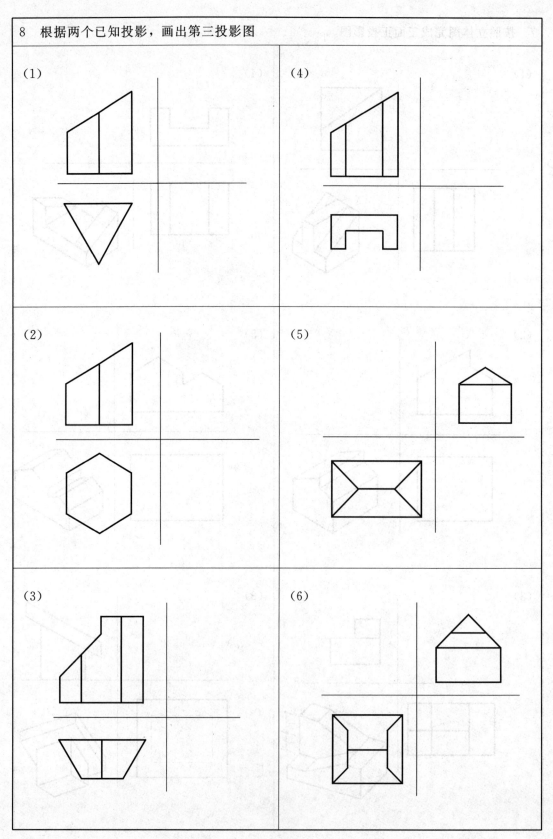

9 根据两个已知投影，画出第三投影图（不画不可见线）

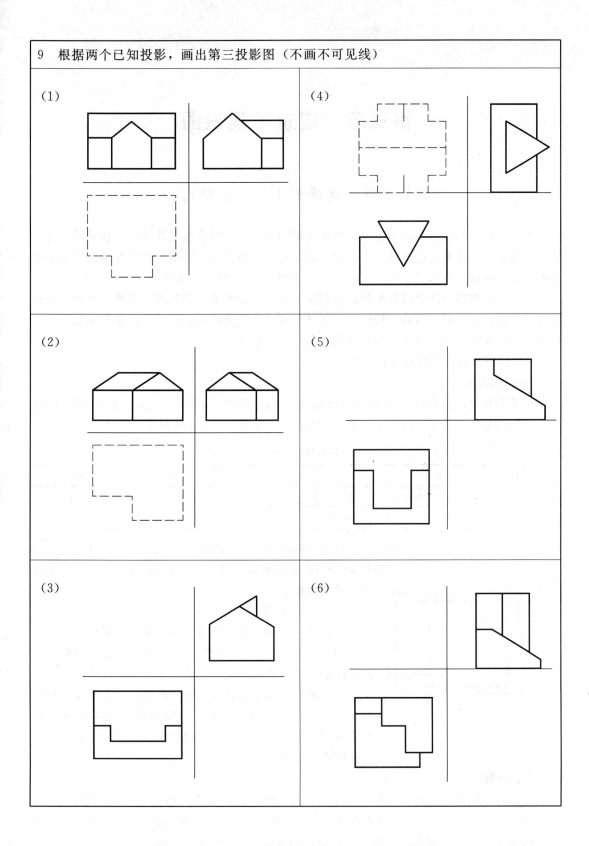

第三章 建筑工程识图

第一节 建筑图中的一些规定

为了使建筑制图达到基本统一,力求图面简洁清晰,符合施工要求,有利于提高设计效率,保证设计质量,适应社会主义建设的需要,建设部颁布了推荐性国家标准《房屋建筑制图统一标准》(GB/T 50001—2001),以便绘制图样时参照执行。

为了学习看图,除学习并掌握绘制图样的基本原理和方法等基础知识外,还必须了解有关图样的国家标准(简称"国标")。在这一章里,先介绍国家标准《房屋建筑制图统一标准》中的某些规定,其他内容将在以后各章中陆续介绍。

一、图纸幅面、标题栏及会签栏

(一)图纸幅面

为了合理使用图纸和便于图样的管理,所有设计图纸的幅面,均须符合表 3-1-1 的规定。表中尺寸是裁边以后的大小,单位为 mm。表中代号的意义见图 3-1-1。

图纸幅面 (mm) 表 3-1-1

基本幅面代号	A0	A1	A2	A3	A4
$b \times l$	841×1189	594×841	420×594	297×420	210×297
c	10			5	
a	25				

由表 3-1-1 可以看出,A1 号图幅是 A0 号图幅的对开,A2 号图幅是 A1 号图幅的对开,其余类推。

(二)标题栏及会签栏

标题栏(简称图标)应放置在图纸的右下角,它的大小及格式见图 3-1-2。会签栏仅供需要会签的图纸用,位置在图纸左上角的图框线外,它的大小及格式见图 3-1-3。

有了图标及会签栏,在查看图纸时,对了解设计单位名称、图纸名称、图号、日期、设计负责人等就有了根据。为了节省图幅,本书所介绍的建筑图中,大部分未列出标题栏及会签栏。

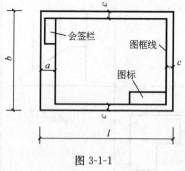

图 3-1-1

二、比例

图样的比例就是建筑物画在图上的大小和它的实际大小相比的关系。例如把长 100m 的房屋在图上画成 1m 长,也就是用图上 1m 长的大小表示房屋实际的长度 100m,这时图的比例就是 1∶100。建筑图中所用的比例,应按表 3-1-2 的规定选用。

图 3-1-2　　　　　　　　　　　　　图 3-1-3

图 的 比 例　　　　　　　　　　　表 3-1-2

图　　名	常　用　比　例	必要时可增加的比例
总 平 面 图	1∶500,1∶1000,1∶2000	1∶2500,1∶5000,1∶10000
总图专业的断面图	1∶100,1∶200,1∶1000,1∶2000	1∶500,1∶5000
平面图、剖面图、立面图	1∶50,1∶100,1∶200	1∶150,1∶300
次要平面图	1∶300,1∶400	1∶500
详　　图	1∶1,1∶2,1∶5,1∶10,1∶20,1∶25,1∶50	1∶3,1∶4,1∶30,1∶40

注：① 次要平面图指屋面平面图、工业建筑中的地面平面图等。
　　② 1∶25 仅适用于结构详图。

比例一般注写在图名的右侧，如平面图 1∶100。当整张图纸只用一种比例时，也可以注写在图标内图名的下面。标注详图的比例，应注写在详图标志的右下角，如图 3-1-4。

图 3-1-4

三、字体

图上所有的字体，包括各种符号、字母代号、尺寸数字及文字说明等，一般用黑墨水书写；各种字体应从左到右横向书写，并应注意标点符号清楚。

汉字的高度，一般以不小于 3.5mm 为宜。必要时，拉丁字母、阿拉伯数字、罗马数字字高不得小于 2.5mm。

书写各种字体时，必须做到：字体端正，笔画清楚，排列整齐，间隔均匀。汉字应写成长仿宋字体，并应采用国家正式公布的简化字。图 3-1-5 是仿宋字体的示例；图 3-1-6 是斜体的阿拉伯数字及大小写字母的示例。

字体端正　笔画清楚　排列整齐　间隔均匀

图 3-1-5

四、图线

图样上的线条以不同的形式，不同的宽度来区分。表 3-1-3 中列出了几种常用图线的形式、宽度及其应用。

在同一张图纸上，同类图线的宽度及形式应保持一致。

在同一张图纸上，各类图纸的宽度随粗实线的宽度（b）而变，而粗实线的宽度则取决于图形的大小和复杂程度。

几种图线在房屋平面图上的应用见图 3-1-7。

图 3-1-6

线 型　　　　　　　　　　表 3-1-3

名称		线型	线宽	一般用途
实线	粗	———————	b	主要可见轮廓线
	中	———————	$0.5b$	可见轮廓线
	细	———————	$0.25b$	可见轮廓线、图例线等
虚线	粗	— — — — —	b	见有关专业制图标准
	中	— — — — —	$0.5b$	不可见轮廓线
	细	— — — — —	$0.25b$	不可见轮廓线、图例线等
点画线	粗	—·—·—·—	b	见有关专业制图标准
	中	—·—·—·—	$0.5b$	见有关专业制图标准
	细	—·—·—·—	$0.25b$	中心线、对称线等

续表

名 称		线 型	线 宽	一 般 用 途
双点画线	粗		b	见有关专业制图标准
	中		$0.5b$	见有关专业制图标准
	细		$0.25b$	假想轮廓线,成型前原始轮廓线
折断线			$0.25b$	断开界线
波浪线			$0.25b$	断开界线

注：b 一般采用 0.35～2.0mm。

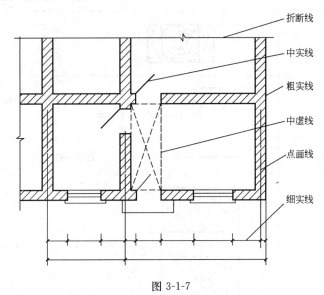

图 3-1-7

五、建筑材料图例

建筑材料图例　　　　　　　　表 3-1-4

名 称	图 例	说 明
自然土壤		包括各种自然土壤、黏土等
素土夯实		
砂、灰、土及粉刷材料		
方整石、条石		本图例表示砌体
毛 石		
普 通 砖 硬 质 砖		在比例小于或等于 1∶50 的平、剖面图中不画斜线,可在底图背面涂红表示

续表

名 称	图 例	说 明
非承重的空心砖		在比例较小的图面中,可不画图例,但需注明材料
混凝土		
钢筋混凝土		1. 在比例小于或等于 1∶100 的图面中不画图例,可在底图上涂黑表示 2. 剖面图中如画出钢筋,可不画图例
木 材		
玻 璃		必要时可注明玻璃名称,如磨砂玻璃,夹丝玻璃等
防水材料或防潮层		应注明材料
金 属		
水		

建筑工程中所用的建筑材料是多种多样的。为了在图（剖面图、截面图）上清楚的把它们表示出来,"国标"规定了各种建筑材料图例,表 3-1-4 是常用的几种。

六、尺寸注法

1.《房屋建筑制图统一标准》规定,各种设计图上标注的尺寸,除标高及总平面图以 m 为单位外,其余一律以 mm 为单位。因此,图中尺寸数字后面都不注写单位。

2. 尺寸数字应尽量标注在尺寸线上方的中部,当尺寸界线较窄时,最外边的尺寸数字可注写在尺寸界线的外侧；中部的尺寸数字可在尺寸线的上、下边错开注写；必要时也可以用引出线引出注写,如图 3-1-8。

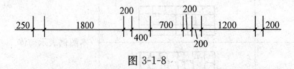

图 3-1-8

3. 为了保证图上尺寸数字清晰,任何图线、符号都不允许穿过尺寸数字。当无法避免时,应在注写尺寸数字处把图线断开,如图 3-1-9。

4. 格架式结构的单线图,可将尺寸直接注写在杆件的一侧,如图 3-1-10。

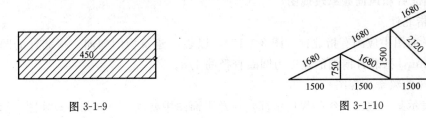

图 3-1-9　　　　　　　　　　　　　图 3-1-10

5. 一平面（或直线）对另一平面（或直线）的倾斜程度叫坡度。对于坡度可采用图 3-1-11 的标注方法。图 3-1-11（a）是屋面坡度较大时的注法，直角三角形的斜边应和坡度方向一致，两直角边边长之比（如图中的 1：4）就表示坡度的高宽比。图 3-1-11（b）是屋面坡度较小时的注法，2%表示坡度的高宽比，箭头表示倾斜的方向。

6. 注写标高时，应采用标高符号，其形式除总平面图中的室外整平标高采用全部涂黑的三角形外，其他图面上一律采用图 3-1-12（a）所示的图形。在特殊情况下也可采用图 3-1-12（b）所示的图形。

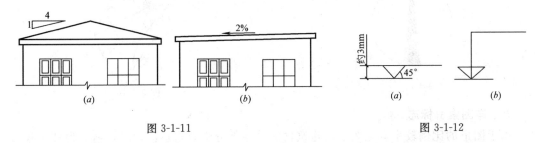

图 3-1-11　　　　　　　　　　　　　图 3-1-12

零点标高注成±0.000，正数标高数字一律不加正号，如 3.000；负数标高数字必须加注负号，如－1.500。

在剖面图及立面图上，标高符号的尖端，可以向上指或向下指，注写数字的位置如图 3-1-13 所示。

7. 标注多层结构的尺寸时，指引线必须通过被引的各层，文字说明和尺寸数字应按构造层次注写，如图 3-1-14。

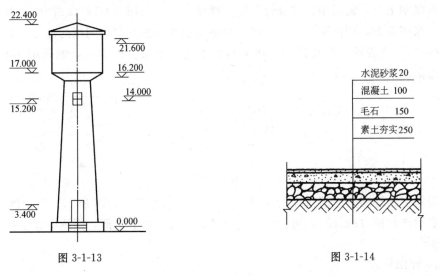

图 3-1-13　　　　　　　　　　　　　图 3-1-14

39

七、指北针和风向频率玫瑰图

（一）指北针

在总平面图中应画有指北针（图 3-1-15），以表示建筑物的朝向。指北针的圆圈直径一般为 25mm，指北针南端的宽度为圆圈直径的 1/8。

（二）风向频率玫瑰图

为了表示某一地区常年的风向情况，在总平面图中要画上风向频率玫瑰图（简称风玫瑰图），如图 3-1-16 所示。图中把东南西北划分为 16 个方位，各方位上的长度，就是把多年来各方位平均刮风的次数占刮风总次数的百分数值，按一定的比例定出的。图中所示的风向是指从外面刮向地区中心的。实线指全年的风向，虚线指夏季的风向。在总平面图上如果画有风玫瑰图，指北针的画法如图 3-1-16。

图 3-1-15

图 3-1-16

八、详图索引标志

由于图形的比例较小，在图上当建筑物的某些部分不能表达清楚时，需要另外用较大的比例画出该部分的图样，以便按照它施工或制作，这种图样叫做详图或节点图（也叫大样图）。为了使详图和有关图样前后呼应，便于看图，常采用索引标志的符号，注明已画有详图的部位、详图的编号以及详图所在的图纸编号，这种表示方法叫做详图索引标志。

（一）索引标志

为了指明图上某一部分已画有详图，应采用图 3-1-17 所示的索引标志。图中的引出线应指向画有详图的部位，圆圈中的"分子"数"5"表示详图的编号，如所索引的详图就画在本张图纸上，圆圈中的"分母"用一横线表示，如图 3-1-17（a）；如索引的详图画在另外一张图纸上，则圆圈中的"分母"数字表示画详图的那张图纸的编号，如图 3-1-17（b）中的"4"就表示 5 号详图画在第 4 号图纸上。所索引的详图，如采用标准详图时，索引标志如图 3-1-17（c）。

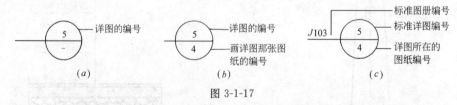
图 3-1-17

当所索引的详图是局部剖面的详图时，索引标志如图 3-1-18 所示。引出线一端的粗短线，表示作剖面时的投影方向。粗短线应贯穿所切剖面的全部，圆圈中数字的含义和图 3-1-17 相同。

（二）详图标志

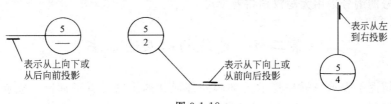

图 3-1-18

在所画的详图上,应采用图 3-1-19 所示的详图标志。图 3-1-19（a）圆圈中的数字"5"表示详图的编号且和所索引的详图在同一张图纸上。图 3-1-19（b）圆圈中的"分子"表示详图的编号,"分母"数字"2"则表示被索引的详图所在的图纸编号。

九、对称符号和连接符号

（一）对称符号

完全对称的构件图,可在构件中心线上画上对称符号（图 3-1-20）,以表示在符号两边的图形完全对称,这时可只画图形的一侧,其对称部分可省略绘制。

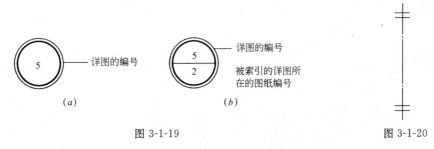

图 3-1-19　　　　　　　　　　　　　　　图 3-1-20

（二）连接符号

在表示构件图形时,如遇到下面两种情况,可采用连接符号。

1. 当两个构件的图形大部分相同而只有局部不同时,见图 3-1-21（a）和图 3-1-21（b）所示。则可完整地画出其中一个构件的图形,对另一构件可只画其不同部分,并用连接符号表示相连,如图 3-1-21（c）所示。两个连接符号应对准在同一线上。

2. 同一构件的图形,如绘制的地位不够时,也可将该构件分成两个部分绘制,再用连接符号表示相连,如图 3-1-22 所示。

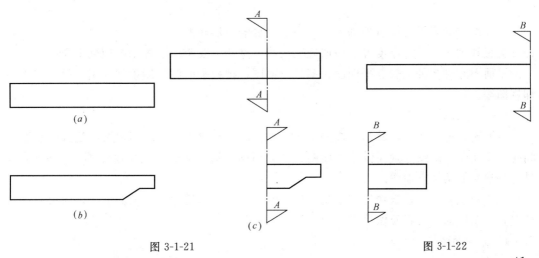

图 3-1-21　　　　　　　　　　　　　　　图 3-1-22

连接符号的编号采用大写汉语拼音字母。

第二节 建筑物的表述方法

房屋建筑图是表示一栋房屋的内部和外部形状的图纸,有平面图、立面图、剖面图等。这些图纸都是运用正投影原理绘制的。

一、房屋建筑的平、立、剖面图

(一)平面图

房屋建筑的平面图就是一栋房屋的水平剖视图。即假想用一水平面把一栋房屋的窗台以上部分切掉,切面以下部分的水平投影图就叫做平面图。图 3-2-1 是一栋单层房屋的平面图。一栋多层的楼房若每层布置各不相同,则每层都应画平面图。如果其中有几个楼层的平面布置相同,可以只画一个标准层的平面图。

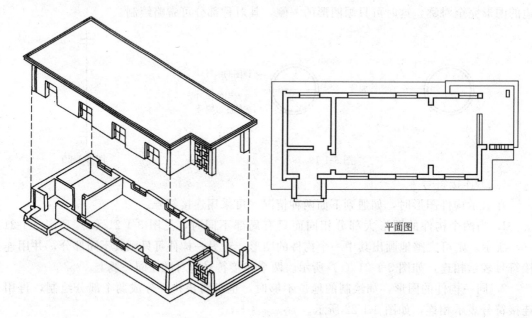

图 3-2-1

平面图主要表示房屋占地的大小,内部的分隔,房间的大小,台阶、楼梯、门窗等局部的位置和大小,墙的厚度等。一般施工放线、砌墙、安装门窗等都要用到平面图。

平面图有许多种,如总平面图、基础平面图、楼板平面图、屋顶平面图、吊顶或天棚仰视图等。

(二)立面图

房屋建筑的立面图,就是一栋房子的正立投影图与侧投影图,通常按建筑各个立面的朝向,将几个投影图分别叫做东立面图、西立面图、南立面图、北立面图等。图 3-2-2 就是一栋建筑的两个立面图。

立面图主要表明建筑物外部形状,房屋的长、宽、高尺寸,屋顶的形式,门窗洞口的位置,外墙饰面、材料及做法等。

(三)剖面图

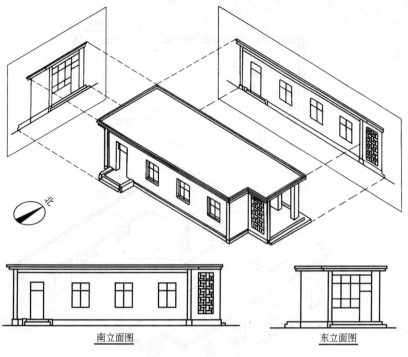

图 3-2-2

房屋建筑的剖面图系假想用一平面把建筑物沿垂直方向切开,切面后的部分的正立投影图就叫做剖面图。因剖切位置的不同,剖面图又分为横剖面图(图 3-2-3,1—1 剖面图)、纵剖面图(图 3-2-3,2—2 剖面图)。

剖面图主要表明建筑物内部在高度方面的情况,如屋顶的坡度、楼房的分层、房间和门窗各部分的高度、楼板的厚度等,同时也可以表示出建筑物所采用的结构形式。

剖面位置一般选择建筑内部作法有代表性和空间变化比较复杂的部位。如图 3-2-3,1—1 剖面是选在房屋的第二开间窗户部位。多层建筑一般选在楼梯间。复杂的建筑物需要画出几个不同位置的剖面图。剖面的位置应在平面图上用剖切线标出。剖切线的长线表示剖切的位置,短线表示剖视方向。如图 3-2-3 平面图中剖切线 1—1 表示横向剖切,从右向左看。在一个剖面图中想要表示出不同的剖切位置,剖切线可以转折,但只允许转折一次。如图 3-2-3,2—2 剖面图就是通过剖切线的转折,同时表示右侧入口处的台阶、大门、雨篷和左侧门的情况。

从以上介绍可以看出,平、立、剖面图相互之间既有区别,又紧密联系。平面图可以说明建筑物各部分在水平方向的尺寸和位置,却无法表明它们的高度;立面图能说明建筑物外形的长、宽、高尺寸,却无法表明它的内部关系,而剖面图则能说明建筑物内部高度方向的布置情况。因此只有通过平、立、剖三种图互相配合才能完整地说明建筑物从内到外、从水平到垂直的全貌。

图 3-2-4 是一张某传达室的施工图,就是用上述的房屋建筑图基本表示方法绘制的。

二、房屋建筑的详图和构件图

在施工图中,由于平、立、剖面图的比例较小,许多细部表达不清楚,必须用大比例尺绘制局部详图或构件图。详图或构件图也是运用正投影原理绘制的,表示方法根据详图

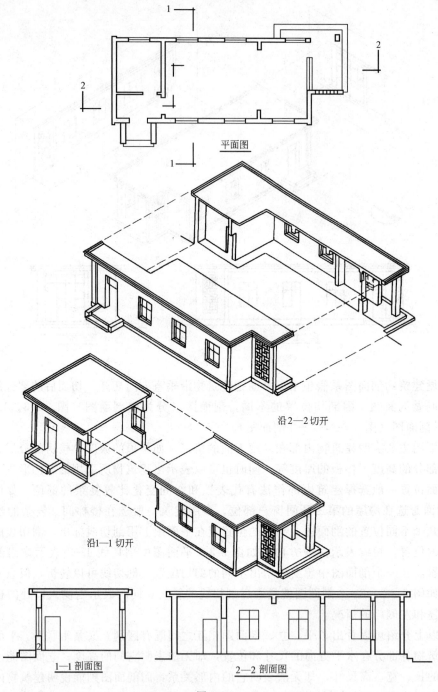

图 3-2-3

和构件的特点有所不同。

如图 3-2-4 中墙身剖面甲就是在平面图上所示甲剖面的详图。

图 3-2-5 是构件图,采用平面图和两个不同方向的剖面图共同表示预应力大型屋面板的形状。由于大型屋面板的外形比较简单,完全可以从平面图和剖面图中知道它的形状,因此将立面图省略不画。

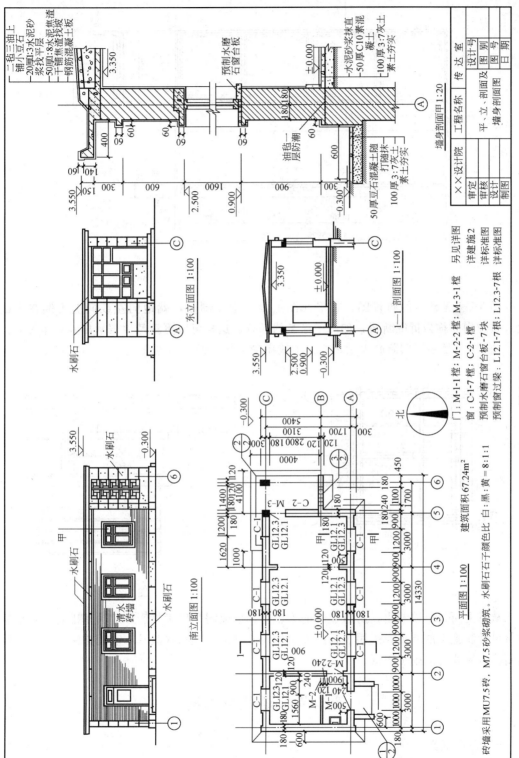

图 3-2-4

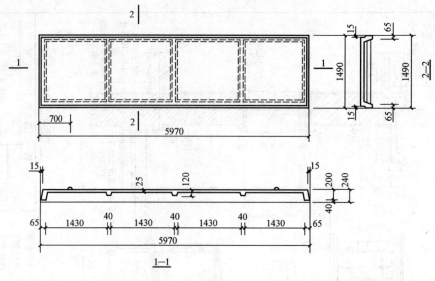

图 3-2-5

图 3-2-6 是楼盖的布置图。在平面图上画一垂直剖面，就地向左或向上折倒在平面上，这种剖面称为折倒断面，如图中涂黑的部分。这样可以更清楚地表示出其立体关系。

图 3-2-7 是用折倒断面表示出立面上线条的起伏、凹凸的轮廓。

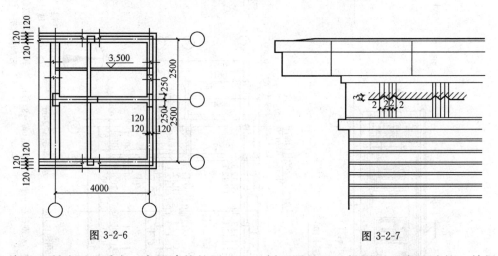

图 3-2-6　　　　　　　　　　　　图 3-2-7

从以上所述可以看出，房屋建筑的平、立、剖面图是以正投影原理为基础的，并根据建筑设计和施工的特点，采用了一些灵活的表现方法。熟悉这些基本表现方法，有助于我们阅读房屋建筑的施工图纸。

第三节　建筑施工图

一、总平面图

（一）用途

总平面图表明一个工程的总体布局。主要表示原有和新建房屋的位置、标高、道路布置、构筑物、地形、地貌等，作为新建房屋定位、施工放线、土方施工以及施工总平面布置的依据。

（二）基本内容

1. 表明新建区的总体布局：如拨地范围、各建筑物及构筑物的位置、道路、管网的布置等。

2. 确定建筑物的平面位置：一般根据原有房屋或道路定位。

修建成片住宅、较大的公共建筑物、工厂或地形较复杂时，用坐标确定房屋及道路转折点的位置。

3. 表明建筑物首层地面的绝对标高，室外地坪、道路的绝对标高；说明土方填挖情况、地面坡度及雨水排除方向。

4. 用指北针表示房屋的朝向。有时用风向玫瑰图表示常年风向频率和风速。

5. 根据工程的需要，有时还有水、暖、电等管线总平面图、各种管线综合布置图、竖向设计图、道路纵横剖面图以及绿化布置图等。

（三）看图要点

1. 了解工程性质、图纸比尺，阅读文字说明，熟悉图例。

2. 了解建设地段的地形，查看拨地范围、建筑物的布置、四周环境、道路布置。如图 3-3-1 为某小学校总平面图，表明拨地范围与现有道路和民房的关系。

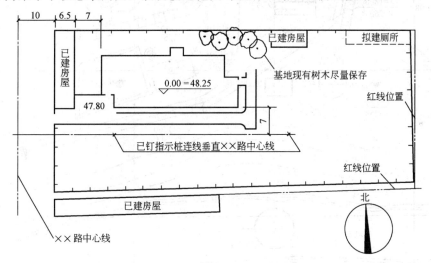

图 3-3-1

3. 当地形复杂时，要了解地形概貌。如图 3-3-2 为某化肥厂的总平面图。从等高线可看出：东北部较高，西南部略低，东部有一个山头，西部为四个台地。主要厂房建在中部缓坡上，锅炉房等建在较低地段。

4. 了解各新建房屋的室内外高差、道路标高、坡度以及地面排水情况（图 3-3-2）。

5. 查看房屋与管线走向的关系，管线引入建筑物的具体位置。

6. 查找定位依据。

（四）新建建筑物的定位

1. 根据已有的建筑或道路定位：如图 3-3-1，教学楼的位置是根据原有房屋和道路定位。教学楼的西墙距原有建筑 7m 与道路中心线平行，西南墙角与原有建筑的南墙平齐。

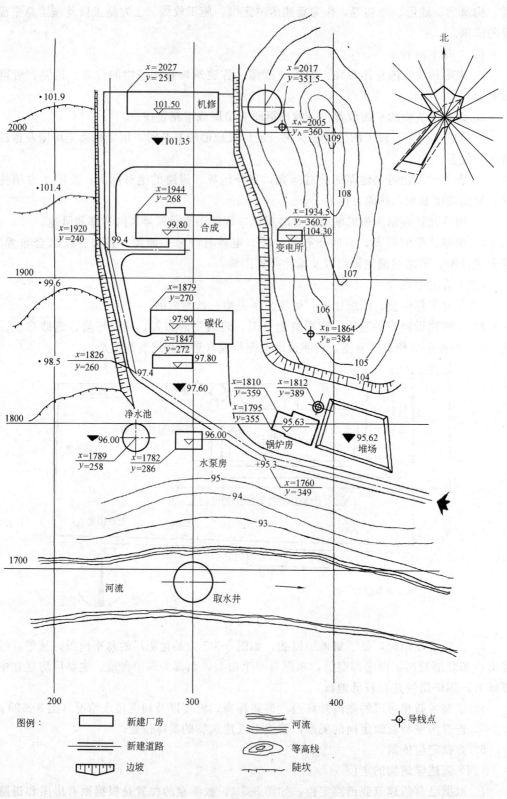

图 3-3-2

2. 根据坐标定位：为了保证在复杂地形中放线准确，总平面图中常用坐标表示建筑物、道路、管线的位置。常用的表示方法有：

(1) 标注测量坐标：在地形图上绘制的方格网叫测量坐标网，与地形图采用同一比尺，以 100m×100m 或 50m×50m 为一方格，竖轴为 x，横轴为 y。一般建筑物定位应注明两个墙角的坐标，如图 3-3-2 中的锅炉房；如建筑物的方位为正南北向，可只注明一个角的坐标，如图 3-3-2 中机修、合成等车间。放线时根据现场已有导线点的坐标（如图 3-3-2 中 A、B 两导线点）用仪器导测出新建房屋的坐标。

(2) 标注建筑坐标：建筑坐标就是将建设地区的某一点定为"O"，水平方向为 B 轴，垂直方向为 A 轴，进行分格。格的大小一般采用 100m×100m 或 50m×50m，比尺与地形图相同。用建筑物墙角距"O"点的距离确定其位置。如图 3-3-3 所示，甲点坐标为 $\dfrac{A=270}{B=120}$；乙点坐标为 $\dfrac{A=210}{B=350}$。放线时即可从"O"点导测出甲、乙两点的位置。

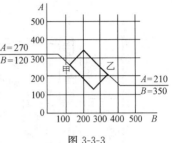

图 3-3-3

二、平面图

(一) 用途

施工过程中，放线、砌墙、安装门窗、作室内装修以及编制预算、备料等都要用到平面图。

(二) 基本内容

1. 表明建筑物形状、内部的布置及朝向：包括建筑物的平面形状，各种房间的布置及相互关系、入口、走道、楼梯的位置等。一般平面图中均注明房间的名称或编号（图 3-3-4）。首层平面图还标注指北针，表明建筑物的朝向。

2. 表明建筑物的尺寸：在建筑平面图中，用轴线和尺寸线表示各部分的长宽尺寸和准确位置。外墙尺寸一般分三道标注：最外面一道是外包尺寸，表明了建筑物的总长度和总宽度。中间一道是轴线尺寸，表明开间和进深的尺寸。最里一道是表示门窗洞口、墙垛、墙厚等详细尺寸。内墙须注明与轴线的关系、墙厚、门窗洞口尺寸等。此外，首层平面图上还要表明室外台阶、散水等尺寸。各层平面图还应表明墙上留洞的位置、大小、洞底标高。如在墙上留槽，其表示方法见图 3-3-5。

3. 表明建筑物的结构形式及主要建筑材料：例如从图 3-3-4 可以看出小学教学楼是混合结构，砖墙承重。从附图Ⅱ建施2铸工车间平面图可看出该车间是框架结构，钢筋混凝土柱子承重。

4. 表明各层的地面标高：首层室内地面标高一般定为±0.00，并注明室外地坪标高。其余各层均注有地面标高。有坡度要求的房间内还应注明地面的坡度。

5. 表明门窗及其过梁的编号、门的开启方向：

(1) 注明门窗编号。从图 3-3-4 可看出外墙窗上注有 C149（C149 代表标准窗的编号，详见第十一章）。内墙注有 C103（虚线表示高窗，并注明窗下皮距地面的尺寸）。门上注有 M337、M139 等标准门的编号。此外，在平面图中还列出全部门窗表，说明各种门、窗的编号，高、宽尺寸，樘数等，见附图Ⅰ建施3。

(2) 表示门的开启方向，作为安装门及五金的依据（图 3-3-6）。

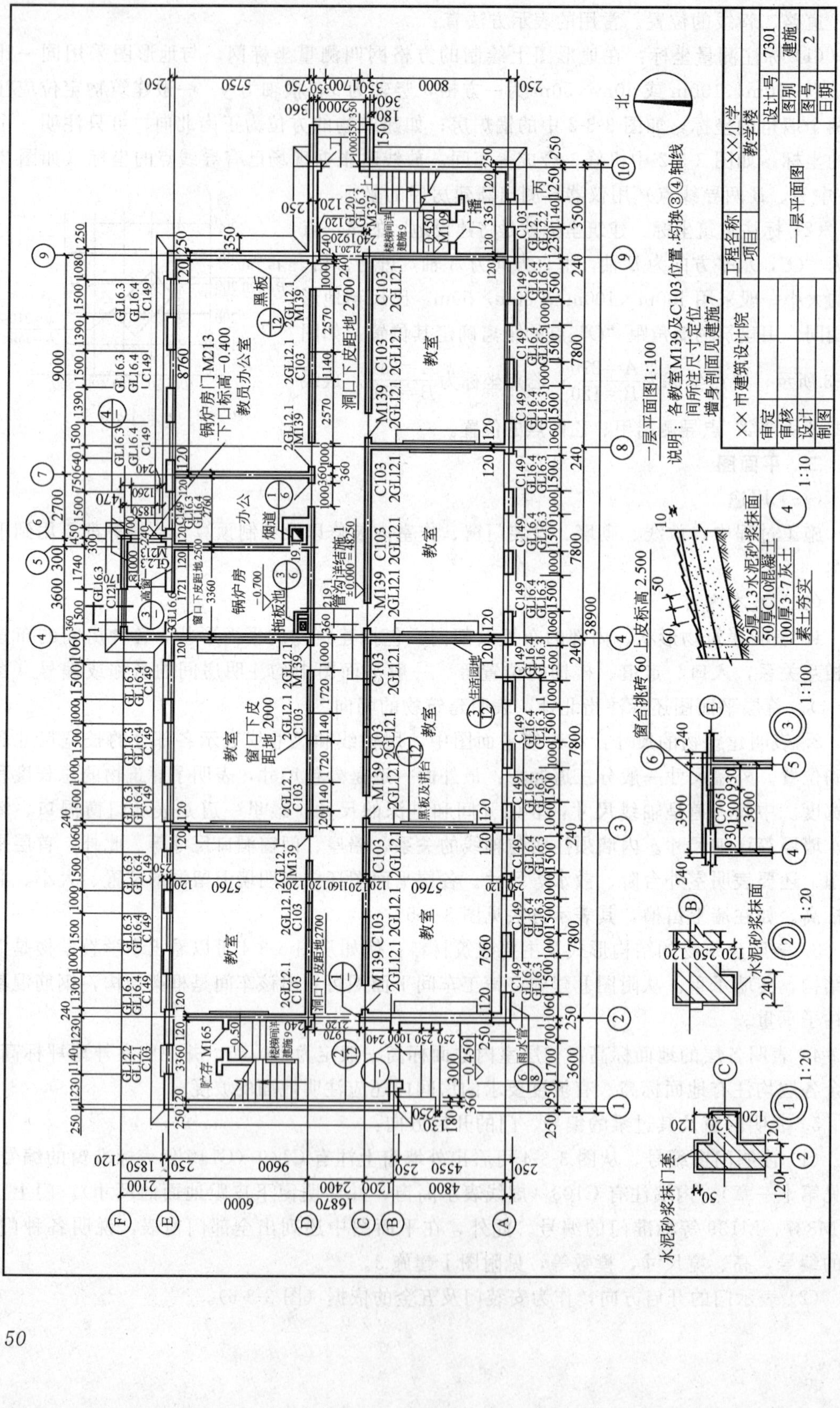

图 3-3-4

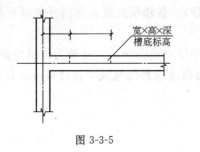

图 3-3-5

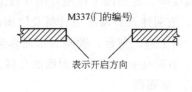

图 3-3-6

(3) 注明门窗过梁编号。如图 3-3-4 平面图中⑩号轴线上 M337 门上注有 $\frac{GL20.1}{GL16.3}$，C149 窗上注有 $\frac{GL16.4}{GL16.3}$ 等通用门窗过梁编号（GL 代表过梁，16、20 是过梁净跨为 1600 和 2000，1、4、3 代表荷载等级及截面类型）。

6. 表明剖面图、详图和标准配件的位置及其编号：

(1) 表明剖切线的位置，如图 3-3-4 平面图中有 1—1 剖切线，说明在此位置有一个剖面图。

(2) 表明局部详图的编号及位置，如图 3-3-4 平面图中⊕，表明该点的详图在本张图纸上，编号为①。黑板讲台处标明 1/12，表示该点详图在建施 12 图纸内，编号为①。

(3) 表明所采用的标准构件、配件的编号。如图 3-3-4 平面图中的拖布池采用标准配件 SC-31。

7. 综合反映其他各工种（工艺、水、暖、电）对土建的要求：各工种要求的坑、台、水池、地沟、电闸箱、消火栓、雨水管等及其在墙或楼板上的预留洞，应在图中表明其位置及尺寸。如图 3-3-4 平面图中锅炉房要求地面标高降低为 −0.70，北面出入口做坡道，内墙有烟囱。

8. 表明室内装修做法：包括室内地面、墙面及顶棚等处的材料及做法。一般简单的装修，在平面图内直接用文字注明；较复杂的工程则另列房间明细表和材料做法表，或另画建筑装修图。

9. 文字说明：平面图中不易表明的内容，如施工要求、砖及灰浆的标号等需用文字说明。

三、屋顶平面图

1. 表明屋面排水情况：如排水分区、天沟、屋面坡度、下水口位置等，见附图Ⅰ建施 8 屋顶平面图。

2. 表明突出屋面的电梯机房、水箱间、天窗、管道、烟囱、检查孔、屋面变形缝等的位置。

3. 屋面排水系统应与屋面做法表和墙身剖面图的檐口部分对照阅读。

四、立面图

（一）用途

立面图表示建筑的外貌，主要为室外装修用。

（二）基本内容

1. 表明建筑物外形，门窗、台阶、雨篷、阳台、烟囱、雨水管等的位置。

2. 用标高表示出建筑物的总高度（屋檐或屋顶）、各楼层高度、室内外地坪标高以及烟囱高度等，见附图Ⅰ建施5小学教学楼立面图。

3. 表明建筑外墙所用材料及饰面的分格。如小学立面图所示，外墙为红机砖清水墙，屋檐、窗上口、窗台、勒脚为水泥砂浆抹面。详细做法应翻阅总说明及材料做法表。

4. 有时还标注墙身剖面图的位置。

五、剖面图

（一）用途

剖面图简要地表示建筑物的结构形式、高度及内部分层情况。

（二）基本内容

1. 表示建筑物各部位的高度：剖面图中用标高及尺寸线表明建筑总高、室内外地坪标高、各层标高、门窗及窗台高度等。见附图Ⅰ建施6小学教学楼剖面图。

2. 表明建筑主要承重构件的相互关系：各层梁、板的位置及其与墙柱的关系，屋顶的结构形式等。

3. 剖面图中不能详细表达的地方，有时引出索引号另画详图表示。

以上五节所介绍的图纸，都是建筑施工图的基本图纸。为了表明某些局部的详细构造做法及施工要求，采用较大比例尺绘成详图，包括：

（1）有特殊设备的房间，如实验室、厕所、浴室等，用详图表明固定设备的位置、形状，以及所需的埋件、沟槽等的位置及其大小。

（2）有特殊装修的房间，须绘出装修详图，例如吊顶平面、花饰、木护墙、大理石贴面等详图。

（3）局部构造详图：如墙身剖面、楼梯、门窗、台阶、消防梯、黑板及讲台（附图Ⅰ建施12）等详图。

以下分节介绍墙身剖面、楼梯、门窗的详图。

六、墙身剖面图

（一）用途

墙身剖面图是建筑详图。它与平面图配合作为砌墙、室内外装修、门窗立口、编制施工预算以及材料估算的重要依据。

（二）基本内容

用较大的比例尺（一般为1∶20），详细地表明墙身从防潮层至屋顶各主要节点的构造做法。现以小学校教学楼墙身剖面甲（图3-3-7）为例，说明墙身剖面图的主要内容：

1. 表明砖墙的轴线编号，砖墙的厚度及其与轴线的关系。如图3-3-7表明墙身剖面甲是Ⓐ、Ⓔ轴线上的外墙，砖墙厚度370mm，外墙皮距轴线250mm，内墙皮距轴线120mm。±0.000以下勒脚墙厚增加60mm，顶部女儿墙厚度减薄为240。

2. 表明各层梁、板等构件的位置及其与墙身的关系。如图3-3-7表明：各层楼板搭进墙身120mm。圈梁与楼板同高，在圈梁外侧砌120mm砖墙。各层窗上都有两根预制钢筋混凝土过梁（过梁编号见附图Ⅰ建施4）。

3. 表明室内各层地面、吊顶、屋顶等的标高及其构造做法。

4. 表明门窗洞口的高度、上下皮标高、立口的位置。

5. 表明立面装修的要求，包括砖墙各部位的凹凸线脚、窗口、门头、挑檐、檐口、

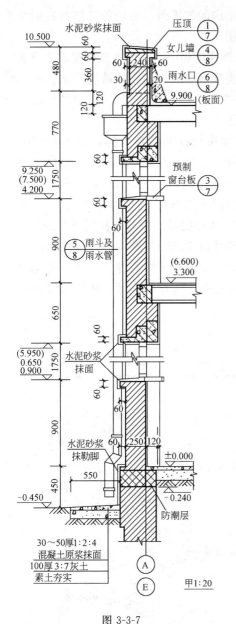

勒脚、散水等的尺寸、材料和做法，或用索引号引出做法详图。

6. 表明墙身的防水、防潮做法，如檐口、墙身、勒脚、散水、地下室的防潮、防水做法。图3-3-7表示从标高-0.240～-0.060m三皮砖用防水砂浆砌筑，作为墙身防潮层。

（三）看图时应注意的问题

1. ±0.000或防潮层以下的砖墙以结构基础图为施工依据，看墙身剖面图时，必须与基础图配合，并注意±0.000处的搭接关系及防潮层的做法。

2. 屋面、地面、散水、勒脚等的做法、尺寸应和材料做法表对照。

3. 要注意建筑标高和结构标高的关系。建筑标高一般是指地面或楼面装修完成后上表面的标高，结构标高主要指结构构件的下皮或上皮标高。在预制楼板结构楼层剖面图中，一般只注明楼板的下皮标高（图3-3-8）。在建筑墙身剖面图中只注建筑标高。

七、楼梯详图

在一般建筑中通常使用钢筋混凝土现制或预制楼梯。楼梯各部分的形状见图3-3-9。

楼梯详图主要表示楼梯的类型，平、剖面尺寸，结构形式及踏步、栏杆等装修做法。一般楼梯

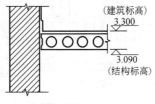

图 3-3-7　　　　　　　　　　图 3-3-8

的建筑与结构图分别绘制。装修比较简单的楼梯，建筑图与结构图有时合并绘制，编入建筑图或结构图中。

（一）楼梯建筑详图

楼梯建筑详图一般包括楼梯平面图、剖面图、踏步及栏杆大样等。

1. 楼梯平面图：用轴线编号表明楼梯间的位置，注明楼梯间的长宽尺寸，楼梯跑数（两休息板之间叫一跑），每跑的宽度及踏步数，踏步的宽度，休息板的尺寸和标高等。如图3-3-10（a）所示。

楼梯平面图一般分层绘制，是在每层距地面1m以上沿水平方向剖切而画出的。如图3-3-10（a）首层平面图是剖切在第一跑上，因此除表明第一跑的平面，还表明楼梯休息

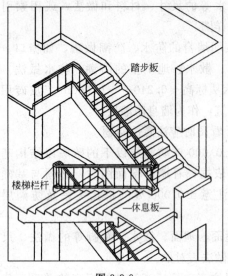

图 3-3-9

板下面小房间的平面。相同的各层可绘制标准层平面图。

2. 楼梯剖面图：表明各层楼层及休息板的标高，楼梯踏步数，构件的搭接做法，楼梯栏杆的形式及高度，楼梯间门窗洞口的标高及尺寸，见图 3-3-10（b）。

3. 楼梯栏杆及踏步大样：表明栏杆的高度、尺寸、材料，及其与踏步、墙面的搭接方法，踏步及休息板的材料、做法及详细尺寸等。见附图Ⅰ建施10楼梯栏杆详图。

（二）楼梯的建筑图与结构图合并绘制

当楼梯的建筑图与结构图合并绘制时，除了表明以上建筑方面的内容外，还表明选用的预制钢筋混凝土构件的型号和构件搭接处的节

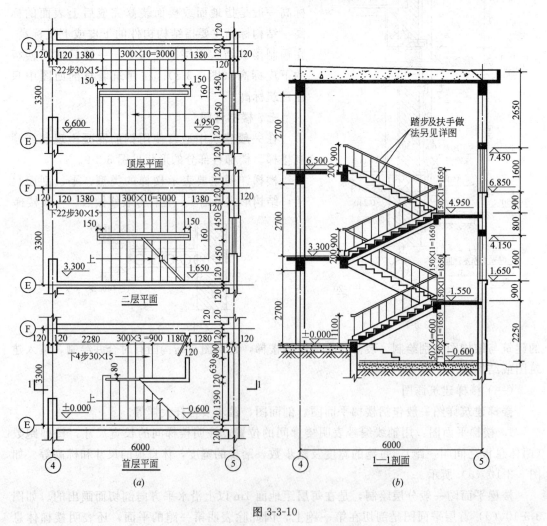

图 3-3-10

点构造，如附图Ⅰ建施9楼梯详图，除表明楼梯的跑数、楼梯间轴线编号、长宽尺寸外，还表明选用的预制构件型号。选用的楼梯踏步板有两种：TB2.9右和TB2.10右。型号的含义为：

TB——踏步板代号；

2——宽度代号；

9（10）——踏步级数（9级和10级）；

右——栏杆埋件位置代号（表示栏杆在踏步板右边）。

楼梯踏步板搭在楼梯梁TL36上。在一层休息板处（标高1.815），由于上下两跑的踏步板前后位置错开，所以分别选用了两根楼梯梁TL18，前后错开搭在砖垛上。休息板选用两块短向圆孔板TB36.（1）。

根据楼梯平、剖面图中引出的节点索引号 ⓐ……ⓔ 可以在本张图上找到构件搭接处的构造做法。

（三）看图时应注意的问题

1. 根据轴线编号查清楼梯详图和建筑平、剖面的关系。

2. 看楼梯间门窗洞口及圈梁的位置和标高要与建筑平、立、剖面图和结构图纸对照阅读。

3. 当楼梯间地面标高较首层地面标高低时，应注意楼梯间防潮层的位置。

4. 当楼梯的结构图与建筑图分别绘制时，阅读楼梯建筑详图应对照结构图纸，核对楼梯梁、板的尺寸和标高。

八、木门窗详图

一般木门窗图有立面图、节点大样图、五金表和文字说明。本节只介绍立面图和节点大样图。

（一）木窗详图

1. 木窗由窗框、窗扇组成。各部分名称见图3-3-11。

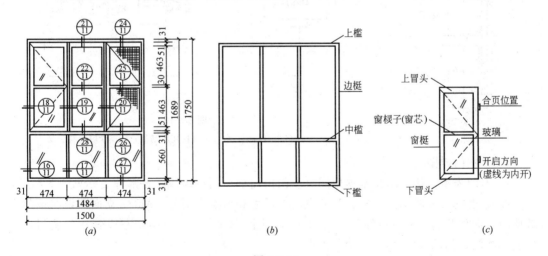

图 3-3-11

(a) C149立面图；(b) 窗框；(c) 窗扇

2. 立面图：表明木窗的形式，开启方式和方向，主要尺寸及节点索引号。如图3-3-

11(a)为C149窗立面图,说明有两个活扇向内开启。立面图上注有三道尺寸:外面一道尺寸1750mm×1500mm是窗洞尺寸,中间一道尺寸1689mm×1484mm是窗樘的外包尺寸,里面一道尺寸是窗扇尺寸。

在各层平面图中注出的是窗洞口的尺寸,为砌砖墙留口用。窗樘及窗扇尺寸供木工加工制作用。

3．节点详图:切后画出的投影图叫剖面图。为了简明,一般不画窗的剖面图而以节点详图代替。节点详图表明木窗各部件断面用料、尺寸、线型、开启方向。节点详图编号可由立面图上查到。

如图3-3-12㉔、㉕、㉖、㉗四个节点说明窗扇与窗框的关系以及窗框与窗扇的用料尺寸。其余节点详图见附图Ⅰ建施11。

4．木窗断面尺寸:从图3-3-13中可看出窗框及窗扇用料及裁口的尺寸。

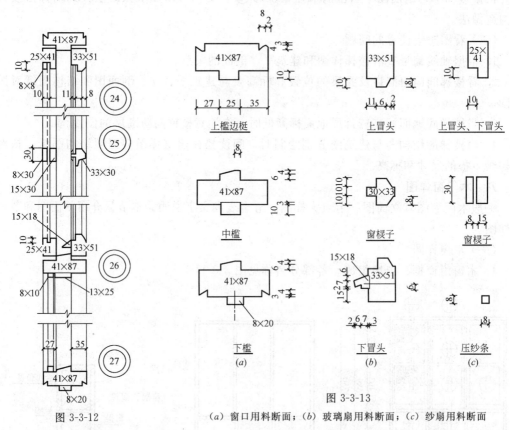

图3-3-12

图3-3-13

(a)窗口用料断面;(b)玻璃扇用料断面;(c)纱扇用料断面

(二)木门详图

1．木门表示方法与木窗基本相同。木门由门框、门扇组成,各部件名称见图3-3-14。

2．立面图:表明木门形式、开启方向、尺寸和节点索引号。M337立面图说明该门为玻璃门,向外开启;并带有纱门,向内开启。图3-3-14(a)、(c),左边表示玻璃门,右边表示纱门。门的尺寸注法与木窗相同。

3．节点详图:图3-3-15中④、⑤二节点说明门框与门扇的关系及其用料尺寸。其余节点详图见附图Ⅰ建施11。

4．木门用料断面:从图3-3-16中可看出门框、门扇用料及裁口的尺寸。

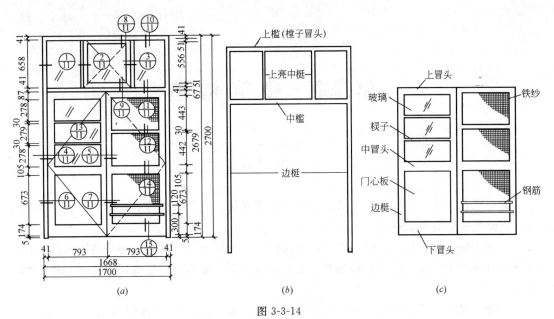

图 3-3-14
(a) M337 立面图；(b) 门框；(c) 玻璃扇、纱扇

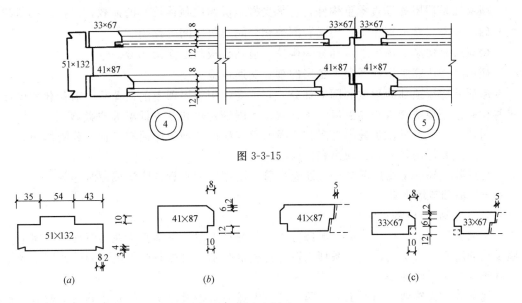

图 3-3-15

图 3-3-16
(a) 门口边梃用料断面；(b) 玻璃扇边梃用料断面；(c) 纱扇边梃用料断面

思 考 题

1. 掌握建筑图的规定，书写仿宋字、阿拉伯数字、大写字母、小写字母各 100 个。
2. 总平面图、平面图、立面图、剖面图各包括哪些内容？

第四章 建筑构造

第一节 民用建筑构造

民用建筑：供人们居住、生活、工作和从事文化、商业、医疗、交通等公共活动的房屋。包括居住建筑和公共建筑。

一幢房屋，尽管它们在使用要求、空间组合、外形处理、规模大小等各不相同，但是构成建筑物的主要组成部分是相同的，它们包括基础、墙和柱、楼地层、楼梯、屋顶和门窗等。

基础是房屋最下面的部分，它承受房屋的全部荷载，并把这些荷载传给下面的土层——地基。

墙或柱是房屋的垂直承重构件，它承受楼地层和屋顶传给它的荷载，并把这些荷载传给基础。墙不仅有承重作用，还起着围护和分隔建筑空间的作用。

楼地层是房屋的水平承重和分隔构件，包括楼板和地面两部分。

楼梯是楼房建筑中联系上下各层的垂直交通设施。

屋顶是房屋顶部的承重和围护部分。它承受作用于屋顶上的风荷载、雪荷载和屋顶自重等荷载，还要防御自然界的风、雨、雪、太阳辐射热和冬季低温等的影响。

门是供人及家具设备进出房屋和房间的建筑配件，同时还兼有围护、分隔作用。

窗的主要作用是采光、通风和供人眺望。

房屋除上述基本组成部分外，还有台阶、雨篷、雨水管、明沟或散水等等。

一、基础与地下室

（一）基础与地基

基础是房屋最下面的一个组成部分，一般埋在土中。基础支承在其下面的土层上。房屋承受的所有荷载都要通过一系列构造部件传给基础，再由基础传给下面的土层。受基础荷载影响的土层叫地基。

地基分为天然地基和人工地基两大类。天然地基指天然土层具有足够的承载力，不需经人工改良或加固可以直接在上面建造房屋的地基。如岩石、碎石土、砂土、粉土、黏性土等。人工地基指土层的承载力差（如淤泥、人工填土等），直接在上面建筑房屋时，缺乏足够的坚固性和稳定性，必须对土层进行人工加固后，才能在上面建筑房屋。常用的人工加固地基方法有压实法、换土法和挤密法。

（二）基础的埋置深度

由室外设计地面到基础底面的距离，叫基础的埋置深度，简称基础埋深（如图4-1-1）。

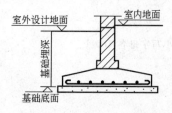

图 4-1-1 基础的埋置深度

基础埋深大于5m的称为深基础。基础埋深不超过5m的称为浅基础。基础埋深愈小，工程造价愈低。因此在确定基础埋深时，应优先选择浅基础。但当基础埋得过浅，地基受到压力后有可能把四周的土挤走，使基础失去稳定，同时基础还易受各种侵蚀和影响，造成破坏。故基础埋深一般不宜小于0.5m。

（三）基础的类型与构造

基础的类型很多。按采用材料的不同可分为：砖基础、毛石基础、灰土基础、混凝土基础和钢筋混凝土基础。按受力性能又可分为：刚性基础和柔性基础。按构造形式分有：条形基础、独立基础、整片基础和桩基础。

基础构造类型的选择与建筑物上部结构形式、荷载大小及地基承载力等有关。

1. 条形基础

条形基础呈连续的带状，故也称带形基础。条形基础一般用于砖混结构的承重墙下，当房屋为框架结构时，若荷载较大且地基为软土时，也有从单向或双向将柱下基础连续设置。

一般的条形基础由三个部分组成，即基础墙、大放脚和垫层。图4-1-2是砖砌条形基础的剖面图。砖砌条形基础的大放脚有等高式与间隔式两种做法，如图4-1-3。

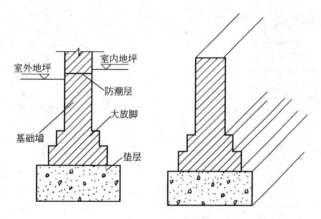

图4-1-2　砖砌的条形基础

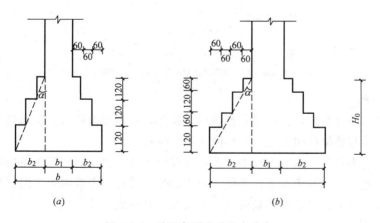

图4-1-3　砖砌条形基础的大放脚
(a) 等高式；(b) 间隔式

基础的大放脚如同悬臂梁，地基反力的作用下，基底将产生很大的拉应力。当这个拉应力超过材料的允许拉应力时，基底将被拉裂。实践证明，基底出挑宽度与高度之比（tgα）小于某一数值，即大放脚控制在某一角度之内，则基底不会拉裂，该角就称为刚性角（α）。凡受刚性角限制的基础称刚性基础，像砖基础、毛石基础、灰土基础与混凝土基础，均属于刚性基础。

大放脚采用毛石砌筑的称毛石基础。毛石基础剖面形式有矩形、阶梯形和梯形等多种。毛石基础不另做垫层，如图 4-1-4（a）所示。

大放脚采用混凝土浇捣的称混凝土基础。混凝土基础剖面形式有矩形、阶梯形和锥形，如图 4-1-4（b）。

当上部荷载很大，地基承载力很小，采用上述各类基础均不经济时，可采用钢筋混凝土基础。基础剖面多为扇锥形，因为混凝土中配有的钢筋可以承受拉力，所以钢筋混凝土基础可以做得宽且薄，基础可不受刚性角的限制。像这类不受刚性角限制的基础称柔性基础。如图 4-1-4（c）所示。若地基土质不均，可做成带地梁的形式，如图 4-1-4（d）。

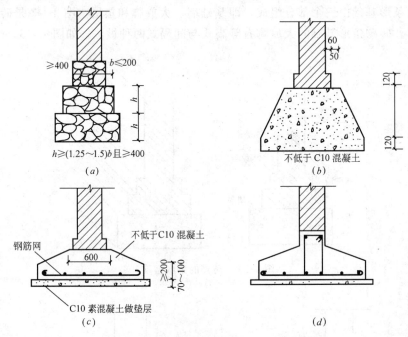

图 4-1-4　基础的形式（一）——条形基础
（a）毛石基础；（b）混凝土基础；（c）、（d）钢筋混凝土基础

2. 独立基础

独立基础多呈柱墩形，其形式有台阶形、锥形，用料和构造与条形基础基本相同，主要用于框架结构与排架结构的柱下，如图 4-1-5（a）。

当地基土质不均匀、承载力较小，上部荷载很大时，独立的柱墩式基础很可能做很大以致要靠到一起。在这种情况下，为便于施工操作，可在一个或两个方向把独立的柱墩式基础连接起来，成为单向连续的基础或十字交叉的井格式基础。

3. 整片基础

整片基础包括筏形基础和箱形基础。

(1) 筏形基础

筏形基础又叫板式基础或满堂式基础，适用于上部结构荷载较大、地基承载力差、地下水位较高、采用其他基础不够经济的情况。筏形基础按结构形式分为梁板式和板式两类。如图 4-1-5（b）。为梁板式筏形基础，其受力状态类似倒置的钢筋混凝土楼板，框架柱位于地梁上（一般均为纵横地梁的交叉点上），将荷载传给地梁下的底板，底板再将荷载传给地基。一般梁间的空隙用素土或低强度等级混凝土填实，或者在梁间架空铺设钢筋混凝土预制板。如图 4-1-5（c）为板式筏形基础。板式筏形基础底板较厚，不如梁板式筏形基础经济。

(2) 箱形基础

为了使基础具有很高的刚度以承受上部极大的荷载，可将筏式基础发展为中空的箱形基础。箱形基础由钢筋混凝土底板、顶板和墙板组成。其内部空间可用作地下室。这类地基多用于高层建筑或需要有地下室的建筑。图 4-1-5（d）为箱形基础。

4. 桩基础

当建筑物荷载较大，地基的软弱土层厚度在 5m 以上，基础不能埋在软弱土层内，或对软弱土层进行人工处理存在困难或不经济时，常采用桩基础。

采用桩基础可节省基础材料，减少挖填土方工程量，减少不均匀沉降，改善工人的劳动条件，缩短工期，因此近年来桩基础采用量逐年增加。

按桩的受力性能，桩的种类有端承型桩（图 4-1-5（e））与摩擦型柱（图 4-1-5（f））。把建筑物的荷载通过桩端传给深处坚硬土层的称端承型桩，而通过桩侧表面与周围土的摩擦力传给地基的则称摩擦型桩。端承型桩适用于表层软土层不太厚，而下部为坚硬土层的地基情况。摩擦型桩适用于软土层较厚，而坚硬土层距地表很深的地基情况。

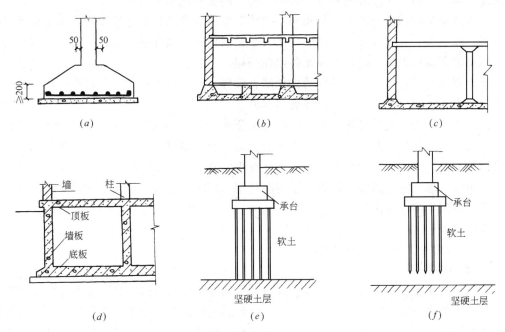

图 4-1-5 基础的形式（二）

(a) 独立基础；(b) 梁板式筏式基础；(c) 板式筏式基础；(d) 箱形基础；(e) 端承型桩；(f) 摩擦型桩

当前采用最多的是钢筋混凝土桩，包括预制桩和灌注桩两大类。灌注桩又分为沉管灌注桩、钻孔灌注桩和爆扩灌注板等几种。

5. 地下室

地下室是建筑物中处于室外地面以下的房间。地下室的类型按功能分为普通地下室和防空地下室；按结构材料分为砖墙结构和混凝土结构地下室；按构造形式可分为全地下室和半地下室（图4-1-6）。地下室顶板的底面标高高于室外地面标高的称半地下室，这类地下室一部分在地面以上，可利用侧墙外的采光井解决采光和通风问题。地下室顶板的底面标高低于室外地坪时，称为全地下室。

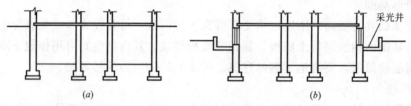

图 4-1-6 地下室示意
(a) 全地下室；(b) 半地下室

地下室一般由顶板、底板、侧墙、楼梯、门窗、采光井等组成。

地下室的外墙不仅承受上部的垂直荷载，还要承受土、地下水及土冻结时产生的侧压力。墙板为砖砌时，其厚度一般不小于490mm；如为钢筋混凝土时，应经计算确定其厚度。

在地下水位高于地下室地面时，地下室的底板不仅承受作用在它上面的垂直荷载，还承受地下水的浮力，因此必须具有足够的强度、刚度和抗渗能力。

一般地下室的门窗与地面部分相同。当地下室的窗台低于室外地面时，为了保证采光和通风，应设采光井。采光井由侧墙、底板、遮雨设施或铁算子组成，一般每个窗户设一个，当窗的距离很近时，也可将采光井连在一起。

地下室的楼梯，可与地面部分的楼梯结合设置。由于地下室的层高较小，故多设单跑楼梯。一个地下室至少应有两部楼梯通向地面。

地下室的墙板与底板都埋在地下，接近地下水，甚至有可能浸泡在地下水中，因此，防潮、防水问题便成了地下室设计中所要解决的一个重要问题。一般我们可根据地下室底板的标准、结构形式，特别是水文地质条件等确定防潮、防水方案。

常用的有地下室防潮做法；地下室防潮与排水相结合做法，地下室卷材防水做法；地下室钢筋混凝土防水做法等。

二、墙体

(一) 墙的种类、作用与材料

1. 墙的种类

墙的种类很多。按位置分有外墙和内墙。外墙指房屋四周用以分隔室内外空间的围护构件；内墙是位于房屋内部用以分隔室内空间的隔离构件。外横墙习惯上称为山墙，外纵墙又称为檐墙。按其受力情况分，墙有承重墙和非承重墙。承重墙指承受上部结构传来荷载的墙；非承重墙指不承受上部结构传来荷载的墙。比如框架结构中填充在框架梁柱间的墙（框架墙），属于非承重墙；房屋中的隔墙只承受自身重量，也属于非承重墙。

2. 作用

民用建筑中的墙一般有三个作用。首先，它承受屋顶、楼盖等构件传下来的垂直荷载及风力和地震力，即起承重作用。第二，防止风、雪、雨的侵袭，保温、隔热、隔声、防火、保证房间内有良好的生活环境和工作条件，即起围护作用。第三，按照使用要求将建筑物分隔成或大或小的房间即起分隔作用。

3. 材料的选择

构成墙体的材料和制品有土、石块、砖、混凝土、各类砌块和大型板材等。应根据各地的具体情况来选择经济合理的墙体材料。

（二）墙体的构造

1. 砖墙的类型

砖墙按构造一般有实心砖墙、空斗墙、空心砖墙和复合墙等几种类型。实心砖墙用普通黏土砖或其他实心砖按照一定的方式组砌而成；空斗墙是由实心砖侧砌或平砌与侧砌结合砌成，墙体内部形成较大的空洞；空心砖墙是由空心砖砌筑的墙体；复合墙是指由砖和其他高效保温材料组合形成的墙体。

砖墙的组砌方式简称砌式，是指砖在砌体中的排列方式。为了砖墙坚固，砖的排列方式应遵循内外搭接，上下错缝的原则，错缝和搭接能保证墙体不出现连续的垂直通缝，以提高墙的整体性强度和稳定性。实心砖墙常见的砌式有全顺式、一顺一丁式、三顺一丁式、两平一侧式与梅花丁式等。

2. 砖墙的厚度

普通黏土砖的尺寸是 240mm×115mm×53mm。当采用普通黏土砖砌墙时，砖墙的厚度可以以砖长来表示，例如 1/2 砖墙、3/4 砖墙、1 砖墙、2 砖墙等，其相应厚度见表 4-1-1。

砖墙厚度的尺寸（mm） 表 4-1-1

墙厚名称	1/4 砖	1/2 砖	3/4 砖	1 砖	1½ 砖	2 砖	2½ 砖
标志尺寸	60	120	180	240	370	490	620
构造尺寸	53	115	178	240	365	490	615

砖墙的厚度既应满足砖墙的承载能力，又应满足一定的保温、隔热、隔声、防火要求。一般情况下，单从强度考虑，4～5 层民用建筑的承重砖墙，墙厚采用一砖墙就能满足要求，实践也证明，双面抹灰的一砖墙，均能满足国家标准规定的隔声和防火要求，也必须能满足我国南方地区的保温和隔热要求，对于北方严寒地区往往需要增加墙厚或采用其他类型墙体。

3. 墙体结构布置方案

在以墙体承重的民用建筑中，承重墙体的结构布置有以下几种方式：

（1）横墙承重

这种布置方式就是将楼板、屋面板等沿建筑物的纵向布置，搁置在横墙上，纵墙不承重，只起围护、分隔和增加纵向刚度的作用。这种方案的优点是建筑物横向刚度大，在纵墙上能开较大的窗口，立面处理比较灵活。缺点是材料消耗较多，开间尺寸不够灵活。常适用于开间尺寸不大且较整齐的建筑，如住宅、宿舍等。

(2) 纵墙承重

这种布置方案就是将楼板、屋面板等荷载直接或间接地传给纵墙。横墙不承重,只起围护、分隔和增强建筑物横向刚度的作用。板的具体搁置有两种方式:一种是沿建筑物的横向布置,两端搁在纵墙上,另一种在纵墙间架设梁,将楼板、屋面板沿建筑物的纵向搁在梁上。纵墙承重的优点是开间大小划分灵活,楼板等构件规格较少,安装简便,墙体材料消耗也较少。缺点是建筑物横向刚度差,在外纵墙上开设门窗洞口时,其大小和位置受到限制。多适用于房间较大的建筑物,如办公楼、教学楼等建筑。

(3) 纵横墙混合承重

在一栋房屋中,既有横墙承重又有纵墙承重,称纵横墙混合承重。它的优点是平面布置比较灵活,房屋刚度也较好。缺点是楼板、屋面板类型偏多,且因铺设方向不一,施工比较麻烦。这种方案适用于房间开间和进深尺寸较大、房间类型较多以及平面复杂的建筑,比如教学楼、托儿所、医院、点式住宅等建筑。

(4) 墙和柱混合承重

当房屋内部采用柱、梁组成的内框架时,梁的一端搁置在墙上,另一端搁置在柱上,由墙和柱共同承受楼板、屋面板传来的荷载,称墙与柱混合承重。这种方案适用于室内需要大空间的建筑,如仓库、大商店、餐厅等建筑。

4. 隔墙

(1) 隔墙的作用与类型

非承重的内墙叫隔墙。它的作用就是房屋内部分割成若干房间,它不承受任何外来荷载。设计时应尽可能满足轻、薄、隔声、防火、防潮和易于拆卸,安装等要求。

民用建筑中隔墙种类很多,按构造方式一般可分三大类:块材式、立筋式和板材式。

块材式隔墙指用普通砖、空心砖、加气混凝土砌块等块材砌筑的墙。

立筋式隔墙也称龙骨式隔墙。它是以木材、钢材、铝合金或其他材料构成骨架,把面层粘贴、镶嵌、钉、涂抹在骨架上形成隔墙。

板材式隔墙是采用工厂生产的制品板材,以砂浆或其他粘材材料固定形成的隔墙。

(2) 常见隔墙构造

1) 普通黏土砖隔墙

普通黏土砖隔墙有半砖和1/4砖墙两种。1/4砖隔墙是用砖侧而成,其厚度的标志尺寸为60mm,常用M10砂浆砌筑。多用于没有门或面积较小的隔墙,如住宅中厨房、卫生间、厕所之间的隔墙。在高度方向每隔500mm用ϕ6mm钢筋通长布置并伸入承重墙内。如图4-1-7(a)所示。

当隔墙设门时,门框应作成立边到顶并固定在天棚与地面之间,否则,应在门洞上放置2ϕ6mm钢筋,每端伸入墙内250mm。

半砖墙用M5砂浆砌筑,一般砌筑时,墙高不超过5m。如超出上述高度时应每隔500mm砌入ϕ4mm钢筋两根或每隔1.2~1.5m设一道30~50mm厚的水泥砂浆层,内放两根ϕ6mm钢筋。顶部与楼板相接处,常用立砖斜砌,使墙与楼板挤紧。图4-1-7(b)为砖隔墙与承重墙的拉结做法。

2) 砌块隔墙

为了减轻隔墙的重量,可采用各种空心砖、加气混凝土块、粉煤灰硅酸盐块等砌筑隔

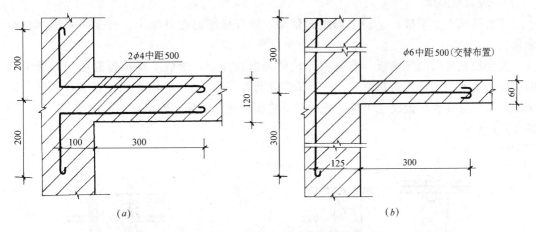

图 4-1-7 砖墙与承重墙的拉结
(a) 1/2 砖墙；(b) 1/4 砖墙

墙。目前最常用的炉渣空心砖具有体轻、孔隙率大、隔热性能好、节省黏土等优点。但吸水率强，因此隔墙下面的 2~3 皮砖应用普通黏土砖砌筑。

为了增加空心砖墙的稳定性，沿高度方向每隔 1m 左右加设钢筋混凝土带一道，与砖墙连接处每隔 500mm 左右用 $\phi 6mm$ 钢筋拉固，在顶部与楼板相接处用立砖斜砌使墙和楼板挤紧。

3) 石膏板隔墙

用于隔墙的石膏板有纸面石膏板、防水纸面石膏板、纤维石膏板、石膏空心板条等。石膏板长度有 2400、2500、2600、2700、3000、3300mm，宽度有 900、1200mm，厚度有 9、12、15、18、25mm。

石膏板隔墙的安装方法：是先装墙面龙骨，再将石膏板用钉固定在龙骨上。

石膏板之间的接缝有明缝和暗缝两种。暗缝做法首先要求石膏板有倒角，在两块石膏板拼缝处用羟基纤维素等调配的石膏腻子嵌平，然后贴上 50mm 宽的穿孔纸带，再用上述石膏腻子与墙面刮平，如图 4-1-8 (a) 所示。明缝做法是用专门工具和砂浆胶合剂勾成立缝，如图 4-1-8 (b) 所示。常用于公共建筑等大房间。

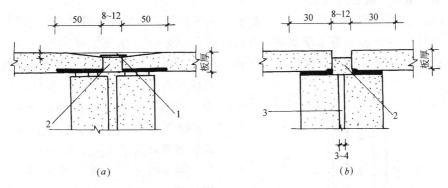

图 4-1-8 石膏板接缝做法
(a) 暗缝；(b) 明缝
1—穿孔纸带；2—接缝腻子；3—108 胶水泥砂浆

4) 胶合板隔墙

这类隔墙由上下槛、立筋与筋组成骨架，胶合板镶钉在骨架上。骨架可采用木材或金属。

胶合板也可以用纤维板、石膏板等轻质人造板代替，即成了纤维板隔墙与石膏板隔墙。板与骨架的构造连系有两种：一种是钉在骨架两面（或一面），用压条盖住板缝，若不用压条板盖缝也可做成三角缝。另一种是将板材镶到骨架中间板材四周用压条固定，如图 4-1-9 所示。

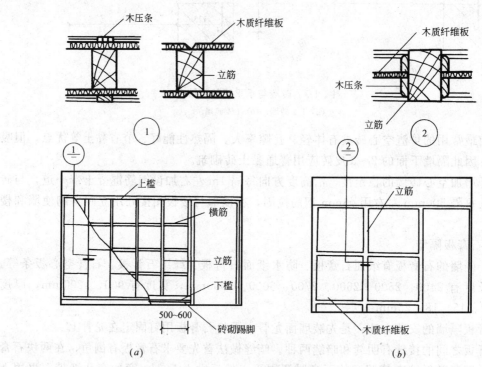

图 4-1-9 木质纤维板隔墙
(a) 贴板法；(b) 镶板法

5) 加气混凝土板材隔墙

加气混凝土板由水泥、石灰、砂、矿渣、粉煤灰等，加发气剂铝粉，经过原料处理配料浇铸、切割、蒸压养护等工序制成。其密度为 500kg/m³，抗压强度 30～50MPa。加气混凝土板厚为 125～250mm，宽度为 600mm，长度 2700～6000mm，一般使板的长度等于房间净高（如图 4-1-10）。板材用胶粘剂固定，胶粘剂有水玻璃磨细矿渣粘结砂浆、108 胶聚合水泥砂浆。板缝用腻子修平，墙板上可裱糊壁纸或涂刷涂料。

隔墙的做法很多，像板条抹灰隔墙、钢板网抹灰隔墙等都是比较传统的做法，但由于现场湿作业较多，不便任意拆装，故目前较少采用。

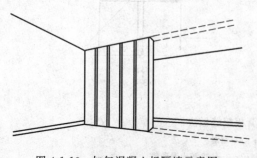

图 4-1-10 加气混凝土板隔墙示意图

5. 过梁与圈梁

(1) 过梁

门窗洞口上方的横梁称门窗过梁。过梁的作用是支承门窗洞口上方的砌体自重和梁、板传来的荷载，并把这些荷载传给洞口两侧的墙上去。

过梁的种类很多，选用时依洞口跨度和洞口上方荷载不同而异，目前常用的有砖过梁、钢筋砖过梁、钢筋混凝土过梁等几种。

1) 砖过梁

砖砌过梁是我国传统的做法，常见的有平拱砖过梁和弧拱砖过梁两种（如图4-1-11）。

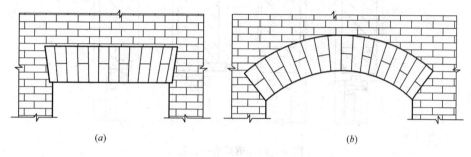

图 4-1-11 砖过梁
(a) 砖砌平拱；(b) 砖砌弧拱

平拱砖过梁是用砖侧砌而成。立面呈梯形，高度不小于一砖，砖数为单数，对称于中心向两边倾斜。灰缝上宽下窄呈楔形，但最宽不得大于 20mm，最窄不小于 5mm。平拱的底面，中心要较两端提高跨度的 1/100，称起拱。起拱的目的是拱受力下沉后使底面平齐。平拱砖过梁适用于洞口跨度不超过 1.5m。

弧拱砖过梁，立面呈弧形或半圆形，高度不小于一砖，跨度可达 2～3m。

砖过梁虽节省钢材和水泥，但施工麻烦，尤其不宜用于上部有集中荷载、振动荷载较大、地基承载力不均匀的建筑和地震区。

2) 钢筋砖过梁

钢筋砖过梁是用砖平砌，并在灰缝中加适量钢筋的过梁。如图4-1-12所示。

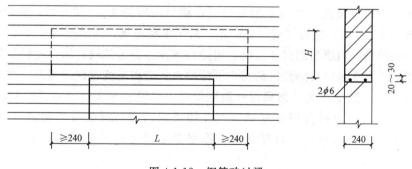

图 4-1-12 钢筋砖过梁

具体做法是：在过梁高度内，用不低于 MU7.5 的砖和不低于 M2.5 的砂浆砌筑，在过梁下铺 20～30mm 厚砂浆层，砂浆内按每半砖墙厚设 1ϕ6mm 钢筋，两端伸入两侧墙身各 240mm，再向上弯 60mm。过梁的高度应经计算确定，一般不少于 4～6 皮砖，同时不小于洞口跨度的 1/5。

钢筋砖过梁施工简便,由于梁内配置的钢筋能承受一定的弯距,因此过梁的跨度可达 2m。

3) 钢筋混凝土过梁

当门窗洞口跨度较大,或上部荷载较大,或有较大振动荷载,或可能产生不均匀沉降的房屋,应采用钢筋混凝土过梁。钢筋混凝土过梁可现浇,也可预制。为加快施工进度,减少现场湿作业,宜优先采用预制钢筋混凝土过梁,如图 4-1-13 所示。

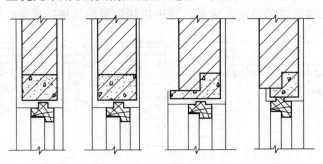

图 4-1-13 钢筋混凝土过梁

过梁的断面和配筋根据荷载的大小由计算确定。通常过梁的宽度与砖墙的厚度相适应,过梁的高度与砖皮数尺寸相配合,过梁长度为洞口宽度加 500mm,也就是两端各伸入侧墙 250mm。钢筋混凝土过梁的截面形状有矩形和 L 形两种。矩形多用于内墙和混水墙,L 形的多用于外墙。

如门窗洞口过宽,过梁的尺寸就要增大,为了便于搬运和安装方便,对尺寸过大的预制梁,可以做成两根断面较小的预制过梁,在现场拼装使用。

(2) 圈梁

圈梁是沿房屋外墙四周及部分内墙在墙内设置的连续封闭的梁。它的作用是加强房屋的空间刚度和整体性,防止由于地基不均匀沉降、振动荷载等引起的墙体开裂,提高建筑物的抗震能力。

圈梁的数量由房屋的高度、层数、墙体的厚度以及地基情况、地震烈度等因素确定。在非地震区对于单层建筑,当墙厚为一砖时,檐口高度若为 5~8m 时,则设一道圈梁;檐口高度若大于 8m 时,应再增设一道圈梁。对于多层建筑,当墙厚为一砖,层数为 3~4 层时,设一道圈梁;当层数超过 4 层时,可适当增设。当地基较软弱或比较复杂时,可在基础顶面增设一道在地震设防地区砖房中圈梁的设置应满足抗震设计规范的规定要求。

圈梁的位置与数量有关。当只设一道圈梁时,可设在屋盖处;圈梁数量较多时,除顶层设一道圈梁外,还可分别在基础顶部、楼层或门窗过梁处设置圈梁。门窗洞口上方设置圈梁时可不再设过梁,只是此部分圈梁必须满足过梁的要求,梁内配筋必须按计算设置。

圈梁在同一水平面上连续封闭设置。当圈梁被门窗洞口截断时,应进行圈梁补强,一般可在洞口上部增设相应截面的附加圈梁。附加圈梁与圈梁的搭接长度不应小于其垂直间距的两倍,且不得小于 1.0m,如图 4-1-14。

圈梁有钢筋混凝土圈梁与钢筋砖圈梁两类。钢筋混凝土圈梁有现浇和预制两种做法,

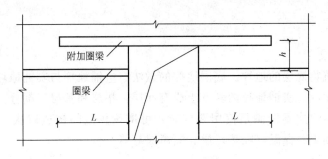

图 4-1-14 圈梁的搭接补强
$L \geqslant 2h$ 且 $L \geqslant 1.0m$

目前大部分采用现浇。圈梁的高度不应小于 120mm，宽度常与墙厚相同，当墙厚大于一砖时，梁宽可适当小于墙的厚度，但不宜小于墙厚的 2/3。圈梁混凝土常用 C15，圈梁内按配筋构造，一般纵向钢筋不宜少于 $4\phi 8$，箍筋间距不大于 300mm。在地震设防地区，钢筋混凝土圈梁配筋应符合表 4-1-2 的要求。

圈梁配筋要求　　　　　　　　　　　　　　　　表 4-1-2

配　筋	烈　度		
	6、7	8	9
最小纵筋	$4\phi 8$	$4\phi 10$	$4\phi 12$
最大箍筋间距(mm)	250	200	150

钢筋砖圈梁应采用不低于 M5 的砂浆砌筑，圈梁的高度为 4～6 皮砖，纵向设置构造筋，数量不宜少于 $4\phi 6mm$，分上下两层布置在灰缝内，水平间距不宜大于 120mm，如图 4-1-15。

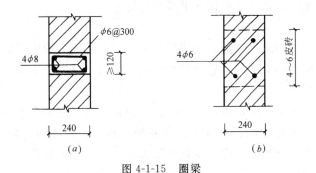

图 4-1-15 圈梁
(a) 钢筋混圈梁；(b) 钢筋砖圈梁

6. 墙面装修

墙体结构部分守成后，表面不再进行装修的墙称清水墙；进行装修的墙称混水墙。墙面装修有五种类型：(1) 抹灰类（在墙表面抹砂浆）；(2) 贴面类（在墙面铺贴天然或人工块材）；(3) 涂刷类（在墙面涂刷涂料）；(4) 镶钉类（在墙面附着金属或木材立筋后，再镶钉天然或人造纤维质板材）；(5) 裱糊类（在墙面粘贴裱糊墙纸或墙布，其中后两类只适用于内墙面装修）。墙面装修一般在墙上的管道敷设后进行。

三、楼地面

（一）地面

1. 地面的组成

地面是指建筑物底层的地坪。底层地坪的做法有空铺地坪与实铺地坪两种。空铺地坪的做法与楼板层相同。实铺地坪的基本组成有面层、垫层和基层三部分。有些有特殊要求的地面，仅有基本层次不能满足使用要求时，可增设相应的构造层次，如结合层、找平层、防水层、防潮层、保温（隔热）层、隔声层等等。

（1）面层

面层是人们日常生活工作、活动时直接接触的表面层，它要直接经受摩擦、洗刷和承受各种物理、化学作用。依照不同的使用要求，面层应具有耐磨、不起尘、平整、防水、有弹性、吸热少等性能。地面的名称常以面层材料的名称命名。如水泥砂浆地面、水磨石地面，它们的面层材料分别是水泥砂浆和水磨石。

（2）垫层

垫层位于基层之上、面层之下，它承受由面层传来的荷载，并将荷载均匀地传至基层。按照受力后的变形情况，垫层又可分为刚性和非刚性两种。

刚性垫层有足够的整体刚度，受力后不产生塑性变形，如混凝土、三合土等。混凝土的厚度不应小于60mm；三合土的厚度一般不小于100mm。

非刚性垫层由松散的材料组成，无整体刚度，受力后产生塑性变形，如砂、碎石、炉渣等。炉渣的最小厚度为60mm；矿渣、碎石的最小厚度为80mm，灰土的最小厚度为100mm。

（3）基层

垫层下面的土层就是基层。它应具有一定的耐压力。对较好的土层，施工前将土层压实即可。较差的土层需压入碎石、卵石或碎砖，形成加强层。对淤泥、淤泥质土及杂填土、冲填土等软弱土层，必须按照设计更换或加固。

2. 地面种类

按面层所用的材料和施工方法，地面可分为整体面层地面和块状面层地面两大类。

整体地面的面层是一个整体。它包括水泥砂浆地面、混凝土地面、水磨石地面、菱苦土地面等。

块料地面的面层不是一个整体，它是借助结合层将面层块料粘贴或铺砌在结构层上。常用的结合层有砂、水泥砂浆、沥青等。块料种类较多，常见的有陶瓷锦砖（马赛克）、预制水磨石板、缸砖、磨光的大理石或花岗岩板、塑料板与木板等。

（二）楼面（楼板层）

楼板层将房屋沿垂直方向分隔为若干层，并把人和家具等荷载及楼板自重通过墙体或梁柱等构件传给基础。因此楼板应具有足够的强度、刚度和一定的隔声能力。

楼板层由面层、结构层和顶棚三部分组成。楼板按其使用的材料不同，有木楼板、砖拱楼板、钢筋混凝土楼板和钢楼板等。其中钢筋混凝土楼板是目前最为广泛采用的一种。

1. 现浇钢筋混凝土楼板

现浇钢筋混凝土楼板指在施工现场架设模板、绑扎钢筋和浇灌混凝土，经养护达到一定强度后拆除模板而成的楼板。这种楼梯整体性、耐久性、抗震性好，刚度也大，但施工工序多，工期长，而且受气候条件影响较大。

现浇钢筋混凝土板按其结构布置方式可分为现浇平板、肋形楼板和无梁楼板三种。

(1) 现浇平板

当承重墙的间距不大时，如走廊、厨房、厕所等，钢筋混凝土楼板的两端直接支承在墙体上不设梁和柱，即成钢筋混凝土现浇平板式楼板。板的跨度一般为2～3m，板厚约80mm左右。

(2) 梁板式楼板

当房间的跨度较大，楼板承受的弯距也较大时，如仍采用平板式楼板必然要加大板的厚度和增加板内所配置的钢筋。在这种情况下，可以采用梁板式楼板。

梁板式楼板一般由板、次梁、主梁组成。板支承在次梁上，次梁支承在主梁上，主梁支承在墙或柱上，次梁的间距即为板的跨度，因此在楼板下增设梁，是为减小板的跨度，从而也减小了板的厚度，如图4-1-16所示。

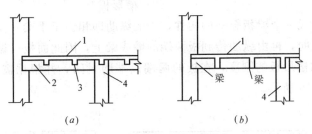

图 4-1-16　钢筋混凝土梁板式楼板
(a) 肋形楼板；(b) 井式楼板
1—板；2—主梁；3—次梁；4—柱

主梁应沿房间的短跨方向布置，其常用的经济跨度为5～8m，梁高为跨度的1/14～1/8；次梁应与主梁垂直，其经济跨度为4～6m，梁高为跨度的1/18～1/12；梁宽一般为梁高的1/3～1/2。板的跨度一般在3m以内，以1.7～2.5m较为经济，板厚一般为60～80mm。

如板底四周有支承，当板的长边与短边长度之比大于2时，称单向板。此时板基本是沿单向传递荷载。当板的两个边长之比等于或小于2时，板沿两个方向传递荷载，所以称双向板。

当房间的形状近似方形，跨度在10m左右时，常沿两个方向交叉布置梁，使梁的截面等高，形成的结构形式称井式楼板。如图4-1-17所示。

(3) 无梁楼板

无梁楼板是将板直接支承在墙或柱上，不设梁的楼板。为减小板在柱顶处的剪力，常在柱顶加柱帽和托板等形式增大柱的支承面积。一般柱距6m左右较经济，板厚不小于120mm。无梁板多适用于楼面活荷载较大（5kN/m² 以上）的商店、仓库、展览馆

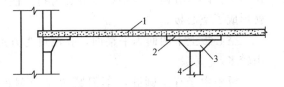

图 4-1-17　无梁楼板
1—板；2—托板；3—柱帽；4—柱

等建筑中,如图 4-1-17 所示。

2. 预制装配式钢筋混凝土楼板

预制装配式钢筋混凝土楼板是将楼板分成梁、板等若干构件,在预制厂或施工现场预先制作好,然后进行安装。这种楼板可以节省模板,改善制作的劳动条件,减少施工现场湿作业,并加快施工进度;但整体性较差,并需要一定的起重设备。

预制装配式钢筋混凝土楼板常见的类型有:实心平板、槽形板、空心板等。

(1) 实心平板

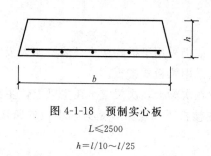

图 4-1-18 预制实心板
$L \leqslant 2500$
$h = l/10 \sim l/25$

实心平板的跨度一般在 2.5m 以内,直接支承在墙式梁上,板的厚度应为跨度的(1/10~1/25),一般为 50~100mm,板底配有双向钢筋网,见图 4-1-18 所示。常用于房屋的走廊、厨房、厕所等处。

实心平板制作简单,吊装、安装方便,造价低,但隔声效果较差。

(2) 槽形板

槽形板可以看成一个梁板合一的构件,板的纵肋即相当于小梁。作用在槽形板上的荷载,由面板传给纵肋,再由纵肋传到板两端的墙或梁上,因此面板可做得较薄(常为 25~35mm)。为了增加槽形板的刚度,在板的两端以端肋封闭,并根据需要在两纵肋之间增加横肋。如图 4-1-19 所示。

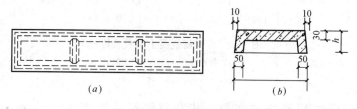

图 4-1-19 槽形板
(a) 平面图;(b) 剖面图

依板的槽口向下和向上,分别称为正槽形板和反槽形板。正槽形板受力合理,板底为肋不平齐,常可在板下做吊顶棚。反槽形板受力不合理,但板底平整,槽内又可填充轻质材料可满足隔声、保温等要求。

槽形板的纵肋是主要的受力部分。在敷设管道时要特别注意,不能穿伤肋部,可以在水平的板壁部分打洞。

(3) 空心板

两端简支的钢筋混凝土实心板,其断面上部主要靠混凝土承担压力,下部靠钢筋承受拉力,中间部分内力很小,为节省材料,使中间部分形成空洞,同样能达到一定强度,这就形成了空心板。

空心板上下两面为平整面,孔洞可为方形、圆形、椭圆形等,圆形的成孔方便,故采用较多。

板中由于有了圆孔,不但减少了材料的用量,还提高了板的隔声效果和保温隔热能力。

空心板的跨度一般为 2.4~6m。当板跨≤4200mm 时,板厚为 120mm,当板跨在

4200～6000mm 时,板厚为 180mm,板厚为 120mm 的板其圆孔直径为 83mm,板厚为 180mm 的板其圆孔直径为 140mm。板宽为 400～1200mm,应用时可直接采用各省市标准图集。

预制空心板单向传递荷载,图 4-1-20 为常用的五孔板的详图。板的两端支承在墙或梁上,长边不能有支点。如图 4-1-21 所示为空心板与承重墙及非承重墙的关系。

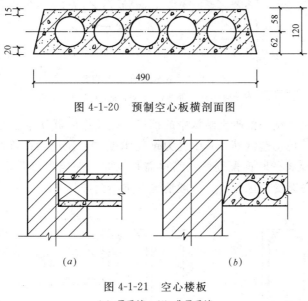

图 4-1-20　预制空心板横剖面图

图 4-1-21　空心楼板
（a）承重墙；（b）非承重墙

空心板安装时先洒水湿润基层,然后边抹砂浆（20mm 厚 M5 砂浆）边安装就位,这样可使板安放平稳牢固,均匀传递荷载。也可以在墙或梁的上表面先用水泥砂浆抹平,等砂浆硬结后再铺板。为了避免支座处板端压碎,阻止水沿孔洞漫流,增加楼板隔声隔热能力,防止以后的灌缝材料流入孔内,一般多在空心板安装前,孔的两端应用碎砖或混凝土预制块作封头处理,填实长度为 120mm。

空心板在墙上的支承长度应不小于 110mm,在梁上的支承长度不小于 90m。为了增强房屋的整体刚度和抗震能力,板的四周缝隙常用 C20 细石混凝土灌注,并根据各地区的抗震要求,可以在板缝内配筋或局部加钢筋网。

3. 钢筋混凝土梁的类型

布置预制板,首先应根据房间和进深尺寸,确定由纵墙承重还是由横墙承重,或者纵墙和横墙都承重。对于一些开间和进深都比较大的房间,板搁置在墙上,板跨较大,弯距也将增大。这时要使板保持一定的刚度,就要将板加厚。板的面积大,厚度增加要耗费大量材料,这是不经济的,因此需增加梁作为板的支承。当梁的跨度过大,不符合适用经济要求时,可以再加主梁和柱。

梁的截面形状通常为矩形、T 形、十字形、花篮形等。其中矩形截面梁制作方便,T 形截面梁受力合理。预制板搁置在梁的顶面上,此时梁和板的高度增加,占用空间较多,使室内净空降低。当梁的截面形状为花篮形、十字形时,可以把板搁置在梁肩上或梁侧翼缘上,此时板的顶面与梁的顶面平齐,梁的高度即为结构高度,当层高不变时,与矩形截面及 T 形截面的梁相比,可使室内净空增加。在进行楼盖设计时,应根据具体情况和使用要求选择合理的截面形状。见图 4-1-22。

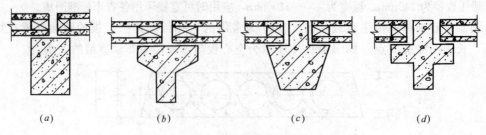

图 4-1-22 预制板在梁上搁置
(a) 矩形梁；(b) T形梁；(c) 花篮梁；(d) 十字形梁

配置在钢筋混凝土结构混凝土结构中的钢筋，按其作用可分为受力钢筋、箍筋、架立钢筋、分布钢筋和其他构造钢筋。其中受力钢筋承受拉、压应力；箍筋承受剪力或扭力。如图 4-1-23 为一简支梁的断面配筋图。当梁需打洞时，一定得避开钢筋，尤其是梁中的受力钢筋；也不能在梁受压区打洞。一般情况下梁不允许打洞。

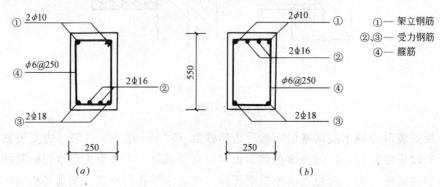

图 4-1-23 梁断面配筋图
(a) 梁跨中断面；(b) 梁端中断面

楼板层结构部分完成后，为了满足使用要求，上表面要与地面一样设置面层。

4. 管道穿过钢筋混凝土楼板

采暖和给排水都要穿过房屋的楼板。当楼板为现浇板时，应根据设计位置预留孔洞，孔洞尺寸一般比管道直径大一倍左右。安装管道时，一般并不把管道和楼板浇筑在一起，为了将来检修方便，管道外要加设钢套管。套管要高出地面 10~20mm，下端可与楼板底相平。

当楼板为预制空心板时，只许在板孔部分开洞，不得穿伤孔洞的板肋，最好在管道穿过处做局部现浇板。

当管道水平布置在板面上时，可在楼板结构层上加设垫层，管道埋设在垫层内。管道水平布置在楼板底面下时，应贴近板底或梁底，以节省空间，增加室内净空高度。有吊顶棚的房间，可将管道架设在顶棚与板层之间。管道尽量不要穿梁而过，一定需要穿梁时，管径不能过大，并且穿梁的位置以靠近梁断面的中和轴为宜，即避开梁内钢筋和受压混凝土。

四、屋顶与顶棚

屋顶是房屋最上层起承重、覆盖作用的构件。它应具有良好的防水性能和一定的保温、隔热性能。屋顶除了承受自身重量外，它还要承受雨雪、风沙等的荷载及施工或屋顶检修人员的活荷载，并且通过墙和柱子把这些荷载传递到基础上去，因此屋顶还应具有足够的强度和刚度。另外，屋顶又是建筑形象的重要组成部分，设计时还要考虑其美观要求。

屋顶按材料、结构的不同有各种类型，其建筑的外形是多种多样。其中，建筑中常用的屋顶形式主要有平屋顶和坡屋顶。

（一）平屋顶

平屋顶的屋面仅设有利于排水所必需的较小的坡度，其最小坡度不宜小于2%，一般在3%~5%。

1. 平屋顶的构造层次及施工

平屋顶的主要构造层次有面层、结构层（承重层）和顶棚层。面层起着屋面防水及排水的作用。另外，由于各个地区自然气候条件的特点、使用要求和构造的需要，再设置保护层、隔热层、保温层、隔汽层、找平层、结合层等。结构层是平屋顶的承重结构，它的作用是承受屋顶自重及屋顶上部的各种荷载，并把荷载传递至墙或柱上，其布置和构造与楼板相同（图4-1-24）。

（1）防水层的构造做法及施工

设置防水层是平屋顶防水的主要措施。防水层按采用的防水材料不同，可以分为卷材防水屋面、涂膜防水屋面和刚性防水屋面。

1) 卷材防水屋面

卷材防水屋面是用胶粘剂粘贴卷材进行防水。这种屋面卷材本身具有一定的韧性，可以适应一定程度的涨缩和变形，不易开裂，所以又称为柔性防水屋面。卷材的种类主要有沥青防水卷材、高聚物改性沥青系防水卷材和合成高分子防水卷材等。

卷材防水屋面一般构造层次如图4-1-25所示。

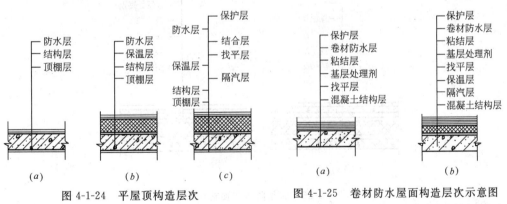

图4-1-24 平屋顶构造层次　　图4-1-25 卷材防水屋面构造层次示意图
(a) 不保温卷材防水屋面；(b) 保温卷材防水屋面

找平层为结构层（或保温层）与防水层的中间过渡层，可使卷材铺贴平整，粘结牢固，并具有一定的强度，以便更好地承受上面荷载。找平层可以用水泥砂浆、细石混凝土或沥青砂浆等，厚度一般在15~35mm。找平层宜设置分格缝，缝宽20mm，并嵌填密实材料。为使底层和防水层结合牢固，在找平层上还应涂一层基层处理剂，处理剂应选用与卷材材性相容的材料。

卷材防水层的层数应根据当地气候条件、建筑物的类型及防水要求、屋面坡度等因素来确定，一般在2～5层。胶粘剂的层数总比卷材数多一层。

卷材防水层在施工时应将基层清扫干净，待找平层完全干燥后，涂刷基层处理剂，然后用胶粘剂粘结防水卷材。当屋面坡度小于3％时，卷材平行于屋脊自下而上铺设；坡度在3％～15％之间时，可平行或垂直于屋脊铺设；坡度大于15％或屋面受振动时，沥青防水卷材应垂直于屋脊铺设。高聚物改性沥青防水卷材和合成高分子防水卷材可平行或垂直屋脊铺贴。卷材屋面的坡度不宜超过25％，否则应采取防止卷材下滑的措施，上下卷材不得相互垂直铺贴，接缝均应错开，各层卷材搭接宽度应根据屋面坡度、主导风向、卷材的特性决定。在屋面卷材的铺贴前，应先做好节点、附加层和屋面排水比较集中的部位（屋面与水落口连接处、檐口、天沟、屋面转角处、板端缝等）的处理，然后再进行大面积的铺设。

屋面卷材防水屋在冷热交替作用下，会伸张或收缩；同时在阳光、空气、水分、冰雪、灰尘等长期作用下，易老化。为减少阳光辐射的影响，防止暴雨和冰雪的侵蚀，延缓卷材防水层的老化速度，提高使用寿命，须在防水层上做保护层。保护层可采用浅色涂料涂刷，或粘贴铝箔等，也可采用铺设30mm厚细石混凝土、绿豆砂、云母等。

2）涂膜防水屋面

涂膜防水屋面是通过涂布一定厚度、无定形液态改性沥青或高分子合成材料（即防水涂料），经过常温交联固化而形成一种具有胶状弹性涂膜层，达到防水目的。

一般构造层次如图4-1-26所示。

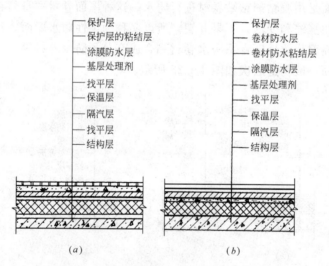

图4-1-26 涂膜防水屋面构造示意图
(a) 涂膜防水屋面构造；(b) 涂膜与卷材复合防水屋面构造

涂膜防水屋面的基本构造做法与卷材屋面相同，只是其防水层为防水涂料，它既是防水层又是胶粘剂，施工时只需在基层处理完后，用涂料涂膜，一般应有两层以上的涂层，后一层待先涂的涂层干燥成膜后才可涂布，总厚度应符合规范。

3）刚性防水屋面

刚性防水屋面是指用细石混凝土、块体材料或补偿收缩混凝土等材料做防水层，主要依靠混凝土自身的密实性，并采取一定的构造措施以达到防水目的。

由于刚性防水屋面面层所采用材料的特性，防水层伸缩的弹性小，对地基不均匀沉降、构件的微小变形、房屋的振动、温度高度变化等都比较敏感；又直接与大气接触，表面容易风化，如设计不合理，施工质量不高都极易引起漏水、渗水等现象，故对设计及施工的要求比较高。

刚性防水屋面的一般构造层次如图 4-1-27 所示。

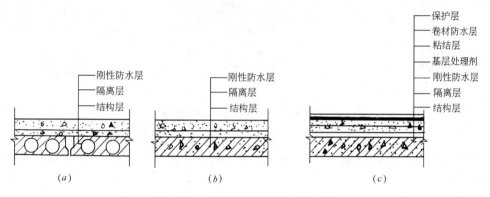

图 4-1-27 刚性防水屋面构造示意图
(a) 装配式屋面刚性防水；(b) 现浇整体式屋面刚性防水；(c) 刚性与卷材复合防水

刚性防水层一般采用 40mm 厚 C20 细石混凝土，内配 $\phi 4mm \sim \phi 6mm$ 间距为 100～200mm 的双向钢筋网片，钢筋网片在分格缝处应断开，其保护层厚度不应小于 10mm。

刚性防水屋面在结构层与防水层之间需增加一层隔离层，起隔离作用，使结构层和防水层的变形互相不受制约，以减少防水层产生拉应力而导致刚性防水层开裂。

刚性防水层通常厚度只有 40mm 厚，如再埋设管线或凿眼打洞，将严重削弱或损伤防水层断面，而且沿管线位置的混凝土易出现裂缝导致屋面渗漏，因此不允许在刚性防水层中埋设管线。

(2) 保温与隔热层的构造做法及施工

在寒冷地区，屋面一般都设置保温层，以在冬季阻止室内热量通过屋顶向外散失。而在我国南方地区，夏季时平屋顶因受太阳辐射而吸收大量的辐射热，致使热量通过屋顶传递至室内使室内温度升高，而需对屋顶做隔热处理。

平屋顶的保温措施，主要是设置保温层，即在结构层上铺一定厚度的保温材料。常用的保温材料有：膨胀珍珠岩、膨胀蛭石、泡沫塑料类、微孔混凝土和炉渣等。设计时应根据建筑物的使用要求、屋面的结构形式、材料来源等选用保温材料，保温层的厚度可根据材料的物理性质，经热工计算决定。

采用保温层的屋面应在保温层下设置隔汽层，其作用是防止室内的水汽渗入保温层使保温材料受潮，导致保温材料的保温性能降低。隔汽层可采用气密性能好的单层卷材或防水涂料。

平屋顶的隔热措施，常用的有架空隔热屋面、蓄水屋面和种植屋面等。架空隔热屋面——即用烧结黏土或混凝土的薄型制品，覆盖在屋面防水层上并架设有一定高度的空间，利用空气流动加快散热，起到隔热作用。架空隔热层的高度宜为 100～300mm。

蓄水屋面——即在屋面防水层上蓄一定高度的水，起到隔热作用。蓄水屋面蓄水层高度宜为150～200mm。屋面及檐口、过水孔、分仓缝构造做法见图4-1-28。

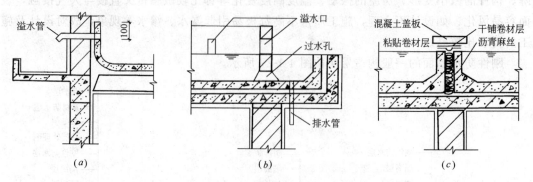

图 4-1-28 屋面及檐口构造做法
(a) 溢水口构造；(b) 排水管过水孔构造；(c) 分仓缝构造

种植屋面——即在屋面防水层上覆土或铺设锯末、蛭石等松散材料并种植物起到隔热作用。

2. 平屋顶的细部构造

平屋面除了大面积防水层外，还须注意各个节点部位的构造处理，一般可分为：

1) 屋面的泛水构造；
2) 屋顶天沟、檐口构造；
3) 刚性防水屋面的分仓缝构造；
4) 伸出屋面的管道接缝处的构造；
5) 雨水口的造构。

(1) 屋面的泛水构造

泛水也称返水。是防水屋面与垂直墙面交接处的防水处理，如山墙、天窗等部位。

柔性防水屋面，泛水处应加贴卷材或防水涂料，泛水收头应根据泛水高度和泛水墙体材料确定收头密封形式。

刚性防水屋面，防水层与墙体交接处应留有30mm的缝隙，并用密封材料嵌填。泛水处应铺设卷材或涂膜附加层。

(2) 屋顶的天沟、檐口构造

平屋顶屋面的檐口，由于屋面排水方式的不同，而形成各种不同的檐口构造。常见的有自由落水檐口、挑檐沟檐口、女儿墙内檐沟檐口等类型。

(3) 刚性防水屋面的分水缝

分水缝亦称分格缝，是防止不规则裂缝以适应屋面变形而设置的人工缝。其间距大小和设置的部位均须按照结构变形和温度胀缩等需要确定。分仓缝的宽度宜为20～40mm。

(4) 伸出屋面管道接缝的构造

柔性屋面管道伸出屋面，在管道周围100mm内，以30%的坡度找坡，组成高30mm的圆锥台，在管道四周留20mm×20mm凹槽嵌填密封材料，并增加卷材附加层，做到管道上方250mm处收头，用金属箍或铅丝紧固，密封材料封严。

刚性屋面管道伸出屋面，其管道与刚性防水层交接处应留设缝隙，用密封材料嵌填，并应加设柔性防水附加层，收头处应固定密封材料（图 4-1-29）。

在屋面防水层施工前，应将伸出屋面的管道设备及预埋件安装完毕，方可进行防水层施工，不允许在防水层施工完毕后上人去安装，因为这样做要局部揭开已做好的防水层，进行凿眼打洞破坏了防水层的整体性，而易导致该节点处渗漏。

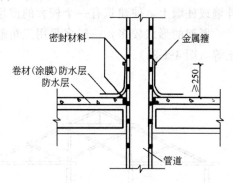

图 4-1-29 伸出屋面管道防水构造

（5）雨水口的构造

雨水口分为设在天沟、檐沟底部的水平雨水口和设在女儿墙上的垂直雨水口两种。无论在什么部位，构造上都要求它排水通畅防止渗漏和堵塞。雨水通常采用铸铁或塑料制品的漏斗形定型配件，上设格栅罩。雨水口周围直径 500mm 范围内坡度不应小于 5%，并应用防水涂料或密封材料涂封，其厚度不应小于 2mm。水平雨水口与基层接触应留宽 20mm、深 20mm 的凹槽，嵌填密封材料（图 4-1-30）分别为横式雨水口和直式雨水口。

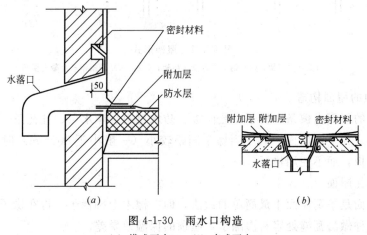

图 4-1-30 雨水口构造
(a) 横式雨水口；(b) 直式雨水口

（二）坡屋顶

坡屋顶系排水坡度较大（一般大于 10%）的屋顶，由各类屋面防水材料覆盖。根据坡面组织的不同，主要有单坡顶、双坡顶和四坡顶。

坡屋顶一般由承重结构（承重层）和屋面（防水层）两部分组成，根据不同的使用要求还可以设置保温层、隔热层及顶棚层等。

1. 坡屋顶的承重结构

坡屋顶的承重结构主要是承受屋面荷载并把它传递到墙或柱上。它的结构大体上可以分为山墙承重和屋架承重等。

山墙常指房屋的横墙，利用山墙砌成尖顶形状直接搁置檩条以承载屋顶重量，这种结构形式叫"山墙承重"或"硬山搁檩。"山墙到顶直接搁置檩条的做法简单经济，一般适合于开间较小（3～4m）的房屋，如住宅、宿舍、办公楼等。

屋顶采用三角形的屋架,用来搁置檩条以支承屋面荷载。通常屋架搁置在房屋的纵向外墙或柱墩上,使建筑有一个较大的使用空间。

屋架的形式较多,一般多采用三角形屋架,常用的屋架材料有木材、钢材和钢筋混凝土等(图 4-1-31)。

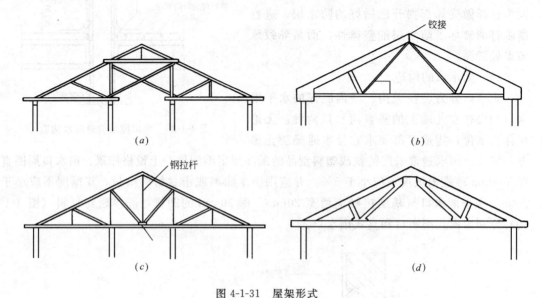

图 4-1-31　屋架形式
(a) 四支点木屋架;(b) 钢木组合豪式屋架;(c)、(d) 预制钢筋混凝土屋架

2. 坡屋顶的屋面构造

当坡屋顶的屋面由檩条、椽子、屋面板、防水材料、顺水条、挂瓦条、平瓦等层次组成时,我们称之为平瓦屋面。其中当檩条间距较小(一般小于 800mm)时,可直接在檩条上铺设屋面板,而不使用椽子。

(1) 泛摊瓦屋面

泛摊瓦屋面是平瓦屋面中最简单的做法,即在檩木上搁椽子,再在椽子上直接钉挂瓦条后挂瓦,这种做法瓦缝处容易渗漏水,屋顶的保温效果差。

(2) 屋面板平瓦屋面

屋面板平瓦屋面是在檩条或椽子上钉屋面板,屋面板的厚度为 15～25mm,板上铺一层卷材,其搭接密度不宜小于 100mm,并用顺水条将卷材钉在屋面板上;顺水条的间距宜为 500mm,再在顺水条上铺钉挂瓦条后挂瓦。这种做法的优点是防水性能好,但木材较浪费。

(3) 钢筋混凝土挂板平瓦屋面

用钢筋混凝土挂瓦板搁置在横墙或屋架上,用以替代檩条、椽子、屋面板和挂瓦条。这种做法节约木材并且防火性好,但瓦缝中渗漏的雨水不易排除,会导致挂瓦板底面渗水。

(三) 屋顶排水

屋面排水就是要把屋面上的雨雪尽快地排除掉。通常可以分为有组织排水和无组织排水两种方式(图 4-1-32)。

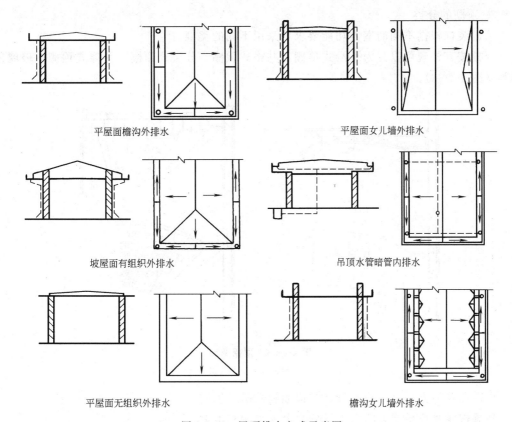

图 4-1-32 屋顶排水方式示意图

1. 无组织排水

屋面伸出外墙部分形成挑檐,使屋面的雨水经挑檐自由下落称无组织排水或自由落水。这种做法构造简单,造价低,但落水时,雨水会溅湿勒脚,破坏其强度。

2. 有组织排水

有组织排水就是在屋面做出排水坡度,把屋面的雨、雪水,有组织地排到天沟或雨水口,通过雨水管泄到地面。有组织排水又可以分外排水和内排水两种。

(1) 外排水

在屋面四周或两面作檐沟。它是建筑中最常用的排水方式。

(2) 内排水

大面积多跨建筑、高层建筑及有特种需要的建筑的屋面时常使用内排水方式,使雨水经雨水口流入室内雨水管,再由地下管道把雨水排到室外排水系统(图 4-1-32)。

(四) 顶棚

1. 顶棚的功能

顶棚也称天花板。在单层建筑中,它位于屋顶承重结构的下面;在多层或高层建筑中,顶棚除位于屋顶承重结构下面外还位于各层楼板的下面。

顶棚是室内空间的顶界面,顶棚的装饰对室内空间的装饰效果、艺术风格有很大的影响,而且可以遮盖照明、通风、音响、防火等方面所需要的设备管线,同时对一些特定的房间,还具有一定的保温、隔热、吸声等效能。

2. 顶棚的分类

顶棚装饰根据不同的室内功能要求可采用不同的类型。

顶棚按其外观可以分为平滑式顶棚、井格式顶棚、分层式顶棚、悬浮式顶棚、玻璃顶棚等（图 4-1-33）。

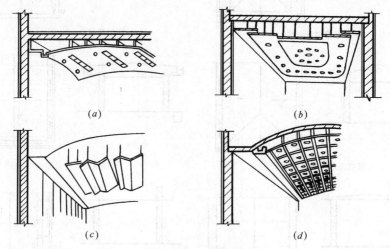

图 4-1-33 顶棚类型
(a) 平滑式；(b) 分层式；(c) 悬浮式；(d) 井格式

顶棚按构造方法可以分为直接式顶棚和悬吊式顶棚。

顶棚按承受荷载能力的大小可分为上人顶棚和不上人顶棚。

3. 顶棚的构造做法

从构造做法来看，顶棚主要有直接式顶棚和悬吊式顶棚。直接式顶棚是在楼面或屋顶的底部直接作抹灰等饰面处理，其构造比较简单；悬吊式顶棚是通过屋面或楼面结构下部的吊筋与平顶搁棚作饰面处理，其类型和构造比较复杂。

(1) 直接式顶棚的构造做法和施工

直接式顶棚是在屋面板、楼板等的底面直接进行喷浆、抹灰或粘贴壁纸等饰面材料。

1) 直接抹灰顶棚

当采用现浇钢筋混凝土楼板或用钢筋混凝土预制板时，因板底面有模板印痕或板缝隙，一般要进行抹灰装饰。

常用的抹灰材料有：纸筋灰抹灰、石灰砂浆抹灰、水泥砂浆抹灰等。顶棚抹灰的做法是先进行基层处理，然后用水泥砂浆抹底层，抹时用力挤入缝隙中，厚度 3～5mm，然后用水泥混合砂浆或纸筋石灰浆罩面。

2) 喷刷类顶棚

如果楼板采用整间预制大楼板时，因底面平整没有缝隙可不抹灰，而直接在板底上喷浆。

(2) 悬吊式顶棚的构造做法和施工

悬吊式顶棚是指顶棚的装饰表面与屋面板、楼板之间留有一定的距离。在这段空隙中，通常要结合各种管道、设备的安装，如灯具、空调、灭火器、烟感器等，必要时可铺设检修走道以免踩坏面层，保障安全。

悬吊式顶棚由面层、顶棚骨架和吊筋三个部分组成。面层的作用是装饰室内空间，常常还要兼具一些特定的功能，如吸声、反射等等。面层的构造设计还要结合灯具、风口等布置进行。骨架主要包括由主龙骨、次龙骨（又称主搁栅、次搁栅）所形成的网格体系，其作用是承受吊顶棚面层荷载（在上人吊顶中还要考虑检修荷载），并将这些荷载通过吊筋传递给屋面板或楼板等承重结构。吊筋的作用主要是承受吊顶棚和大小龙骨及搁栅的荷载，并将荷载传递给屋面板、楼板、梁等。另外，它还可以调节吊顶的高度，以适应不同的空间需要和不同的艺术处理上的需要。

1）吊筋

吊筋常用的材料和固定方法有在混凝土中预埋 $\phi6mm$ 钢筋（吊环）或 8 号镀锌铁丝，也可以采用金属膨胀螺丝、射钉固定（钢丝、镀锌铁丝）作为吊筋（图 4-1-34）。吊筋的安装主要考虑下部荷载的大小。

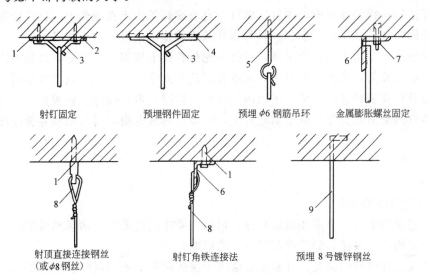

图 4-1-34 吊筋固定方法

1—射钉；2—焊板；3—$\phi10$ 钢筋吊环；4—预埋钢板；5—$\phi6$ 钢筋；
6—角钢；7—多属膨胀螺栓；8—铝合金丝；9—8 号镀锌钢丝

2）骨架

吊顶的骨架由大、小龙骨组成。龙骨又称搁栅，按材料不同有木质龙骨、轻钢龙骨和铝合金龙骨等等。

图 4-1-35 所示为木质龙骨布置图，小龙骨与大龙骨垂直。小龙骨之间还设有横撑龙骨。一般大龙骨用 60mm×80mm 方木，间距宜为 1m，并用 8 号镀锌铁丝绑扎；小龙骨、横撑龙骨一般用 40mm×60mm 或 50mm×50mm 方木，底面相平，间距视罩面板的情况而定。轻钢龙骨和铝合金龙骨，其断面有：U 形、T 形等数种。

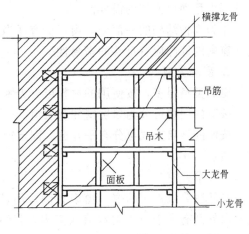

图 4-1-35 木质龙骨吊顶

3）面层

面层一般可以分为抹灰类、板材类和格栅类。

抹灰类面层在其骨架上还需用木板（条）、木丝板或钢丝网作基层材料，然后在其上面抹灰。

板材类面层材料主要有石膏板、矿棉装饰板、胶合板、纤维板、钙塑板和金属饰面板等。

其安装的方法主要有：

搁置法——将装饰面板直接摆放在T形龙骨组成的格框内。

嵌入法——将装饰罩面板事先加工成企口暗缝，安装时将T形龙骨两肢插入企口缝内。

粘贴法——将装饰罩面板用胶粘剂直接粘贴在龙骨上。

钉固法——将装饰罩面板用钉、螺钉、自攻螺钉等固定在龙骨上，钉子应排列整齐。

压条固定法——用木、铝、塑料等压缝条将装饰罩面板钉结在龙骨上。

卡固法——多用于铝合金吊顶，板材与龙骨直接卡接固定，不需要其他方法固定。

罩面板安装前，吊顶内的通风、水电管道及上人吊顶内的人行或安装通道，应安装完毕。消防管道安装并试压完毕；吊顶内的灯槽、斜撑、剪刀撑等，应根据工程情况适当布置。轻型灯具应吊在大龙骨或附加龙骨上，重型灯具或电扇不得与吊顶龙骨连接。应另设吊钩。

五、门窗

（一）窗

1. 窗的作用和要求

窗是建筑物中的一个重要组成部分。窗的主要作用是采光、通风和眺望，同时它也是房屋的围护构件，对建筑的外观起着一定的影响。

一般建筑物房间的采光、日照主要取决于窗的面积。不同房间有不同的采光、日照要求，故要求建筑窗的面积大小也不同。

窗的通风作用因地而异，南方地区气候炎热，要求通风面积大一些，并且可以将窗做成活动窗扇，夏季敞开以利通风。北方地区气候寒冷，可以将部分窗做成固定窗，这样可以起到少量通风换气的需要。

作为围护结构的一部分，窗还应有适当的保温、隔热和隔声效果，可以将窗做成双层窗，窗扇的缝隙应有足够的密封性。

2. 窗的类型

窗的类型很多，按使用的材料可分为木窗、钢窗、铝合金窗、铝塑窗等。

按窗的层数可分为单层窗和双层窗。

按窗的开启方式可分有平开窗、固定窗、转窗（上悬、下悬、中悬、立转）和推拉窗等（图4-1-36）。

（1）平开窗

平开窗是最常用的窗，窗扇在侧边用铰链（合页）与窗框连接，可以向外或向内开启。向外开有利于防止雨水流入室内，且不占室内空间，采用较广。但是，在设双层窗时，里层窗常为内开。

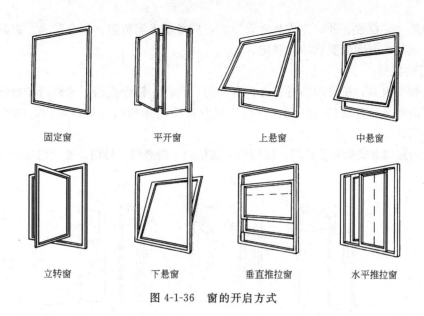

图 4-1-36 窗的开启方式

（2）固定窗

固定窗是将玻璃直接镶嵌在窗框上不能开启和通风，仅供采光和眺望之用。固定窗构造简单，不需要窗扇，常用于只需要采光的地方，如楼梯间、走道等。

（3）转窗

转窗就是窗扇绕某一轴旋转开启，按轴的位置可分为上悬、中悬、下悬和立转。一般上悬和中悬转窗向外开防雨水效果较好，可用作外窗，而下悬窗防雨较差，不适用于外窗。立转窗开启方便，通风好，但防雨雪和密封性较差，易向室内渗水，适用于不常开启的窗扇。

（4）推拉窗

推拉窗是窗扇沿导轨或滑槽进行推拉，有水平和垂直两种。推拉窗开启时不占室内空间，玻璃损耗也小。铝合金窗、塑料窗等通常都采用推拉开启方式。

目前，我国大多数省、市的有关部门常用木门窗、钢门窗和铝合金门窗图集供设计人员选用。因此，在设计时除特殊要求者外，只需注明图集中的窗的编号即可。

窗的一般尺寸编号：

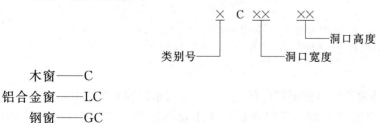

木窗——C

铝合金窗——LC

钢窗——GC

（二）门

1. 门的作用和要求

门是建筑物中不可缺少的组成部分。主要是用于交通联系和疏散，同时也起采光和通风作用。

门作为建筑的外围护构件，还应注意其保温、隔热性能和美观。

门的尺寸、位置、开启方式和立面形式，应考虑人流疏散、安全防火、家具设备的搬运以及建筑艺术方面的要求综合确定。

2. 门的类型

门的类型很多，按使用的材料分，有木门、钢门、铝合金门、塑料门和玻璃门等。

按用途可分为普通门、纱门、百页门以及特殊用途的门（如保温门、隔声门、防盗门、防爆门等）。

按门的开启方式分有平开门、弹簧门、推拉门、折叠门、转门、卷帘门等（图4-1-37）。

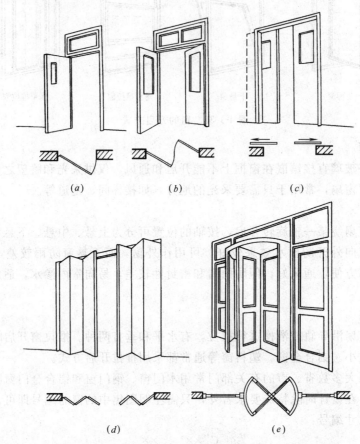

图 4-1-37 门的开启方式
(a) 平开门；(b) 弹簧门；(c) 推拉门；(d) 折叠门；(e) 转门

(1) 平开门

平开门就是用普通铰链装于门扇侧面与门框连接。门扇有单扇和双扇之分，开启方式有内开和外开。由于平开门安装方便、开启灵活，是工业与民用建筑中应用最广泛的一种。

(2) 弹簧门

弹簧门为开启后会自动关闭的门，是平开门的一种。它是由弹簧铰链代替普通铰链，有单向开启和双向开启两种。常适用于公共建筑的过厅、走廊及人流较多的房间门。

(3) 推拉门

门的开启方式是左右推拉滑行,门可以悬于墙外,也可以隐藏在夹墙内。构造做法可以分为上挂式和下滑式两种。推拉门开启时不占空间,外观美观,常被用于住宅和公共建筑中。

(4) 折叠门

折叠门是一排门扇相连,开启时推向一侧或两侧,门扇相互折叠在一起。它开启时占空间少,但构造比较复杂。

(5) 转门

由两个固定的弧形门套,内装设三扇或四扇绕竖轴转动的门扇,对防止内外空气的对流有一定的作用,可作为公共建筑及有空调房屋的外门。一般在转门的两旁另外设平开门或弹簧门。

(6) 卷帘门

卷帘门由帘板、导轨及传动装置组成。帘板由铝合金轨制成成型的条形页板连接而成。开启时,由门洞上部的转动轴旋转将页板卷起,将帘板卷在卷筒上。卷帘门牢固,开启方便,占空间少,适用于商店、车库等。

和窗一样,门也常常有标准图集,一般只需在图纸上标注门的编号即可。

木门——M
铝合金门——LM
钢门——GM

六、楼梯

(一) 楼梯的种类和要求

在各种建筑物中,两层以上建筑物楼层之间的垂直交通设施有楼梯、电梯、自动扶梯等。这些交通设施为使用者方便和安全疏散的要求,一般都设置在建筑物的出口附近。其中楼梯属最常用的,它经常要容纳较多的人流通过,因此要求它坚固、耐久并且能满足防火和抗震要求。而电梯和自动扶梯常见于高层建筑和人流较多的大型公共建筑中。

楼梯按用途分,有主要梯楼、辅助楼梯、安全楼梯等。

楼梯按结构材料分,有钢筋混凝土楼梯、木楼梯、钢楼梯等。

楼梯的平面布置形式常见的有单跑楼梯、双跑楼梯、三跑楼梯、双分、双合式楼梯、螺旋式楼梯等。其中使用较多的是双跑楼梯,因其平面形式与一般房间平面一致,在建筑平面设计时容易布置。

(二) 楼梯的组成部分及主要部分尺寸

楼梯一般由梯段、休息平台和栏杆(或栏板)扶手三部分组成。

1. 楼梯段

楼梯段由连续的踏步所构成,它的宽度应根据人流量的大小、安全疏散和防水等的要求来决定。一般每股人流量宽为 $0.55+(0\sim\pm0.15)$m 的人流股数确定,并不应少于两股人流。根据建筑使用性质和日常交通负荷,其最小宽度应符合表 4-1-3 的规定。

楼梯段最小宽度 表 4-1-3

序 号	楼梯使用特征	最 小 宽 度 (m)
1	住宅楼梯	1.10
2	影剧院、会堂、商场、医院、体育馆等主要楼梯	1.60
3	其他建筑主要楼梯	1.40
4	通向非公共活动用的地下室、半地下室楼梯	0.90
5	专用服务楼梯	0.75

每一踏步高度和踏步宽度的比值，决定了楼梯的坡度。楼梯的坡度一般在 20°～45°之间，从行走舒服、安全角度考虑，楼梯的坡度以 26°～35°最为适宜。在人流活动较集中的公共建筑中，楼梯的坡度应缓一些；而在人数不多的建筑中，楼梯的坡度可以陡一些，以节约建筑面积。在同一座楼梯中，每个踏步的高度和宽度应该相同，否则会破坏行走的节奏，容易摔跤。而同一幢楼的不同楼梯，踏步的高度和宽度可以不同，因此形成各种不同坡度的楼梯。

决定踏步高度（h）和宽度（b）的尺寸，可以用下列经验公式来进行计算（图 4-1-38）

$$2h+b=S$$

式中 S——平均步距（一般取 600～620mm）

一般民用建筑楼梯踏步尺寸可参见表 4-1-4。

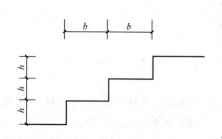

图 4-1-38 楼梯踏步的截面形式

楼梯踏步最小宽度和最大高度（m） 表 4-1-4

楼 梯 类 别	最小宽度	最大高度
住宅共用楼梯	0.25	0.18
幼儿园、小学校等的楼梯	0.26	0.15
电影院、剧场、体育馆、商场、医院、疗养院等的楼梯	0.28	0.16
其他建筑物楼梯	0.26	0.17
专用服务楼梯、住宅户内楼梯	0.22	0.20

注：无中柱螺旋楼梯和弧形楼梯离内侧扶手 0.25m 处的踏步宽度不应小于 0.22m。

2. 休息平台

每段楼梯的踏步数最多不得超过 18 级，最少不得少于 3 级。如超过 18 级，应在梯段中间设休息平台，起缓冲、休息的作用。平台板的最小宽度应大于等于梯段宽度。

3. 栏杆、栏板和扶手

为行走者安全，楼梯临空一侧，必须设置栏杆或栏板，在栏杆或栏板的上部设扶手。若楼梯的净宽达三股人流，靠墙一侧宜增设"靠墙扶手"。达四股人流时应加设中间扶手。室内楼梯扶手高度自踏步前沿量起不宜小于 0.90m。儿童使用扶手高度宜为 0.50m。靠楼梯井一侧水平扶手超过 0.50m 时，其高度应不小于 1m。室外楼梯扶手高度不应小于 1.05m（图 4-1-39）。

4. 楼梯净空高度

首层平台下过人，休息平台上部及下部的净空高度，应不小于 2.0m，以保证通过者不碰头和搬运物品方便。为了达到上述要求，可采取增加第一跑梯段的踏步数，以抬高平台高度；或将室外台阶移入室内，以降低休息平台下地面的标高；也可以同时采用上述两种办法（图 4-1-40）。去掉平台梁也可以加大平台下净空高度。楼梯段净高应不小于 2.2m。

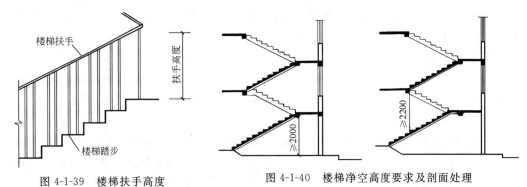

图 4-1-39 楼梯扶手高度

图 4-1-40 楼梯净空高度要求及剖面处理

（三）钢筋混凝土楼梯的构造和施工

钢筋混凝土楼梯由于其坚固耐久，防火性能好等优点而被广泛的使用。它按施工方式的不同可以分为现浇钢筋混凝土楼梯和预制钢筋混凝土楼梯两种。

1. 现浇钢筋混凝土楼梯

现浇钢筋混凝土楼梯的结构形式有梁板式、板式两种。它们都是在支模配筋后将梯段、平台、梁等用混凝土浇筑在一起的，所以整体性好。

（1）梁板式楼梯

梁板式楼梯由梯段板、斜梁、平台板和平台梁组成。梯段板上的荷载通过斜梁传至平台梁，再传到其他承重构件（墙或柱）上。

梁板式楼梯的做法一般有两种，一种是将梯段板靠墙一面的这一边直接搭接在墙上，不设斜梁。这种做法比较经济，但施工比较麻烦。另一种做法是在梯段板两边均搭在斜梁上。斜梁可以在梯段板的下面，被称为明步法，也可以在梯段板的上面，称为暗步法。明步法楼梯外形比较简洁轻巧，而常被使用（图 4-1-41）。

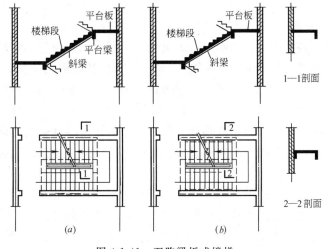

图 4-1-41 双跑梁板式楼梯

梁板式楼梯，在做室外楼梯时，可以在踏步中央设置一根斜梁，使踏步板的两端悬挑，这种形式叫单梁挑板式楼梯，它可以节省钢材及混凝土，自重较小。

(2) 板式楼梯

板式楼梯不设斜梁，整个梯段形成一块斜置的板搭在平台梁上。当跨度不大时，也可将梯段板与休息平台连接成一个整体，支承在楼梯间的纵向承重墙或梁上。板式楼梯底面平整，支撑方便，但板跨大了不够经济。

2. 预制钢筋混凝土楼梯

装配式楼梯因其施工速度快而被经常使用。它的构造形式由构件不同而不同。根据预制构件的不同，常可以分为小型构件装配式楼梯和大型构件装配式楼梯两种。

(1) 小型构件装配式楼梯

小型构件装配式楼梯是将踏步、斜梁、平台梁、平台板分别预制，然后进行装配。踏步断面形式有L形、T形、▷形等。踏步板两端支承在斜梁上或墙上，在没有抗震要求的情况下也可用悬挑结构形式。小型构件装配式楼梯构件小，重量轻，可不用起重设备，施工简单。

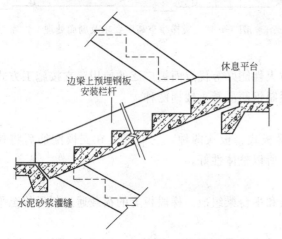

图 4-1-42 大型预制钢筋混凝土梯段

(2) 大型构件装配式楼梯

这种楼梯是先将踏步板和斜梁预制成一个大型构件，平台梁和平台板预制成一个大型构件，然后在工地上用起重设备吊装。或者将构件做成更大的踏步和平台板连在一起的构件，在现场进行装配（图 4-1-42）。

为了保证上下楼梯人流的安全性和行走时的依扶，楼梯上应设栏杆扶手。栏杆扶手的设计要求构造上坚固耐久，满足防以要求，造型简单、美观。

七、变形缝

(一) 变形缝的设置

建筑物受到外界各种因素的影响，如温度变化的影响、建筑物相邻部分结构形式差别的影响，或建筑物各部分所受荷载不同的影响，或因地基承载力差异的影响和地震等影响，而会使建筑物因此产生变形、开裂、导致结构的破坏，故在设计时事先将建筑物分成几个独立部分，使各部分能自由的变形。这种将建筑物垂直分开的缝称变形缝。

变形缝包括伸缩缝、沉降缝和抗震缝三种。其中防止由温度影响而设置的变形缝叫伸缩缝；防止因地基不均匀沉降的影响所设的变形缝叫沉降缝；防止由地震的影响而设置的变形缝叫抗震缝。

1. 伸缩缝

建筑物常因温度变化的因素产生热胀冷缩，当建筑物长度过长时，建筑物就会出现不规则的开裂，为预防这种情况发生，应沿建筑物长度，每隔一定距离预留缝隙，即伸缩缝，又称为温度缝。伸缩缝要从基础顶面开始，将基础上部结构（墙体、楼板、屋顶）全部断开。基础因受温度影响较小可以不必断开。如房屋屋顶采用瓦屋面，则屋面部分也无需再设伸缩缝。伸缩缝的宽度一般为20～40mm。伸缩缝的设置位置和间距与构件所用材料、结构类型、施工方法以及当地气温条件，均有密切的关系。各种结构的伸缩缝最大间距见表4-1-5、表4-1-6。

砖石墙体伸缩缝的最大间距（m）　　　　　　　　　　　　表4-1-5

砌体类别	屋顶或楼板层的类别		间距
各种砌体	整体式或装配整体式钢筋混凝土结构	有保温层或隔热层的屋顶、楼板层无保温层或隔热层的屋顶	50 30
	装配式无檩体系钢筋混凝土结构	有保温层或隔热层的屋顶无保温层或隔热层的屋顶	60 40
	装配式有檩体系钢筋混凝土结构	有保温层或隔热层的屋顶无保温层或隔热层的屋顶	75 60
普通黏土、空心砖砌体	黏土瓦或石棉水泥瓦屋顶 木屋顶或楼板层 砖石屋顶或楼板层		150
石砌体			100
硅酸盐、硅酸盐砌块和混凝土砌块砌体			70

注：1. 层高大于5m的混合结构单层房屋，其伸缩缝间距可按表中数值乘以1.3采用，但当墙体采用硅酸盐砖、硅酸盐砌块和混凝土砌块砌筑时，不得大于75m。
　　2. 温差较大且变化频繁地区和严寒地区不采暖的房屋及构筑物墙体的伸缩缝最大间距，应按表中数值予以适当减少后采用。

混凝土结构伸缩缝最大间距（m）　　　　　　　　　　　　表4-1-6

项次	结构类别		室内或土中	露天
1	装配式结构		40	30
2	现浇式结构（配有构造钢筋）		30	20
3	现浇式结构（未配构造钢筋）		20	10
4	排架结构	装配式	100	70
5	框架结构	装配式 现浇式	75 55	50 35
6	墙式结构	装配式 现浇式	40 30	30 20

2. 沉降缝

沉降缝是为了防止建筑物由于不均匀沉降引起破坏而设置缝隙，它把房屋划分为若干个刚度较好而体型简单的单元，使各单元可以自由沉降。

出现下列情况均应设置沉降缝：

（1）同一建筑物相邻部分的结构类型不同
（2）同一建筑物的相邻部分高差较大（例如相差两层或6m以上）
（3）建筑物的长度较长或平面形状复杂
（4）原有建筑物和扩建建筑物之间

(5) 同一建筑物相邻部分的上部荷载差异较大

(6) 建筑物建造在不同的地基土壤上

(7) 同一建筑物相邻部分基础类型不同处

沉降缝要从基础开始，其上部结构全部断开。因此沉降缝同时可起伸缩缝的作用，而伸缩缝不能代替沉降缝。沉降缝的宽度与地基的性质和房屋的高度有关，见表4-1-7。

沉降缝宽度尺寸 B　　　　　表 4-1-7

地基性质	房屋高度 H	缝宽 B(mm)
一般地基	$H<5$m	30
	$H=5\sim10$m	50
	$H=10\sim15$m	70
软弱地基	2～3层	50～80
	4～5层	80～120
	5层以上	>120
湿陷性黄土地基		≥30～70

注：沉降缝两侧单元层数不同时，由于高层的影响，低层的倾斜往往很大，因此沉降缝的宽度 B 应按高层确定。

3. 抗震缝

在地震区建造房屋应考虑地震的影响，目前，我国规定建筑物的设防重点放在地震烈度为7～9度地区，在该类地区建造房屋，体形应尽可能简单，房屋质量和刚度尽可能均匀对称。但如因建筑功能上的原因，导致建筑体型复杂，各部分结构刚度、质量截然不同，或有错层且楼梯高差较大，或建筑物立面高度相差6m以上时，宜用抗震缝将建筑物分隔成若干个体型简单、刚度和质量均匀的结构单元。

抗震缝应沿建筑物全高设置，缝的两侧应设置墙体，基础可不断开。抗震缝的宽度因房屋高度和地震烈度不同而异，在多层砖混结构中取50～100mm。

抗震缝可以结合伸缩缝、沉降缝的要求统一考虑。当伸缩缝、沉降缝、抗震缝在同一建筑物中设置时，尽可能合并，使一缝具有多种功能，合并设置的原则是满足三种情况中最不利的情况要求。

（二）变形缝的构造

1. 伸缩缝的构造

（1）墙体伸缩缝的构造

外墙厚度为一砖时，伸缩缝可做成平缝的形式，外墙厚度为一砖以上时，伸缩缝一般应做成企口或错口的形式。缝内常填充沥青麻丝或玻璃毡等可缩性材料，考虑对立面的影响，外墙外表面常用薄金属片（24号或26号镀锌钢皮或1mm厚铝板）做盖缝，而外墙内表面可用木质盖缝条遮盖。如图4-1-43所示。

（2）楼地面伸缩缝构造

楼地面伸缩缝的位置和大小应与墙体伸缩缝一致。

整体面层地面，面层与垫层在伸缩缝处都断开；块状面层地面，垫层在变形缝处断开，面层中可不设伸缩缝。垫层的伸缩缝中填充沥青麻丝，面层的伸缩缝中填充沥青玛琋

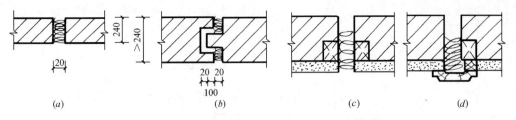

图 4-1-43 墙体伸缩缝构造
(a) 直缝；(b) 企口缝；(c) 外墙外表面铁皮盖缝；(d) 外墙内表面木质盖缝条盖缝

脂等材料。

楼面伸缩缝分上下两个表面，上表面的面层要求较高，一般采用 4mm 厚的钢板，或采用水磨石块、聚氯乙烯硬塑料板等耐磨材料作成活动盖板，板下设有金属调节片或干铺油毡，以防尘土下落。下表面为天棚面，一般采用木盖条或硬质塑料盖条遮盖。

(3) 屋顶伸缩缝构造

1) 当屋面为不上人屋面，若屋面伸缩缝两侧的屋面标高相同时，则在伸缩缝两侧各砌半砖墙，按泛水构造进行处理，在接缝两侧的矮墙上面，常用镀锌铁皮覆盖，若伸缩缝两侧的屋面标高不等时，应在低侧屋面上砌半砖厚墙，与高侧墙间留出伸缩缝，缝上端覆盖镀锌铁皮，其余再按泛水构造进行处理。当屋面为上人屋面，伸缩缝处屋面平齐，以便于行走。

2) 刚性防水屋面伸缩缝构造

构造要点基本上同柔性防水屋面，只是泛水按刚性防水屋面泛水构造处理，矮墙上可用混凝土压顶板覆盖。

2. 沉降缝构造

(1) 墙体沉降缝的构造

墙体沉降缝的构造与墙体伸缩缝的构造基本相同。只是盖缝条有些差别，必须保证两个独立单元自由沉降。当外墙外表不做抹灰时，金属盖缝条外不加钉钢丝网。

(2) 基础沉降缝的构造

沉降缝处基础必须断开，处理方法有双墙式、交叉式和悬挑式三种。

图 4-1-44 为沉降缝基础做法构造示意图。

沉降缝在楼地面及屋顶部分的与伸缩缝相同。

3. 抗震缝构造

抗震缝应沿建筑物的全高设置。基础是否要断开，要根据具体情况来设计。在抗震缝两侧的承重墙或框架柱应成双布置。抗震缝在墙体、楼地层以及屋顶各部分的构造，基本上与伸缩缝、沉降缝各部分的构造相同。

为保证在水平方向地震波的影响下，房屋相邻部分不致因碰撞而造成破坏，抗震缝的宽度较大，一般取 50~70mm；在多层钢筋混凝土框架建筑中，建筑物高度小于和等于 15m 时为 70mm；当超过 15m 时：

设计抗震烈度 7 度，建筑物每增高 4m，缝宽在 70mm 基础上加 20mm。

设计抗震烈度 8 度，建筑物每增高 3m，缝宽在 70mm 基础上增加 20mm。

设计抗震烈度为 9 度，建筑物每增加 2m，缝宽在 70mm 基础上增加 20mm。

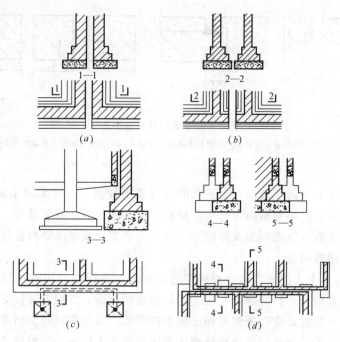

图 4-1-44 基础沉降缝构造
(a)、(b) 双墙式；(c) 悬挑式；(d) 交叉式

抗震缝的内、外墙面应用铝板等进行表面处理，以增加美观。

八、多层砖混结构民用房屋施工顺序

多层砖混结构民用房屋的施工，一般分为基础工程、主体工程、屋面及装修工程三个施工阶段。

基础工程是指室内地面（±0.00）以下所有的工程。当没有地下室时，其施工顺序一般是：挖土方→设垫层→做基础→回填土。如有地下室时，其施工顺序为：挖土→设垫层→做地下室底板→做地下室墙体→作地下室墙板防水层→做地下室顶板→回填土。基础若为桩基，则应先打桩，接着做承台（或地下室底板）。

主体工程阶段的施工内容包括：搭设脚手架，安装起重运输设备，砌筑砖墙，现浇圈梁、过梁、雨篷、阳台、安装（或浇捣）楼板、楼梯，依次由低向上，直至施工屋面板。其中砌墙和安装（浇捣）楼板、屋面板是主导施工过程。主体工程阶段的施工顺序是以砌墙和安装（浇捣）楼板直至屋面板为主来确定的，两者在各楼层施工时交替进行。其他施工过程则与两者配合穿插完成。一般情况下，脚手架搭设配合砌墙、安装（浇捣）楼板逐层进行；现浇钢混凝土构件的支模、托筋等安排在每层墙体砌筑的最后一步插入，与现浇圈梁同时进行。

屋面及装修工程阶段的施工内容包括屋面板安装（浇捣）完后的所有工程内容。这个阶段的施工特点是：施工内容多，繁而杂；有的工程量大而集中，有的则小而分散；手工操作多，耗工量大，工期较长。这个阶段的主导施工过程是抹灰工程。所以，安装这一阶段的施工顺序一般是以抹灰工程顺序为主来进行的。抹灰工程可分室外抹灰和室内抹灰（天棚、墙面、楼地面、楼梯等表面抹灰）两个方面。抹灰施工顺序可采用三种方案：

（1）室外抹灰自上而下。这是指房屋的屋面工程（指防水、保温、隔热处理）全部完成后，室外抹灰从顶层开始逐层往下进行，直至底层。

（2）室内抹灰自上而下或自下而上。室内抹灰自上而下是指主体工程及屋面防水层等完工后，室内抹灰从顶层开始逐层往下进行，直至底层。采用这种方法可以防止上部施工污染和破坏下部装修；缺点是不能和主体工程搭接施工，工程总工期较长。室内抹灰自下而上是指主体工程施工到三层以上（有两个层面楼板，确保底层施工安全）时，室内抹灰从底层开始逐层往上进行，直至顶层。采用这种顺序的优点是抹灰可与主体工程搭接进行，利于缩短工期；缺点是施工中工种交叉作业多，使施工的安全因素增加，现场施工组织和管理复杂。

室内抹灰和室外抹灰之间先内后外，先外后内和内外平行搭接的顺序方案。具体实施一般根据施工条件、工期要求及气候变化情况而定，如往往采用"晴天抢室外，雨天抓紧做室内"，以利于组织和安排劳动力，确保工程进度免受天气影响。

思 考 题

1. 建筑如何分类？
2. 民用建筑的主要组成部分有哪些？
3. 基础的类型有哪些？各由哪几部分组成？
4. 墙体按构造划分哪几种类型？砖墙的组砌方式有哪几种？
5. 地面按照所用材料和施工方法可分哪几类？它们各自的构造层次有哪些？
6. 平屋顶的构造层次是什么？顶棚的构造做法是什么？
7. 门窗有哪些类型？
8. 楼梯的种类有哪些？钢筋混凝土楼梯的构造按照施工方式有几种？

第二节 工业建筑构造

用于进行工业生产的建筑叫工业建筑，如工厂中各个车间所在的房屋就是典型的工业建筑。工业建筑具有建筑的共性，在设计、施工、用材等方面与民用建筑具有许多共同之处。

工业生产是按照生产工艺进行的。不同工业生产由于在产品、规模、条件等方面存在着差异，它们所依据的生产工艺也是不同的。为了保证生产的顺利进行，生产工艺对工业建筑有许多特殊要求，从而使工业建筑具有许多独特之处。

为了满足生产的要求，厂房内一般都设置体积庞大而笨重的机器设备和起重运输设备。为了保证生产的连续性和适应变更生产的灵活性，工业建筑平面面积、柱网尺寸、空间高度都比较大。工业生产要求厂房结构能承受很大的静、动荷载，承受强烈的振动和撞击力。这些不但增加了结构设计的难度，而且也使厂房结构构件变得体积大而笨重，对施工安装技术与条件提出较高的要求。

工业生产会散发大量的余热、烟尘、有害气体，要求产房建筑具有良好的通风条件。工业生产有时会排放大量腐蚀性液体。这不但要求提供快捷畅通的排泄条件，而且要厂房建筑的相应部分具有抗腐蚀的能力。工业生产要观察识别不同大小和色彩的物体及其细部，这要求厂房建筑提供良好的采光条件。工业生产会产生很大的噪声、要求厂房建筑具备一定的降低噪声、隔绝噪声的能力。某些厂房内要保持某种生产条件，如保持一定的温度、湿度、防尘、防振、防爆、防菌、防射线等，这些都要求厂房建筑采取相应的构造措施。厂房建筑屋面面积大，积水量多，对屋面的排水防水构造处理提出很高的要求。工业生产需要设置各种技术管网，如上下水道、热力管道、压缩空气管道、煤气管道、氧气管道和电力线路，还需要考虑提供运输工具通行条件，以满足生产时大量原料、加工零件、半成品、废料、成品等的运输，这些都要求工业建筑在构配件的设置上和构造处理上进行相应的配合。

工业建筑种类很多，按层数可分为单层工业厂房、多层工业厂房和层数混合工业厂房三种。单层厂房主要用于冶金、机械制造和其他一些重工业生产。主要是因为这些工业的生产设备、材料、半成品、成品都比较笨重，运输要用汽车、火车。采用单层厂房容易满足生产和内部运输要求，也容易解决通风、采光等方面的问题。多层厂房大多用于精密仪器制造、化学、电子、食品等工业生产。主要是因为多层厂房容易实现这些生产所要求的洁净、防尘、抗震、恒温、恒湿等要求；同时这类生产的原料、半成品，甚至成品体积小，重量轻，生产工艺紧凑，垂直运输轻便易行，适合于自动化运输，将它们安排在多层厂房内也不致造成结构不合理，而且可以节省用地。层数混合厂房主要用于某些有特殊要求的生产车间。按厂房内部生产状态的不同来分有冷加工厂房、热加工厂房、恒温恒湿厂房、洁净厂房、其他特种状况厂房。冷加工厂房内适宜进行在常温和正常湿度下进行生产，如金属机械加工、装配。热加工厂房主要用于散发大量余热、烟尘、有害气体等的生产，如铸造、热锻、冶炼、热轧，这类厂房应注意解决通风、散热、排烟、除尘。恒温、恒湿厂房用于要求在稳定的温、湿度条件才能进行的生产，如集成电路、医药粉针剂等生产。这类厂房要求采取特殊的密闭与隔离构造措施，防止大气中的灰尘及细菌对生产过程和产品造成污染。特殊状况的厂房，指经过特殊的结构设计和构造处理后能用于特殊生产的厂房。这类特殊生产主要是指有爆炸危险可能性，或有大量腐蚀性物质，或有放射性物质产生，或有防微振、高度隔声、防电磁波干扰等特殊要求的生产。

一、单层工业建筑构造

（一）单层工业建筑结构类型和结构组成

1. 单层工业厂房结构类型

在建筑中，由支承各种荷载的构件所组成的骨架称结构。建筑的坚固、耐久主要是靠结构构件连接组合在一起，组成一个有效的结构空间来保证的。

单层厂房结构按材料可分为混合结构、钢筋混凝土结构和钢结构三种。混合结构厂房由砖柱和钢筋混凝土大梁或屋架组成，也可以由砖柱和木屋架、轻钢屋架、钢筋混凝土与钢材组合而成的组合屋架组成。混合结构构造简单，但承受荷载的能力和抵抗振动能力轻差，一般适用于小型厂房。钢筋混凝土结构厂房的受力骨架——柱、屋架或大梁全部由钢筋混凝土制作，并且一般均为预制然后吊装装配而成。这种结构坚固耐久，与钢结构相比可降低钢材用量，造价较低；与混合结构相比，承受荷载的能力强，整体空间刚度好，抗振能力强，应用非常广泛。但它自重大，对施工机械的要求高，施工技术复杂，抗震性能不如钢结构。钢结构的主要承受荷载构件——柱、屋架或大梁全部用钢材制作。这种结构承受荷载的能力强，抗振性较好，与钢筋混凝土相比构件重量轻，施工速度快并不受季节影响，主要用于大型厂房。但钢结构容易锈蚀，耐火性能较差，在使用时要注意采取相应的防护措施。钢结构的建筑造价高，这也是一般厂房所难以承受的。

按结构的支承方式不同来分,单层厂房有承重墙结构与骨架结构两种。承重墙结构厂房的外墙为承重墙,一般为砖墙或带壁柱砖墙,水平承重构件为钢筋混凝土屋架、钢木轻型屋架,这种结构构造简单、经济,施工方便,适用于小型的没有振动的厂房。骨架承重厂房的承重体系大多由横向受力骨架及纵向联系构件组成。横向受力骨架由钢材或钢筋混凝土制作,主要由柱、屋架或屋面大梁及基础组成。纵向联系构件为沿厂房纵向设置的屋面板(或檩条)连系梁、吊车梁等构件,它们保证了横向承重骨架的稳定性和承受传递荷载的有效性。钢筋混凝土骨架承重结构是应用最广泛的一种厂房结构类型。为了提高建筑工业化水平,钢筋混凝土骨架承重结构厂房的设计和施工都大量采用标准图集所提供的结构构件及建筑配件。

2. 单层工业厂房结构组成

由于目前广泛采用钢筋混凝土横向受力骨架作为单层厂房的结构,下面仅对这种结构的组成进行介绍。

钢筋混凝土横向受力结构单层厂房的结构骨架主要由基础、柱、屋盖、支撑等组成,当厂房内部因起重运输需要而设置梁式或桥式吊车时,还有吊车梁。由上述构件组成的空间结构体系就形成了单层厂房的结构。为了保证厂房结构牢固、安全、可靠、必须做到下述两点:第一点是组成结构的各个构件必须具有足够的承受荷载的能力、抵抗变形的能力,维持稳定的能力;第二点是由构件相互连接所形成的空间结构体系必须具有足够的整体性,足够的整体承受与传递荷载的能力,足够的整体抵抗变形的能力,足够的维持整体稳定的能力。

(1) 基础

一般为钢筋混凝土现浇独立杯形基础,承受柱和基础梁传来的荷载,并将这些荷载传给地基。

(2) 柱

一般为钢筋混凝土现场预制。这主要是因为单层厂房柱身很高,如要现浇、支模、绑扎和浇捣钢筋混凝土十分困难;如要工厂预制,运输时需要道路具备很大的转弯半径才能实施运输时方向变换的需要,这是不现实的。柱分承重柱和抗风柱两种。承重柱沿厂房纵向设置,抗风柱设在山墙内侧。承重柱支承屋盖,吊车,有时还有部分墙体,并将这些部分传来的荷载传给基础。抗风柱主要承受山墙传出来的风荷载,并将这些风荷载传给相邻的屋架和自己的基础,但抗风柱在任何情况下都不支承屋架。

(3) 屋盖

屋盖起承重和围护双重作用。屋盖结构类型常有无檩体系两种。无檩体系屋盖在构造时不需设置檩条,而是通过将钢筋混凝土大型屋面板或F型屋面板(采用较少)直接焊接在屋架或屋面大梁上构成;有檩体系屋盖在构造时,首先在屋架上焊接檩条,在檩条上再勾挂轻型屋面板材。

屋盖的承重骨架——屋架或屋面大梁与承重柱以电焊焊接、实现铰接。屋盖承受的荷载传给承重柱。

单层厂房一般跨度较大,厂房中部采光通风条件较差。为了改变这种情况,在单层厂房屋盖上还没有各种形式的天窗。天窗的荷载也要由屋盖来承受。

(4) 支撑

由于单层厂房生产连续的需要，内部一般不设墙体。单层厂房本身很高大，因此单层厂房室内空间高大空旷。为了降低技术复杂程度，减少钢材用量、方便施工，单层工业厂房构件之间一般多以电焊形成铰接。仅仅由柱和屋盖难以构成整体性好、空间刚度大、安全可靠的空间受力骨架，为此，单层工业厂房必须设置支撑。单层厂房利用支撑保证结构的几何稳定性，保证结构体系的空间刚度和整体性，为受压杆件提供侧向支点，承受和传递纵向水平荷载（如风荷载等），保证结构在安装过程中的稳定性。

单层厂房支撑分柱间支撑和屋盖支撑两大类，大多以型钢制作，与承重柱和屋盖有关构件（主要是屋架）以电焊连接。

（5）围护结构

在我国大部分地区及绝大多数单层厂房都设置围护结构，以便为室内提供良好的生产条件。围护结构主要由墙（包括墙上开设的窗——一般称侧窗及大门）、墙梁（也称联系梁）、圈梁、基础梁、抗风柱等组成。

1）墙

单层厂房一般只设外墙，外墙包括纵墙和横墙。工业厂房的外墙通常为砖砌自承重墙，承重自身的重量及风荷载。墙承受风荷载后将风荷载传给柱子。砖墙下部支承在基础梁上。在某些工程中，也采用将钢筋混凝土预制墙板焊接或勾挂在钢筋混凝土柱上以代替砖墙。砖墙与柱以锚拉筋连接。

2）抗风柱

单层厂房砖砌山墙的连续长度比较大，在风荷载作用下，山墙难以取得必要的稳定性和空间刚度——将被风吹坍。出墙部位必须设置依扶构件——抗风柱。

3）基础梁

基础梁为预制钢筋混凝土梁，其两端简支在柱的杯基头颈上——基础梁底与地基土之间必须空开一定的竖直距离。砖墙砌筑在基础梁上。这样做的结果使墙的荷载通过基础梁传给杯基，而柱也将荷载传给杯基，从而使砖墙和柱的沉降都由杯基来控制，保证墙、柱沉降统一，避免因不均匀沉降造成建筑破坏。

4）圈梁

现浇钢筋混凝土圈梁的作用在于它将柱紧紧箍住，从而维护和加强单层厂房的整体性和必要的空间刚度。圈梁设在砖墙中，至少必须在柱顶和吊车梁高度附近各设一道，圈梁与钢筋混凝土柱以插筋连接。

5）连系梁

连系梁是柱与柱之间的水平连系构件，可设在墙内也可不设在墙内，设在墙内的有时也被称为墙梁。连系梁可以承受墙体荷载，也可以不承受墙体荷载而仅起连系作用。连系梁以钢筋混凝土预制。连系梁与柱可依不同情况分别以电焊、螺柱连接或用钢筋拉结。

6）吊车梁

梁式吊车梁或桥式吊车的钢制车身要支承在吊车梁上。吊车梁支承在承重柱的牛腿上，与柱焊接形成铰接。吊车梁承受吊车荷载，并将这些荷载传给承重柱。吊车梁大多以钢筋混凝土预制。

（二）基础及基础梁

1. 基础

单层厂房基础位于厂房结构的最下部,埋在土中,它承受上部结构传来的全部荷载,并将这些荷载传给地基。

在地质条件许可的情况下,目前单层厂房大多采用钢筋混凝土现浇独立杯形基础。如图 4-2-1 所示。

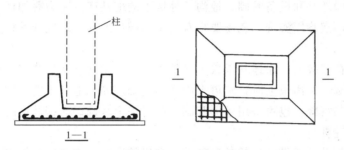

图 4-2-1 独立杯形基础

独立杯形基础一般只在底板内配置钢筋。杯形独立基础适用于柱距和跨度较大、土质均匀、地基承载能力较高的单层厂房。

为了便于施工放线、改善基础施工条件和保护钢筋,在独立杯基底部通常要铺设 C10 混凝土垫层,垫层厚度为 100mm,为了保证混凝土质量,在混凝土垫层和基坑底素土夯实之间往往还铺设碎石层。独立杯基所用的混凝土不低于 C15,受力钢筋采用 HPB235 级钢筋或 HRB335 级钢筋螺纹钢置于底板中。独立杆基颈项部位做出杯口,以备钢筋混凝土预制柱插放在杯口内。为了便于柱的安装,杯口尺寸应大于柱的载面尺寸。杯口顶应比柱每边大 15mm,杯口底比每边大 50mm。柱吊装插入杯口后,周边尚有空隙,此空隙在柱位置校正并临时固定后用细石混凝土分两次灌实,用这种方法实现的钢筋混凝土预制柱和现浇独立杯基的连接被认为是固端连接。为了便于预制装配工程控制标高,在设计和制作独立杯基时,柱底面和杯口底面之间要预留 50mm 的距离。在柱吊装前,实测预制柱的长度和杆口底面的实际标高,根据吊装后控制柱顶和牛腿面准确标高的需要,计算出柱底面标高和未安插柱以前杯口底面标高的差值,并在杯口用细石混凝土(差值较大时)或干硬性水泥砂浆(差值较小时)将这一差值高度填实。在习惯上也称杯底找平。钢筋混凝土独立杯基底板和杯壁厚度应不小于 200mm,以防被柱剪切和挤压破坏。为了保证柱和杯基连接可靠,基础内表面应尽量毛糙一些。在地质情况许可,考虑基础埋深时,应使杯口顶面比室内地坪低 500mm。这时杯口顶面标高为 −0.5mm。这样杯口上搁置基础梁(基础梁高常为 450mm)后,基础梁上表面比室内地坪面低 50mm,地坪做好后,基础梁被保护在地坪面下部,免遭车辆等工具辗压撞击破坏,而且使砌墙用砖达到最少数量。但是基础本身的高度是由结构计算确定的,基础的埋置深度要根据建筑物、工程地质以及施工技术等多方面的因素综合考虑后确定的,尽管一般要求满足将基础底面设置在良好的地基持力层上的前提下,基础尽量浅埋。但有时由于地表下土层厚薄变化,局部区域地质条件变化大以及相邻设备的基础埋置较深等原因,而要求部分杯基埋置深些;有时地基持力层离开地面较深,而要求将全部杯基埋得较深,这样杯口顶面就离开了 −0.50m 处。杯口顶面落深后,基础梁的顶面标高仍旧要维持在 −0.05m 处。

单层厂房内,由于生产的需要,要安放各种机械设备,这些设备下面也需要设置独立的混凝土现浇基础,这种独立基础一般称设备基础。有些厂房内为满足铺设管线或供、排液体物质的需要还设置地沟，有时为安放一些设备还设置地坑。地沟、地坑底板下一般设置C10混凝土垫层及碎石垫层即可。一般情况下，要求设备基础的埋深和地坑、地沟的底板埋深最好浅于建筑柱下基础。如果做不到这一点应力争使设备基础及地坑、地沟的底板与基础保持一定的距离，以保证在施工挖土时不破坏建筑独立杯基下的原始土层，并避免柱独立杯基下的地基和设备基础、地沟、地坑下的地基产生应力叠加而引起意外不均匀沉降。如果上述两点难以实现，就需要将有设备基础、地沟、地坑处的柱下基础埋到较深的部位去。

当上部结构荷载较大，而地基承载力又较小，如采用独立杯形基础，由于杯基底面积过大，致使相邻基础距离很近时，则可采用条形基础，如果地基土的土层构造复杂，为了防止基础的不均匀沉降，也可采用条形基础。此时条形基础仍为钢筋混凝土现浇，在对准柱的位置设置插柱杯口。

无论是独立杯基还是带杯口的条形基础，它们的底板下都可以根据工程需要选用设置各种类型的桩。

2. 基础梁

基础梁的截面形状常为倒梯形，上表面的宽度视墙厚而定。当墙厚为240mm时，梯形梁上表面宽度为300mm；当墙厚为370mm时，梯形梁上表面宽度为400mm。

当地基情况比较理想，杯基杯口顶面标高为－0.50m，基础梁就直接搁置在杯口顶面上；当工程地质情况不理想，杯基杯口顶面距室内地坪大于500mm时，可设置C15混凝土垫块搁置在杯口顶面，基础梁再搁置在垫块上，以便使基础梁顶面标高为－0.05m；当杯形基础埋得很深时，也可设置高杯口基础或在柱上设牛腿来搁置基础梁，以便使基础梁顶面处于比室内地坪面低50mm的位置上，如图4-2-2所示。

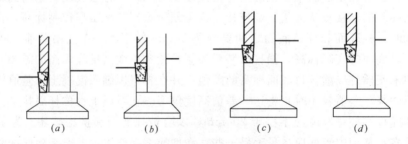

图4-2-2 基础梁搁置方式

(a) 搁在一般杯基的杯口上；(b) 搁在混凝土垫块上；(c) 搁在高杯口基础顶面；(d) 搁在柱牛腿

上述变化有一点是共同的：保证基础梁的上表面比室内地坪内仅低50mm。

基础梁底回填土一般不作夯实处理，基础梁底面与回填土顶面之间留100mm以上的空隙，以保证基础梁随柱基础沉降后也不与回填土接触，以便维持基础梁的简支正梁受力状态。

（三）柱

一般单层工业厂房大多采用钢筋混凝土现场预制柱，预制工作通常在杯基边进行。只有当厂房跨度和吊车起重量都比较大的大型单层厂房才采用钢柱。

单层工业厂房的柱分承重柱与抗风柱两种。承重柱的顶部支承屋盖；在有吊车的厂房中，承重柱在高度的一定部位还设牛腿用于搁置吊车梁，承受吊车荷载；高度大的单层厂房，在承重柱外侧还设牛腿以搁置和支承联系梁，联系梁上再砌筑外墙。承重柱承受着大量建筑荷载，是单层厂房结构体系中的主要承重构件。从厂房的纵向（即厂房长向）来看，与外墙相连的承重柱为边柱；处于厂房中间的柱子叫中柱。而从厂房的横向（即厂房短向）来看，与山墙邻近的承重柱为端部柱，其余的承重柱则被称为中部柱。

当承重柱上设置搁吊车梁的牛腿时，称柱牛腿面以上的部分为上柱，牛腿面以下的部分为下柱。

1. 柱的分类

从形式来看，钢筋混凝土柱基本上可分为单肢柱和双肢柱两类。单肢柱有矩形断面柱、工字形断面柱、管形断面柱等；双肢柱有平腹杆双肢柱、斜腹杆双肢柱、双肢管柱等多种，如图 4-2-3 所示。

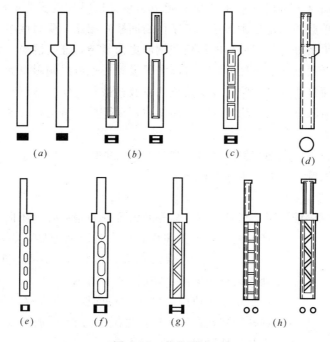

图 4-2-3 柱的形式

(a) 矩形柱；(b) 工字形柱；(c) 预制空腹板工字形柱；(d) 单肢管柱；
(e) 双肢柱；(f) 平腹杆双肢柱；(g) 斜腹杆双肢柱；(h) 双肢管柱

柱的形式主要是根据下柱的截面不同来区分的。柱截面形状与尺寸是根据单层厂房跨度、高度、柱距及吊车起重量等通过结构计算合理确定的。构造的需要也是确定柱截面的重要依据。

上图 a、b、h 中左边的柱子及 c、d、e 所示的柱子均为边柱；其余的柱子都是中柱。

矩形断面柱外形和构造简单，施工方便，节省模板。由于单层厂房柱下端与杯基刚性连接，从受力性能来说，此时柱犹如朝天延伸的悬臂，为受弯构件。矩形断面柱断面受力方向的边缘处于受拉或受压的作用，受荷载作用影响大；而断面腹部中和轴部位，既不受拉又不受压，受荷载作用影响不大。但矩形断面却在整个断面范围内用同样多的混凝土，这显然是不合理的。因此矩形断面柱未充分发挥材料的承载能力、多耗材料，自重大，不经济。矩形断面柱只适用于断面高度小于等于 600mm 的柱子。因为这种柱子断面高度小，改变断面形状以节省材料的潜力不大，如过分追求减少材料用量，反而会引起劳动力等消耗的增加，引起总造价升高。

当柱断面高度超过 600mm 时，一般将矩形截面腹部的混凝土挖掉形成工字形断面柱。工字形断面柱使用材料比矩形断面合理，受力性能及整体性都比较好，自重也比矩形断面柱大大减轻，目前被广泛采用。但工字形断面柱浇捣混凝土不方便，混凝土不易浇灌密实，同时在运输和吊装过程中，工字形翼缘也容易被碰坏。为了加强柱在吊装和使用时的整体刚度和防破坏的能力，在工字形断面柱与吊车梁、柱间支撑连接处、牛腿下部、柱顶部、柱下脚处均做成矩形断面。

尽管工字形断面柱的断面腹部为腹板，比矩形断面柱合理，但腹板的主要作用是保证断面两翼缘间维持足够的间距以保证受力必要的断面高度而充分发挥翼缘的抵抗荷载作用的能力。如果在两翼缘之间用杆件代替腹板——即设置腹杆，不但可以照样保持两翼缘的必要受力距离，而且还可以进一步减少混凝土用量。这时称两翼为两肢，柱就成为双肢柱。而双肢柱与单肢柱（矩形断面柱、工字形断面柱）相比，受力性能更好，材料使用更为合理，经济效果更好。但双肢柱的模板和钢筋更为复杂，浇捣混凝土更为困难，整体刚度也不如工字形断面柱。双肢柱的腹杆可以水平设置，也可以倾斜设置。腹杆水平设置的双肢柱被称为平腹杆双肢柱；腹杆倾斜设置的双肢柱被称为斜腹杆双肢柱。由于斜腹杆双肢柱在形状方面有较好的几何稳定性，因而斜腹杆双肢柱具有更好的受力性能，但施工制作更为复杂和困难。

管形断面柱在受力性能和使用材料上都具有很大的优势，但由于构造复杂，构件本身的节点难以完美实施，因而在实际工程中很少使用。

2. 柱的预埋件

单层厂房预制钢筋混凝土柱除了按结构需要设置柱内钢筋外，还根据柱与其他构件连接的需要设置预埋件，以实现可靠连接，如柱与屋架、柱与吊车梁、柱与连系梁或圈梁、柱与墙、柱与柱间支撑等相互连接处均设有预埋件，如图 4-2-4 所示。

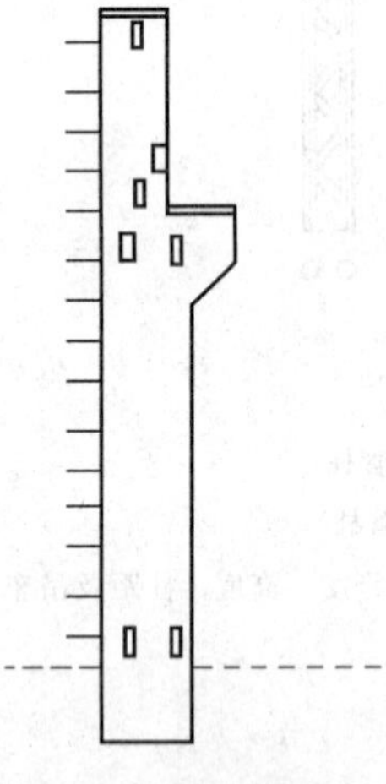

单层工业厂房的承重柱间距（即非受力方向的距离，一般称柱距）现在绝大多数情况下为 6m；而抗风柱的间距可根据工程具体情况取 6.0m 或 4.5m。

为了使抗风柱与其相邻屋架能正常地起作用，抗风柱与屋架的连接构造必须满足两点要求：一是水平方向抗风柱与屋架应有可靠的连接，以保证有效地传递风荷载；二是在竖向应使屋架与抗风柱之间有一定的相对竖向位移的可能性，以防止抗风柱与屋架沉降不匀时屋架压在抗风柱上造成破坏。根据以上要求，抗风柱与屋架之间一般采用竖向可移动变化、水平方向又具有一定刚度的"厂"形弹簧钢板连接，同时屋架下弦底面与抗风柱下柱顶端留出 150mm 空隙。当厂房沉降较大时，则宜采用螺栓连接，此时螺栓孔设为竖向长圆孔，供抗风柱与屋架不均匀沉降时，螺栓滑动移位用。一般情况下，抗风柱顶与屋架上弦连接，以便抗风柱将风荷载传给屋架后，部分风荷载由屋架传给焊接的屋面板或檩条，以便依次向远端传递。当屋架

图 4-2-4 钢筋混凝土预制柱预埋件

柱上预埋件分钢板、钢筋、螺栓三种。钢筋预埋件用于砖墙或圈梁连接；钢板预埋件用于屋架、吊车梁、柱间支撑连接；螺栓预埋件用于与钢筋混凝土墙板、连系梁连接。

设有下弦横向水平支撑时，则抗风柱可与屋架下弦相连接，作为抗风柱的另一个支点。由于抗风柱要与屋架上下弦连接，为了使屋架杆件受力简单而单纯，抗风柱的位置都尽可能定在对准屋架上下弦节点处。抗风柱与屋架连接如图 4-2-5 所示。

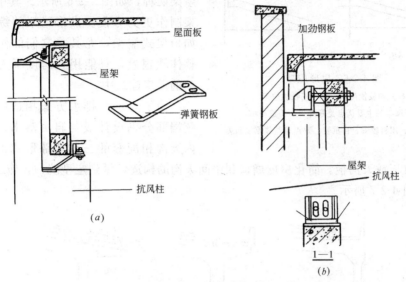

图 4-2-5　抗风柱与屋架连接
(a) 弹簧钢板连接；(b) 加劲钢板连接
在具体工程中，大多采用弹簧钢板连接。

（四）屋盖

单层工业厂房屋盖结构形式可分为有檩体系和无檩体系两种。两者的区别在于构造屋盖时是否采用檩条。屋盖的构件分为覆盖构件和承重构件两类。覆盖构件指大型屋面板、F 型屋面板或檩条、小型屋面板与瓦等；承重构件指屋架或屋面大梁。

为了解决厂房中部的采光通风问题，在屋盖上还开设天窗；为了解决厂房屋面防水、保温、隔热问题，在屋盖覆盖构件上还设置防水层或进行防水处理，还设置保温层、架空隔热层。

1. 屋架

屋架承受屋面荷载，是屋盖部分的承重骨架。屋架两端底部和承重柱顶表面设预埋件，包焊后由屋架和柱构成厂房承重骨架。屋架一般为钢筋混凝土现场预制，只有跨度很大的重型车间或高温车间才考虑采用钢屋架。屋架的跨度有 9.0m、12.0m、15.0m、18.0m、24.0m、36.0m 几种，在特殊情况下，根据工程需要也可以采用 21.0m、27.0m、30.0m 跨度的屋架。

钢筋混凝土屋架从杆件受力特征来看有桁架式屋架和拱形屋架两种。桁架式屋架由上弦杆件、下弦杆件和腹杆组成。杆件相连的节点在施工时作整体连接处理，而在力学计算时按铰节点处理。桁架式屋架的外形有三角形、梯形、拱形、折线形等几种。

在工程中，选用三角形屋架来构造跨度不是很大的坡形屋盖，三角形屋架跨中高度较大，稳定性不好；选用梯形屋架来构造坡度较平缓一些的屋盖，梯形屋架两端高度较大，稳定性不足。拱形屋架杆件受力影响分布均匀，充分发挥材料的作用，但由于外形呈曲线形，制作非常困难，只用在一些跨度很大的厂房中。折线形屋架是吸取上述三种屋架的优点而出现的一种改良形屋架。

拱形屋架可分为三铰拱屋架和两铰拱屋架两种，如图4-2-6所示。其中三铰拱屋架制作更为方便。拱形屋架的综合性能不如桁架式屋架，尤其是它们的侧向刚度和整体性很差，只能用在跨度不大且没有振动的厂房建筑中。

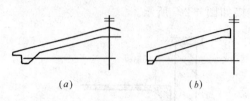

图4-2-6 拱形屋架
(a) 两铰拱屋架；(b) 三铰拱屋架

拱形屋架的主要优点是杆件少、构造简单、制作方便、用料较省、自重轻，缺点是整体刚度很差。

为了与屋面排水方式相适应，屋架上弦端部分别设计成与自由落水、外檐沟及内天沟相配套的三种端部形式，以配合焊接各种檐口板或天沟板，简化房屋檐口和中间天沟的构造，做到定型统一，施工方便，具体情况如图4-2-7所示。

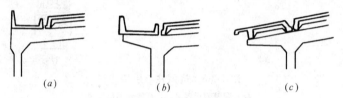

图4-2-7 屋架端部形式
(a) 内天沟式；(b) 外檐沟式；(c) 自由落水式

屋架外伸悬臂，方便了排水构造，但加大了屋架的长度，增加了施工吊装的难度。

屋架与柱的连接方式有直接焊接和先用螺栓临时固定后再焊两种，如图4-2-8所示。目前大多采用直接焊接法施工。

2. 屋面大梁

用梁来跨越水平距离这是工程中普遍采用的方法。当跨越的距离在9m以下时，为了维持梁的稳定和确保梁的侧向刚度，梁断面宽度一般做得比较大，这种梁被称为普通梁。但当跨度达到9m以及9m以上时，为了节省材料和减轻梁的自重，就将梁的断面宽度减薄，这时梁的腹部相对于高度来说显得很窄，工程上一般称薄腹梁。屋面大梁就属于薄腹梁，其跨度有9.0m、12.0m、15.0m、18.0m几种；断面有"T"形和"工"字形两种。当跨度在18.0m以上时，再做薄腹梁就显得用料太多，自重太大，经济性差，这时就要采用屋架。屋面梁断面有"T"形和"工"字形两种。为了提高梁的抗裂能力，减轻自重，节省材

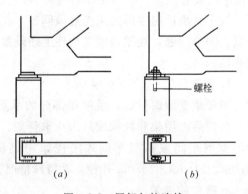

图4-2-8 屋架与柱连接
(a) 直接焊接；(b) 螺栓焊接

采用直接焊接法必须及时进行校正和电焊，操作间歇时间少，不同工种必须在很少的操作面上紧凑交叉作业，有时会有紧张感。采用先由螺栓临时固定后再电焊的方法，得到了作业间歇时间，但螺栓的预埋件加工比较麻烦，而且屋架就位吊装时容易将柱顶螺栓撞坏，造成工程事故。

料，一般常采用预应力钢筋混凝土工字形薄腹屋面梁。

3. 大型屋面板

大型屋面板又称预应力钢筋混凝土大型屋面板，常用板型尺寸为1.5m×6.0m，横断面为槽形。大型屋面板沿长边有两根主肋，主肋高240mm，与主肋方向垂直有次肋，次肋高120mm，主次肋相连接形成框格。主次肋间的薄板称腹板，厚25mm。大型屋面板具体情况如图4-2-9所示。

大型屋面板底部四角各设一块预埋铁件，供屋面板与屋面梁或屋架焊接之用。为了保证屋盖获得必要的稳定性，大型屋面板必须与屋面大梁或屋架充分焊接，力

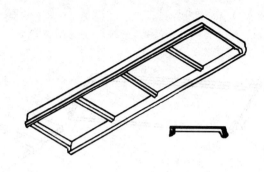

图 4-2-9 大型屋面板
大型屋面板一般在工厂用钢模预制。

争四角都焊，从而实现四个焊点。但由于电焊工艺的限制，要让每块大型屋面板都有四个焊点是不可能的，一般要求，在万不得已的情况下，一块屋面板也应该有三个角点与屋面大梁或屋架焊牢。大型屋面板与屋面大梁、屋架的焊接如图4-2-10所示。

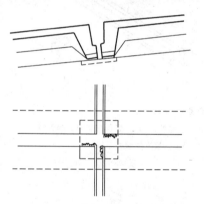

图 4-2-10 大型屋面板与屋面大梁、屋架的焊接
由于大型屋面板主肋高240mm，两块大型屋面板相邻，两主肋间形成深240mm的缝隙。在这个缝隙中是难以实施电焊的。由于这个原因，在屋面大梁上表面或屋架上弦上表面的一块预埋钢板上从每块板主肋侧面焊好三块屋面板的一个角点后，第四块屋面的一个角点再放上去将无法实施电焊。

大型屋面板之间的缝隙用不低于C15的细石混凝土填实，以加强屋盖的整体性和刚度。为了达到这一目的，细石混凝土填嵌必须密实，并与屋面板紧密连接。

"F"形屋面板也是一种预应力钢筋混凝土带肋板，板长也为6m，由于其断面形状为"F"，故一般称为"F"形屋面板。它的特点是沿板的一条长边有一短的悬伸带，以这一悬伸带实现屋面上相邻板纵向的搭盖解决板缝间的防水问题，所以可不作另外的防水处理，当然横向板缝和屋脊缝要设盖瓦。这种防水做法叫构件自防水。"F"形屋面板也为工厂预制构件，它刚度好，构件安全度大；但板缝易出现爬水和飘雨现象，搭接处有缝隙，甚至会出现飘入灰尘的现象。而且板上三边设翻边，一边设挑边，翻边、挑边在运输和吊装过程中容易损坏；板除肋以外，其他部分很薄，保温隔热能力很差，用在工业厂房中设保温隔热层又比较困难，因此一般用于非保温隔热及防水要求不高的厂房。F形屋面板如图4-2-11所示。

（1）檩条——檩条用来支承轻型屋面板、瓦，并将荷载传给屋架，它搁置在屋架上，一般与屋架焊接。常用的檩条由钢筋混凝土预制，有预应力和非预应力两种，断面有T形和倒L形两种。在少数厂房中，当采用钢屋架时，檩条也改为以钢材制作。如图4-2-12

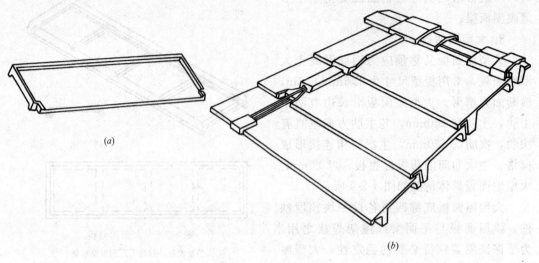

图 4-2-11 F形屋面板

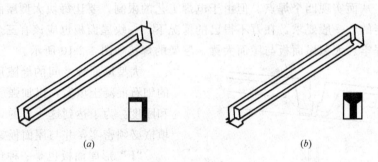

图 4-2-12 檩条

檩条长6m,间距由所支承的屋面板、瓦的规格决定,一般可为3m。檩条在屋架上搁置时,其上表面可以呈水平状,也可以顺着屋架上弦坡度呈倾斜布置。

所示。

（2）轻型屋面板、瓦

轻型屋面板常用的有钢筋混凝土槽瓦、钢丝网水泥波形瓦、石棉瓦、玻璃钢瓦等。轻型屋面板、瓦一般用钢质扣件勾挂在檩条上。

钢筋混凝土槽瓦为轻型构件,在有檩体系屋盖中应用比较普遍。这时钢筋混凝土槽瓦支承在檩条上,上下叠搭,横缝和脊缝采用盖瓦、脊瓦封盖,起到防水作用。但钢筋混凝土槽瓦系开口薄壁构件,刚度较差,在施工过程中易被破坏。这种屋盖一般适用于对屋盖刚度与保温隔热要求不高、无振动的厂房。

石棉瓦是由石棉纤维和水泥制成的波形瓦,规格较多,**重量轻**,耐火及防腐性能好,施工方便；但石棉瓦刚度差易损坏,保温隔热性能差,使用并不普遍。

在有些工程构造有檩屋盖时也有用钢筋混凝土预制成尺寸较小（与大型屋面板相比较而言）的屋面板再焊接在檩条上的做法,但这样做施工麻烦,实际工程中采用不多。常用的轻型屋面板、瓦如图4-2-13所示。

4. 天窗

在大跨度或多跨单层厂房中，为满足天然采光与自然通风的需要，常在屋盖上设置天窗。天窗种类很多，主要有上凸式天窗、下沉式天窗、平天窗三种。

上凸式矩形天窗凸在厂房屋面高度以上。一般沿厂房纵向布置，为了简化构造并留出屋面检修和消防通道，在厂房的两端和横向变形缝处通常不设天窗。矩形天窗主要由天窗架、天窗屋顶、天窗端壁、天窗侧板及天窗扇等构件组成。为了改善通风效果，矩形天窗必须在

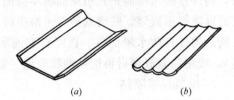

图 4-2-13 轻型屋面板、瓦两者相比钢丝网水泥波形瓦的外形尺寸要小些
（a）钢筋混凝土槽瓦；（b）钢丝网水泥波形瓦

天窗两侧设置挡风板形成负压区，造成拔风效果。挡风板一般为用石棉瓦勾挂在挡风支架上形成。上凸式矩形天窗两侧采光面与水平面垂直，采光较均匀，不易积灰并易于防雨，窗扇可开启满足通风要求，但需要增加专用构件、构造复杂、自重大，使厂房重心升高，造价不经济。

下沉式天窗是在拟设置天窗的部位，将屋架上弦上的屋面板移铺到屋架下弦上，从而利用分别处于屋架上下弦上的屋面之间的高差（即屋架腹杆处高度）设窗作为采光通风口的一种天窗。下沉式天窗又分横向下沉式天窗（沿厂房短向设置）、纵向下沉式天窗（沿厂房长向设置）和天井式下沉式天窗（按需要随机成井状设置）三种。下沉式天窗不需增设构件、重量轻、经济性较好，但构造及工艺还有待完善。

最简单的平天窗可理解为由在需设置天窗的部位不用大型屋面板，而以透光板材代替而成的天窗。平天窗布置灵活，构造简单，造价经济；但开启不便，通风困难，易积灰影响采光。

5. 屋盖排水防水

单层厂房屋面与民用建筑屋面相比，其宽度要大得多，这给厂房屋面排除雨水带来很多困难。而且屋面板采用预制装配式构造，接缝多，且受厂房内部的振动、高温、腐蚀性气体、积灰等因素直接影响，这些给屋面排水防水造成很多困难。而工业生产对屋面防水又提出很高的要求。这就使解决好屋面排水防水成为厂房屋面构造的一个重要而麻烦的问题。一般情况下，屋面的排水和防水是相互影响、相互补充的。排水组织得好，屋面没有滞留积水，能减少渗漏的可能性，减化防水的复杂性；而良好的屋面防水也会有益于屋面排水。在屋面上一般以排水为主，使雨水尽快排离屋面，注意做好防排结合统筹考虑，综合处理。单层厂房屋面排水坡度由屋面大梁或屋架的上弦坡度而定，一般比较大。单层厂房屋面排水按不同情况，可分别为自由落水、内排水、外排水。单层厂房由于进深较大，屋脊至檐部的距离往往超过9.0m，一般不适宜采用刚性防水做法。因为屋脊至檐部距离超过9.0m，如采取刚性防水做法，为避免防水层因温度变化，胀缩变形导致破裂而漏水，需设置纵向分舱缝，纵向分舱缝与水流方向垂直，这将给排水与防水处理带来很大困难。单层厂房大多采用卷材防水，一般采用二毡三油做法。当坡度小于3％或防水要求较高时，则宜采用三毡四油做法。少数单层厂房也作构件自防水处理。构件自防水的实质是利用屋面板防水，也即屋面板恰当安置后，屋面不再用材料另设防水层。构件自防水屋面的屋面板有钢筋混凝土"F"形板、钢筋混凝土槽瓦板以及波形瓦、钢筋混凝土大型屋面

板。构件自防水屋面是利用屋面板本身的密实性和抗渗性来达到防水作用,至于板与板之间的缝隙则靠嵌缝、贴缝或搭盖来解决防水问题。如用钢筋混凝土大型屋面板在少雨水地区构造构件自防水屋面时,板间缝隙的底部就用细石混凝土填实,上部用油膏嵌密(嵌缝),或用油膏嵌密后再铺贴油毡盖缝(贴缝)。

6. 屋盖保温隔热

采暖厂房的屋面应设置保温层。保温层可设在屋面板下、屋面板上以及采用中间夹有保温材料的夹心板。

屋面的隔热做法基本有三种:

(1) 在屋面的外表面涂刷反射性能好的浅色材料,将阳光反射掉减少吸收以达到隔热目的。

(2) 设隔热层,其构造和做法与保温层基本相仿。

(3) 架空隔热:一般做法为:在屋面上砌 180~300mm 高砖墩,在砖墩上铺钢筋混凝土薄板。架空钢筋混凝土板遮挡了太阳辐射热,间层内流动的空气又带走热量,这种方法构造简单、施工方便、效果可靠。

(五) 圈梁和支撑

由于单层厂房高大空旷,大量节点又为铰接,建筑松垮且极易变形,必须设置圈梁与支撑来加强房屋的整体性和空间刚度。

1. 圈梁

单层厂房设置圈梁后,圈梁将墙体同厂房排架柱、抗风柱等箍在一起,以达到加强厂房的整体刚度,减少和防止由于地基不均匀沉降或较大振动荷载等引起的对厂房不利影响。

圈梁设置在墙内,与柱的连接仅起拉结作用,它不承受砖墙的重量,所以柱子上不设支承圈梁的牛腿。圈梁一般为钢筋混凝土现浇,与柱的连接方法为:柱上预伸出 2φ12 锚拉筋,与圈梁钢筋绑扎成型并现浇成整体。圈梁的设置与厂房对刚度的要求、房屋高度及地基情况有关,一般单层厂房至少应在柱顶和牛腿面附近各设一道圈梁。为了简化构造、节省材料,圈梁应尽量和门窗洞口的过梁相结合,使圈梁过梁合二为一。圈梁的做法如图 4-2-14 所示。

2. 支撑

单层厂房中,支撑联系房屋主要承重构件,以构成厂房结构空间骨架。支撑对厂房结构和构件的承载力、稳定和刚度提供了可靠的保证,并起传递水平荷载的作用。支撑对单层厂房来说虽十分重要,但并不是到处都要设置,一般情况下,只要在某些关键部位设置就足够了。支撑大多以型钢制作,与其他结构构件以电焊或螺栓连接。

支撑按设置的部位不同分为柱间支撑与屋盖支撑两种。

(1) 柱间支撑

在有吊车的厂房中,柱间支撑按吊车梁的位置作分界,分为上柱支撑(设于上柱间)与下柱支撑(设于下柱间)两种。这样设置使支撑杆件与吊车梁分离,避免支撑受吊车梁的影响。

对整个厂房来说,柱间支撑设在厂房伸缩变化区段的中央。这样设置后,当温度变化而使构件胀缩时,厂房可向两端自由伸缩,减少温度变化对构件所产生的应力对柱间支撑的影响。在我国有些地区,也有将柱间支撑设置在厂房伸缩变化区段两端的第二根与第三根柱子之间,以与屋盖支撑上下呼应协同作用。柱间支撑如图 4-2-15 所示。

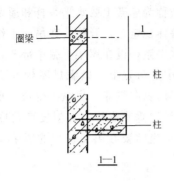

图 4-2-14 圈梁

圈梁截面宽度一般与砖墙厚相同。当墙厚大于 240mm 时,不宜小于 2/3 墙厚,截面高度不小于 120mm,通常为 120～240mm。

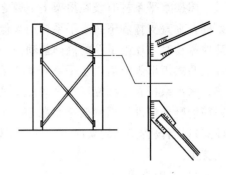

图 4-2-15 柱间支撑

设置柱间支撑所需材料不多,但作用很大。

柱间支撑以角钢和钢板制作,形成交叉形俗称剪刀撑。因上柱较窄,只设一片剪刀撑,下柱较宽,要设双片剪刀撑,两片支撑之间用钢缀条连接成整体。

(2) 屋盖支撑

无论是有檩屋盖还是无檩屋盖,简支在柱顶的屋架仅仅只有大型屋面板或檩条连接,这对于屋架的稳定性来说,是不够的,为了使屋盖结构形成一个稳定的空间受力体系,保证厂房的安全和满足施工要求,一般要设置必要的支撑。

屋盖支撑布置的位置、数量,选用的类型与单层厂房的柱网、高度、吊车、天窗、振动等情况有关。

屋盖部分的支撑包括屋架间的横向水平支撑,纵向水平支撑、垂直支撑、水平系杆以及天窗支撑。

1) 横向水平支撑

横向水平支撑沿厂房横向设置,有设置在屋架上下弦的区分。横向水平支撑设在屋架上弦的,被称为屋架上弦横向水平支撑,当横向水平支撑设在屋架下弦时,它被称为屋架下弦横向水平支撑。屋架上弦横向水平支撑用来与屋架共同构成刚性框格,增强屋盖整体刚度,保证屋架上弦的侧向稳定。但对于无檩屋盖来说,如果切实做到屋面板与屋架有三个以上角点焊接,屋面板之间的缝以 C20 细石混凝土填嵌密实,从而能保证屋盖平面的稳定并能传递水平力,则认为这些构造处理能起到上弦横向水平支撑的作用,这时就不必再设上弦横向水平支撑。屋架下弦横向水平支撑能维持和加强屋架下弦的稳定性,并传递水平力到柱上去。屋架横向水平支撑一般设在厂房温度变化区段的第二(或第一)个柱间。

2) 纵向水平支撑

单层厂房纵向水平支撑沿厂房纵向设置,将每两榀屋架的端部(上弦或下弦)沿厂房长向连续用支撑连接起来。纵向水平支撑也有设在屋架上下弦的区别,分别被称为屋架上弦纵向水平支撑和屋架下弦纵向水平支撑。纵向水平支撑保证将厂房横向水平方向厂房纵向分布,增强厂房结构空间骨架的工作能力,提高厂房刚度。纵向水平支撑的设置与厂房的跨度、跨数、高度、屋盖结构形式、吊车等因素有关。纵向水平支撑与横向水平支撑在厂房中形成封闭的支撑圈。

3）垂直支撑和纵向水平系杆

屋架水平系杆有设在屋架上下弦之分，分别被称为屋架上弦水平系杆和屋架下弦水平系杆。垂直支撑和下弦水平系杆用来保证屋架的整体稳定，以及防止在吊车工作时或发生其他振动时，屋架下弦的侧向颤动。一般情况下水平系杆设在屋架下弦中部节点，但当设置上凸式矩形天窗后，水平系杆则改在屋架上弦中部节点上，以满足屋架上弦稳定的要求。水平系杆在每两榀屋架之间都要设置，它沿厂房纵向贯穿厂房纵向全长。水平系杆为钢筋混凝土杆件。当屋架跨度在18m以上时一般设置垂直支撑（在温度变化区的第二个柱间）；当设置梯形屋架时，因其支座处高度较大，也需要在第二柱间的屋架端部处设垂直支撑。

4）天窗支撑

在有檩屋盖上，为了保证天窗架上弦的侧向稳定，一般设置天窗架上弦横向支撑；在天窗架端跨两侧一般都设垂直支撑。

（六）吊车和吊车梁

1. 吊车

起重吊车是目前单层厂房中应用最为广泛的起重运输设备。对厂房结构影响比较大的常见吊车为梁式吊车和桥式吊车，如图4-2-16。

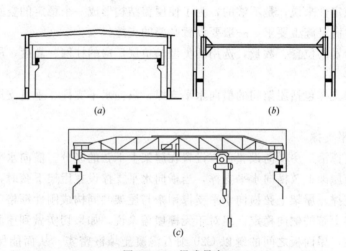

图 4-2-16　梁式吊车
(a) 厂房剖面图；(b) 厂房平面局部；(c) 吊车立面图
梁式吊车起重量较小，一般不超过5t。

梁式吊车设置方法为：在承重柱上设牛腿，牛腿上搁置吊车梁，吊车梁沿厂房纵向设置。从厂房的一端连续设到另一端。吊车梁上安装钢轨，钢轨上设置可电动滑行的单根大钢梁。在钢梁上设置可滑行和起吊重物的滑轮组。

桥式吊车的设置方法为：在承重柱上设牛腿，牛腿上搁置吊车梁，吊车梁上安钢轨。钢轨上放置能纵向滑行的由双榀钢梁并联组成的钢桥架，钢桥架上支承小车。小车能沿桥架横向滑行，并有供起重用的滑轮组，滑轮组有升降吊钩，桥式吊车就可在整个厂房的范围内起吊运输重物了。

2. 吊车梁

吊车梁主要有钢筋混凝土吊车梁和钢吊车梁两种。目前大量采用钢筋混凝土吊车梁，并且是工厂预制的。钢筋混凝土吊车梁的形式很多，按截面形式分，有等截面T形、工字形的；变截面的鱼腹式、折线型吊车梁。

吊车梁上设有很多预埋件和预留孔，供安装钢轨及电源支架等用。吊车梁与柱以电焊连接。

（七）外墙

单层厂房通常为装配式钢筋混凝土结构，外墙一般为非承重墙，主要起围护作用，按材料类别分，有砖墙、砌块墙、板材墙等几种。其中砌块墙的构造原理基本与砖墙相同。

1. 砖墙

为了争取到更多的建筑面积、充分发挥砖墙的围护作用，砖墙一般砌在钢筋混凝土柱外侧，即用墙包柱。砖墙砌在基础梁上。

（1）砖墙与柱的拉接

为了防止砖墙受到风或其他水平荷载的作用而倾倒破坏以及维护砖墙本身所需的稳定性，砖墙与柱应有可靠的连接。通常的做法是沿柱的高度方向每隔500～600mm外伸2ϕ6钢筋砌在砖墙灰缝内，从而将砖墙在水平方向与柱拉牢。这样做保证墙体不离开柱子，从而得到柱的依扶，同时又使自承重砖墙的重量不传给柱子。

（2）砖墙与屋架拉接

屋架上弦、下弦和屋面大梁均可采用预埋钢筋伸入砖墙灰缝；在屋架腹杆部位，可在腹杆上预埋钢板，在钢板上再焊接钢筋后将钢筋压入砖墙灰缝。

（3）山墙与屋面板的拉接

在非地震区，一般在山墙上部灰缝内沿屋面设置2ϕ8钢筋，并在屋面板的板缝中嵌入一根ϕ12（长为1000mm）与山墙中的2ϕ8拉接。

（4）女儿墙与屋面板的拉接

在女儿墙的根部（与屋面板等高处）灰缝内置2ϕ8，在与女儿墙平行的第一道纵向板缝内置1ϕ12，然后用1ϕ12将上述2ϕ8与1ϕ12拉结，最后用细石混凝土将板缝灌满并捣实。

（5）连系梁

当墙体高度较大（大于15m）即使采取了上述措施以后，一砖厚的砖墙的稳定性还是不够的，这时就在柱外侧设小型钢筋混凝土牛腿，牛腿上搁置钢筋混凝土预制连系梁，或在钢筋混凝土柱上设预埋钢板，在预埋钢板上焊接钢托架后，在钢托架上再搁置连系梁。在连系梁上砌筑上部砖墙，以减少墙的连续高度来保证砖墙获得必要的稳定性。联系梁为矩形或L形断面，与柱以电焊或螺栓连接。连系梁如图4-2-17所示。

在单层厂房的外墙上一般还设门开窗以满足使用要求。在墙上所开的窗一般称侧窗；所开的门常常要供通行汽车（甚至火车）运输货物之用，尺寸较大，一般称大门。厂房大门的门框一般用钢筋混凝土现浇，门扇用型钢制成骨架后再覆以木板（或薄钢板）而成。单层厂房的侧窗洞口一般面积较大，为了节省窗框用料，一般用尺寸较小的窗框和拼樘料在洞口内进行拼樘组合去形成大面积窗，这种窗称拼樘组合窗。

2. 板材墙

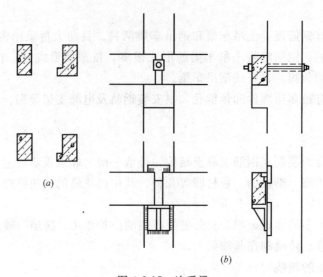

图 4-2-17 连系梁
(a) 连系梁断面；(b) 连系梁与柱连接

两支连系梁的对头缝隙以细石混凝土嵌填灌实，使之能传递纵向水平荷载，从而起到加强厂房纵向的连续性。

采用板材墙是墙体改革的重要内容，这样能充分利用工业废料、不用农田泥土，促进建筑工业化。按板材墙的构造和组成材料不同分，板材墙可分为单一材料墙板和复合墙板两种。单一材料墙体可为钢筋混凝土预应力槽形板、空心板；配筋轻混凝土板。复合墙体一般做成轻质高强的夹心墙板，其面板有预应力钢筋混凝土板、石棉水泥板、铝板、不锈钢板、钢板、玻璃钢板等。夹心保温、隔热材料可为矿棉毡、泡沫塑料、泡沫橡皮、木丝板、蜂窝板等轻质材料。

板材墙的墙板一般预制成狭长的矩形，在墙面位置可作横向布置（板横放）、竖向布置（板竖起来放）、混合布置（有的横放，有的竖放）三种布置。作横向布置时，可将墙板直接焊接在柱子上，或者用螺栓配合扣件将墙板勾挂在柱子上。作竖向布置时要先在柱外侧焊接水平向的型钢或预制钢筋混凝土梁，再将墙板用扣件勾挂上去。板材墙中开设门洞的部分可以采用局部砌砖来代替墙板，以减少墙板类型，但对防震不利。

（八）地面及基础设施

1. 地面

为了满足生产及使用要求，地面往往需要具备特殊功能，如：防尘、防爆、防腐蚀等，同一厂房内不同地段要求往往不同，这些都增加了地面构造的复杂性。而且单层厂房地面面积大，所承受的荷载大（如汽车载重后的荷载），地面厚度做得大，材料用量多。厂房地面一般也是由面层、垫层和基层（地基）组成。当只设这些构造层还不能满足生产与使用要求时，还要增设诸如找平层、结合层、隔离层、保温层、隔声层、防潮层等其他构造层次。厂房地面的面层可分为整体式面层及块材面层两大类。厂房地面的垫层要承受并传递荷载，按材料性质不同，可分为刚性垫层、半刚性垫层及柔性垫层三种。以混凝土、沥青混凝土、钢筋混凝土等材料构筑而成的垫层称刚性垫层；以灰土、三合土、四合土等材料构筑的垫层称半刚性垫层；以砂、碎石、卵石、矿渣、碎煤渣等构筑的垫层称柔性垫层。结合层一般以水泥砂浆、沥青、胶泥等构筑，而找平层一般为20mm厚的1：3

水泥砂浆；防潮层可用浇捣沥青混凝土或铺贴油毡构造出来。

不同材料地面接缝处要加强处理，以防车轮碾压冲击破坏。

2. 地沟

地沟供敷设生产管线之用。地沟由底板、沟壁、盖板三部分组成。盖板有用钢筋混凝土预制的，也有用铸铁制作的。沟壁由砖砌或用钢筋混凝土现浇形成；底板可能是混凝土的，也可能是钢筋混凝土现浇的。

3. 钢梯

为了满足攀高的需要，单层厂房还设有钢梯。常见的有供上生产操作平台的钢梯——称作业平台钢梯；供上桥式吊车司机室的钢梯——称吊车钢梯；供上屋面检修或消防灭火钢梯——称消防检修钢梯等等。

4. 隔断

单层厂房内隔断供分隔空间之用，一般有金属网隔断、装配式钢筋混凝土隔断、砖或砌块隔断、混合隔断等几种。

5. 走道板

走道板供维修吊车轨道及检修人员通行及操作之用。走道板在吊车梁侧边沿吊车梁顶面铺设。走道板为钢筋混凝土预制槽板，搁置在上柱侧面设置的角钢牛腿上，它夹在两根柱之间，从厂房的一端连续设置到另一端，由吊车钢梯及平台提供上下的条件。

6. 毗连式生活间

为了满足生产管理和生活卫生福利的需要，有时附着厂房山墙还设有生活间，生活间内设有办公、卫生间、盥洗室、更衣室等用房。生活间本身的构造与民用建筑相同。但生活间的结构为砖混结构或框架结构，与厂房主体并不相同，生活间与厂房主体之间设有沉降缝。

（九）装配式单层工业厂房的施工顺序

装配式单层工业厂房的施工一般分为基础工程、预制工程、吊装工程及其他工程四个施工阶段。

1. 基础工程阶段的施工顺序

装配式单层工业厂房钢筋混凝土独立杯形基础的施工顺序为：挖土→浇捣垫层混凝土→安装基础模板→绑扎钢筋→浇捣混凝土→养护→拆除模板→回填土。

单层厂房内设备基础和地坑的施工，一般有两种顺序方案：敞开式方案和封闭式方案。敞开式施工适用于设备基础和地坑埋置较深、体积大、距杯基近的工程。封闭式施工是指设备基础和地坑安排在厂房结构吊装完毕后，室内地坪施工前进行。当设备基础和地坑埋置较深、体积大、距杯基近时，设备基础和地坑要和钢筋混凝土杯基同时施工。如果这种情况下先施工钢筋混凝土杯基、再施工设备基础和地坑，则在施工设备基础和地抗挖土时容易将钢筋混凝土杯基底的原始土搅坏，破坏杯基的地基，造成工程事故。不过，如将设备基础和地坑与钢筋混凝土杯基同时施工，在这些内容施工完成后，要对设备基础和地坑切实做好保护。否则在以后预制构件和进行吊装时会对它们造成损坏。至于地沟，都是采取封闭式施工，即在吊装完成后，室内地坪施工前进行施工。

2. 预制工程阶段施工顺序

装配式单层工业厂房的钢筋混凝土预制构件制作，目前一般采用工厂预制和现场预制相结合的方法。在现场就地预制的构件一般是重量大或运输不便的大型构件，如柱、屋架等。在现场预制构件时，安排哪些构件先预制？哪些构件后预制？这主要由吊装方案、工期要求及场地条件而定。当采用分件吊装法时，预制构件制作有三种方案可拱选择：若场地宽敞，可考虑在柱子、吊车梁制作完成后就进行屋架制作；若场地狭窄而工期又允许时，则首先制作柱子与吊车梁，等柱子和吊车梁吊装完成后再进行屋架制作；若场地狭窄而工期又紧迫时，可将柱子和吊车梁等构件在拟建厂房内就地预制，同时在拟建厂房外进行屋架制作。当采用综合吊装法时，各类预制构件需一次制作完成，但具体每一构件是在拟建厂房内预制，还是在拟建厂房外预制则要由场地具体情况及吊装方法确定。在具体工程实施中，由于屋架外形尺寸较大，预制场地所填土要加以夯实，垫上通长的木板，以防下沉。因为构件混凝土浇捣以后在形成强度以前若发生不均匀沉降就会导致构件断裂破坏。厂房各跨构件以布置在木跨内预制为宜，以便吊装；如有些构件在本跨内预制确有困难，也可布置在跨外便于吊装的地方进行。单件构件预制顺序分为两种。一种为非预应力构件预制顺序：处理模板地基、设置支模基础→支撑模板→绑扎钢筋→安置预埋件→浇捣混凝土→养护→拆除边模板。后张法预应力钢筋混凝土构件制作的顺序为：处理模板地基、设置支模基础→支撑模板→绑扎钢筋→安置预埋件→留设预应力钢筋孔道→浇捣混凝土→养护→拆除边模板→张拉预应力钢筋后对钢筋进行锚固→预应力钢筋孔道灌浆。

3. 吊装工程阶段施工顺序

吊装顺序取决于吊装方法。当采用分件吊装法施工时，吊装顺序为：

第一次开行——安装全部柱子，并对柱子进行校正和最后固定。

第二次开行——安装吊车梁、联系梁、基础梁及柱间支撑。

第三次开行——分节间安装屋架、天窗架屋面板及屋盖支撑等。分件吊装法由于每次是吊装同类型构件，索具不需经常更换，操作方法以也基本相同，所以吊装速度快，能充分发挥起重机效率，构件可以分批供应，现场平面布置比较简单，也能给构件校正、接点焊接、灌筑混凝土、养护混凝土提供充分时间。但这种方法不能为后续工序及吊装提供工作面，起重机的开行路线较长。

若采用综合吊装法，其顺序为：先吊装4～6根柱子，立即加以校正并临时固定，接着安装吊车梁、连系梁、屋架、屋面板等。一个节间的全部构件吊装完后，起重机移至下一节间进行吊装，直至整个厂房结构吊装完毕。采用综合吊装法吊车开行路线短，停机点少；吊完一个节间，其后续工种就可进入节间内工作，使各工种进行交叉平行流水作业，有利于缩短工期。但它要同时吊装不同类型的构件，吊装速度慢；构件供应紧张，平面布置复杂；构件校正困难，固定时间紧迫。

抗风柱的吊装可采用两种顺序：一是在吊装承重柱的同时先吊装同跨一端的抗风柱，另一端则在屋盖吊装完毕后进行；二是全部抗风性的吊装均在屋盖吊装完毕后进行。

4. 其他工程阶段施工顺序

其他工程阶段主要工作内容包括：围护工程、屋面工程、装修工程、设备安装工程等。这一阶段总的施工顺序为：围护工程→屋面工程→装修工程→设备安装工程。在具体实施时，为了加快施工速度，缩短工期，提高效率，往往视具体情况采用互相交叉、平行搭接的方法安排施工。

任何一项工程，其施工顺序一般遵循"四先四后"的原则——先地下后地上，先主体后围护，先结构后装修，先土建后设备。所谓"先地下后地上"，是指地上工程开工前，尽量把管道、线路等地下设施、土方工程和基础工程完成或基本完成。所谓"先主体后围护"是指工程同一部位主体结构应做在前，非承重的围护项目（如非承重墙）做在后。所谓"先结构后装修"是指工程一部位要先完成承重结构内容的施工后才能进行装修工作。所谓"先土建后设备"是指在工程的同一部位应首先完成土建施工，再进行水、暖、电、煤、卫等建筑设备施工。

工程的土建施工还要遵循："先重后轻"——先安排荷载大的建筑施工，后安排荷载小的建筑施工，使荷载大的建筑先结顶沉降取得基本稳定后，再施工荷载小的建筑以有利于控制建筑沉降。"先主体后附属"——先施工主体建筑，后施工附属用房。这有利于安排主体建筑内的设备安装和调试，使整个工程尽早投入生产使用。"先深后浅"——基础埋深大的建筑先施工，基础埋深小的建筑后施工，避免施工基础埋深大的建筑挖土时对其他建筑的地基和基础造成不良影响。"结构工程要先下后上，装修工程要先上后下"——结构工程要先下后上，这是结构承受传递荷载的规律所造成的；装修工程先上后下可避免上面装修对下面造成污染破坏。

二、多层厂房建筑构造

（一）多层厂房概况

1. 层数

由于节约用地等多方面原因，近十多年来我国多层厂房的数量有明显增加。多层厂房常用的层数为2~6层，其中以3~4层为最多，当然少数也有达到10层以上的。在多层厂房中，除首层以外，其余各层的楼面荷载都必须由梁、板、柱等承重构件来承担。在施工和安装时，楼面压重不能太大，以免产生事故。

2. 结构

多层厂房的结构类型有多种。

（1）按承重结构所采用的材料可分为混合结构、钢筋混凝土结构和钢结构。

1）混合结构有砖或砌块墙承重或内框架承重两种。其中以外墙内框架承重为多见。混合结构只能在荷载不大又无振动、地质条件好的建筑中采用，而且只能在非地震区采用。

2）钢筋混凝土结构

钢筋混凝土结构是目前采用最为广泛的一种结构。这种结构构件载面小、强度大。这种结构可建层数多，可承荷载大，可达跨度宽，适应性强。钢筋混凝土结构中采用较多的是横向承重钢筋混凝土框架结构，因为它的构造建筑刚度好。

3）钢结构

钢结构重量轻、强度高、施工方便。虽然它的造价较高，但它施工速度快，能早日投产，因此综合效益还是可取的。由于建筑用钢的限制，我国目前使用并不多，但它有良好的发展前景。

（2）按主体结构受荷方式分，有内框架结构、全框架结构和框架—剪力墙结构。

1）内框架结构

内框架结构，即外部砖墙承重、内部为钢筋混凝土梁柱框架承重。这种结构造价较低，适用于一些层数不高、面积不大、非地震区的中、小型厂房。

2) 全框架结构

全框架结构全部荷载由钢筋混凝土框架承受。钢筋混凝土全框架结构又可分为梁板式结构与无梁结构两种。前者屋面、楼面荷载通过纵横梁传给柱子；后者没有纵横梁，屋面与楼面荷载由屋面板和楼板经过设于板底柱顶的柱帽传给柱子。

a. 梁板式框架结构

按结构的布置方式不同，又可分为横向承重框架、纵向承重框架、纵横向双向承重框架三种。横向承重框架刚度较好，是一种较经济的结构方案；被广泛采用。双向承重框架，在纵横两个方向都具有较好的刚度，最坚固，而且具有较强的抗震能力，但结构设计与施工都比较困难。

b. 无梁式框架结构

这种结构的建筑由于楼板、屋面板没有梁，楼板就要做得比较厚，只有在荷载较大时才是经济的。

c. 框架—剪力墙结构

全框架主要靠梁柱节点来抵抗水平荷载，能力有限。在框架结构中适当设置钢筋混凝土墙体，用来抵抗水平力，这种墙具有抗侧力结构，称剪力墙。带有剪力墙的框架结构称框架——剪力墙结构。剪力墙的作用是帮助框架承担水平力（风力、地震力等），加强框架的刚度。剪力墙对结构受力是有利的，但对生产工艺流水线的灵活布置和更新会造成妨碍。

（3）按主体结构的整体性与装配化程度分，钢筋混凝土多层框架可分为整体式、装配整体式与全装配式三种。

整体式框架的柱、梁、板全部在现场现浇形成框架。它可以采用定型组合钢模板、商品混凝土、现场机械化送料和振捣的方法施工，工业化的程度可以达到很高的水准。这种做法可以保证结构具有良好的整体性和较高的承受荷载的能力，目前使用较多。全装配式框架的构件全部为预制，构件之间的连接主要靠不同构件的预埋钢板互相接触焊接，结构的整体性与刚性较差，耗钢量大，目前采用较少。装配整体式框架一般采用构件预制，构件与构件间的连接节点在现场现浇形成结构整体；或者采用柱现浇，其他构件预制，节点现浇形成结构整体。这种做法兼有全现浇和全预制两者的优点，目前使用较多。

3. 柱网、层高

多层厂房的柱距常为 6.0m。当采用方格网时，一般由 6.0m×6.0m 的方格组成厂房平面。在内廊式厂房中，走廊两侧空间进深取 6.0~9.0m，甚至也有达到 15.0m 的。多层厂房的层高为 3.9~6.0m。

4. 轴线

多层厂房普遍采用全框架方案，横向定位轴线与框架柱中心线重合。顶层中柱的中心线与纵向定位轴线相重合；对于边柱来说，可以将其外边线与纵向定位轴线相重合，也可以使其中心线与纵向定位轴线相重合。

5. 管线布置

多层厂房中管线种类很多，如照明与动力电线、上下水管线以及供氮、氧、压缩空气、蒸汽、煤气等使用的各种管线。在有集中空调的厂房内，还装有风道，这种风道体积较大、占空间较多。在精密性生产的厂房里，为了满足洁净要求，管线通常均为暗设。暗设管线的布置有以下几种方法。

(1) 设技术夹墙

把墙做成双层，管线在夹层内通过。

(2) 设技术走廊

沿墙设技术走廊，廊中安装各种管线和工艺设备。

(3) 设技术夹层

技术夹层可在楼层全高或仅在走廊的顶部水平方向设置。

(4) 管道井

通常在多层厂房中竖向管线特别集中的地方设置。

(二) 多层厂房主要承重构件及节点构造

1. 整体式框架

整体式框架的基础、柱、梁、板分层全部采用现浇。在地质条件较好的工程中可采用柱下独立基础；否则考虑采用柱下条形基础，井格式基础或筏式满堂基础。柱梁一般采用矩形断面，板为实心板。基础与柱、柱与梁、梁与板连接时，筋钢要相互交叉，然后整体浇捣在一起。

2. 装配整体式框架

装配整体式框架目前有两种实施办法，一种是基础、柱、梁现浇，板预制；另一种是除基础现浇外，柱、梁、板全部预制，构件节点采用现浇，形成整体结构。

(1) 仅板为预制的装配式框架

以这种方法实施的框架结构的整体性最接近整体式全现浇框架；基础、柱、梁的实施办法两者也相同。但这种框架梁可为矩形断面也可为花篮形断面。这种结构中的预制板可为空心板或槽形板。当采用花篮形断面梁时，空心板和槽形板应留出外伸钢筋伸入花篮梁的后捣混凝土中去，以提高楼盖的整体性。

(2) 构件全部预制的装配整体式框架

在这种结构中，基础仍为钢筋混凝土现浇。为了能安装预制柱，基础相应部位设杯口，供以后将预制柱插入杯口，实现柱与基础的连接。这种做法和单层厂房相似。

柱子断面大多为矩形，也有工字形的。梁的断面有矩形的、T形的以及花篮形的，以花篮形的梁用得较多。楼板与屋面板常用的有空心板、槽形板，大型工程也有用双T形板的。这种装配整体式框架的构件方法可有四种：

1) 长柱明牛腿式

横梁采用叠合梁，预制楼板上做整浇层。

2) 长柱暗牛腿式

其做法与长柱明牛腿基本相同，所不同的是将牛腿暗藏在梁的高度范围以内不外露。

3) 短柱式

所谓短柱，就是柱一层一节，或两层一节。这时纵、横梁都采用叠合梁，预制楼板上做整浇层。

4) 现浇柱预制梁、板式

纵、横梁均采用叠合梁，预制楼板上做整浇层。

上述"叠合梁"是指梁的下部是预制的，其上部在现场浇捣混凝土，通过这样两次浇捣混凝土形成梁。

当采用短柱时,柱与柱的连接可采用焊接式连接或浆锚式连接。

(三)多层厂房墙和电梯井

1. 多层厂房墙

全框架钢筋混凝土结构多层厂房的墙为非承重墙,一般只起围护和分隔作用,当前大多采用黏土砖砌筑。用黏土砖构筑墙时,要从框架柱外伸 2φ6@500 锚拉筋压入砖墙灰缝内。墙的厚度一般为 240mm。要切实保证墙的稳定性。采用黏土砖要耗费农田,近年来逐步采用以工业废料制作的砌块来代替黏土砖,如粉煤灰砌块、加气混凝土砌块等等。内墙也有改用轻质隔断的做法。

2. 电梯井

为了运输货物和通行人员,多层厂房内往往设有电梯。电梯系统由机房、轿厢和井壁三大部分组成。在有些多层厂房中电梯井不但用来供通行升降电梯轿厢之用,而且还用来作为加强房屋整体性和空间刚度的一个措施,这时电梯井壁就以钢筋混凝土现浇。否则,电梯井壁就可以用砖砌筑,每层在有关部位设梁来支承电梯井壁砖砌墙体。

(四)多层厂房现浇钢筋混凝土框架结构施工顺序

多层厂房现浇钢筋混凝土框架结构施工可分为:基础工程、框架结构工程、围护工程、屋面及装修工程、设备安装工程等内容。

1. 基础工程阶段施工顺序

挖土→浇筑垫层混凝土→施工钢筋混凝土基础(包括绑扎钢筋、支模板、浇筑混凝土、养护、拆除模板)→回填土。

2. 框架结构工程施工顺序

当采用定型组合钢模板时,每层现浇柱、梁、板的施工顺序有以下几种:

(1) 柱绑扎、安装钢筋→柱、梁、板组装模板→柱浇筑混凝土→梁、板绑扎安装钢筋→梁、板浇筑混凝土→养护。

(2) 柱绑扎、安装钢筋→柱组装模板→柱浇筑混凝土→梁、板组装模板→梁、板绑扎安装钢筋→梁、板浇筑混凝土→养护。

(3) 柱绑扎、安装钢筋→柱组装模板→梁、板组装模板→梁、板绑扎、安装钢筋→柱、梁、板浇筑混凝土。

若是框架—剪力墙结构,剪力墙钢筋混凝土施工可与柱同步进行。

3. 屋面及围护工程阶段施工顺序

一般屋面构造层次自下而上进行。围护工程一般既可在屋面防水层施工后自下而上进行;也可根据工期、现场等具体情况,跟随主体结构工程,由下而上交叉进行施工,即一层结构做好随着进行该层砌墙等围护工程内容施工。

4. 装修工程阶段施工顺序

室外装修一般采用自上而下的顺序施工;室内装修可采用自上而下、自下而上或自中而下,同时自上而中的顺序施工。内外之间的装修顺序可有先外后内、先内后外或内外平行搭接进行的三种顺序施工方法。装修工程进行中要保证做到后施工的内容不要污损先施工的部位即可。

5. 设备工程施工顺序

设备工程施工要注意和土建施工密切配合，一般均和土建施工交叉进行，要避免发生或减少设备工程施工污染、损坏土建施工完成的装修。

高层钢筋混凝土框架房屋施工顺序与上述基本相同。

思 考 题

1. 工业建筑的单层工业厂房结构骨架有哪几部分组成？为了保证厂房的结构牢固、安全、可靠，必须具备哪些条件？
2. 试述单层工业厂房中基础、柱、屋盖、支撑、围护结构的作用？
3. 多层工业厂房的类型有哪些？
4. 试述多层工业厂房的施工顺序？

第三节 建筑材料

一、混凝土和砂浆

由胶凝材料、粗细骨料、水及其他外加材料按适当比例配合，再经搅拌、成型和硬化而成的人造石材称混凝土。

（一）混凝土的特点和分类

1. 混凝土的特点

混凝土能得到广泛应用，是因为它有如下特点：

（1）原料来源广、价格低廉：混凝土中80%为砂石骨料，资源丰富、加工简单、能耗低、价格便宜。

（2）适应性强：调整混凝土组成材料的品种和数量可制成具有不同性能的混凝土，能满足工程上不同的要求。

（3）成型性好、施工方便：混凝土有良好的可塑性，按工程需要可浇筑成各种形状和尺寸的结构及构件。

（4）强度高：混凝土自身抗压强度高，且与钢筋能牢固结合，增强了混凝土抗拉、抗折能力，拓宽了混凝土的使用范围。

（5）良好的耐久性：混凝土有较高的抗冻、抗渗、耐腐蚀、耐风化等性能。

2. 混凝土的分类

混凝土的品种繁多，可按其组成、特性和功能等从不同角度进行分类。

按胶凝材料分：水泥混凝土、沥青混凝土、聚合物混凝土等。

按表观密度分：轻质混凝土（$\rho_0 < 1900 kg/m^3$）、普通混凝土（$\rho_0 = 1900 \sim 2500 kg/m^3$）、特重混凝土（$\rho_0 > 2600 kg/m^3$）。

按特性分：加气混凝土、补偿收缩混凝土、耐酸混凝土、高强混凝土、喷射混凝土等。

按用途分：结构混凝土、道路混凝土、水工混凝土等。

（二）常用混凝土品种

1. 普通混凝土

普通混凝土（即普通水泥混凝土、亦称水泥混凝土）是以普通水泥为胶结材料，普通的天然砂石为骨料，加水或再加少量外加剂，按专门设计的配合比配制。经搅拌、成型、养护而得到的混凝土。

普通混凝土是建筑工程中最常用的结构材料，表观密度2400kg/m³左右。

根据《混凝土结构设计规范》（GB 50010—2002）规定，钢筋混凝土的强度等级有：C15、C20、C25、C30、C35、C40、C45、C50、C55、C60、C65、C70、C75、C80等十四级。在结构设计中，为保证混凝土的质量，应根据建筑物的不同部位及承受荷载的区别，选用不同强度等级的混凝土，一般情况下：

C15的混凝土多用于垫层、基础、地坪及受力不大的结构。

C20～C30的混凝土多用于普通钢筋混凝土结构中的梁、柱、板、楼梯、屋架等。

C30以上的混凝土多用于吊车梁、预应力钢筋混凝土构件、大跨度结构及特种结构。

2. 轻混凝土

表观密度小于1900kg/m³的混凝土称轻混凝土。按组成和结构状态不同，又分轻骨料混凝土、多孔混凝土和无砂大孔混凝土。这里仅对常用的轻骨料混凝土和加气混凝土作简单介绍。

（1）轻骨料混凝土

用轻质的粗细骨料（或普通砂）、水泥和水配制成的表观密度较小的混凝土。按轻质骨料品种不同分有：粉煤灰陶粒混凝土（工业废渣轻骨料）、浮石混凝土（天然轻骨料）、黏土陶粒混凝土（人工轻骨料）。按混凝土构造不同，分有保温轻骨料混凝土、保温结构混凝土和结构混凝土。与普通混凝土相比，虽强度有不同程度的降低，但保温性能好，抗震能力强。按立方体抗压强度标准值划分为LC5.0、LC7.5、LC10、LC15、LC20……LC50、LC60等强度等级。比黏土砖强度高。

（2）加气混凝土

用含钙材料（水泥、石灰）、含硅材料（石英砂、粉煤灰、矿渣等）和加气剂为原料，经磨细、配料、浇筑、切割和压蒸养护等而制成。由于不用粗细骨料，也称无骨料混凝土，其质量轻、保温隔热性好并能耐火。多制成墙体砌块、隔墙板等。

3. 聚合物混凝土

这是一种将有机聚合物用于混凝土中制成的新型混凝土。按制作方法不同，分三类：聚合物浸渍混凝土、聚合物混凝土和聚合物水泥混凝土。

（1）聚合物浸渍混凝土（PIC）

它是将已硬化的普通混凝土放在单体里浸渍，然后用加热或辐射的方法使混凝土孔隙内的单体产生聚合作用，使混凝土和聚合物结合成一体的新型混凝土。它具有高强、耐腐蚀，耐久性好的特点，可做耐腐蚀材料、耐压材料及水下和海洋开发结构方面的材料。但目前造价较高，主要用于管道内衬、隧道衬砌，铁路轨枕、混凝土船及海上采油平台等。现在国外还在研究聚合物浸渍石棉水泥、陶瓷等。

（2）聚合物混凝土（树脂混凝土）（PC）

它是以聚合物（树脂或单体）代替水泥作为胶凝材料与骨料结合，浇筑后经养护和聚合而成的混凝土。它的特点是强度高、抗渗、耐腐蚀好，多用于要求耐腐蚀的化工结构和高强度的接头。还用于衬砌、轨枕、喷射混凝土等。如用绝缘性能好的树脂制成的混凝土，也做绝缘材料。此外树脂混凝土有美观的色彩，可做人造大理石等饰面构件。

(3) 聚合物水泥混凝土（PCC）

它是在水泥混凝土搅拌阶段掺入单体或聚合物，浇筑后经养护和聚合而成的混凝土。由于其制作简单，成本较低，实际应用也比较多。它比普通混凝土粘结性强，耐久性、耐磨性好，有较高的抗渗、耐腐蚀、抗冲击和抗弯能力，但强度提高较少。主要用于路面、桥面，有耐腐蚀要求的楼地面。也可用作衬砌材料、喷射混凝土等。

4. 高强、超高强混凝土

一般把C15～C50强度等级的混凝土称普通强度等级混凝土，C60～C90强度等级为高强混凝土，C100以上称超高强混凝土。

如用高强和超高强混凝土代替普通强度混凝土可以大幅度减少混凝土结构体积和钢筋用量。而且高强混凝土的抗渗、抗冻性能均优于普通强度混凝土。

目前国际上配制高强、超高强混凝土的实用化技术路线是：高品质水泥＋高效能外加剂＋特殊混合材料。我国配制高强、超高强混凝土，主要采用以下方法：(1)提高水泥强度等级，增加细度。选用坚硬、密实、级配优良的骨料。(2)优化配合比。如降低水灰比、砂率等。(3)掺入高效减水剂、掺入超细矿质混合材料（如硅粉、粉煤灰等）。(4)改进操作工艺。如强力搅拌、振捣、挤压成型、高压养护等。

5. 粉煤灰混凝土

凡是掺有粉煤灰的混凝土，均称粉煤灰混凝土。粉煤灰是指从烧煤粉的锅炉烟气中收集的粉状灰粒。多数来自于热电厂。

由于粉煤灰中含有大量活性成分，能在混凝土中与水泥的水化产物反应，提高混凝土后期强度。并能明显降低水化热，提高混凝土的和易性，耐腐蚀性及耐久性。粉煤灰混凝土与用粉煤灰水泥拌制的混凝土相比，粉煤灰在混凝土中的技术效果基本相同，但从经济效益上，粉煤灰直接加在混凝土中，减少了粉煤灰运输、制备上的环节，效益更显著。此外，粉煤灰的大量利用，能有效的改善粉煤灰对环境的污染，并可明显地降低混凝土的成本，节省了水泥用量，也相应减少了大量的石灰石，黏土等天然原料。

（三）建筑砂浆

1. 建筑砂浆的组成和分类

（1）建筑砂浆的组成

建筑砂浆常用的胶结材料是通用水泥、石灰、石膏等。在选用时，应根据使用环境、条件、用途等合理选择。细骨料经常采用干净的天然砂、石屑和矿渣屑等。为改善砂浆的和易性，还常在水泥砂浆中加入适量无机微细颗粒掺和料，如石灰膏、磨细生石灰、消石灰粉、磨细粉煤灰等，或加少量有机塑化剂如泡沫剂。建筑砂浆用水与混凝土拌和水要求基础相同。

（2）建筑砂浆的分类

建筑砂浆按胶凝材料分：石灰砂浆、水泥砂浆和混合砂浆三种，混合砂浆又分水泥石灰砂浆、水泥黏土砂浆、石灰黏土砂浆。

按用途不同分：砌筑砂浆、抹面砂浆（包括装饰砂浆、防水砂浆）等。

2. 常用建筑砂浆品种

（1）砌筑砂浆

将砖、石、砌块等粘结成整个砌体的砂浆称砌筑砂浆。

砌筑砂浆应根据工程类别及砌体部位的设计要求选择砂浆的强度等级。一般建筑工程中办公楼、教学楼及多层商店等宜用 M2.5～M15 级砂浆，平房宿舍等多用 M2.5～M5 级砂浆，食堂、仓库、地下室及工业厂房等多用 M2.5～M15 级砂浆，检查井、雨水井、化粪池可用 M5 级砂浆。根据所需要的强度等级即可进行配合比设计，经过试配、调整、确定施工用的配合比。为保证砂浆的和易性和强度、砂浆中胶凝材料的总量一般为 350～420kg/m^3。

（2）抹面砂浆

用以涂在基层材料表面兼有保护基层和增加美观作用的砂浆称抹面砂浆或抹灰砂浆。

用于砖墙的抹面，由于砖吸水性强，砂浆与基层和空气接触面大，水分失去快，宜使用石灰砂浆，石灰砂浆和易性和保水性良好，易于施工。有防水、防潮要求时，应用水泥砂浆。

抹面砂浆主要的技术性质要求不是抗压强度，而是和易性及与基层材料和粘结力，故胶凝材料用量较多。为保证抹灰层表面平整、避免开裂，抹面砂浆应分三层施工：底层主要起粘结作用，中层主要起找平作用，面层主要起保护装饰作用。

（3）防水砂浆

给水排水构筑物和建筑物，如水池、水塔、地下室或半地下室泵房，都有较高的防渗要求，常用防水砂浆做防水层。

防水砂浆是在普通砂浆掺入一定量的防水剂，常用的防水剂有氯化物金属盐类防水剂和金属皂类防水剂等。

氯化物金属盐类防水剂又称防水浆。主要有氯化钙、氯化铝和水配制而成的一种淡黄色液体。掺入量一般为水泥质量的3%～5%。可用于水池及其他建筑物。

氯化铁防水剂也是氯化物金属盐类防水剂的一种。是由制酸厂的废硫铁矿渣和工业盐酸为主要原料制得的一种深棕色液体，主要成分是氯化铁和氯化亚铁，可以提高砂浆的和易性、密实性和抗冻性，减少泌水性，掺量一般为水泥质量的3%。

金属皂类防水剂又称避水浆，是用碳酸钠（或氢氧化钾）等碱金属化合物掺入氨水、硬脂酸和水配制而成的一种乳白色浆状液体。具有塑化作用，可降低水灰比，并能生成不溶性物质阻塞毛细管通道，掺量为水泥质量的3%左右。

防水砂浆中，水泥应选用32.5级以上普通硅酸盐水泥，砂子宜用中砂。

（4）装饰砂浆

用于室内外装饰以增加建筑物美观效果的砂浆称装饰砂浆。装饰砂浆主要采用具有不同色彩的胶凝材料和骨料拌制，并用特殊的艺术处理方法，使其表面呈现各种不同色彩、线条和花纹等装饰效果。常用的装饰砂浆品种有：

1）拉毛：在砂浆尚未凝结之前，用抹刀将表面拉成凹凸不平的形状。

2）水磨石：将彩色水泥、石渣按一定比例掺颜料拌和，经涂抹、浇注、养护和硬化及表面磨光制成的装饰面。

3）干粘石：在水泥净浆表面粘结一层彩色石渣或玻璃碎屑而成的粗糙饰面。

4）斩假石：制法与水磨石相似，只是硬化后表面不经磨光，而是用斧刀剁毛，表面颇似加工后的花岗岩。

（5）绝热吸声砂浆

以水泥、石膏为胶凝材料，膨胀珍珠岩、膨胀蛭石、火山渣或浮石砂、陶粒砂等多孔轻质材料为骨料，按一定比例配合制成的多孔混凝土。它具有质轻、热导率小、吸声性强等优点。

二、墙体材料

墙体材料是房屋建筑主要的围护和结构材料。目前常用的墙体材料，主要有三类：砖、砌块和板材。

（一）砖墙砖

虽墙体材料品种很多，但由于砖的价格低，又能满足一定的建筑功能要求，因此砖在墙体材料中，约占90%。按所用原料不同，分有烧结普通砖，粉煤灰砖和蒸压灰砂砖等。

1. 烧结普通砖

以砂质黏土为主要原料，经取土、调制、制坯、干燥、焙烧后制成的实心砖。

在制砖过程中，按调制方法不同，可制得内燃砖和外燃砖。如在原料中掺入适量劣质煤粉、煤渣粉或含碳量较高的粉煤灰等可燃废料，焙烧时，废渣可在砖体内燃烧，这种砖称内燃砖。内燃砖烧结质量较好，表观密度小、热导率低、强度可提高约20%，还可节省大量的外投煤，可节约5%～10%的黏土原料。

砖坯如在氧化气氛中焙烧，制得的是红砖，如在焙烧至1000℃左右时，改为还原氛，则制得青砖。青砖较红砖耐碱性、耐久性好，但成本稍高。

焙烧过程中的温度控制十分重要，焙烧好的正火砖是尺寸准确、强度较高，由部分熔融物包裹不熔颗粒构成的结构均匀的多孔体。而久火砖色浅、声哑、孔隙多、因反应不充分、强度低、耐久性差。过火砖色深、表面釉化、孔隙少。强度高但变化大，也会影响砌体质量。

根据国家标准《烧结普通砖》（GB 5101—2003）的规定，烧结普通砖技术要求包括：外形尺寸、抗压强度、抗风化性和外观质量等。

（1）砖的外形尺寸：长240mm；宽115mm；高53mm。

（2）砖的抗压强度等级分有MU30、MU25、MU20、MU15、MU10五个等级。划分方法是根据10块砖的抗压强度平均值和强度标准值。

（3）砖的抗风化性能：指砖抵抗干湿变化、温度变化、冻融变化等气候作用的性能。用于严重风化区（指黑龙江、吉林、辽宁、内蒙、新疆五省区）的黏土砖，必须进行抗冻性试验。用于其他地区的黏土砖，可按5h沸煮吸水率和饱水系数确定，若达到指标要求，可认为抗风化性合格，如有一项不合格，也必须进行抗冻性试验，再判断抗风化性是否合格。

（4）砖的外观质量：按砖的尺寸偏差、裂纹长度、颜色、泛霜、石灰爆裂等项检验结果，分为优等品、合格品两个产品等级。

优等品砖可用于清水墙砌筑（MU7.5的砖无优等品）；合格品可用于混水墙建筑；中等冷霜砖不得用于潮湿部位。

2. 粉煤灰砖

粉煤灰砖是以粉煤灰、石灰为主要原料，掺入适量石膏和炉渣，加水混合制坯、压制成型，再经高压或常压蒸汽养护而成的实心砖。

国家建材行业标准《粉煤灰砖》（JC 239—2001）中规定：

（1）砖的公称尺寸：长240mm；宽118mm；高53mm。

（2）根据砖的抗压、抗折强度和抗冻性要求，分有 MU30、MU25、MU20、MU15、MU10 五个等级。

（3）按砖的外观质量、干燥收缩值可分为：优等品、一等品和合格品。

粉煤灰砖可用于工业与民用建筑的墙体和基础，但用于基础或用于易受冻融和干湿交替作用的建筑部位必须使用一等砖或优等砖。粉煤灰砖不得用于长期受热（200℃以上）、受急冷、急热和有酸性介质侵蚀的建筑部位。

3. 蒸压灰砂砖

蒸压灰砂砖是以石灰和砂为主要原料，经过坯料制备、压制成型、蒸压养护而制得的实心墙体材料。

蒸压灰砂砖技术性能应满足国家标准《蒸压灰砂砖》（GB 11945—1999）中的各项规定。

（1）砖的尺寸为：长 240mm；宽 115mm；高 53mm。

（2）根据灰砂砖的抗压，抗折强度和抗冻性要求，分为 MU25、MU20、MU15、MU10 四个等级。

（3）按灰砂砖的外观，可分为优等砖，一等砖和合格砖三个等级。蒸压灰砂砖 MU15 级以上可用于基础和其他建筑部位，MU10 级砖只可用于防潮以上的建筑部位。长期受热高于 200℃、受急冷、急热和有酸性介质侵蚀的建筑部位，不得使用蒸压灰砂砖。

（二）建筑砌块

砌块是比砌墙砖大、比大板小的砌筑材料。具有适用性强、原料来源广、制作及使用方便等特点。建筑砌块按密实度可分为实心砌块和空心砌块，按规格分为中型砌块和小型砌块，按原料成分分有硅酸盐砌块和混凝土砌块。

1. 粉煤灰砌块

粉煤灰砌块是硅酸盐砌块的品种之一。它是以粉煤灰、石灰、石膏和骨料等为原料，经成型、蒸汽养护而制成的实心砌块。

国家建材行业标准《粉煤灰砌块》（JC 238—1996）中规定：

（1）砌块的主要规格尺寸：880mm×380mm×240mm、880mm×430mm×240mm。

（2）砌块按抗压强度、人工碳化后强度、抗冻性、密度等要求分为 10 级 13 级二个等级。

（3）砌块按外观质量、尺寸偏差和干缩性能分为一等品、合格品二个等级。

粉煤灰砌块适用于一般民用与工业建筑的墙体和基础。

2. 小型混凝土空心砌块（图 4-3-1）

混凝土砌块是以水泥、砂、石为原料，加水搅拌、经振动或振动加压成型，再经自然或蒸汽养护而制得的空心砌块。

常用的混凝土空心砌块，有小型和中型两类。

小型砌块使用灵活、砌筑方便、生产工艺简单、原料来源广、价格较低。

小型混凝土空心砌块的主要规格尺寸为：390mm×190mm×190mm。

砌块各项技术性能应符合国标《普通混凝土小型空心砌块》（GB 8239—1997）中的规定。

砌块按抗压强度分为 MU3.5、MU5.0、MU7.5、MU10、MU15、MU20 六个强度

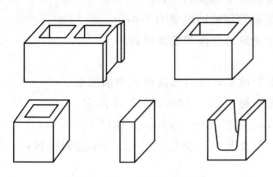
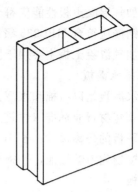

图 4-3-1 小型空心砌块　　　　图 4-3-2 中型空心砌块

等级。

按外观质量，砌块分一等品、二等品。

砌块有抗渗要求时，按抗渗指标分 S 级和 Q 级。有相对含水率要求时，按三块砖相对含水率平均值分 M 级和 P 级。

(三) 中型空心砌块 (图 4-3-2)

中型空心砌块是以水泥或煤矸石无熟料水泥为胶结料，配以一定比例的骨料制成的空心砌块 (空心率大于或等于 25%)。

根据原料不同，中型空心砌块包括水泥混凝土砌块和煤矸石硅酸盐砌块两种。

根据国家专业标准《中型空心砌块》(ZBQ 15001—86 (1996)) 中规定，中型空心砌块的尺寸及技术性能应符合以下要求。

中型空心砌块的主规格尺寸是：长：500mm、600mm、800mm、1000mm；宽：200mm、240mm；高：400mm；450mm；800mm；900mm。

砌块的壁、肋厚度：水泥混凝土砌块≥25mm，煤矸石硅酸盐砌块≥30mm。

砌块的铺浆面除工艺要求的气孔外，一般封闭。

砌块按抗压强度分 35、50、75、100、150 号。

中型空心砌块的尺寸偏差、缺棱掉角等外观质量均应符合标准的规定。

砌块的容重应不大于产品设计表观密度加 $100kg/m^3$。

中型空心砌块主要用于民用及一般工业建筑的墙体材料。特点是自重轻、隔热、保温、吸声等。并有可锯、可钻、可钉等加工性能。

(四) 建筑板材

1. 蒸压加气混凝土板

蒸压加气混凝土板是以钙质和硅质材料为基材，加发气剂经搅拌成型、蒸压养护而成的板材。蒸压加气混凝土板包括屋面板和配筋板。

屋面板的标志尺寸：长 1800～6000mm (以 300mm 进位)；宽：600mm，厚度：150mm、175mm、180mm、200mm、240mm、250mm。

外墙板的标志尺寸：长 1500～6000mm；宽 600mm；厚度 150mm、175mm、180mm、200mm、240mm、250mm。

隔墙板的标志尺寸：长按设计要求；宽 600mm；厚度 75mm、100mm、120mm、125mm。

蒸压加气混凝土板按外观质量 (包括尺寸偏差、损伤程度等) 分一等品和二等品。

蒸压加气混凝土板性能应符合蒸压加气混凝土砌块的规定。

板中钢筋应符合 HPB235 级钢规定，钢筋涂层的防腐能力不小于 8 级。

蒸压加气混凝土板主要用于民用与工业建筑的屋面和墙体材料。

2. 石棉水泥板

石棉水泥板是以石棉和水泥为基本原料制成的，分有加压板和非加压板。

按国家建材行业标准《建筑用石棉水泥平板》(JC 412—1991) 中规定：

(1) 平板的公称尺寸：长 1000～3000mm；宽 800～1200mm；厚度 4～25mm。

(2) 按物理力学性能，平板分一类板、二类板、三类板。（一、二类为加压板，三类为非加压板）

(3) 按平板的外观（尺寸偏差和厚度不均匀度）分为一等品和合格品。

(4) 石棉水泥平板，主要用于建筑物的墙体和装修材料。

三、建筑陶瓷

陶瓷制品是以黏土为主要原料，经配料、制坯、干燥、焙烧而制得的一种烧土制品。用于建筑工程的陶瓷制品则称建筑陶瓷。

陶瓷产品种类很多，通常按材质不同分为三大类，即陶器、炻器和瓷器。陶器断面较粗糙，且表面无光、不透明、不明亮、吸水率较大，制品有上釉和不上釉两种。瓷器坯体致密、吸水率很小，有一定半透明性，表面以上釉为多。炻器是介于陶瓷之间的一种产品，也称半瓷。与瓷器相比，炻器坯体多带有颜色且无半透明性，与陶器相比，它表面光滑细腻、吸水率较小。通常有上釉和不上釉二类。

常用的建筑陶瓷主要用于修饰内外墙面、铺设地面、安装上下水管、装备卫生间等的陶瓷制品。

（一）墙地饰面砖

装饰墙面、地面用的瓷砖品种也很多，最常用的有外墙面砖、釉面砖、地砖、劈裂砖、陶瓷锦砖等。

1. 外墙面砖

外墙面砖是用于建筑物外墙面的炻质或瓷质的建筑装饰砖。有带釉和不带釉两种，但多为带釉的。

常用的面砖规格有：200mm×100mm×8mm、222mm×59mm×10mm、265mm×113mm×17mm 等。

按外墙面砖表面状态不同，分有无釉墙面砖——有色黏土烧制出的带白、浅黄、深黄、红、绿等单色的无釉砖。釉彩面砖——上有粉红、蓝、绿、金砂色、黄色等多色釉面外墙砖。线砖——表面有突起线纹的带白、黄、绿色釉面外墙砖。立体彩釉砖——表面有立体花纹图案的带釉面砖。

外墙面砖按外观质量、尺寸偏差等分有优等品、一等品和合格品三个等级。

性能要求：吸水率不大于 10%。三次急冷急热循环无炸裂或裂纹。20 次冻循环后无破裂或裂纹。抗弯强度不低于 24.5MPa。耐腐蚀性按试验结果分为 AA、A、B、C、D 五个等级。

为保证瓷砖粘贴牢固，背面凸起或凹纹变化不小于 0.5mm。

外墙面砖具有强度高、防潮、抗冻、不易污染和装饰效果好并经久耐用等特点。是一种高档饰面材料，用于装饰等级较高的工程。外墙面砖可防止建筑物表面被大气侵蚀，可使立面美观。但造价高，工效低且自重大，一般只重点使用。

2. 釉面砖

釉面砖指用于建筑物内墙上带釉层的精陶饰面砖。

釉面砖最常用的是150mm×150mm正方形砖和特殊部位使用的配件砖。

釉面砖厚度比外墙面砖小约5～7mm。

釉面砖按表面状态不同分彩色釉面砖——分为有光彩色釉面砖和无光彩色釉面砖。装饰釉面砖——包括花釉砖、结晶釉砖、斑纹釉砖、理石釉砖等。图案砖——分白地图案砖和色地图案砖。还有陶瓷画和色釉陶瓷字等。

釉面砖主要技术性能要求：密度$2.3\sim 2.4g/cm^3$，吸水率<21%。抗折强度平均值不低于16MPa。经抗龟裂和抗化学腐蚀检验应合格。三次急冷急热剧变不破碎、无裂纹。白色釉面砖白度大于73%。

釉面砖根据外观质量分为优等品、一等品和合格品。

釉面砖强度高、能防潮、抗冻、耐酸碱、绝缘、抗急冷急热、并易于清洗。一般多用于浴室、厨房和厕所的墙面、台面以及实验室桌面等处。

3. 地砖

地砖又称缸砖，一般不上釉，也称无釉砖。

地砖的形状有正方形、长方形和六角形三种。常见的颜色有白、红、浅黄、深黄等。

地砖主要技术性质应符合国家建材行业《无釉陶瓷地砖》(JC 501—93)中的各项规定：按地砖的外观质量（包括尺寸偏差、表面缺陷等）分有优等品、一级品和合格品。地砖吸水率3%～6%。经三次急冷急热循环，不出现炸裂或裂纹。经20次冻融循环不出现破裂或裂纹。抗折强度平均值不小于25MPa。磨损量平均值不大于$345mm^3$。凸背纹高度和凹背纹深度均不得小于0.5mm。

地砖具有质坚、耐磨、强度高、吸水率低、易清洗等特点。一般用于室外平台、阳台、厕所、走廊、厨房等地面，也可用于庭院、道路等饰面及耐腐蚀工程的衬砌砖等。

4. 陶瓷锦砖

陶瓷锦砖是以优质瓷土烧制成的小块瓷砖，俗称"马赛克"，有挂釉和不挂釉两种，按砖联分为单色和拼花两种。单块砖边长不大于50mm，砖联分正方形、长方形及各种多边形。

陶瓷锦砖主要技术性能必须符合国家建材行业标准《陶瓷锦砖》(JC 456—92)中的各项规定：

按外观质量（包括尺寸偏差、表面缺陷等）分优等品、合格品两个等级。

无釉锦砖吸水率不得大于0.2%。有釉锦砖吸水率不得大于1.0%。

有釉锦砖经急冷急热检验应不破裂，无釉锦砖不作要求。

对成联锦砖要求：锦砖与铺贴衬材粘结牢固（按规定方法测试）。正面贴纸锦砖的脱纸时间不大于40min。联内及联间锦砖色差应在规定范围内。锦砖铺贴成联后，不允许铺贴纸露出。

陶瓷锦砖具有耐磨、不吸水、耐污染、易于清洗、防滑性好、抗冲击力较高、有耐酸

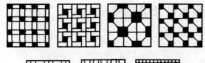

图 4-3-3 陶瓷锦砖的几种基本拼花图案

耐碱、耐火等性能，同时花色品种多、装饰性好（图 4-3-3 为锦砖拼花示意图）。陶瓷锦砖主要用室内地面，但 20 世纪 60 年代以来，已大量用于重点工程的外墙饰面，并取得了坚固耐用，装饰质量好的效果。而且比外墙面砖价格略低、层面薄、自重较轻。陶瓷锦砖也广泛用于浴室、厕所等墙地面，效果也很好。

5. 劈裂砖

劈裂砖又称劈开砖或劈离砖，它是一种炻质地面装饰材料，因焙烧后可劈开而得名。

根据上海墙体装饰材料厂生产劈裂砖的技术性能（见表 4-3-1）可以看出，劈裂砖的各项技术性能已达到或接近陶瓷墙地砖的质量指标。

劈裂砖与陶瓷墙地砖性能比较　　　　表 4-3-1

项　目	陶瓷墙地砖指标	劈裂砖设计指标
抗折强度	不低于 24.5MPa	不低于 20MPa
抗冻性能	－15～20℃ 20 次冻融循环无裂、剥或裂纹	－15～20℃ 15 次冻融循环无破裂现象
耐急冷急热性	150～20℃ 三次冷热循环无裂纹	150～20℃ 六次热交换无开裂
吸水率不大于	10%	深色 6%，浅色 3%
耐酸碱性	（盐酸 30mL，蒸馏水 1000mL）酸溶液、（氢氧化钾 30g，蒸馏水 1000mL）碱溶液浸泡 7 天，擦干后放 100℃烘箱内烘干，用目检法，分 AA、A、B、C、D 五个等级	在 70%浓 H_2SO_4 和 20%KOH 溶液中浸泡 28 天，无浸蚀现象

劈裂砖的生产率却远远高于陶瓷墙地砖。劈裂砖对原料要求不高，品位较低的软质黏土和尾矿矿渣均可使用，生产成本较低。生产过程中烧成带范围较宽，一般控制在1150～1200℃之间，烧成周期 36～48h（比普通墙地砖短）。耗煤量减少 20%。砖体结构紧密吸水率低，表面硬度大。适用于各种建筑物的墙地面，尤其入流密度大的道路、车站等地面装饰既美观又耐久，同时比较经济。

（二）其他陶瓷制品

1. 排水陶管及配件

排水陶管是指以陶土为原料，经成型烧制而成的管件。主要用于排输污水、废水、雨水或用于农田灌溉。

根据《排水陶管及配件》（JC/T 759—1998）的规定：陶管按规格不同有特型（直径 50～75mm 或 600～1000mm）和普通型（直径 100～500mm）两类直管。常用配件是弯管、三通管、四通管等。

陶管的技术要求：

(1) 外观质量

根据陶管外观缺陷分一级品和二级品。

陶管的结构形式为插口连接部位以一定间隔刻画深约 3mm 的环形沟槽，口径 50～150mm 的不少于 3 圈。

除陶管及配件的承插口连接部位及承口底部、插口底部不施釉外，其余部分均应施釉。但施用食盐釉的产品不受此限。

用质量不大于100g的金属锤轻轻敲击陶管及配件中部时应发出轻音。

管子及各种配件的尺寸允许公差符合标准要求。弯管、三通及四通管的角度偏差应不大于±5℃。

外观质量与规格尺寸检验时，是从管中抽取20根进行检验，如有三根不合格，则认为这批管不合格。

（2）物理化学性能

陶管与配件的吸水率应低于11％。

陶管与配件的耐酸度不得小于94％。

陶管与配件承受70kPa水压，保持5min，不得有渗漏现象。

直径100mm，长度不得小于1m的陶管抗弯强度不应小于6MPa，而直径150mm的陶管，抗弯强度不得低于7MPa。

陶管抗外压强度应符合《排水陶管及配件》（JC/T 759—1998）中的规定。检验时每批管中取3根管进行。如有两根管不合格，则认为这批管不合格。如有一根不合格，应再取3根，第二批管均符合要求，则认为这批管合格。

吸水率检验时，每批中抽三根管，每根管至少取一块试样。所得吸水率平均值如高于指标要求，则认为这批管不予验收。

陶管运送时应稳固挤紧，防止震动和碰撞，装卸时要小心轻放，严禁抛掷。存放时应置于平坦场地上，不同规格、级别的管应分别堆放。最下一层应以木楔固定，以防堆垛塌倒。垛高应符合规定要求。

2. 卫生陶瓷

卫生陶瓷指卫生洁具中的陶瓷制品，常用的有洗面器、大便器、洗涤器、小便器、水槽、水箱、存水弯和其他小件制品。

（1）品种分类

按用途和结构分为：

洗面器——立柱式、托架式、台式。

坐便器——虹吸性（包括喷射进型、漩涡型）、冲落式。

蹲便器

小便器——斗式、壁挂式、落地式。

洗涤器——斜喷式、化验槽。

水槽——洗涤槽、化验槽。

水箱——高水箱、低水箱（壁挂式、坐装式）。

存水弯——S型、P型。

（2）技术要求

1）规格尺寸：卫生陶瓷的产品规格尺寸，必须符合国标《卫生陶瓷》（GB/T 6952—1999）的规定中的各项要求。

2）外观质量：产品按外观质量分一、二、三级品三个等级。外观缺陷应符合国标中规定的允许范围。不允许有穿透坯体的裂纹，裂宽不得大于2.0mm。存水弯合格品的外观要求：裂纹≤100mm，管内落脏高≤5mm，磕碰≤400mm²。圆度允许偏差：出水口≤10mm，进水口≤12mm，管内必须施釉，外观按便器隐蔽面考核。

一件产品同一个面上的外观缺陷，一级品不允许超过三项，二级品不允许超过五项。色差一级品不明显，二级品不严重。

(3) 卫生陶瓷的特点和应用

卫生陶瓷属精陶制品，系采用可塑性黏土、高岭土、长石和石英为原料，坯体成型后经素烧和釉烧而成。

精陶的卫生洗具表面光滑、不透水、耐腐蚀、耐冷热、易于清洗且经久耐用等。制品多以白色为主，也有红、蓝、黄、绿等各种色彩，同一种颜色又有深浅不同的色调，能使浴室、盥洗室装点得雅洁优美。

脸盆、马桶、坐浴盆及有关附件，常装置在浴室中；小便斗、脸盆和水槽常装在盥洗室或厕所中；水槽常装于备餐室和厨房中。

卫生洗具应在给水（包括冷、热水管）、排水管道安装妥帖后分别装接在规定的位置上，然后铺设墙面（多用釉面砖）和地面（多用地砖或陶瓷锦砖）材料，这样才能获得平整完美的效果。

(4) 产品的贮运要求

卫生陶瓷应用革制品、木箱或纸箱包装。

搬运时应轻拿轻放，严禁摔扔。

在运输和存放时应有防雨设施，严防受潮。

产品应按品种、规格、级别分别整齐堆放，在室外堆放时应有防雨设施。

四、金属材料

金属材料包括黑色金属和有色金属两大类。

黑色金属是指以铁元素为主要成分的金属及其合金，如钢材、铸铁等，统称为钢铁产品。有色金属是指以其他元素为主要成分的金属及其合金，如铝、铜、锌、铅、镁等金属及其合金。

（一）建筑钢材

建筑钢材是指建筑工程中所用的各种钢材。主要包括钢结构用的型钢、钢板、钢筋混凝土中的钢筋和钢丝及大量用的钢门窗和建筑五金等。

钢材是最重要的建筑材料之一，主要在于钢材不但强度高、品质均匀，具有一定的弹、塑性，能承受较大的冲击和震动等荷载，而且有良好的可加工性，可通过各种机械加工和铸造加工制成各种形状，还可通过切割、铆接、焊接等方式进行装配施工。钢材的主要缺点是自重大、易锈蚀，因此目前建筑结构大部分采用钢筋混凝土，少部分用钢结构。

1. 钢的分类

钢的分类方法很多，日常使用中，各种分类方法经常混合使用。常见的分类方法有以下几种：

(1) 按冶炼方法分类

1) 转炉钢：根据炉衬材料不同分为酸性转炉和碱性转炉。在质量上酸性转炉钢较好，但对生铁硫、磷杂质要求严格，成本较高。

2) 平炉钢：平炉也分为酸性和碱性两种。因冶炼时间较长（4~12h），易调整和控制成分，故质量较好。

3) 电炉钢：电炉分电弧炉、感应炉、电渣炉三种，也分为酸性和碱性两种。系利用电热冶炼，温度高、易控制、钢质量好，但成本也高，多炼制合金钢。

(2) 按脱氧程度分类

1) 沸腾钢：脱氧不充分，存有气泡，化学成分不均匀，偏析较大，但成本较低。

2) 镇静钢和特殊镇静钢：脱氧充分、冷却和凝固时没有气体析出，化学成分均匀，机械性能较好，但成本也高。

3) 半镇静钢：脱氧程度、化学成分均匀程度、钢的质量和成本均介于沸腾钢和镇静钢之间。

(3) 按化学成分分类

1) 碳素钢：含碳量不大于1.35%，含锰量不大于1.2%，含硅量不大于0.4%，并含有少量硫磷杂质的铁碳合金。根据含碳量可分为：

$a)$ 低碳钢：含碳量小于0.25%；

$b)$ 中碳钢：含碳量为0.25%～0.6%；

$c)$ 高碳钢：含碳量大于0.6%。

2) 合金钢：在碳钢基础上加入一种或多种合金元素，以使钢材获得某种特殊性能的钢种。根据合金元素含量可分为：

$a)$ 低合金钢：合金元素总含量小于5%；

$b)$ 中合金钢：合金元素总含量为5%～10%；

$c)$ 高合金钢：合金元素总含量大于10%。

(4) 按钢材品种分类

1) 普通钢：含硫量≤0.055%～0.065%；

含磷量≤0.045%～0.085%；

2) 优质钢：含硫量≤0.030%～0.045%；

含磷量≤0.035%～0.040%；

3) 高级优质钢：含硫量≤0.020%～0.030%；

含磷量≤0.027%～0.035%。

(5) 按用途分类

1) 结构钢：按化学成分不同分两种

(a) 碳素结构钢：根据品质不同有普通碳素结构钢（含碳量不超过0.38%，是建筑工程的基本钢种）和优质碳素结构钢（杂质含量少，具有较好的综合性能，广泛用于机械制造等工业）。

(b) 合金结构钢：根据合金元素含量不同有普通低合金结构钢（是在普通碳素钢基础上加入少量合金元素制成的，有较高强度、韧性和可焊性。是工程中大量使用的结构钢种）和合金结构钢（品种繁多如弹簧钢、轴承钢、锰钢等，主要用于机械和设备制造等）。

2) 工具钢：按化学成分不同有碳素工具钢、合金工具钢和高速工具钢，主要用于各种刀具、模具、量具等。

3) 特殊性能钢：大多为高合金钢，主要有不锈钢、耐热钢、电工硅钢、磁钢等。

4) 专门用途钢：按化学成分不同有碳素钢和合金钢，主要有钢筋钢、桥梁钢、钢轨钢、锅炉钢、矿用钢、船用钢等。

2. 建筑钢材的技术标准

目前我国建筑钢材主要有普通碳素结构钢、优质碳素结构钢和普通低合金钢三种。

(1) 普通碳素结构钢

普通碳素结构钢常简称碳素结构钢，属低中碳钢。可加工成型钢、钢筋和钢丝等，适用于一般结构和工程。构件可进行焊接、铆接等。

1) 钢牌号表示方法

碳素结构钢的牌号由屈服点的字母、屈服点数值、质量等级符号和脱氧程度四部分组成，各种符号及含义见表4-3-2。

碳素结构钢符号含义　　　　表4-3-2

符号	含义	备注
Q	屈服点	
A、B、C、D	质量等级	
F	沸腾钢	
B	半镇静钢	
Z	镇静钢	
TZ	特殊镇静钢	在牌号组成表示方法中，可以省略

例如 Q235—B·b 表示普通碳素结构钢其屈服点不低于 235MPa，质量等级为 B 级，脱氧程度为半镇静钢。钢的质量等级 A、B、C、D 是逐级提高。

2) 钢的技术要求

碳素结构钢的技术要求包括化学成分、力学性质、冶炼方法、交货状态及表面质量五个方面。

碳素结构钢按屈服强度分 Q195、Q152、Q235、Q255 和 Q275 五个牌号，每种牌号均应满足相应的化学成分和力学性质要求。牌号越大，含碳量越多，强度和硬度越高，塑性和韧性越差。其拉伸和冲击试验指标应符合 GB 700—88 的规定。

碳素结构钢中，Q235 有较高的强度和良好的塑性、韧性，且易于加工，成本较低，被广泛应用于建筑结构中。

(2) 优质碳素结构钢

简称优质碳素钢，与碳素结构钢相比，有害杂质少，性能稳定。

根据《优质碳素钢技术条件》(GB/T 699—1999) 规定，优质碳素钢有 31 个牌号，除 3 个是沸腾钢外，其余都是镇静钢。按含锰量不同又分两大组，普通含锰量 (0.35%~0.80%) 和较高含锰量 (0.70%~1.20%)。

优质碳素钢的钢牌号以平均含碳量的万分数表示。如含锰量较高，在钢号数字后加"Mn"；如是沸腾钢在数字后加"F"。三种沸腾钢是 08F、10F、15F。分别表示其含碳量 8/万、10/万、15/万。如 50 号钢，表示含碳量 50/万，含锰量较少的镇静钢。如 50Mn，表示含碳量 50/万，含锰量较多的镇静钢。特殊情况下可供应半镇静钢，如 08b~25b，同时要求含硅量不大于 0.17%。

(3) 低合金高强度结构钢

在普通碳素结构钢中加入不超过5％合金元素制得的钢种。

根据《低合金高强度结构钢》（GB 1591—94）中规定，低合金高强度结构钢的牌号表示方法为：

钢的牌号由代表屈服点的汉语拼音字母（Q）、屈服点数值、质量等级符号（A、B、C、D、E）三个部分按顺序排列。

例如：Q390A

其中：

Q——钢材屈服点的"屈"字汉语拼音的首位字母；

390——屈服点数值，单位 MPa；

A、B、C、D、E——分别为质量等级符号。

钢的牌号和化学成分（熔炼分析）、钢材的拉伸、冲击和弯曲试验结果应符合《低合金高强度结构钢》（GB 1591—94）的规定，合金元素含量应符合 GB/T 13304 对低合金钢的规定。

3. 常用建筑钢材

建筑中常用的钢材主要有钢筋混凝土用的钢筋、钢丝、钢绞线及各类型材。

(1) 钢筋和钢丝

结构中用的钢筋，按加工方法不同常分为热轧钢筋和冷加工钢筋。

1) 热轧钢筋

经热轧成型并自然冷却的成品钢筋称热轧钢筋。

热轧钢筋按外形分为光圆钢筋和带肋钢筋。带肋钢筋按肋的截面形式不同有月牙肋钢筋和等高肋钢筋。按钢种不同热轧钢筋为碳素钢钢筋和普通低合金钢钢筋。按钢筋强度等级分Ⅰ、Ⅱ、Ⅲ、Ⅳ四个等级。Ⅰ级钢筋为碳素钢制的光圆钢筋，钢筋牌号为 HPB235；Ⅱ、Ⅲ、Ⅳ级为低合金钢制的带肋钢筋，其牌号为 HRB335、HRB400 和 HRB500。

Ⅰ～Ⅲ级热轧钢筋焊接性能尚好，且有良好塑性和韧性，适用于强度要求较低的非预应力混凝土结构。预应力混凝土结构要求采用强度更高的钢作受力钢筋。

2) 冷拉钢筋

热轧钢筋在常温下将一端固定，另一端予以拉长，使应力超过屈服点至产生塑性变形为止，此法称冷拉加工。冷拉后的钢筋屈服点可提高20％～30％，如经时效处理（即冷拉后自然放置15～20d 或加热至100～200℃，保温一段时间）其屈服点和抗拉强度均进一步提高，但塑性和韧性相应降低。

冷拉Ⅰ级钢可用作非预应力受拉钢筋，冷拉Ⅱ、Ⅲ、Ⅳ级可用作预应力钢筋。

3) 冷拔低碳钢丝

将直径6.5～8mm 的 Q235（或 Q215）热轧圆盘条，通过拔丝机进行多次强力冷拔加工制成的钢丝。

根据《混凝土工程施工质量验收规范》（GB 50204—2002），冷拔低碳钢丝分为甲、乙两个级别，甲级用于预应力钢丝，乙级用作非预应力钢丝，如焊接网、焊接骨架、构造钢筋等。

(2) 型钢

由钢锭经热轧加工制成具有各种截面的钢材称为型钢（或型材）。按截面形状不同，型钢分有圆钢、方钢、扁钢、六角钢、角钢、工字钢、槽钢、钢管及钢板等。型钢属钢结构用钢材，不同截面的型钢可按要求制成各种钢构件。型钢按化学成分不同主要有两种碳素结构钢和低合金结构钢。

常用型钢的截面形状、代号及用途见表 4-3-3。

常用型钢及钢板的规格和用途　　　　　　表 4-3-3

型钢种类	规　格	截面形状	代　号	钢材种类	用　途
角钢	等边∟ 2～20 号（二十种）		∟a(cm)	普通碳素结构钢 普通低合金钢	可铆、焊成钢构件
	不等边∟ 3.2/2～20/12.5 （十二种）		∟a/b(cm)		
槽钢	轻型和普型 [5～30 共十四个型号		[hb(cm) hb	普通碳素结构钢 普通低合金钢	可铆接、焊接成钢件 大型槽钢可直接用做钢构件
工字钢	轻型工 22～63 八个型号 普型工 10～30 十二个型号 20 种规格		工 h 当腰宽、腿宽不同时，加用 a、b、c 表示		可铆、焊接成钢构件 大型工字钢可直接用做钢构件
钢管	无缝（一般、专用）				工业、化工管道、建筑工程中用一般无缝钢管
	焊接（普通、加厚、镀锌、不镀锌）				用做输水、煤气、采暖管道
钢板	薄钢板 a≤0.2～4mm		a(mm)	普通碳素结构钢	屋面、通风管道、排水管道
	中厚钢板 a>4～60mm				料仓、储仓、水箱、闸门等

（3）冷轧钢筋

1）冷轧带肋钢筋

冷轧带肋钢筋是采用普通低碳钢或低合金钢热轧圆盘条为母材，经冷轧或冷拔减径后在其表面冷轧成具有三面或二面月牙形横肋的钢筋。

钢筋混凝土结构及预应力混凝土结构中的冷轧带肋钢筋，可按下列规定选用：

550 级钢筋宜用作钢筋混凝土结构构件中的受力主筋、架立筋、箍筋和构造钢筋。

650 级和 800 级钢筋宜用作预应力混凝土结构构件中的受力主筋。

注：550 级、650 级、800 级分别代表抗拉强度标准值为 550N/mm²、650N/mm²、800N/mm² 的冷轧带肋钢筋级别。

冷轧带肋钢筋、预应力冷轧带肋钢筋的抗拉强度标准值、设计值和弹性模量应按照《冷轧带肋钢筋》（GB 13788—2000）中的规定。

另外使用冷轧带肋钢筋的钢筋混凝土结构的混凝土强度等级不宜低于 C20；预应力混

凝土结构构件的混凝土强度等级不应低于C30。

注：处于室内高湿度或露天环境的结构构件，其混凝土强度等级不得低于C30。

混凝土的强度标准值、强度设计值及弹性模量等应按国家现行《混凝土结构设计规范》(GB 50010—2002)的有关规定采用。

2) 冷轧扭钢筋

冷轧扭钢筋成品质量应符合现行行业标准《冷轧扭钢筋》(JG 3046—1998)的规定。

冷轧扭钢筋的规格及截面参数应按表4-3-4采用。

冷轧扭钢筋规格及截面参数　　　　　表4-3-4

标志直径 d(mm)		公称截面面积 A_s(mm^2)	公称重量 G(kg/m)	等效直径 d_0(mm)	截面周长 u(mm)
Ⅰ型	6.5	29.5	0.232	6.1	23.4
	8.0	45.3	0.356	7.6	30.0
	10.0	68.3	0.536	9.2	36.4
	12.0	93.3	0.733	10.9	42.5
	14.0	132.7	1.042	13.0	49.2
Ⅱ型	12.0	97.8	0.768	11.2	51.5

注：1. Ⅰ型为矩形截面，Ⅱ型为菱形截面。
2. 等效直径 d_0 由公称截面面积等效为圆形截面的直径。

冷轧扭钢筋的外形尺寸应符合表4-3-5的规定。

冷轧扭钢筋外形尺寸 (mm)　　　　　表4-3-5

类　型		标志直径 d	轧扁厚度 t	节　距 l_1
Ⅰ型		6.5	≥3.7	≤75
		8.0	≥4.2	≤95
		10.0	≥5.3	≤110
		12.0	≥6.2	≤150
		14.0	≥8.0	≤170
Ⅱ型		12.0	≥8.0	≤145

冷轧扭钢筋的强度标准值、设计值和弹性模量应按表4-3-6采用。

冷轧扭钢筋的强度标准值、设计值和弹性模量 (N/mm^2)　　　　　表4-3-6

抗拉强度标准值 f_{stk}	抗拉强度设计值 f_y	抗压强度设计值 f_y	弹性模量 E_s
≥580	360	360	1.9×10^5

另外使用冷轧扭钢筋的钢筋混凝土构件的混凝土强度等级不应低于C20。

混凝土强度等级、强度标准值、强度设计值、弹性模量等，均应按现行国家标准《混凝土结构设计规范》(GB 50010—2002)的规定确定。

(二) 生铁和铸铁

生铁是含碳量大于2%的铁碳合金，此外还含有较多的硅、锰、磷、硫等元素。

生铁按主要用途不同分为：炼钢用生铁、铸造用生铁、冷铸车轮用生铁、球墨铸铁用生铁等。它们的牌号用汉语拼音字母和含硅量的千分数表示。如L10—炼钢用生铁，含硅量1%。Z26—铸造用生铁，含硅量2.6%。Q16—球墨铸铁用生铁，含硅量1.6%。

铸铁是将生铁经过配料、重熔并浇注成铸铁件的产品。铸铁分有：灰口铸铁、可锻铸铁球墨铸铁和耐热铸铁等。

灰口铸铁：又称灰铸铁，断面呈灰色，质较软、松脆、耐磨、耐压、耐蚀并有较好的减震性，价格低，可切削加工。用牌号HT表示，如HT100—灰铸铁，抗拉强度不低于100MPa。

可锻铸铁：俗称马铁、玛钢。是将白口铸铁通过石墨化和氧化脱碳处理而得。机械性能较高，又有良好的塑性和韧性。可承受一定的冲击力，但并不能锻造。按金相组织不同分有黑心可锻铸铁、白心可锻铸铁和珠光体可锻铸铁。牌号KTB 350—04—白心可锻铸铁，抗拉强度不低于350MPa。伸长率不小于4%。

球墨铸铁：是铁水在浇注前加入铜、镁、稀土等球化剂而制得。因使石墨呈球状分布于基本组织中，故称球墨铸铁。其强度和延伸率比可锻铸铁好，可进行锻造和压延，性能接近铸钢，但比铸钢耐磨，抗氧化性和减震性也好。牌号QT400—18—球墨铸铁，抗拉强度最小值为400MPa，延伸率最小值18%。

铸铁因性脆，无塑性，抗拉和抗折强度不高，建筑中不宜作结构材料，大多制成铸铁水管，用作上下水道及其连接件。其他如排水沟、地沟、窨井等盖板也较多。在建筑设备中还广泛制作暖气片及各种零部件。在装修材料中也常制作门、窗、栏杆、栅栏及其他部件。

(三) 铝及铝合金

铝是一种轻金属材料，由于资源丰富、性能优越，成为一种有发展前途的建筑材料。

纯铝密度$2.7g/cm^3$，仅为钢的1/3。铝性能活泼，在空气中能与氧形成致密坚固的Al_2O_3薄膜，保护铝不再继续氧化，使铝在大气中有较好的抗腐蚀能力。

纯铝质软，压延性良好（$\delta=40\%$），呈银白色，表面有很强的热反射性能，可加工成0.006～0.025mm厚的铝箔，作复合保温材料的热辐射层，也可作隔蒸汽材料和装饰材料。

纯铝强度不高（$\delta_b=80\sim100$MPa），但能与硅、铜、镁、锌等元素结合组成铝合金，具有较高的强度和硬度。铝合金能用于制造承重荷载的构件。

根据成分和生产工艺特点，铝合金分为铸造铝合金和变形铝合金。

铸造铝合金指适于铸造成型而不适于压力加工的铝合金。也称生铝或生铝合金。按成分分为四组：铝硅合金、铝铜合金、铝镁合金和铝锌合金。使用最广泛的是铝硅合金。铸造铝合金多用于制造形状复杂的机械零件，如内燃机活塞、汽缸盖等。

变形铝合金也称熟铝合金，指通过冲压、冷弯、辊轧等工艺能使其组织、形状发生变化的铝合金。按性能和使用特点分有防锈铝合金（LF），硬铝合金（LY）、超硬铝合金（LC）、锻铝合金（LD）和特殊铝合金（LT）。

铝合金具有比纯铝更好的性能，可满足各种使用要求。防锈铝合金不但抗蚀能力强，自重比纯铝还轻。硬铝、超硬铝合金机械强度高,其抗拉强度不亚于一般钢材。锻铝合金既有好的机械性能,又能锻造成各种复杂形状的制品。特殊铝合金机械性能好,抗疲劳强度高且工艺简单,成本较低。铝合金还可以通过热处理(一般为淬火和人工时效)强化,进一步提高强度。可用氩弧焊进行焊接。铝合金制品经阳极氧化着色处理,可使铝合金具有各种装饰色并能提高耐磨、耐腐蚀性等。

目前建筑工程中大量铝合金制品,如铝合金门窗、柜台、货架、装饰板、吊顶等。在室外可用于外墙贴面、桥梁、街道广场的花圃栅栏、建筑回廊、轻便小型固定式移动式房屋、亭阁等,还常用于家具设备及各种内部装修和配件等。

五、有机材料

建筑材料中以碳、氢及其衍生物为主要成分的材料,称有机建筑材料。按物质来源不同有机材料中分有:动、植物质材料,如木材、竹材、毛毡等。高分子化合物材料,如塑料、橡胶、涂料等。沥青材料,如石油沥青、焦油、沥青等。有机材料品种繁多,本章仅对常用的木材、竹材、沥青、塑料及涂料等作一简介。

(一)木材和竹材

木材和竹材均为自然环境下生长起来的天然纤维材料,但两者构造、性能及用途均有所差异。

1. 木材

木材是由树木加工而成的人类最早使用的建筑材料。由于其性能优越,在当代建筑工程中仍被广泛应用,如制作桁架、梁、柱、门窗、地板、脚手架及混凝土模板等。

(1)树木的分类和特点

树木品种很多,一般分为针叶树和阔叶树两大类。其特点见表4-3-7。

树木的分类和特点　　　　　　表4-3-7

树 种	特 点	用 途	常用品种
针叶树	树叶细长,呈针状,树干通直高大,木质软,易加工,胀缩变形小,树脂多,耐腐蚀性较强	多用于制承重构件及门窗	松树、杉树、柏树等
阔叶树	树叶宽大,呈片状,树干通直部分短,木质硬易胀缩变形、开裂,木纹理及颜色美观	多用于室内装修、次要承重件,制人造板等	柞树、榆树、槐树、水曲柳等

(2)木材的综合利用

木材用途广,需要量大,而我国木材资源缺乏,因而节约木材和合理使用木材有着重要的意义。在建筑中,除采用其他材料代替木材外,利用废材及加工后剩余的边皮、碎料、刨花、木屑等经处理制成各种人造板材是综合利用的主要途径。

1)胶合板

木材由旋切、半旋切、刨切或锯制方法生产的薄片单板,按相邻层木纹方向互相垂直组坯胶合而成的板材。通常其表板和内层板对称地配置在中心层或板芯的两侧。

胶合板按结构分有胶合板、夹芯胶合板、复合胶合板。按表面加工分有砂光胶合板、刮面胶合板、贴面胶合板、预饰面胶合板。按用途分有普通胶合板和特种胶合板。

(a)普通胶合板

普通胶合板是由三层或三层以上单板组成，层与层之间以胶粘剂粘合。胶合板其板面树种为该胶合板的树种。按树种不同，普通胶合板分针叶树胶合板和阔叶树胶合板。

普通胶合板按性能分有：Ⅰ类胶合板（即耐气候胶合板）、Ⅱ类胶合板（即耐水胶合板）、Ⅲ类胶合板（即耐潮胶合板）、Ⅳ类胶合板（即不耐潮胶合板）。

普通胶合板的厚度为：2.7mm、3mm、3.5mm、4mm、5mm、5.5mm、6mm……，自6mm起按1mm递增。3mm、3.5mm、4mm厚为薄胶合板，是常用规格。

普通胶合板按外观质量分为特等、一等、二等和三等。各等级的允许缺陷，应符合国标《胶合板、普通胶合板外观分等技术条件》（GB 9846.5—88）中的规定指标。

胶合板木材利用率高，木纹美观，幅面大，吸湿变形小，消除了各项异性，而且产品规格化使用方便。普通胶合板广泛用作天花板、门面板、隔墙板、护墙板、家具及室内装修等。

（b）混凝土模板用胶合板

是指以针叶或阔叶树种制成的混凝土模板用的胶合板。

胶合板的主要技术条件要求：

（a）树种主要采用：克隆、阿必东、柳安、桦木、马尾松、云南松、落叶松、荷木、枫香拟赤杨等国产和进口树种。

（b）胶粘剂应采用酚醛树脂或其他性能相当的胶结剂。产品应符合Ⅰ类胶合板性能要求，具有耐候性、耐水性，能适应在室外使用。

（c）胶合板按材质和加工要求分A、B两个等级。各等级外观和加工质量应符合专业标准 ZBB 70006—88 中规定的指标。

2）硬质纤维板

硬质纤维板是以植物纤维为原料，加工成密度大于 $0.8g/cm^3$ 的纤维板。按原料不同分有木材硬质纤维板和非木材硬质纤维板。按板面加工不同分有一面光硬质纤维板和两面光硬质纤维板。

硬质纤维板以厚度为 2.5mm、3mm、3.2mm、4mm、5mm 是常用规格。按其物理力学性能和外观质量分为：特级、一级、二级和三级。各等级应符合国标《硬质纤维板技术要求》GB 12626.2—90 中的有关规定。

硬质纤维板强度高、构造均匀，各向强度一致，不易胀缩变形，耐腐蚀、耐磨性好。主要用作室内墙面、地板、天花板、家具及装修等方面。

3）刨花板

利用施加胶料和辅料或未施加胶料和辅料的木材或木材植物制成的刨花材料（如木材、刨花、亚麻屑、甘蔗渣等）压制而成的板材或刨花板。

施加胶料指施加脲醛树脂胶、蛋白质胶等胶粘剂。不施加胶料指不施加上述胶粘剂，但采用水泥等材料。

刨花板按用途分有A类刨花板（即用于家具、室内装修等一般用途的刨花板）和B类刨花板（即非结构建筑用刨花板）。按其结构分有单层结构刨花板、三层结构刨花板、渐变结构刨花板、定向刨花板、华夫刨花板和模压刨花板。按制造方法不同分为平压刨花板和挤压刨花板。还可按原料分类、按表面状况分类等。

根据外观质量和力学性能，A类刨花板分特等品、一等品和二等品。B类刨花板仅为一个等级。各类型、各等级的刨花板各项技术要求应符合国标《刨花板》(GB/T 4897—92)中的规定指标。

刨花板主要用于建筑的一般装修，如做隔墙板、天花板、屋面板等，也用于车辆、船舶的内部装修，也可作某些机械的台板或作保温隔热板等。

2. 竹材

竹材的等点是强度高、重量低、价格低。但也容易由吸水和失水产生膨胀和收缩的破坏，并且易腐朽和虫蛀等。

竹材种类繁多，建筑工程常用的品种有毛竹、刚竹和淡竹等。以毛竹用途最广。

毛竹（又名楠竹、茅竹、江南竹）：杆形粗大顺直，根梢粗细较均匀，材质坚硬强韧。广泛用于脚手架、棚架房屋、输水管、通风管等。劈篾性能好，可编制各种用具。

刚竹（又名台竹、苦竹）：竹竿直而竹间长，多作小型支架、劈篾制帘以及伞柄帐杆及造纸。

淡竹（又名白夹竹、钓鱼竹）：细长节疏，材质柔韧，易于劈篾，多制工艺品。

竹材在建筑工程中除可直接使用外，还可制成竹编胶合板。这种胶合板是以竹材黄篾加工成竹席，施加胶粘剂，经热压成型的板材。

竹编胶合板有两种类型：Ⅰ类是能耐气候、耐沸水的竹编胶合板。Ⅱ类是耐冷水而不耐沸水的竹编胶合板。按厚度不同有两种：厚度为2～6mm为薄型板。厚度≥7mm为厚型板。根据其外观质量和物理性能分为一等品、二等品和三等品。

竹编胶合板具有幅面大、形状稳定、强度高、刚性好、耐磨、耐腐蚀等特点，并能锯、刨、钻，是加工性能良好的工程结构材料。

(二) 沥青及其制品

沥青是一种有机胶凝材料，为有机化合物的复杂混合物。在常温下呈固体、半固体或液体形态，颜色呈辉亮褐色以至黑色。沥青具有良好的黏接性、塑性、不透水性及耐化学侵蚀性等。沥青不但可直接用于地坪地坪、沟、池防水防腐蚀，也常用在金属结构表面防锈。还常配制成冷底子油、沥青胶、嵌缝油膏及制成卷材等制品用于建筑的防水、防腐处理等。

1. 沥青

沥青按产源不同分为两大类：地沥青和焦油沥青。地沥青包括天然沥青和石油沥青。焦油沥青按原材料不同可分为煤沥青、木沥青、页岩沥青及泥炭沥青等。工程中最常用的是石油沥青和煤沥青。

(1) 石油沥青

石油沥青是石油原油炼制出汽油、煤油、柴油及润滑油后的副产品，再经加工而成。

根据用途不同，石油沥青分有道路石油沥青、建筑石油沥青、油漆沥青、管道防腐沥青、防水防潮石油沥青、普通石油沥青、专用石油沥青和电缆沥青等。使用最多的是道路石油沥青和建筑石油沥青。

石油沥青的技术质量标准以针入度、延度、软化点等指标表示的。

针入度是固体、半固体石油沥青在外力作用下抵抗变形能力（即黏性）的表示方法。针入度越大，表示沥青黏度越小。

延度表示沥青的塑性，即沥青在外力作用下产生变形而不破坏，除去外力后，仍保持变形后状态的性质。延度越大，沥青塑性越好。

软化点表示沥青的温度稳定性。沥青由固体状态变为一定流动状态时的温度、称沥青的软化点。软化点越高，沥青的温度稳定性越好。说明沥青在较高的温度环境中使用，不易流淌。

软化点高的沥青大气稳定性较差。大气稳定性指沥青在热、阳光、空气和水（即自然环境）的综合作用下，抵抗老化的性能。沥青随时间的延长，流动性和塑性降低，脆性增大，粘结力减小的变化称沥青的老化。老化后的沥青硬而脆，直至开裂，完全失去防水、防腐作用。

道路石油沥青主要用于路面或车间地面工程，可制成沥青混凝土、沥青砂浆。

建筑石油沥青牌号小，黏性大，温度稳定性好，主要用作制防水卷材、沥青胶等，多用于屋面及地下防水工程。

（2）煤沥青

煤沥青是炼制焦炭或生产煤气时的副产品（煤焦油），再经高温加工而成。

煤沥青的性能不如石油沥青，其塑性较差，对温度敏感性大，冬季易变硬、夏季易软化，且老化快。但黏性较强，有毒，抵抗微生物的腐蚀能力较好。适用于地下防水工程及木材防腐处理。使用中应注意遵守安全操作规程，以防中毒。

2. 沥青防水制品

沥青与其他材料复合可制成多种产品，主要用于防水和防潮。以下介绍几种常用制品：

（1）石油沥青纸胎油毡

石油沥青纸胎油毡是沥青防水卷材中最有代表性的产品。是用软化点低的石油沥青浸渍原纸，然后再用高软化点的沥青涂盖其两面，再涂或撒隔离材料制成的。它是历史最早的一种防水卷材，有良好的防水性能，资源丰富、价格低廉，是应用最普遍的防水材料。但它低温柔性差、温度敏感性强、易老化、属低档的防水卷材。

石油沥青纸胎油毡分有 200、350 和 500 号三种。每种标号中按浸涂材料总量和物理性能分合格品、一等品和优等品。各标号等级的油毡物理性能应符合国标《石油沥青纸胎油毡、油纸》（GB 326—89）的规定。200 号油毡适用于简易防水、临时性建筑防水防潮及包装。350 号和 500 号油毡适用于屋面、地下、水利工程的多层防水。

近年来，通过油毡胎体和浸渍涂盖层的改进、开发，已出现了多种新型防水卷材，如用玻璃布、聚酯纤维等作胎体，以 SBS 橡胶改性石油沥青为涂盖层，以塑料薄膜为隔离层的柔性防水卷材；以合成橡胶、合成树脂的共混体为基料，加适量助剂和填充料用特定工序制成的合成高分子防水卷材等，克服了传统沥青卷材的不足，体现了更多的优越性。

（2）皂液乳化沥青

它是用于一般建筑工程的防水材料。是以定量的石油沥青置于含有一定浓度的皂类复合乳化剂的水溶液中，通过分散设备，使石油沥青均匀分散于水中形成的一种稳定的沥青乳液。

皂液乳化沥青多与玻璃纤维毡片或玻璃纤维布配合使用，亦可与再生橡胶乳液混合，作建筑工程的防水涂料。皂液乳化沥青的物理性能见表 4-3-8。

皂液乳化沥青的物理性能 (ZBQ 17001—84)　　表 4-3-8

指　标　名　称	指　　标	
固体含量:质量(%)	不低于	50
黏度:沥青标准黏度计、25℃、孔径5mm(S)	不低于	6
分水率:离心机、15分钟后,分离出水相体积占试样体积百分数(%)	不大于	25
粒度:沥青微滴粒平均直径(μm)	不低于	15
耐热性:80±2℃,5h,45°坡度(铝板基层)	无气泡、不滑动、不流淌	
粘结力:20℃N/cm²	不低于	29

(3) 沥青嵌缝油膏 (简称油膏)

油膏是以石油沥青为基料,加入改性材料、稀释剂及填充料混合制成的冷用膏状材料。改性材料有废橡胶粉和硫化鱼油。稀释剂有重松节油、机油。填充料有石棉绒和滑石粉等。

油膏按耐热度和低温柔性分为 701、702、703、801、802、803 六个标号。其技术性能应符合部标准《建筑防水沥青嵌缝油膏》(JC/T 207—1996) 中的规定。

油膏耐热度的测定,是将油膏装满金属槽置于45度坡度支架上,放入要求温度±2℃的烘箱中恒温5h。测其三个试件下垂平均值。

油膏粘结性测定:油膏填满8字模两端的砂浆块之间,将8字模块放在沥青延度仪上,拉至油膏出现孔洞、裂口或与砂浆面剥离。取5个试件中3个接近数值的平均值。

油膏保油性测定:5张干燥的中速定性滤纸中央,压上装满油膏的金属环,在与耐热度相同温度的烘箱中恒温1h,量出环外油分渗出的最大幅度和油分浸渍滤纸的张数。

油膏主要用于预制层面板的接缝、大型墙板的拼缝、屋面、墙面沟、槽等处的防水处理。

(三) 建筑塑料和橡胶制品

塑料和橡胶的主要成分都是高分子聚合物,此外还含有其他添加剂,如增塑剂、填料、着色剂等。塑料和橡胶在一定温度和压力下具有流动性,可加工成各种制品。由于它们都具有许多优越性能,故产品发展很快,建筑工程上得到广泛的应用。

1. 建筑塑料

(1) 塑料的基本特性

1) 密度小、质轻:$\rho=0.9\sim2.2$g/cm³,约为混凝土的1/3;钢材的1/8～1/4。

2) 比强度高:以单位质量计算的强度,有的接近钢材,有的甚至超过钢材。

3) 色泽美观、装饰性强:塑料可制成透明、半透明或不透明的制品,色泽鲜艳、品种多。

4) 耐腐蚀性和绝缘性好:耐化学腐蚀高于金属和无机材料。是电的不良导体。

5) 可加工性好、生产能耗低:塑料可制成多种形状,能耗仅为63～188kJ/m³,而铝材为617kJ/m³。

6) 耐热性差、易燃、易老化:一般的塑料热变形温度60～120℃,最好的可耐热400℃。大多塑料不但易燃,有些燃烧时会产生有毒烟雾。但生产时可通过特殊配方技术,使之成为自熄、难燃甚至准不燃材料。塑料的老化也可通过配方和加工提高耐久性,现生产的塑料制品使用寿命完全可与其他材料相比,有的甚至能高于传统材料。

(2) 常用的塑料品种

目前塑料品种有300多种,常用的约有60多种。其中使用量最大的是聚氯乙烯塑料,其次有聚乙烯、聚丙烯等。现将常用塑料的品种和性能列于表4-3-9中。

常用塑料的一般性能和用途　　　　　　　　　　表 4-3-9

名称和代号	外观	一般性能	主要用途
聚氯乙烯(PVC)	(硬质)不透明	化学稳定性好、耐腐蚀、耐老化均较好,耐热性差、低温易脆裂	可制管、板、棒、膜、焊条等型材,用途广泛
	(软质)半透明乳白	抗拉、抗弯强度较硬质低、柔性、弹性好、低温下变硬、较耐磨、不耐热	可制管、板、膜、焊条、电器、建筑、农业、日常用途广
聚乙烯(PE)	乳白色、蜡状或半透明固体	质轻、无毒、耐寒性好、化学稳定性高、耐腐蚀、耐水、绝缘性好、强度不高	可制板、管道、膜、冷水箱、绝缘材料、防腐涂料
聚苯乙烯(PS)	白色或无色透明脆性固体	化学稳定性、电绝缘性好、耐水、耐腐蚀、透光好、不耐热、脆性大、易燃	水箱、酸输送槽、泡沫、塑料、灯罩、零配件
聚丙烯(PP)	乳白色半透明固体	质轻、刚性好、耐热、耐腐蚀、化学稳定性好、不耐磨、易燃	管道、机械零件、建筑零件、耐腐蚀板、防腐涂料
聚酰胺(尼龙)(PA)	乳白淡黄、半透明或不透明固体	品种有尼龙6、66、7、8、9、610、1010等。抗拉强度高抗冲击性好、耐磨、耐油,但不耐强酸、碱,导热性小	多制机械零件、给水和输油管、电缆护套、装饰件、金属表面喷涂料
聚甲基丙烯酸甲酯(有机玻璃)(PMMA)	无色透明、加颜料可制成彩色	透光率高、质轻、机械强度高、耐水、耐腐蚀、电绝缘性好、不耐磨、易燃、有一定耐热、耐老化性	多制装饰灯具、挡风玻璃、防护罩、光学仪器镜片、日常装饰品
酚醛(PF)	棕色黑褐、黑色固体	电绝缘性好、耐水、耐光、耐热、耐霉腐、强度高、性脆、不美观	电工器材、粘结剂、涂料
聚酯(PR)	无色透明、半透明固体	绝缘、绝热性好、透光、有一定弹性、易着色、耐热、耐水、易成型、不耐酸、碱	可制粘结剂、玻璃钢、人造大理石、各种零配件
玻璃钢	酚醛型:黄褐色 环氧型:白淡黄 聚酯型:乳白黄	玻璃纤维作增强材料,强度高、耐腐蚀、耐热性好、导热差、绝缘、不耐磨、易分层	可制板、管,用于结构和防腐材料、落水管

(3) 常用的塑料制品

塑料由于性能优越、易加工、品种多、能耗低,因此发展很快。在建筑工程中应用范围也不断扩大。

1) 塑料板材

常用的塑料板材有饰面板、地板钙塑板等。

a) 塑料饰面板:按树脂成分分有聚乙烯、聚氯乙烯、聚苯乙烯、聚丙烯、聚酯等塑料。按状态分有硬质、半硬质和软质。按结构不同分有塑料金属板、硬质PVC板、玻璃钢板、钙塑板。也可分为单层板、夹层复合板。按饰面加工分有印花、压花、粘贴(可贴装饰纸、塑料薄膜、玻璃纤维布或铝箔等)。按板形有平板、波纹板、异型板、格子板等。

塑料饰面板主要作为护墙板、屋面板和顶棚板。夹心板还可作非承重的墙体和隔断。这类板质轻、有不同形状的断面和立面,可任意着色,装饰性强,有较好的耐水、耐清洗、耐腐蚀等特点。

　　b）塑料地板：常用的塑料品种有聚乙烯、聚苯乙烯、聚酯等。有硬质、半硬质和软质，块片状和卷材，发泡和不发泡等多种。

　　塑料地板的特点是：耐水、耐磨、防滑、耐腐蚀、美观、有弹性、不起尘、易于清洗等。选用于卫生、保洁和耐腐蚀要求较高的环境。但塑料地面耐热、耐燃、抗静电性差，使用时应注意。

　　2）塑料门窗

　　目前90％以上的塑料门窗是硬质PVC门窗。它有较好的自熄性、耐候性，且价格低。

　　塑料门窗与传统的钢质和木质门窗相比有耐水、耐腐蚀、气密性和水密性好，装饰性强，保养方便等特点。虽目前比钢质和木质门窗价格稍高，但比铝合金门窗低得多，从发展来看塑料门窗的价格还有降低趋势。塑料的老化问题，现已有解决的办法。如在德国塑料门窗已有使用20年以上的但仍完好无损，足以说明其耐久性。

　　3）塑料管及异型材

　　常用的塑料品种有聚乙烯、聚氯乙烯等。多用挤压方法成型，产品有软质、硬质之分。塑料管与金属管相比，有质轻、柔韧、耐腐蚀、管壁光滑、对流体阻力小，安装加工方便、易焊接等特点。适于作给排水管、输油管、输气管、电线管、通风管等。但塑料管的耐热性较差，温度膨胀系数大。

　　塑料异型材形式多样，色彩和透明度各不相同，加工安装方便、装饰性强，主要适用于采光瓦、楼梯扶手、踢脚板、挂镜线、楼梯防滑条、装饰嵌线和盖条等，也可装拼成室内隔墙、屏风等。

　　4）塑料零配件及其他制品

　　采用聚乙烯、聚氯乙烯、聚苯乙烯和有机玻璃等塑料，必要时加纤维增强材料，可加工成把手、喷头、水嘴、遮光罩及灯具等。这类塑料制品表面光滑、手感舒适、造型美观、色彩多样，且有耐水、耐腐蚀等特点。

　　采用聚乙烯、聚氯乙烯、聚丙烯等塑料，用压延、挤出或吹塑等方法可制成塑料薄膜，分硬质、半硬质、软质和透明、半透明和不透明等多种。塑料薄膜有伸长率大、耐水、耐腐蚀，可印花并能与胶合板、纤维板、石膏板、纸张、玻璃纤维等材料粘结、复合。如与板材粘结，再经压制成型，可制得各种塑料饰面板，与纸张或织物压贴，经印刷、压花或发泡等加工，可制成多种墙纸及贴墙布，是良好的室内装修材料。如用玻璃纤维增强后，就是充气房屋的主要建筑材料，有质轻、运输安装方便，绝热性好的特点，适用于展览厅、体育馆、农用温室、粮仓等临时建筑。

　　采用聚乙烯、聚氯乙烯、聚苯乙烯、聚丙烯等塑料，经模压或喷射等方法成型，可制成洗面盆、浴缸等卫生洁具或厨具，有造型美观，色彩品种多、光洁、清洗方便、耐腐蚀等优点，适用于浴室、卫生间、厨房等处。但其耐磨性、耐热性及耐久性均不及陶瓷制品。

　　采用聚氯乙烯、聚氨酯、聚苯乙烯、聚乙烯等树脂，加入适量化学发泡剂、稳定剂等经模塑发泡可制得各种形状的泡沫塑料。有硬质和软质之分。主要用作建筑、车辆、船舶及制冷设备的隔热（或吸声）、防震等材料，也可作救生漂浮材料。

　　在树脂中加入碳酸钙、亚硫酸钙等盐类填充料和必要的助剂，可加工塑制成各种钙塑制品。按需要有硬质、软质、难燃、泡沫等状态。这种制品有温度变化小、尺寸稳定、质轻、耐水、绝热、吸声的特点，且可锯、刨、钉，又易于粘合。制成钙塑板，可有不同花纹图案和立体造型，装饰性强，可用于室内墙面和吊顶装修。

以聚氯乙烯树脂为主要原料，掺加填充料和适量改性剂、增塑剂等，经混炼、造粒、挤出或压延等工艺加工可制成防水卷材。比沥青防水卷材拉伸强度高、断裂伸长率大，耐热性好、低温柔性好、耐老化，可冷施工等。适用于新建或翻建工程的屋面防水，也可用于水池堤坝等防水抗渗工程。

用聚乙烯醇、环氧树脂、酚醛树脂等还常制成胶结剂。结构用脱结剂多用热固性树脂，如环氧、酚醛、脲醛、有机硅等。非结构用胶结剂多用热塑性树脂，如聚乙烯醇、醋酸乙烯、过氯乙烯等。它们比传统的粘结剂（如皮胶、鱼胶、骨胶、淀粉等）粘结力强，品种多，产量大，干燥快，使用方便，使用面广。在建筑中主要用于胶结金属、陶瓷、玻璃、混凝土、木材等。常用于粘贴塑料地面、面砖、大理石板、壁纸、胶合板等。还可用于修补砖石砌体及混凝土结构中的裂缝，作防水材料、防腐涂料等。

聚氯乙烯和煤焦油作基料，配适量增塑剂、稳定剂和填料，经塑化可制成聚氯乙烯胶泥，作为防水嵌缝材料。它具有良好的柔韧性、防水性和粘结性。能耐寒、耐热、耐腐蚀、抗老化，施工方便、价格低。是较好的屋面防水嵌缝材料。也常用于渠道、管道等接缝、混凝土和砖墙裂缝的修补及耐腐蚀工程等。

2. 橡胶制品

橡胶是一种高分子材料，按来源不同分为天然橡胶和合成橡胶两类。

天然橡胶是从橡胶植物中获取的胶乳经加工而成，有烟胶片、皱胶片和乳胶。合成橡胶是从石油、乙醇、乙炔、苯等碳氢化合物中经提炼加工而成的高聚物。建筑工程中常用的合成橡胶品种有：丁苯橡胶（DBJ）氯丁橡胶（LDJ）乙丙橡胶（YBJ）丁腈橡胶（DQJ）、聚硫橡胶（DLJ）等。

橡胶具有优良的性能，如：高度的强性、不透水性、耐磨性、气密性和电绝缘性等，而使得橡胶制品被广泛应用于建筑业、工农业、交通运输业及人民生活的各个方面。

工程中除各种施工机械的轮胎、运输胶带和传送带以外，输送水、油和空气的橡胶管、橡胶板等。建筑上使用较多的是防水卷材、胶结剂及密封材料（密封膏、嵌缝条）等。

（1）橡胶板

橡胶板按性能和用途分有普通橡胶板、耐酸碱橡胶板、耐油橡胶板、耐热橡胶板、电绝缘橡胶板和石棉橡胶板等。按表面状态分有光面板、布纹板、花纹板和夹织物板等。橡胶板也可带有不同颜色。主要用于有耐冲击、耐酸碱、耐热等要求的车间地面、垫板、工作台等。

（2）橡胶管

工程常用的有空气管（风压管）、输水管、吸水管、钢丝编制胶管、氧气乙炔管、排吸泥胶管及蒸汽胶管等。按构造不同分有普通全胶管、织物增强层胶管、金属增强层胶管等。用于增强的材料有胶布、纤维织物、金属螺旋线、金属环等。

橡胶管弹性好，可按需要输送各种物质，使用方便，可随便改变使用方向、不生锈。但不同的橡胶管均有特定的使用条件。一般应避免阳光直射、雨雪浸淋，防止与酸碱油类和有机溶剂接触，远离热源，不易过渡折叠、避免机械损伤等。

（3）橡胶止水带

橡胶止水带主要用于混凝土建筑物变形缝、伸缩缝、施工缝等预埋闭绝防水。它有较好的弹性、耐磨性、变性能力强的特点。但不能在油脂、酸、碱及有机溶剂场合下使用。

（4）橡胶防水卷材

橡胶类防水卷材，除以橡胶为主体制成的卷材外，橡胶还可与树脂共混制成防水卷材，橡胶也可作改性剂与沥青混合，制成改性石油沥青卷材。下面介绍常用的几种。

1）三元乙丙（EPDM）橡胶防水卷材

这是以三元乙丙橡胶为主体，掺入适量硫化剂、促进剂、软化剂、填充料等。经密、拉片、过滤、压延或挤出成型、硫化等工序制成的防水卷材。

三元乙丙橡胶防水卷材有耐候性、耐老化性好、使用寿命长、抗拉强度高，对基层伸缩或开裂变形的适应性强，耐高温、低温性能好等特点。主要适用于防水要求高、耐用年限长的工业与民用建筑的防水工程。

2）氯化聚乙烯——橡胶共混防水卷材

这种卷材是以氯化聚乙烯树脂和橡胶为主体，加适量碱化剂、促进剂、稳定剂、软化剂和填充料等，经素炼、混炼、过滤、压延成型、硫化等工序制成的卷材。

它兼有橡胶和塑料的特点。不仅有聚乙烯的高强度、抗氧耐老化性能，又有橡胶的高弹性、高延伸性和良好的低温柔性。最适用于屋面工程单层外露防水。

3）SBS橡胶改性石油沥青卷材

又称SBS橡胶改性沥青柔性油毡，是以聚酯纤维无纺布为胎体，以SBS橡胶改性石油沥青为浸渍盖层，以塑料薄膜为防粘隔离层，经选材、配料、共熔、浸渍、复合成型、卷曲等工序加工制成的柔性防水卷材。

这种柔性油毡比传统的沥青油毡提高了耐高低温性能，增强了弹性和耐疲劳性，可进行冷施工。价格比橡胶防水卷材低，属中低档防水卷材。适用于各类建筑防水，尤其是寒冷地区的防水工程。

［注：SBS——苯乙烯-丁二-苯乙烯嵌段共聚物］

（5）橡胶密封材料

建筑上的密封材料是一些能使各种接缝、裂缝、变形缝（沉降缝、伸缩缝、抗震缝）等保持水密性、气密性能，并有一定强度、能连接构件的填充材料。密封材料品种很多，按组成不同有沥青类、塑料类、橡胶类。具有弹性的密封材料称弹性密封胶，多为橡胶类。

1）聚硫橡胶密封膏

由液态聚硫橡胶为基料，加填充剂、促进剂、硫化剂等配制而成的封门膏。它具很好的耐候性、耐水和耐湿热性等，使用温度范围宽（−40～+90℃），它与钢铝等金属材料及其他建筑材料都有良好的粘结性，且抗撕裂强度高，价格也较低，适用于伸缩性大的接缝。

2）有机硅橡胶密封膏

它是由有机氧化烷聚合物为主体，加硫化剂、硫化促进剂及增强填料组成。

有机硅橡胶密封膏具有优异的耐热、耐寒性和良好的耐候性，与各种材料有良好的粘结力，耐伸缩疲劳性强、耐水性好。主要用于建筑结构型密封部位，如高层建筑的玻璃幕墙、隔热玻璃粘接密封及建筑门、窗的密封等。也可用于非结构型密封部位，如混凝土墙板、水泥板、大理石板的外墙接缝，混凝土和金属框架的粘接，卫生间和高速公路接缝的防水密封等。

3) 橡胶胶粘剂

几乎所有天然橡胶和合成橡胶都可配制胶粘剂。它具有柔韧性强、耐蠕变、耐挠曲及耐冲击震动等特点，适用于不同膨胀系数材料间及动态下使用的部件或制品的粘接。

(四) 建筑涂料

建筑涂料是指涂抹于建筑物表面，如内外墙面、地面、顶棚、屋面及门窗等，并能与基体很好地粘结，形成完整而坚韧保护膜的一类物质（旧称油漆）。它的主要作用是装饰建筑物、保护主体材料和改善居住条件或提供某些特殊使用功能。

建筑涂料具有质轻、品种多、色彩变化灵活、工期短、工效高，施工和维修更新方便，且生产投资小的优越性，因而是一类重要的建筑饰面材料，使用十分广泛。

1. 涂料的分类

建筑涂料的分类方法很多，常用的有：

按涂料在建筑物中使用的部位分类有：外墙涂料、内墙涂料、地面涂料、顶棚涂料和屋面涂料。

按涂层结构分类有：薄涂料、厚涂料和复层涂料。

按主要成膜物质的性质分类有：有机涂料、无机涂料和有机无机复和涂料。

按涂料所用的稀释剂分类有：溶剂型涂料（以各种有机溶剂作为稀释剂）、水性涂料（以水为稀释剂）。水性涂料中按其水分散体系性质又可分为乳液涂料、水溶胶涂料和水溶性涂料。

按涂料使用功能分类有：防水涂料、防霉涂料、防火涂料、防腐蚀涂料等。

2. 常用涂料的品种

涂料品种很多，分类方法也很多，按主要成膜物质成分可分为有机质、无机质和有机无机复合型三大类；按分散介质种类分溶剂型、水溶型和乳胶型；按涂料性质作用不同分为一般建筑涂料和功能建筑涂料等。还有其他一些分类方法。

(1) 一般建筑涂料

一般建筑涂料指主要起装饰和保护功能的涂料。常用的各类涂料品种和特性见表 4-3-10、表 4-3-11、表 4-3-12。

无机涂料的品种和特性　　　　表 4-3-10

类型	主要成膜物质	特 性	适 用 范 围
水泥系列涂料	白色、彩色硅酸盐水泥	粘结性好、不易脱落、耐水、耐碱、耐候性优良、不燃、来源广、价格低、有较好的色彩和表面质感、装饰性强。 主要品种：各种水泥抹面砂浆	主要用于建筑物内、外墙饰面工程。适用于水泥类、石膏类基层表面，也可用于水泥木丝板、水泥纸浆板
硅酸质系列涂料	水溶性硅酸盐和硅溶胶	渗透能力强，与基层粘结牢固、多彩品种多、颜色分散性好、涂膜细腻、装饰效果好、涂膜致密、耐候性、耐污染力强、不燃、工艺简单、成本低、可用喷、刷、滚涂方法施工、工效高。最低施工温度—5℃，耐冻性好。缺点是缺乏弹性，不能随于基层开裂与变形。 主要品种：JH8504 无机复层涂料；JH801、JH802 无机涂料	适用于一般室内、外装饰工程

常用有机涂料性能比较表　　　　　表 4-3-11

涂料种类	优　点	缺　点
油脂漆	1. 耐大气性较好；2. 适用于室内外作打底罩面用；3. 价廉；4. 涂刷性能好，渗透性好	1. 干燥较慢；2. 漆膜软，机械性能差；3. 水膨胀性大；4. 不能打磨、抛光；5. 不耐碱
天然树脂漆	1. 干燥比油脂漆快；2. 短油度的漆膜坚硬好打磨；3. 长油度的漆膜柔韧，耐大气性较好	1. 机械性能差；2. 短油度漆耐大气性差；3. 长油度漆不能打磨、抛光
酚醛树脂漆	1. 漆膜坚硬；2. 耐水性良好；3. 纯酚醛漆耐化学腐蚀性良好；4. 有一定的绝缘强度；5. 附着力好	1. 漆膜较脆；2. 颜色易变深；3. 耐大气性比醇酸漆差，易粉化
沥青漆	1. 价廉；2. 耐潮、耐水好；3. 耐化学腐蚀性较好；4. 有一定的绝缘强度；5. 黑度好	1. 色黑，不能制白色及浅色漆；2. 对日光不稳定；3. 有渗色性；4. 自干漆干燥不爽滑
醇酸漆	1. 光亮丰满；2. 耐候性优良；3. 施工性能好，可刷、可喷、可烘；4. 附着力较好	1. 漆膜较软；2. 耐水、耐碱性差；3. 干燥挥发性漆慢；4. 不能打磨
氨基漆	1. 漆膜坚硬，可打磨抛光；2. 光泽亮，丰满度好；3. 色浅，不易泛黄；4. 附着力较好；5. 有一定的耐热性；6. 耐候性好；7. 耐水性好	1. 须高温下烘烤才能固化；2. 烘烤过度会使漆膜发脆
硝基漆	1. 干燥迅速；2. 耐油；3. 漆膜坚韧，可打磨抛光；4. 耐候性好	1. 易燃；2. 清漆不耐紫外光线；3. 不能在 60℃ 以上温度使用；4. 固体分低
纤维素漆	1. 耐大气性、保色性好；2. 可打磨抛光；3. 个别品种有耐热、耐碱性，绝缘性也较好	1. 附着力较差；2. 耐潮性差；3. 价格高
过氯乙烯漆	1. 耐候性和耐化学腐蚀性优良；2. 耐水、耐油、防延燃性好	1. 附着力较差；2. 打磨抛光性较差；3. 不能在 70℃ 以上高温使用；4. 固体分低
乙烯漆	1. 有一定的柔韧性；2. 色泽浅淡；3. 耐化学腐蚀性好；4. 耐水性好	1. 耐溶剂性差；2. 固体分低；3. 高温时易碳化；4. 清漆不耐紫外光线
丙烯酸漆	1. 漆膜色浅，保色性良好；2. 耐候性优良；3. 有一定的耐化学腐蚀性；4. 耐热性较好	1. 耐溶剂性差；2. 固体分低
聚酯漆	1. 固体分高；2. 耐一定的温度；3. 耐磨、能抛光；4. 具有较好的绝缘性	1. 干性不易掌握；2. 施工方法较复杂；3. 对金属附着力差
环氧漆	1. 附着力强；2. 耐碱、耐溶剂；3. 具有较好的绝缘性能；4. 漆膜坚韧	1. 室外暴晒易粉化；2. 保光性差；3. 色泽较深；4. 漆膜外观较差
聚氨酯漆	1. 耐磨性强，附着力好；2. 耐潮、耐水、耐热、耐溶剂性好；3. 耐化学和石油腐蚀；4. 具有良好的绝缘性	1. 漆膜易粉化、泛黄；2. 对酸、碱、盐、醇、水等物很敏感，因此施工要求高；3. 有一定毒性
有机硅漆	1. 耐高温；2. 耐候性极优；3. 耐潮、耐水性好；4. 具有良好的绝缘性	1. 耐汽油性差；2. 漆膜坚硬较脆；3. 一般需要烘烤干燥；4. 附着力较差
橡胶漆	1. 耐化学腐蚀性强；2. 耐水性好；3. 耐磨、耐老化	1. 易变色；2. 清漆不耐紫外光；3. 固体分低，个别品种施工复杂

注：表列性能仅指一般而言，具体品种尚有各自的特点。

常用有机无机复合涂料的特性　　　　　　表 4-3-12

名　称	主要成膜物质	特　性	适 用 范 围
聚乙烯醇水玻璃涂料	聚乙烯醇树脂和水玻璃	无毒、无臭、有一定粘结力、涂层干燥快、表面光洁平滑、色彩品种多样、装饰性好、价格低 缺点：耐水性差、易起粉、脱落	适用于一般内墙饰面（或顶面）
KS-82 无机高分子外墙涂料	硅溶胶和丙烯酸类乳液	涂膜通气、密度高、抗静电、耐候性、耐污染性好、耐水、粘结力强、无毒、不燃、色彩品种多，有平质和粗壁等表面装饰性好。最低成膜温度+2℃	适用于混凝土、水泥木丝板、石膏板、砖墙、水泥砂浆等外墙面上施工
聚乙烯醇缩甲醛水泥地面涂料（简称"777"）	聚乙烯醇缩甲醛和普通水泥	无毒、不燃、结合力强、坚固、干燥快、耐磨、耐水性好、不起砂、不裂缝、表面光洁、色彩鲜艳、价格便宜、耐久性好，装饰性较强、可成各图案花纹	适用于公共民用建筑、住宅及一般实验室、办公室、新旧水泥地面装饰

（2）功能性建筑涂料

除有一般建筑涂料的装饰和保护功能之外，尚具有某一方面特殊功能的涂料称为功能性建筑涂料。功能性涂料不仅对建筑业十分重要，在冶金、电力、军工及食品等行业中也有广泛的应用。建筑工程中常用的功能性涂料按作用不同主要有防霉涂料、防水涂料、防火涂料等。

1）防霉涂料：用不含或少含可供霉菌生活的营养基为成膜物质（如硅酸钾水玻璃等无机涂料及氯乙烯——偏氯乙烯共聚乳等），加入两种或两种以上的防霉剂及其他助剂而制得的有防霉功能的建筑涂料。

常用的防霉剂部分品种见表 4-3-13。

常用部分防霉剂品种　　　　　　表 4-3-13

名　称	化学成分	物化性能	杀菌作用	用量（%）
多菌灵（BCM）	$C_3H_9O_2N_3$ 苯并咪唑氨基甲酸甲酯	白色粉末，不溶于水及有机溶剂，耐热，耐碱性很强	杀霉菌力强，但对细菌、酵母菌无效	0.1
百菌清（TPN）	$C_3Cl_4N_2$ 四氯间苯二甲腈	白色结晶，对酸碱溶液及对紫外线稳定，难溶于水	有广泛杀菌作用，尤其对细菌有效	0.2~0.3
福美双（TMTD）	$C_6H_{12}N_2S_4$ 四甲基二硫化秋蓝姆	白色无味结晶，遇酸分解，对碱稳定	杀细菌效力强，杀霉菌效力一般	1~2
涕必灵（TBZ）	$C_{10}H_7N_2S$ 苯并咪唑	在酸碱环境下不分解，耐热性 300℃内稳定	浓度不高时，也能抑制绝大多数霉菌生长	0.2
敌抗-51	烷基二氨乙基甘氨酸的盐酸盐	易溶于水，有表面活性作用，兼洗涤、杀菌作用	对杀细菌、霉菌有效	0.3~0.5
苯甲酸	C_6H_5COOH	白色结晶，酸性条件下易挥发，略溶于水，溶于乙醇、乙醚等	属酸性防腐剂，抑制菌类的范围是 pH=2.5~4.0	0.1
苯甲酸钠	$C_7H_5O_2Na$	白色颗粒或粉末，在空气中稳定，易溶于水	同苯甲酸	0.1~0.2

2）防水涂料

防水涂料是指兼有防止水渗透功能的建筑涂料主要用于屋面或基础的防水防潮。

防水涂料按在建筑中使用部位不同分为屋面防水涂料和地下工程防水涂料。按涂料状态分为乳液型、溶剂型和反应固化型。

溶剂型是以有机溶剂为稀释剂的涂料，涂膜细腻坚韧、耐水性好且低温性能好，但易燃有时挥发有害气体，价格较高。

乳液型是以水为稀释剂，成膜物质均匀分散于水中呈悬浮乳状液。无毒、不燃且成本低，是目前应用最广泛的一种。

反应固化型是在涂料中配一定品种的固化剂，为双组分涂料。其防水、变形及耐老化性更优越。是一种新型高档防水涂料。

防水涂料常用品种及类型见表 4-3-14。

我国屋面防水涂料主要技术性能见表 4-3-15。

常用防水涂料的品种和类型　　　　　　　　　　　　　　表 4-3-14

基　　材	类　　型	品　种　名　称
沥青基	溶剂型	氯丁橡胶沥青涂料、再生胶沥青涂料等
	乳液型	石灰乳化沥青涂料、膨润土乳化沥青涂料、水乳型再生胶沥青涂料
化工原（废）料基	溶剂型	植物沥青涂料、苯乙烯焦油涂料
	乳液型	水乳苯型苯乙烯焦油涂料
高分子材料基	溶剂型	聚乙烯醇缩丁醛涂料、过氯乙烯、醇酸树脂、聚氨酯涂料、氯丁橡胶、氯磺化聚乙烯涂料等
	乳液型	聚醋酸乙烯涂料、氯一偏涂料、丙烯酸乳液类等
	反应型	环氧树脂类涂料、聚氨酯类涂料等

我国屋面防水涂料技术性能要求　　　　　　　　　　　　表 4-3-15

主要技术性能	要　　　　求
耐热性	在 80±2℃下,恒温 5h,无皱、起泡等现象
耐碱性	在饱和 $Ca(OH)_2$ 水溶液中泡 15d,无剥落、起泡分层、起皱等现象
粘结性	在 20±2℃,用 8 字模法测定抗拉强度不小于 0.2MPa
不透水性	在 20±2℃水温下,动水压 0.1MPa,30 分钟内涂膜不透水
低温柔韧性	在 -10℃时,绕 10mm 轴弯卷,涂膜无网纹、裂纹、剥落等现象
抗裂性	在 20±2℃下,0.3～0.4mm 厚涂膜,基层裂纹变化 0.2mm 时,涂膜不开裂
耐久性	自然暴露及人工加速老化试验,可使用四年以上

3）防火涂料

防火涂料可以有效地防止易燃物点燃，阻止或延缓火焰的蔓延和扩展，使人们有充分时间进行灭火及安全疏散。防水涂料常施于金属材料或木材表面，提高耐火极限。

防火涂料从防火原理上分为非膨胀性防火涂料和膨胀性防火涂料。非膨胀性防火涂料是以难燃性或不燃性树脂为成膜物质，加入阻燃剂、防火填料等制成。其涂层有较好的难燃性可阻止火势蔓延。膨胀性防火涂料，除具有上述组成外，尚有成碳剂、脱水成碳催化剂、发泡剂等。在火焰作用下能产生膨胀，形成比原涂层厚几十倍的泡沫碳化层，能有效阻止热源对底材的作用，达到防火目的。

常用防火涂料的组成，见表4-3-16。

常用防火涂料的品种和组成　　　　　　　　　　表 4-3-16

非膨胀性防火涂料的组成		配方实例	
成　分	常　用　品　种	成　分	重量份
主要的成膜物质	难燃树脂：含有卤素、磷、氮元素的合成树脂。如卤化的醇酸树脂、聚酯、环氧、氯化橡胶氯丁橡胶等	过氯乙烯树脂	12
		磷酸酯	7
		Sb_2O_3	17
	不燃的无机胶粘材料：水玻璃、硅溶胶、磷酸盐等	碳黑	0.2
		滑石粉	9
阻燃剂	含卤、磷的有机物及锑系、硼系(硼酸、硼砂、硼酸锌、硼酸铝)、铝系(Al_2O_3)、锆系(ZrO_2)等无机难燃剂	溶剂(甲苯、丙酮、醋酸乙酯)	63
	滑石粉、云母粉、石棉粉、高岭土、碳酸钙、Sb_2O_3、ZnO、$Al(OH)_3$等		
膨胀性防火涂料的组成		配方实例	
成　分	常　用　品　种	成　分	重量份
主要的成膜物质	水性或非水性成膜物质：聚烯酸乳液聚醋酸乙烯酯乳液、环氧树脂、聚氨酯等	聚丙烯酸乳液	15～20
		季戊四醇	4～5
碳化剂	碳水化合物：淀粉、糊精等多元醇类；季戊四醇、二季戊四醇等	聚磷酸铵	20～25
催化剂	聚磷酸铵、磷酸二氢铵、有机磷酸酯等	氯化石蜡和三聚氰胺	10～15
膨胀性防火涂料的组成		配方实例	
成　分	常　用　品　种	成　分	重量份
发泡剂	双氰胺、三聚氰胺、氯化石蜡、硼酸铵、多聚磷酸等	TiO_2	7～10
		乳化剂、增黏剂等	1～5
颜料与填料	难燃性的优良无机物	水	25～35

4）防腐蚀涂料

以防止腐蚀为主要目的的涂料称防腐蚀涂料。大多是针对钢铁结构、化工建筑物及设备、海洋业等。

满足防腐蚀要求的涂料，主要是由成膜物质的性质决定的。其次是涂料施工作业性。

目前使用的防腐蚀涂料有五种类型，其主要成膜物质及特点见表4-3-17。

常用防腐蚀涂料的类型和特点　　　　　　　　　　表 4-3-17

类　型	主　要　成　膜　物　质	涂　料　特　点
乙烯基树脂类	过氯乙烯树脂、氯化聚乙烯、氯化聚丙烯等	涂膜干燥性、施工方便，有较高的大气稳定性和化学稳定性，不延燃，耐腐蚀性强。广泛用于各场合下的防腐
环氧树脂类	环氧树脂	粘力强，可与多种被粘物牢固结合，固化收缩小，固化后耐化学性好，电性能优良，加工工艺简单

续表

类 型	主 要 成 膜 物 质	涂 料 特 点
聚氨酯树脂类	聚氨酯树脂	抗拉、抗刻画性好、柔度高、耐化学药品和溶性好，自愈自合力强、延伸率大，耐水、耐酸碱性能极好，耐候、耐污染。但施工麻烦，要求高、价格贵
橡胶类	氯磺化聚乙烯涂料、氯丁橡胶、丁苯橡胶等	粘结力强、有弹性、耐酸，碱性能好、耐老化、耐候性优良，在化工和建筑工程上用量大
呋喃树脂类	糠醛、糠醇、糠酮、糠脲、糠醇环氧树脂等	耐热性好、耐腐蚀性强，原料来源广、工艺简单，能耐强酸、强碱和有机溶剂，但脆性较大

六、保温绝热材料

有温差存在就有热量的传递，能阻止或减少热量传递作用的材料称保温绝热材料。建筑工程的保温绝热，不仅是保证生活环境的需要，也是节能的要求。据统计，使用保温绝热材料节省的能量，是生产保温绝热材料所需能量的 70 倍左右。由此可看出保温绝热材料节能的潜力之大。

（一）保温绝热材料的分类

保温绝热材料品种繁多，按材质可分为有机、无机和有机无机复合保温绝热材料。按结构状态分有纤维状（如石棉、岩棉）、粒状（如膨胀珍珠岩）、多孔状（如泡沫玻璃、泡沫塑料）及隔热薄膜（如铝箔、蒸镀薄膜）。

无机保温绝热材料的特点是：表观密度范围大，保温绝热能力强，不腐朽、不燃烧，耐高温性好。

有机保温绝热材料则质轻，保温绝热效果好，但易燃、易腐蚀、易虫蛀，不耐高温，只能用于低温绝热。

有机、无机保温绝热材料除单独使用外，还经常复合使用，且多制成板、块、片、卷材、管材等制品，不但保温绝热效果好，施工安装也方便。

（二）常用保温绝热材料的品种

工程中常用保温绝热材料品种及性能见表 4-3-18，表 4-3-19 和表 4-3-20。

无机保温绝热材料常用品种和性能　　　　表 4-3-18

类 型	品 种	技 术 性 能		
		表观密度（kg/m³）	热导率（W/m·K）	使用温度（℃）
纤维状	石 棉	103	0.049	最高 500～600
	岩棉和矿棉	45～150	0.049～0.44	600
	玻 璃 棉	10～120	0.041～0.035	（无碱）600
	陶瓷纤维	140～190	0.044～0.049	1100～1350
散粒状	硅 藻 土	（孔隙率 50%～80%）	0.06	900
	膨胀蛭石	87～900	0.046～0.070	1000～1100
	膨胀珍珠岩	40～500	0.047～0.070	－200～800
	发泡黏土	350	0.105	

续表

类 型	品 种	技 术 性 能		
		表观密度(kg/m³)	热导率(W/m·K)	使用温度(℃)
多孔状	轻骨料混凝土	1100	0.222	
	泡沫混凝土	300~500	0.082~0.186	
	加气混凝土	400~700	0.093~0.164	
	泡沫玻璃	150~600	0.058~0.128	(无碱)800~1000 (普通)300~400
	微孔硅酸钙	200 230	0.047 0.056	650 1000
中空状	中空玻璃	(空气层 10mm)	0.100	
薄膜状	吸热玻璃	(表面喷涂氧化锡)热阻提高 2.5 倍(与普通玻璃比)		
	热反射玻璃	(涂敷金属或金属氧化膜)热反射率可达 40%		
	铝 箔	反光系数 85%　　使用温度 300℃		

注：微孔硅酸钙　1. 其主要水化产物为托贝莫来石；
　　　　　　　　2. 其主要水化产物为硬硅钙石。

有机保温绝热材料常用品种和性能　　　　表 4-3-19

品 种		表观密度(kg/m³)	热导率(W/m·K)	使用温度(℃)
泡沫塑料	聚乙烯	18~94	0.029~0.047	(最高)80
	聚氯乙烯	12~72	0.045~0.031	(最高)70
	聚苯乙烯	20~50	0.038~0.047	-40~70
	聚氨酯	38~45	0.023~0.046	-50~100
	聚氨基甲酸酯	30~65	0.035~0.042	-60~120
	酚醛	50~110	0.037	(最高)100~110
植物纤维板	软木板	150~350	0.052~0.070	(最高)120
	木 板	300~600	0.11~0.15	(抗折强度 0.4~0.5MPa)
	软质纤维板	150~400	0.047~0.053	(抗折强度 1~2MPa)
	麻屑板	(密度 700~800)	0.133	(静曲强度 18.32MPa)
	甘蔗板	220~240	0.042~0.070	(抗折强度 1.5MPa)
	芦苇板	250~400	0.093~0.13	
	稻壳板	(密度 700~800)	0.134~0.155	(静曲强度 10.3~13.0MPa)
毛 毡		100~300	0.05~0.07	

复合型保温绝热材料的品种、特点和用途　　　　　　　　表 4-3-20

品　种	组　成	特　点	用　途
轻质钙塑板	轻质碳酸钙，高压聚乙烯，加发泡剂及颜料、交联剂等合成制得	质轻（$\rho_0=100\sim150\text{kg/m}^3$），保温绝热性好（$\lambda=0.046\text{W/m}\cdot\text{K}$），抗压强度 0.1～0.7MPa，使用温度最高 80℃。同时可制成各种彩色，装饰性强且防水性好	既有保温、绝热性，又有防水和装饰功能，适用于各公共场所的顶棚、墙面板
蜂窝板	面板：胶合板、纤维板、石膏板、浸过树脂的牛皮纸、玻璃布等。芯材：牛皮纸、玻璃布、铝片等，制成六角形空腹	质轻，导热性低，抗震性好，有足够的强度。按材料不同，可制成强度高的结构用板，也可制成保温绝热性强的非结构用板	结构性用板可作隔墙板，非结构用板，可作天花板、墙面板
泡沫夹心复合板	面板：薄钢板、铝板、胶合板、塑料贴面板（金属面板可上色、压型）夹心：聚氨酯泡沫、聚苯乙烯泡沫	质轻，保温绝热性强，有较高强度，且能防潮、防火，使用耐久，施工方便	各类厂房、仓库、民用建筑、冷库及船舶、车辆、活动房屋等结构的保温、隔热层
微孔泡沫针织革	以聚氯乙烯发泡针织革为基面与聚氨酯 Jm1 型泡沫粘结复合而成的，其表层 2 万/m² 微孔	质轻，保温绝热性好，有减震、阻燃、耐寒、耐酸碱性能，施工方便	适用于各种建筑、船舶、火车、汽车、电影院、空调机、冷冻机等的保温绝热材料，可用 303、801、101 胶粘结
铝箔波形纸保温隔热板	铝箔：用 A00 铝锭加工的软质铝箔，厚度 0.01～0.014mm 纸材：复面：360kg/m² 工业牛皮卡纸 波形纸用 180kg/m² 高强瓦楞厚纸 胶结剂：沥青胶、牛皮胶、塑料粘结剂、水玻璃	质量轻（$\rho_0=1.7\text{kg/m}^2$）保温绝热性好（$\lambda=0.063\text{W/m}\cdot\text{K}$），铝箔热反射效率高（反射率为 85%），且有良好的防潮性，施工方便	可用于钢筋混凝土屋面板下及木屋架下作保温绝热顶棚，也可置于双层墙中作冷藏室、恒温室及其他类似房间的保温绝热墙体之用

思　考　题

1. 混凝土有哪些品种？建筑砂浆是如何分类的？
2. 建筑砌块有哪些品种？
3. 常用建筑钢材有哪几种？

第五章 建筑工程定额

第一节 建筑工程定额概述

一、建筑工程定额概念及作用

（一）我国建筑工程定额的发展概况

为适应我国经济建设发展的需要，自建国以来，党和政府对建立和加强各种工程定额的管理工作十分重视。就我国建筑工程劳动定额而言，它是随着国民经济的逐步恢复和发展建立起来的，并结合我国工程建设的实际情况，在各个不同时期编制并实行了统一劳动定额。其发展过程是从无到有，从不健全到逐步健全的过程。它的管理体制也经历了从分散到集中，从集中到分散，又由分散到集中统一领导与分级管理相结合的过程。

早在1955年，原建筑工程部和原劳动部就联合编制了《全国统一建筑安装工程劳动定额》，这是我国第一次编制的全国统一劳动定额，1962年、1966年原建筑工程部先后两次修改并颁发了《全国建筑安装统一劳动定额》。这一时期的管理工作由于是集中统一领导，执行定额认真，是比较健全的时期。同时广泛地开展技术测定工作，使定额的广度和深度都有相当的发展。此时定额对组织施工、改善劳动组织、降低工程成本、提高劳动效率起到了有力的促进作用。

几十年来，我国对建筑工程定额的管理一直是与高度集中的计划经济相适应的管理制度。1949年中华人民共和国成立到1957年我国为了恢复国民经济弥补战争的创伤，进行了大规模的基本建设，逐渐建立了定额预算制度，编制了预算定额，促进了国民经济的发展。1958年"大跃进"时期，受社会上"假、大、空"的影响，定额的编制脱离了实际，定额水平超越了社会平均必要劳动水平，甚至盲目取消了"利润"，严重违反了经济规律。1966年爆发了"文化大革命"，在10年的浩劫中，行之有效的定额管理制度遭到严重破坏，定额管理制度被取消，造成劳动无定额、效率无考核、核算无标准，施工企业出现严重亏损，给我国建筑行业造成了不可弥补的损失。

党的十一届三中全会以来，随着全党工作重点的转移，定额管理制度逐步得到恢复和发展。原国家建工总局为了恢复和加强定额工作，于1979年编制并颁发了《建筑安装工程统一劳动定额》。之后各省、市、自治区相继设立了定额管理机构，企业配备了定额人员，并在此基础上编制了各地区的《建筑施工定额》。为了适应建筑业的发展和不断涌现出的新结构、新技术、新材料的需要，原城乡建设环境保护部于1985年编制并颁发了《全国建筑安装工程统一劳动定额》。

随着工程预算制度的建立和发展，建筑工程预算定额也相应产生并不断发展。1955年原建筑工程部编制了《全国统一建筑工程预算定额》，1957年原国家建委在此基础上进行修订并颁发了全国统一的《建筑工程预算定额》。之后，经过1958年"大跃进"时期和十年浩劫，直到1980年重新恢复了定额制度，按照经济规律重新编写定额，定额水平由平均先进水平到实际平均水平。1981年原国家建委组织编制了《建筑工程预算定额》（修订稿），各省、市、自治区在此基础上于1984年和1985年先后编制了适合本地区的建筑安装工程预算定额。国家建设部于1992年颁发了《全国统一建筑装饰工程预算定额》，1995年颁发了《全国统一建筑工程基础定额》。预算定额是预算制度的产物，它为建筑产品的价格确定提供了重要依据。

从上述工程定额制定的发展情况来看，我国的定额工作是在党和政府的领导下，由有关部委规定的一系列定额的方针政策和广大职工积极努力的配合，才迅速发展起来的。同时还可以看到建国50年来定额工作的发展并不是一帆风顺的，有经验也有教训。事实说明，只要按客观经济规律办事，正确发挥定额的作用，劳动生产效率就能提高，就会有经济效益。反之，劳动生产率就会下降，经济效益就会滑坡。因此，实行科学的定额管理，充分认识定额在现代科学管理中的重要作用和地位，是社会主义生产发展的客观要求。

（二）建筑工程定额的概念

建筑工程定额是指在正常施工条件下，完成单位合格产品所必须消耗的劳力、材料、机械台班、设备及其资金的数量标准。这种量的规定反映了完成建筑工程中的某项合格产品与各种生产消耗之间的特定数量关系。例如，砌$1m^3$砖外墙规定消耗：

人工：	1.578 工日
材料：机砖	510 块
M5 砂浆	$0.265m^3$
其他机具费	4.47 元
预算价值	178.46 元/m^3

建筑工程定额是根据国家一定时期的管理体制和管理制度，根据定额的不同用途和适用范围，由国家指定的机构按照一定程序编制的。并按规定程序审批和颁发执行。建筑工程实行定额管理的目的，是为了在施工中力求用最少的人力、物力和资金消耗量生产出更多、更好的建筑产品，获得最好的经济效益。

（三）建筑工程定额性质

1. 定额的科学性

定额的科学性表现在定额的编制是在认真研究客观规律的基础上，自觉遵循客观规律的要求，用科学方法确定各项消耗量标准，所确定的定额水平是大多数企业和职工经过努力能达到的平均水平。

2. 定额的法令性

定额的法令性是指定额一经国家、地方主管部门或授权单位颁发，各地区及有关企业单位都必须严格执行，不得随意改变定额的内容和水平。定额的法令性保证了建筑工程统一的造价和核算尺度。

3. 定额的群众性

定额的拟定和执行都要有广泛的群众基础。定额的拟定通常采取工人、技术人员和专职人员相结合的方式，使拟定定额时能够从实际出发，反映建筑安装工人的实际水平，并保持一定的先进性，使定额容易为广大职工所掌握。

4. 定额的稳定性和时效性

建筑工程中的任何一种定额在一段时期内都表现相对稳定的状态，根据具体情况不同，稳定的时间有长有短。任何一种建筑工程定额都只能反映一定时期的生产力水平，当生产力向前发展了，定额也要随着生产力的变化而作相应的改变。所以建筑工程定额在具有稳定性的同时也具有显著的时效性，当定额再不能起到它应有的作用时，建筑工程定额就要修订或重新编制。

（四）建筑工程定额的作用

建筑工程定额有以下几个方面的作用。

1. 建筑工程定额是确定建筑工程造价的依据。在有了设计文件规定的工程规模、数量及施工方法之后，即可以依据相应定额所规定的人工、材料、机械设备的耗用量及单位预算值和各种费用标准来确定工程造价。

2. 建筑工程定额是编制工程计划、组织和管理施工的重要依据。为了更好地组织和管理施工生产，必须编制施工进度计划和施工作业计划，在编制计划和组织管理施工生产中直接或间接地要以各种定额标准来计算人力、物力和资金的需用量。

3. 建筑工程定额是建筑企业实行经济责任制及编制招标标底和投标报价的依据。当前全国建筑企业推行经济改革的关键是推行投资包干制和以招投标为核心的经济责任制。其签订投资包干协议、计算招标标底和投标报价、签订总、分包合同等，通常都是以建筑工程定额为依据。

4. 建筑工程定额是建筑企业降低工程成本进行经济分析的依据。定额规定的劳动消耗标准是企业在生产经营中允许消耗的最高标准。企业在完成生产任务时，为了降低工程成本和创造更多的盈利，就必须以定额为标准，加强企业经济核算，通过经济分析找出薄弱环节，提出改进措施，努力提高生产效率，以取得较好的经济效益。

5. 建筑工程定额是总结先进生产方法的手段。定额是在平均先进合理的条件下，通过对施工过程的观察分析综合制定的，可以比较科学的反映出生产技术和劳动组织的先进合理程度。因此，我们可以以定额的标定方法为手段，对同一建筑产品在同一施工操作条件下的不同生产方式进行观察分析和总结，从而得到一套比较完整的先进生产方法，在施工生产中推广应用，使劳动生产率得到普遍提高。

二、建筑工程定额的分类

建筑工程定额是一个综合概念，是建筑工程中生产消耗性定额的总称。它包括的定额种类很多。按其内容、形式、用途和使用要求，可大致分为以下几类：

（一）按生产要素分类

建筑工程定额按其生产要素分类，可分为劳动消耗定额、材料消耗定额和机械台班消耗定额。

（二）按用途分类

建筑工程定额按其用途分类，可分为施工定额、预算定额、概算定额及概算指标等。

（三）按费用性质分类

建筑工程定额按其费用性质分类，可分为直接费用定额、间接费用定额等。

（四）按主编单位和执行范围分类

可分为全国统一定额、部门定额、地方统一定额及企业定额等。

（五）按专业分类

可分为建筑工程定额、设备安装工程定额。

建筑工程通常包括一般土建工程、构筑物工程、电气照明工程、卫生技术（水暖通风）工程等，都在建筑工程定额的总范围之内。因此，建筑工程定额在整个工程定额中是一个非常重要的定额。

设备安装工程一般包括机械设备安装、电气设备安装工程、工业管道安装工程等。

建筑工程和设备安装工程在施工工艺及施工方法上虽然有较大的差别，但又同属单项工程的两个组成部分。从这个意义上来讲，通常把建筑工程和安装工程作为一个统一的施工过程看待，即建筑安装工程。所以，在工程定额中把建筑工程定额和安装工程定额合在一起，称为建筑安装工程定额。

建筑安装工程定额分类详见图 5-1-1。

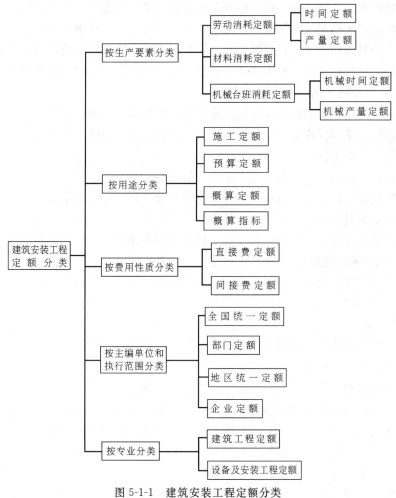

图 5-1-1　建筑安装工程定额分类

思 考 题

1. 什么是建筑工程定额？它有哪些性质？
2. 建筑工程定额有哪些作用？
3. 建筑工程定额是如何分类的？

第二节 施工定额

一、施工定额的作用及编制

施工定额是施工企业组织生产和加强管理，在企业内部使用的一种定额。属于企业生产定额的性质。它是以同一性质的施工过程为测定对象，规定建筑安装工人或班组，在正常施工条件下完成单位合格产品所需消耗的人工、材料和机械台班的数量标准。

施工定额是地区专业主管部门和企业的有关职能机构，根据专业施工的特点制定并按照一定程序颁发执行。它反映了制定和颁发施工定额的机构和企业，对工人劳动成果的要求，它也是衡量建筑安装企业劳动生产率水平和管理水平的标准。

施工定额由劳动消耗定额、机械消耗定额和材料消耗定额三个相对独立的部分组成。为了适应组织施工生产和管理的需要，施工定额在项目上做了详细的划分，施工定额是建筑工程定额中的基础性定额。在预算定额的编制过程中，施工定额的劳动、机械、材料消耗的数量标准，是计算预算定额中劳动、机械、材料消耗数量标准的重要依据。

（一）施工定额的作用

施工定额的作用主要表现在合理组织施工生产和按劳分配两个方面。认真执行施工定额，正确发挥施工定额在施工管理中的作用，对促进建筑企业的发展有着重要的意义。其作用表现在以下几个方面：

(1) 施工定额是衡量工人劳动生产率的主要标准。

(2) 施工定额是施工企业编制施工组织设计和施工作业计划的依据。

(3) 施工定额是编制施工预算的主要依据。

(4) 施工定额是施工队向班组签发施工任务单和限额领料的基本依据。

(5) 施工定额是编制预算定额和单位估价表的基础。

(6) 施工定额是加强企业成本核算和实现施工投标承包的基础。

（二）施工定额的编制

1. 编制原则

(1) 施工定额应为平均先进水平

定额水平是指规定消耗在单位建筑产品上人工、材料和机械台班数量的多少。消耗量越少，说明定额水平越高，反之说明定额水平越低。就是指在正常条件下，多数工人和多数施工企业经过努力能够达到和超过的水平。它低于先进水平，略高于平均水平。定额水平既要反映先进，反映已经成熟并得到推广的先进技术和先进经验，又要从实际出发，认真分析各种有利和不利因素，做到合理可行。

(2) 施工定额的内容和形式要简明适用

施工定额的内容和形式要方便于定额的贯彻和执行，要有多方面的适应性。既要满足组织施工生产和计算工人劳动报酬等不同用途的需要，又要简单明了，容易为工人所掌握。要做到定额项目设置齐全、项目划分合理，定额步距要适当。

所谓定额步距，是指同类一组定额相互之间的间隔。如砌瓷砖墙的一组定额，其步距可以按砖墙厚度分 $\frac{1}{4}$ 砖墙、$\frac{3}{4}$ 砖墙、1 砖墙、$1\frac{1}{2}$ 砖墙、2 砖墙等。这样步距就保持在

$\frac{1}{4}\sim\frac{1}{2}$ 墙厚之间。

为了使定额项目划分和步距合理,对于主要工种、常用的工程项目,定额的划分细、步距小;对于不常用的、次要项目,定额可划分粗一些,步距大一些。定额手册中章、节的编排,尽可能同施工过程一致,做到便于组织施工、便于计算工程量、便于施工企业的运用。

(3) 贯彻专业人员与群众相结合,并以专业人员为主的原则。

施工定额编制工作量大,工作周期长,编制工作本身又具有很强的技术性和政策性。因此,不但要有专门的机构和专业人员组织把握方针政策,做经常性的积累资料和管理工作,还要有工人群众相配合。因为工人是施工定额的直接执行者,他们熟悉施工过程,了解实际消耗水平,知道定额在执行过程中的情况和存在的问题。

2. 施工定额的编制依据

(1) 现行的《全国建筑安装工程统一劳动定额》、《建筑材料消耗定额》。

(2) 现行的国家建筑安装工程施工验收规范、工程质量验收标准、技术安全操作规程等资料。

(3) 有关的建筑安装工程历史资料及定额测定资料。

(4) 建筑安装工人技术等级资料。

(5) 有关建筑安装工程标准图。

3. 编制方法

施工定额的编制方法有两种。一是实物法,即施工定额由劳动消耗定额、材料消耗定额和机械台班消耗定额三部分消耗量组成的。二是实物单价法,即由劳动消耗定额、材料消耗定额和机械台班定额的消耗数量,分别乘以相应单价并汇总得出单位总价,称为施工定额单价表。

(1) 定额的册、章、节的编制

施工定额册、章、节的编排主要是依据劳动定额编排的。

(2) 定额项目的划分

a. 施工定额项目按构件的类型及形、体划分。如混凝土及钢筋混凝土构件模板工程,由于构件类型不同,其表面形状及体积也就不同,模板的支模方式及材料消耗量也不相同。例如现浇钢筋混凝土基础工程,按条形基础、满堂红基础、独立基础、杯形基础、桩承台等分别列项。而且,满堂红基础按箱式和无梁式、独立基础按 $2m^3$ 以内、$5m^3$ 以内、$5m^3$ 以外又分别列项,……。

b. 施工定额按建筑材料的品种和规格划分。建筑材料的品种和规格不同,对于劳动量影响很大。如镶贴块料面层项目,按缸砖、陶瓷锦砖、瓷砖、预制水磨石等不同材料划分。

c. 按不同的构造作法和质量要求划分。不同的构造作法和质量要求,对单位产品的工时消耗、材料消耗有很大的差别。例如砌砖墙按双面清水、混水内墙、混水外墙、空斗墙、花式墙等分别列项;并在此基础上还按 $\frac{1}{2}$ 砖、$\frac{3}{4}$ 砖、1 砖、$1\frac{1}{2}$ 砖、2 砖以上等不同墙厚又分别列项。

d. 按工作高度划分。施工操作高度对工时影响很大。例如管道脚手架项目,按管道高在 5m、8m、12m、16m、20m、24m、28m 以内等分别列项。

e. 按操作的难易程度划分。施工操作的难易程度对工时影响很大。例如人工挖土,按土的类别分为一类、二类、三类、四类土分别列项。

(3) 选择定额项目的计量单位

定额项目计量单位要能够最确切地反映工日、材料以及建筑产品的数量,便于工人掌握,一般尽可能同建筑产品的计量单位一致。例如砌砖工程项目的计量单位,就要同砌体的计量单位一致,即按立方米计。又如,墙面抹灰工程项目的计量单位,就要同抹灰墙面的计量单位一致,即按平方米计。

二、劳动消耗定额、材料消耗定额及机械台班消耗定额

施工定额由劳动消耗定额、材料消耗定额、机械台班消耗定额三种定额组成,其间存在着密切联系。但从其性质和用途看,它们又可以根据不同的需要,单独发挥作用。

(一) 劳动消耗定额

劳动消耗定额,简称劳动定额或人工定额。

劳动定额是指在一定生产技术组织条件下,生产质量合格的单位产品所需要的劳动消耗量标准;或规定在一定劳动时间内,生产合格产品的数量标准。劳动定额反映了大多数企业和职工经过努力能够达到的平均先进水平。

1. 劳动定额的表现形式,即时间定额和产量定额

(1) 时间定额

时间定额是指某种专业的工人班组或个人,在合理的劳动组织与合理使用材料的条件下,完成符合质量要求的单位产品所必须的工作时间(工日)。

时间定额一般采用工日为计量单位,即工日/m³、工日/m²、工日/t、工日/块……等。每个工日工作时间,按法定制度规定为 8 小时。

时间定额计算公式如下:

$$单位产品时间定额(工日) = \frac{1}{每工产量}$$

或

$$单位产品时间定额(工日) = \frac{小组成员工日数总和}{台班产量(班组完成产品数量)}$$

(2) 产量定额

产量定额是指某种专业的工人班组或个人,在合理的劳动组织与合理使用材料的条件下,单位工日应完成符合质量要求的产品数量。

产量定额的计量单位是多种多样的,通常是以一个工日完成合格产品数量来表示。即以 m/工日、m²/工日、m³/工日、t/工日、块/工日等。产品定额计算公式如下:

$$每工产量 = \frac{1}{单位产品时间定额}$$

$$台班产量 = \frac{小组成员工日数总和}{单位产品时间定额}$$

(3) 时间定额与产量的关系

在实际应用中,经常会碰到要由时间定额推算出产量定额,或由产量定额折算出时间

定额。这就需要了解两者的关系。

时间定额与产量定额在数值上互为倒数关系。即：时间定额 = $\dfrac{1}{产量定额}$

时间定额 × 产量定额 = 1

例如表5-2-1，定额规定了砌 $1\dfrac{1}{2}$ 砖厚砖墙（单面清水），每砌 $1m^3$ 需要 1.08 工日，而每一工日产量为 $0.926m^3$。从时间定额与产量定额的关系公式可得出：$\dfrac{1}{1.08}$ = $0.926m^3/$工日

$$\dfrac{1}{0.926} = 1.08 \text{工日}/m^3$$

定额表 5-2-1 采用复式表形。横线上面数字表示单位产品时间定额，横线下方数字表示单位时间产量定额。

每 $1m^3$ 砌体的劳动定额　　　　　表 5-2-1

项 目		双 面 清 水				单 面 清 水					序 号
		0.5砖	1砖	1.5砖	2砖及2砖以外	0.5砖	0.75砖	1砖	1.5砖	2砖及2砖以外	
综合	塔吊	$\dfrac{1.49}{0.671}$	$\dfrac{1.2}{0.833}$	$\dfrac{1.14}{0.877}$	$\dfrac{1.06}{0.943}$	$\dfrac{1.45}{0.69}$	$\dfrac{1.41}{0.709}$	$\dfrac{1.16}{0.862}$	$\dfrac{1.08}{0.926}$	$\dfrac{1.01}{0.99}$	一
	机吊	$\dfrac{1.69}{0.592}$	$\dfrac{1.41}{0.709}$	$\dfrac{1.34}{0.746}$	$\dfrac{1.26}{0.794}$	$\dfrac{1.64}{0.61}$	$\dfrac{1.61}{0.621}$	$\dfrac{1.37}{0.73}$	$\dfrac{1.28}{0.781}$	$\dfrac{1.22}{0.82}$	二
砌 砖		$\dfrac{0.996}{1}$	$\dfrac{0.69}{1.45}$	$\dfrac{0.62}{1.62}$	$\dfrac{0.54}{1.85}$	$\dfrac{0.952}{1.05}$	$\dfrac{0.908}{1.1}$	$\dfrac{0.65}{1.54}$	$\dfrac{0.563}{1.78}$	$\dfrac{0.494}{2.02}$	三
运输	塔吊	$\dfrac{0.412}{2.43}$	$\dfrac{0.418}{2.39}$	$\dfrac{0.418}{2.39}$	$\dfrac{0.418}{2.39}$	$\dfrac{0.412}{2.43}$	$\dfrac{0.415}{2.41}$	$\dfrac{0.418}{2.39}$	$\dfrac{0.418}{2.39}$	$\dfrac{0.418}{2.39}$	四
	机吊	$\dfrac{0.61}{1.64}$	$\dfrac{0.619}{1.62}$	$\dfrac{0.619}{1.62}$	$\dfrac{0.619}{1.62}$	$\dfrac{0.61}{1.64}$	$\dfrac{0.613}{1.63}$	$\dfrac{0.619}{1.62}$	$\dfrac{0.619}{1.62}$	$\dfrac{0.619}{1.62}$	五
调制砂浆		$\dfrac{0.081}{12.3}$	$\dfrac{0.096}{10.4}$	$\dfrac{0.101}{9.9}$	$\dfrac{1.102}{9.8}$	$\dfrac{0.081}{12.3}$	$\dfrac{0.085}{11.8}$	$\dfrac{0.096}{10.4}$	$\dfrac{0.101}{9.9}$	$\dfrac{0.102}{9.8}$	六
编 号		4	5	6	7	8	9	10	11	12	

注：此表摘自原城乡建设部 1985 年颁发的《全国建筑安装工程统一劳动定额》砖石工程分册。

砖墙

工作内容：包括砌墙面艺术形式，墙垛，平券及安装平券模板，梁板头砌砖，梁板下塞砖，楼楞间砌砖，留楼梯踏步斜槽，留孔洞，砌各种凹进处，山墙泛水槽，安放木砖、铁件，安放 60kg 以内的预制混凝土门窗过梁、隔板、垫块以及调整立好后门窗框等。

时间定额和产量定额，虽然以不同的形式表示同一个劳动定额，但却有不同的用途。时间定额是以工日为计量单位，便于计算某分部（项）工程所需要的总工日数，也易于核算工资和编制施工进度计划。产量定额是以产品数量为计量单位，便于施工小组分配任务，考核工人劳动生产率。

下面举例说明时间定额和产量定额不同用途。

【例1】 某工程有一个 $120m^3$ 砖基础，每天有 22 名专业工人投入施工，时间定额为

0.89 工日/m^3。试计算完成该项工程的定额施工天数。

【解】 完成砖基础需要的总工日数＝0.89×120＝160.80（工日）；需要的施工天数＝160.80÷22≈5 天

【例 2】 某抹灰班有 13 名工人，抹某住宅楼白灰浆砖墙面，施工 25 天完成抹灰任务。产量定额为 10.2m^2/工日。试计算抹灰班应完成的抹灰面积。

【解】 抹灰班完成的工日数量 13×25＝325 工日

抹灰班应完成的抹灰面积 10.2×325＝3315m^2

2. 劳动定额的测定

通常采用计时观察法、类推比较法、统计分析法和经验估计法测定劳动定额。如图 5-2-1 所示。

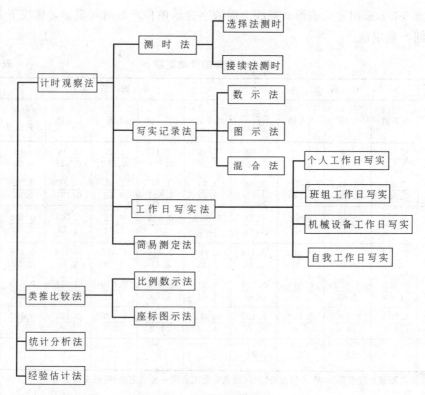

图 5-2-1 劳动定额测定方法

(1) 计时观察法

是一种在现场观察研究施工过程工作时间消耗的测定方法。采用此法可以取得编制劳动定额和机械台班定额的基础数据和技术资料。这种方法有较充分的技术数据，确定的定额水平比较先进合理，但工作量较大且比较复杂。

根据施工过程的特点和计时观察的不同目的，计时观察法又可分为测时法、写实记录法、工作日写实法和简易测定法。其中测时法和写实记录法使用较为普遍。

a. 测时法。主要用来观察和研究某些重要的循环工作的工时消耗。按使用秒表和记录时间的方法不同，测时法又分为选择法测时和接续法测时。

(a) 选择法测时是从被观察对象某一循环工作的组成部分开始，观察者立即开动秒表，当该组成部分终止，则立即停止秒表。然后把秒表上指示的延续时间记录到选择测时记录表上。下一组成部分开始，再将秒表拨到零点重新记录。如此依次观察下去，并依次记录下延续时间。详见表5-2-2。

选择法测时记录（循环整理）表　　　　　　　表 5-2-2

观察对象：大模板吊装每次循环	建筑机构名称	工地名称	日期	开始时间	终止时间	延续时间	观察号次	页次
	××建筑工程公司	×大学宿舍楼工地	1981年5月14日	10点0分	10点40分	40min	3	3/6
时间记载精确度：1s	施工过程名称	塔式起重机(TQ3—8t)把大模板吊到五层楼就位点					工人人数：	

号次	各组成部分名称	时间消耗总和	占全部时间百分比	每一次循环的工时消耗 单位：机器___s										时间整理				附注
				1	2	3	4	5	6	7	8	9	10	时间总和	循环次数	最大值	最小值	平均修正值	
1	挂钩			11	12	12	10	12	19	12	13	12	13	107	9	13	10	11.9	第六次循环挂了两次
2	上升回转			58	62	60	64	66	62	62	65	65	64	628	10	66	58	62.8	
3	下落就位			44	47	44	45	48	45	45	47	46	48	459	10	48	44	45.9	
4	脱钩			13	13	12	11	11	11	12	12	13	13	121	10	13	11	12.1	
5	空钩回转下降			42	40	42	41	40	42	43	43	45	43	421	10	45	40	42.1	
6																			
7																			
8																			
9																			
														总计 171.3					

(b) 接续法测时较选择法测时准确完善，但观察技术也复杂。其特点是，在工作进行中和非循环组成部分出现之前一直不停秒表，秒针走动过程中，观察者根据各组成部分之间的定时点，记录它的终止时间。因此，在观察时要使用双针秒表，以便使其辅助针停止在某一组成部分的结束时间上。

接续法测时使用接续法测时记录表（详表 5-2-3）。记录表中每一组成部分的基本计时资料，分为互相平行的两行来填写。第一行记录组成部分的终止时间，第二行记录观察后计算出的组成部分延续时间。

但由于观察过程中不可避免地会受到偶然因素的影响，使测得的时间值发生误差，应将测时数列中误差极大和显然存在问题的数值予以剔除，对已测数列进行修正。

对测时数列进行修正后，即可计算平均修正值。平均修正值可用下列公式计算：

$$平均修正值 = \frac{延续时间总和}{循环次数}$$

式中 延续时间总和——经过剔除后的各次观察的延续时间总和；
　　　循环次数——经过剔除后的观察次数。

接续法测时记录表　　　　　　　　　　　　　　　表 5-2-3

观察对象:混凝土搅拌机鼓的工作 观察精确度:1s(0.2s)	接续法测时	建筑机构名称	工地名称	日　期	开始时间	终止时间	延续时间	观察号次	页次
		××建筑公司	××工厂 ××车间	1981年 9月2日	9点0分	9点21分	20′54″	3	3/6
		过程名称:用CCM-02式混凝土搅拌机拌合混凝土							

号次	各组成部分名称	时间	观察次数																			工人人数	时间整理				附注
			1		2		3		4		5		6		7		8		9		10			时间总和	循环次数	最大	最小	平均	修正值	
			分	秒	分	秒	分	秒	分	秒	分	秒	分	秒	分	秒	分	秒	分	秒	分	秒							
1	装料入鼓	终止时间 延续时间	0	15 15	2	16 13	4	20 13	6	30 17	8	33 14	10	39 15	12	44 16	14	56 19	17	4 12	19	5 14		148	10	19	12	14.8		
2	搅拌	终止时间 延续时间	1	45 90	3	48 92	5	55 95	7	57 87	10	4 91	12	9 90	14	20 96	16	28 92	18	33 89	20	38 93		915	10	96	87	91.5		
3	卸料出鼓	终止时间 延续时间	2	3 18	4	7 19	6	13 18	8	19 22	10	24 20	12	28 19	14	37 17	16	52 24	18	51 18	20	54 16		191	10	24	16	19.1		
4		终止时间 延续时间																						总计				125.4		
5		终止时间 延续时间																												

b. 写实记录法。它是一种观察和研究施工过程中各种性质的工作时间消耗的方法。采用这种方法，可以获得分析工作时间消耗的全部资料，并且精确程度高，是实际工作中经常采用的方法。写实记录法的观察对象，可以是一个工人，也可以是一个工人小组。按记录时间的方法不同，分为数示法、图示法和混合法三种。表 5-2-4 为数示法写实记录表。

c. 工作日写实法。是观察和研究整个工作日内的各类工时消耗，包括基本工作时间、准备与结束工作时间，不可避免的中断时间以及损失时间等的一种测定方法。

这种方法即可以用来观察、分析定额时间消耗的合理情况，又可以研究、分析工时损失的原因。

d. 简易测定法。是指将前面几种测定方法观察对象的组成部分予以简化（即简化表格的记录内容），但仍然保持了现场实地观察记录基本原则。其特点是方法简单，易于掌握。

（2）类推比较法

它是以同类型工序、同类形产品定额水平或实际消耗的工时标准为依据，经过分析对比类推出另一种工序或产品定额水平的方法。这种方法工作量小、定额制定速度快。但用来对比的两种建筑产品，必须是相似的或同类型的，否则定额的水平是不准确的。

（3）统计分析法

它是把过去施工中同类工程或生产同类建筑产品的工时消耗等统计资料，结合当前生产技术组织条件的变化因素，进行分析研究、整理和修正。此方法的优点是：方法简单，有一定的准确度。其不足是：过去的统计资料，由于不可避免地包含某些不合理因素，定额水平也受不同程度的影响。

数示法写实记录表

表 5-2-4

××市建筑工程局定额站

组成号	各组成部分的名称	观察对象的时间消耗量	数示法写实记录	建筑机构	工地名称	日期	开始时间	终止时间	延续时间	观察号次	页次
				××建筑公司	××中学教学	1981年9月8日	8点0分	12点0分	4小时0分	2	2/5
				过程名称:准备模板用的镶合板							
1	2	3		观察对象:四级木工				观察对象:三级木工			

			组成部次	起止时间 时分	秒	延续时间	产品数量	附注	组成部次	起止时间 时分	秒	延续时间	产品数量	附注
1	取工具	6′00″/												
2	取备拼条	12′10″/23′40″												
3	在工作地点中取木板	4′10″/4′10″	4	5	6	7	8	9	10	11	12	13	14	15
4	把拼条放在工作台上	20″/20″	X	3.00	00				X	8′00	00			
5	把木板放在工作台上	2′10″/3′10″	1	6	00				14	8	00			
6	拼接木板并钉上	7′00″/5′30″	2	18	10	6′00″			2	14	10			
7	打墨线	2′50″/—	4	18	30	12′10″	8根拼条		4	14	30			
8	粗锯镶合板	14′10″/—	3	22	40	′22″	2块木板	与三级木工共取4块木板	16	18	30	8′00″		
9	锯拼条两端	1′30″/—	5	24	50	4′10″			3	22	40	6′10″		
10	翻转镶合板	10″/10″	6	30		2′10″			5	25	50	20′		
11	敲弯钉子	—/	9	32	00	5′40″			6	31	20	4′00″	2块木板15根拼条	为下次镶合板用
12	锯木板两端	1′20″/	16	39	00	1′30″			15	39	40	4′10″		
13	将制成之镶合板放在一边	—/	7	41	10	7′50″	木板锯去7端5.3m锯去4端		2	57	20	3′10″		
14	辅助工作	4′20″/14′30″	6	42	15	1′20″			14	9′03″	50	5′30″		
15	休息	7′50″/8′30″	7	44	20	1′20″			10	4		8′30″		
16	因施工本身造成的停工	—/4′00″	14	48	05	1′30″						17′30″		
17			8	9.02	30	4′20″						6′30″		
18			12	3	50	14′10″						10″		
19			10	4		1′20″ 10″						64′00″		
20		64′64″				64′00″								

（4）经验估算法

它是根据定额专业人员、工程技术人员和工人过去从事施工生产、施工管理的经验，参照图纸、施工规范等有关的技术资料，经过座谈讨论、分析研究和综合计算而制定的定额。其优点是：定额制定简单、及时，工作量小、易于掌握。其不足是：由于无科学技术测定资料，精确度差，有相当的主观性、偶然性，定额水平不易掌握。

（二）材料消耗定额

简称材料定额。是指在合理和节约使用材料的条件下，生产质量合格的单位产品所必须消耗的一定品种规格的材料、燃料、半成品、构件和水电等动力资源的数量标准。

例如：北京建工局1982年编制的施工定额规定，$10m^2$墙面水刷石需要材料消耗量为：水泥174kg，砂220kg，石碴156kg。

材料消耗定额可分为两部分。一部分是直接用于建筑安装工程的材料,称为材料净用量。另一部分是操作过程中不可避免的废料和现场内不可避免的运输、装卸损耗,称为材料损耗量。

材料的损耗量用材料损耗率来表示,即材料的损耗量与材料净用量的比值。可用下式表示:

$$材料损耗率 = \frac{材料损耗量}{材料净用量} \times 100\%$$

建筑材料、成品、半成品损耗率,详见表5-2-5。材料损耗率确定后,材料消耗定额可用下式表示:

材料、成品、半成品损耗率参考表　　　表5-2-5

材料名称	工程项目	损耗率(%)	材料名称	工程项目	损耗率(%)
标准砖	基础	0.4	石灰砂浆	抹墙及墙裙	1
标准砖	实砖墙	1	水泥砂浆	抹顶棚	2.5
标准砖	方砖柱	3	水泥砂浆	抹墙及墙裙	2
白瓷砖		1.5	水泥砂浆	地面、屋面	1
陶瓷锦砖	(马赛克)	1	混凝土(现制)	地面	1
铺地砖	(缸砖)	0.8	混凝土(现制)	其余部分	1.5
砂	混凝土工程	1.5	混凝土(预制)	桩基础、梁、柱	1
砾石		2	混凝土(预制)	其余部分	1.5
生石灰		1	钢筋	现、预制混凝土	2
水泥		1	铁件	成品	1
砌筑砂浆	砖砌体	1	钢材		6
混合砂浆	抹墙及墙裙	2	木材	门窗	6
混合砂浆	抹顶棚	3	玻璃	安装	3
石灰砂浆	抹顶棚	1.5	沥青	操作	1

材料消耗量 = 材料净用量 + 材料损耗量

或　　　材料消耗量 = 材料净用量 × (1 + 材料损耗率)

现场施工中,各种建筑材料的消耗主要取决于材料定额。用科学的方法正确地规定材料净用量指标以及材料的损耗率,对降低工程成本,节约投资有着重大的意义。

1. 主要材料消耗定额的制定方法

通常采用现场观察法、试验室实验法、统计分析法和理论计算法等方法来确定建筑材料净用量、损耗量。

(1) 现场观察法

在合理使用材料条件下,对施工中实际完成的建筑产品数量与所消耗的各种材料数量,进行现场观察测定的方法。

此法通常用于制定材料的损耗量。通过现场的观察,获得必要的现场资料,才能测定出哪些材料是施工过程中不可避免的损耗,应该计入定额内;哪些材料是施工过程中可以避免的损耗,不应计入定额内。在现场观测中,同时测出合理的材料损耗量,即可据此制定出相应的材料消耗定额。

(2) 试验室实验法

它是专业实验人员，通过实验仪器设备确定材料消耗定额的一种方法。它只适用于在试验室条件下测定混凝土、沥青、砂浆、油漆涂料等材料的消耗定额。

由于试验室工作条件与现场施工条件存在一定的差别，施工中的某些因素对材料消耗量的影响，不一定能充分考虑到。因此，对测出的数据还要用观察法进行校核修正。

(3) 统计分析法

是指在现场施工中，对分部分项工程拨出的材料用量，完成建筑产品的数量、竣工后剩余材料的数量等资料，进行统计、整理和分析而编制材料定额的方法。这种方法主要是通过工地的工程任务单、限额领料单等有关记录取得所需的资料，因而不能将施工过程中材料的合理损耗和不合理损耗区别开来，得出的材料消耗量准确性也不高。

(4) 理论计算法

是根据设计图纸、施工规范及材料规格，运用一定的理论计算公式制定材料消耗定额的方法。主要适用于计算按件论块的现成制品材料。例如砖石砌体、装饰材料中砖石、镶贴材料等。其方法比较简单，先计算出材料净用量、材料的损耗量，然后两者相加即为材料消耗定额。

例如：a. 每立方米，砖砌体材料消耗量计算

$$净砖用量(块) = \frac{墙厚砖数 \times 2}{墙厚 \times (砖长 + 灰缝) \times (砖厚 + 灰缝)}$$

$$砖消耗量 = 砖净用量 \times (1 + 损耗率)$$

$$砂浆消耗量(m^3) = (1 - 砖净用量 \times 每块砖体积) \times (1 + 损耗率)$$

【例3】 计算 $1\frac{1}{2}$ 标准砖外墙每 $1m^3$ 砌体砖和砂浆的消耗量。砖与砂浆损耗率见表5-2-5。

【解】 $砖净用量 = \dfrac{1.5 \times 2}{0.365 \times (0.24 + 0.01) \times (0.053 + 0.01)} = 522$ 块

$砖消耗量 = 522 \times (1 + 0.01) = 527$ 块

$砂浆消耗量 = (1 - 522 \times 0.24 \times 0.115 \times 0.053) \times (1 + 0.01)$
$= 0.238 m^3$

b. $100m^2$ 块料面层材料消耗量计算。块料面层一般指瓷砖、锦砖、预制水磨石、大理石等。通常以 $100m^2$ 为计量单位，其计算公式如下：

$$面层用量 = \frac{100}{(块料长 + 灰缝) \times (块料宽 + 灰缝)} \times (1 + 损耗率)$$

【例4】 奶油色釉面砖规格为 $150mm \times 150mm$，灰缝 $1mm$，其损耗率为 1.5%，试计算 $100m^2$ 地面釉面砖消耗量。

【解】 $釉面砖消耗量 = \dfrac{100}{(0.15 + 0.001) \times (0.15 + 0.001)} \times (1 + 0.015)$
$= 4452$ 块

c. 普通抹灰砂浆配合比用料量的计算。抹灰砂浆的配合比通常是按砂浆的体积比计算的，每 $1m^3$ 砂浆各种材料消耗量计算公式如下：

$$砂消耗量(m^3) = \frac{砂比例数}{配合比总比例数 - 砂比例数 \times 砂空隙率} \times (1 + 损耗率)$$

$$水泥消耗量(kg) = \frac{水泥比例数 \times 水泥密度}{砂比例数} \times 砂用量 \times (1 + 损耗率)$$

$$石灰膏消耗量(m^3) = \frac{石灰膏比例数}{砂比例数} \times 砂用量 \times (1 + 损耗率)$$

【例5】 试计算配合比为 1：1：3 水泥白灰砂浆每立方米材料消耗量。已知：砂密度 2650kg/m³，堆积密度 1550kg/m³；水泥密度 120kg/m³。砂损耗率 2%，水泥，石灰膏损耗率各为 1%。

【解】
$$砂空隙率 = \left(1 - \frac{砂堆积密度}{砂密度}\right) \times 100\%$$
$$= \left(1 - \frac{1550}{2650}\right) \times 100\%$$
$$= 41\%$$

$$砂消耗量 = \frac{3}{(1+1+3) - 3 \times 0.41} \times (1 + 0.02) = 0.81 m^3$$

$$水泥消耗量 = \frac{1 \times 1200}{3} \times 0.81 \times (1 + 0.01) = 327 kg$$

$$石灰膏消耗量 = \frac{1}{3} \times 0.81 \times (1 + 0.01) = 0.27 m^3$$

2. 周转性材料消耗定额的制定方法

周转性材料是指在施工过程中不是一次消耗完，而是多次使用周转的工具性材料。如生产预制钢筋混凝土构件、现制混凝土及钢筋混凝土工程的模具，搭设脚手架用的脚手板、跳板，挖土方用的挡土板、护桩等均属周转性材料。制定周转性材料消耗定额，应当按照多次使用、分期摊销方式进行计算。通常要进行下列材料用量的计算：

(1) 材料一次使用量

周转性材料在不重复使用条件下的一次性用量，通常根据选定的结构设计图纸进行计算。

(2) 材料周转次数

一般采用现场观察法或统计分析法来测定材料周转次数。

(3) 材料周转使用量

一般应按材料周转次数和每次周转应发生的补损量等因素，计算生产一定计算单位结构构件的材料周转使用量。补损量是指每周使用一次的材料损耗，也就是在第二次和以后各次周转中为了修补难于避免的损耗所需要的材料消耗，通常用补损率来表示。

补损率的大小主要取决于材料的拆除、运输和堆放的方法以及施工现场的条件。在一般情况下，补损率要随着周转次数增多而加大，所以一般采用平均补损率来计算。

(4) 材料回收量

在一定周转次数下，每周转使用一次平均可以回收材料的数量。这部分材料回收量应从摊销量中扣除，通常可规定一个合理的折价率进行折算。

(5) 材料摊销量

周转性材料在重复使用条件下，应分摊到每一计量单位结构构件的材料消耗量。这是应纳入定额的实际周转性材料消耗数量。

表示定额的周转性材料消耗量指标，应该用一次使用量和摊销量两个指标来表示。现将现制、预制混凝土及钢筋混凝土工程模板定额周转量的计算方法介绍如下：

a. 现制构件模板用量计算公式

(a) 周转使用量计算公式

$$周转使用量 = \frac{一次使用量 + [一次使用量 \times (周转次数 - 1) \times 补损率]}{周转次数}$$

$$= 一次使用量 \times \left[\frac{1 + (周转次数 - 1) \times 补损率}{周转次数}\right]$$

$$= 一次使用量 \times K_1$$

式中 一次使用量 $= \frac{每10m^3 混凝土}{构件接触面积} \times \frac{每10m^2 接触}{面积模板用量} \times (1 + 损耗率)$

K_1——周转使用系数。

$$K_1 = \frac{1 + (周转次数 - 1) \times 补损率}{周转次数}$$

(b) 回收量计算公式

$$回收量 = \frac{一次使用量 - (一次使用量 \times 补损率)}{周转次数}$$

$$= 一次使用量 \times \left(\frac{1 - 补损率}{周转次数}\right)$$

(c) 摊销量计算公式

$$摊销量 = 周转使用量 - \frac{回收量 \times 回收折价率}{1 + 间接费率}$$

$$= 一次使用量 \times K_1 - (一次使用量) \times \left[\frac{(1 - 补损率) \times 回收折价率}{周转次数 \times (1 + 间接费率)}\right]$$

$$= 一次使用量 \times \left[K_1 - \frac{(1 - 补损率) \times 回收折价率}{周转次数 \times (1 + 间接费率)}\right]$$

$$= 一次使用量 \times K_2$$

式中 K_2——摊销系数；

$$K_2 = K_1 - \frac{(1 - 补损率) \times 回收折价率}{周转次数 \times (1 + 间接费率)};$$

K_1，K_2 系数详见表 5-2-6。

K_1、K_2 系数表　　　　　　　　　　表 5-2-6

模板周转次数	每次补损率(%)	K_1	K_2	模板周转次数	每次补损率(%)	K_1	K_2
3	15	0.4333	0.3135	6	15	0.2917	0.2318
4	15	0.3625	0.2726	8	10	0.2125	0.1649
5	10	0.2800	0.2039	8	15	0.2563	0.2114
5	15	0.3200	0.2481	9	15	0.2444	0.2044
6	10	0.2500	0.1866	10	10	0.1900	0.1519

注：表中系数的回收折价率按50%计算，间接费率按18.2%计算。

【例6】 钢筋混凝土圈梁按选定的模板设计图纸，每 $10m^3$ 混凝土模板接触面积 $96m^2$，每 $10m^2$ 接触面积需木方板材 $0.705m^3$，损耗率 5%，周转次数 8，每次周转补损率 10%，试计算模板周转使用量、回收量及模板摊销量。

【解】

$$一次使用量 = 96 \times 0.705/10 \times (1+0.05) = 7.106 m^3$$

$$周转使用量 = 7.106 \times 0.2125 = 1.510 m^3 \quad (K_1 \text{ 查表 } 5\text{-}2\text{-}6)$$

$$回收量 = 7.106 \times \frac{1-0.1}{8} = 0.800 m^3$$

$$摊销量 = 7.106 \times 0.1649 = 1.172 m^3 \quad (K_2 \text{ 查表 } 5\text{-}2\text{-}6)$$

【例7】 现浇钢筋混凝土方形柱，柱周长 1.6m。按选定的模板设计图纸，每 $10m^3$ 混凝土模板接触面积 $119m^2$，每 $10m^2$ 模板接触面积需木方板材 $0.525m^3$。损耗率 5%，周转次数 5，每次周转补损率 15%，试计算模板周转使用量、回收量及模板摊销量。

【解】 根据公式得：

$$一次使用量 = 119 \times 0.525/10 \times (1+0.05) = 6.56 m^3$$

$$周转使用量 = 6.56 \times 0.32 = 2.099 m^3 \quad (查表 5\text{-}2\text{-}6，K_1 = 0.3200)$$

$$回收量 = 6.56 \times \left(\frac{1-0.15}{5}\right) = 1.115 m^3$$

$$摊销量 = 6.56 \times 0.2481 = 1.628 m^3 \quad (查表 5\text{-}2\text{-}6，K_2 = 0.2481)$$

b. 预制构件模板计算公式

预制构件模板，由于损耗很少，可以不考虑每次周转的补损率，按多次使用平均分摊的办法进行计算。

$$摊销量 = \frac{一次使用量}{周转次数}$$

（三）机械台班消耗定额

简称机械台班定额，按其表现形式，可分为机械时间定额和机械产量定额。

机械时间定额，是指在合理劳动组织和合理使用机械正常施工条件下，由熟练工人或工人小组操纵使用机械，完成单位合格产品所必须消耗的机械工作时间。计量单位以"台班"或"工日"表示。

机械产量定额，是指在合理劳动组织和合理使用机械正常施工条件下，机械在单位时间内完成的合格产品数量。计量单位以 m^3、根、块等表示。

机械时间定额与机械产量定额也互为倒数关系。

机械台班定额在 1985 年原城乡建设部颁发的《全国建筑安装工程统一劳动定额》中，是以一个单机作业的定额员人数（台班工日）完成的台班产量和时间定额来表示的。其表现形式为：

$$\frac{时间定额}{台班产量} \bigg| 台班工日$$

表 5-2-7 摘自《全国建筑安装工程统一劳动定额》第十八分册第四十二节钢筋混凝土楼板梁、连系梁、悬臂梁、过梁安装。

【例8】 某六层砖混结构办公楼，塔式起重机安装楼板梁，每根梁尺寸为 $5.4m \times 0.65m \times 0.25m$。试求吊装楼板梁的机械时间定额和机械产量定额。

混凝土楼板梁、连系梁、悬臂梁、过梁安装　　　　表 5-2-7

工作内容：包括15m以内构件移位、绑扎起吊、对正中心线、安装在设计位置上、校正、垫好垫铁。

每1台班的劳动定额　　　　　　　　　　　　　　　单位：根

项　　目		施工方法	楼板梁在(t以内)			连系梁、悬臂梁、过梁在(t以内)			序　号
			2	4	6	1	2	3	
安装高度(层以内)	三	履带式	$\frac{0.22}{59}$ | 13	$\frac{0.271}{48}$ | 13	$\frac{0.317}{41}$ | 13	$\frac{0.217}{60}$ | 13	$\frac{0.245}{53}$ | 13	$\frac{0.277}{47}$ | 13	一
		轮胎式	$\frac{0.26}{50}$ | 13	$\frac{0.317}{41}$ | 13	$\frac{0.371}{35}$ | 13	$\frac{0.255}{51}$ | 13	$\frac{0.289}{45}$ | 13	$\frac{0.325}{40}$ | 13	二
		塔式	$\frac{0.191}{68}$ | 13	$\frac{0.236}{55}$ | 13	$\frac{0.277}{47}$ | 13	$\frac{0.188}{69}$ | 13	$\frac{0.213}{61}$ | 13	$\frac{0.241}{54}$ | 13	三
	六	塔式	$\frac{0.21}{62}$ | 13	$\frac{0.25}{52}$ | 13	$\frac{0.302}{43}$ | 13	$\frac{0.232}{56}$ | 13	$\frac{0.26}{50}$ | 13	$\frac{0.31}{42}$ | 13	四
	七		$\frac{0.232}{56}$ | 13	$\frac{0.283}{46}$ | 13	$\frac{0.342}{38}$ | 13				五
编　　号			676	677	678	679	680	681	

【解】　每根楼板梁自重 $5.4 \times 0.65 \times 0.25 \times 2.5 = 2.19t$

由表 5-2-7 查定额为 $\frac{0.25}{52}$ | 13

则台班产量定额 = 52 根

$$时间定额 = \frac{13}{52} = 0.25 \text{ 工日/根}$$

$$产量定额 = \frac{1}{0.25} = 4 \text{ 根/工日}$$

施工定额中机械台班定额一般多用机械时间定额来表示。即台班/m^3，台班/m^2，台班/根等。

三、施工定额的内容及应用

（一）施工定额的主要内容

施工定额是由总说明和分册章节说明，定额项目表以及有关的附录、加工表等三部分内容所组成。

1. 总说明和分册章、节说明

总说明是说明该定额的编制依据、适用范围、工程质量要求、各项定额的有关规定及说明，以及编制施工预算的若干说明。

分册章、节说明，主要是说明本册、章、节定额的工作内容、施工方法、有关规定及说明、工程量计算规则等内容。

2. 定额项目表

定额项目表是由完成本定额子目的工作内容、定额表、附注组成。如表 5-2-1、表 5-2-8 所示。

（1）工作内容除说明规定的工作内容外，另外规定完成本定额子目的工作内容。通常列在定额表的上端。

（2）定额表是由定额编号、定额项目名称、计量单位及工料消耗指标所组成。

（3）附注。某些定额项目在设计有特殊要求需单独说明的，写入附注内。通常列在定

干粘石 表 5-2-8

工作内容：包括清扫、打底、弹线、嵌条、筛洗石碴、配色、抹光、起线、粘石等

单位：10m²

编号	项目			人工			水泥	砂	石碴	108胶	甲基硅醇钠
				综合	技工	普工	kg				
147	墙面、墙裙			2.62/0.38	2.08/0.48	0.54/1.85	92	324	60		
148	混凝土墙面	不打底	干粘石	1.85/0.54	1.48/0.68	0.37/2.7	53	104	60	0.26	
149			机喷石	1.85/0.54	1.48/0.68	0.37/2.7	49	46	60	4.25	0.4
150	柱		方柱	3.96/0.25	3.1/0.32	0.86/1.16	96	340	60		
151			圆柱	4.21/0.24	3.24/0.31	0.97/1.03	92	324	60		
152	窗盘心			4.05/0.25	3.11/0.32	0.94/1.06	92	324	60		

附注：1. 墙面（裙）、方柱以分格为准，不分格者，综合时间定额乘 0.85。
2. 窗盘心以起线为准，不带起线者，综合时间定额乘 0.8。

额表的下端。

3. 附录及加工表

附录一般放在定额分册说明之后，包括有名词解释、图示及有关参考资料。例如材料消耗计算附表、砂浆、混凝土配合比表等。

加工表是指在执行某定额项目时，在相应的定额基础上需要增加工日的数量表。

（二）施工定额的应用

要正确使用施工定额，首先要熟悉定额编制总说明、册、章、节说明及附注等有关文字说明部分，以了解定额项目的工作内容、有关规定及说明、工程量计算规则、施工操作方法等。施工定额一般可直接套用，但有时需要换算后才可套用。

1. 直接套用定额

当设计要求与施工定额表的工作内容完全一致时，可直接套用定额。

【例9】 某教学楼砖外墙干粘石（墙面分格）按施工定额工程量计算规则计算，干粘石面积为2600m²，试计算其工料量。采用1982年北京建工局《建筑安装工程施工定额》。

【解】 由表5-2-8，查得定额编号为147，该设计项目与定额工作内容完全相符，可直接套用施工定额。其工料量：

工日消耗量＝2.62×2600/10＝681.20 工日

水泥用量＝92×2600/10＝23930kg

砂子用量＝324×2600/10＝84240kg

石碴用量＝60×2600/10＝15600kg

2. 施工定额的换算

【例10】 某办公楼，按施工定额工程量计算规则计算，其窗间墙干粘石面积为450m²（不分格），试计算其工料量。

【解】 查表5-2-8附注1规定：墙面（裙）、方柱以分格为准，不分格者综合时间定额乘

0.85。该设计项目与定额内容不符,施工定额编号 147 需按说明加以换算。其工料量为:

工日消耗量=2.62×0.85×450/10=100.22 工日

水泥用量=92×450/10=4140kg

砂用量=324×450/10=14580kg

石碴用量=60×450/10=2700kg

通过上面例题可以看出,施工定额的附注说明、加工表等实际上是施工定额的另外一种表现形式。当施工定额项目与设计项目不符合时,必须按定额编制说明、加工表及附注说明的有关规定加以调整换算。

思 考 题

1. 什么是施工定额?它由哪些定额组成?
2. 什么是劳动定额?有几种表现形式?
3. 什么是材料定额?有几种制定方法?
4. 什么是机械台班定额?有几种表现形式?
5. 施工定额有何作用?
6. 试用理论计算法计算标准两砖墙每 $10m^2$ 所需要的标准砖和砂浆净用量(灰缝 10mm)。
7. 试用理论计算法计算 $100m^2$ 块料面层所需规格为 400mm×400mm×60mm 的预制混凝土块净用量(灰缝 2mm)。

第三节 建筑安装工程预算定额

一、预算定额的概念与作用

(一)预算定额的概念

建筑工程预算定额包括建筑工程预算定额和设备安装工程预算定额。

预算定额是在编制施工图预算时,计算工程造价和计算工程中人工、材料、机械台班需要量使用的一种定额。预算定额是一种计价性的定额。在工程委托承包的情况下,它是确定工程造价的主要依据。在招标承包的情况下,它是计算标底和确定报价的主要依据。因此,预算定额在建筑工程定额中占有很重要的地位。

预算定额是指在正常施工条件下,确定完成一定计量单位分项工程或结构构件的人工、材料和机械台班消耗量的标准。例如北京市 2001 年《建设工程预算定额》中规定,完成 $1m^3$ 砖砌外墙需用:

综合工日	1.578 工日
其他人工费	1.19 元
标准机砖	0.51 千块
M5 水泥砂浆	$0.265m^3$
其他材料费	2.14 元
其他机具费	4.47 元

预算定额除表示完成一定计量单位分项工程或结构构件的人工、材料、机械台班消耗量标准外,还规定完成定额所包括的工程内容。例如完成砌砖工程砖墙预算定额规定的工程内容有:筛砂、调运砂浆、运砖、砌砖,砌砖基础工作内容包括基槽清理、调运砂浆、

运砖、砌砖等内容。

预算定额是在施工定额的基础上，适当合并相关施工定额的工序内容，进行综合扩大而编制的。例如模板、钢筋、混凝土工程内容，在施工定额中按上述三道工序分别编制三个定额；而在预算定额中将三道工序合并为一个分项工程，即钢筋混凝土分项工程。

预算定额与施工定额不同，施工定额只适用于施工企业内部作为经营管理的工具，而预算定额是用来确定建筑安装产品计划价格并作为对外结算的依据。但从编制程序看，施工定额是预算定额的编制基础，预算定额是概算定额或概算指标的编制基础。可以说，预算定额在计价定额中也是基础定额。

预算定额是工程建设中一项重要的技术经济文件。预算定额的各项指标，反映了建筑企业单位，在完成施工任务中消耗劳动力、材料、机械台班的数量限度。国家和建设单位按预算定额的规定，为建筑工程提供必要的人力、物力和资金供应；施工企业则在预算定额范围内，通过自己的施工组织管理，按质按量地完成施工任务。可见，预算定额不仅正确地反映了工程建设和各种消耗之间的客观规律，而且在一定程度上有利于理顺工程建设有关各方的经济关系和利益关系。

预算定额是由国家或被授权单位统一组织编制和颁发的一种法令性指标，在执行中具有很大的权威性。

（二）预算定额的作用

1. 预算定额是编制地区单位估价表、确定分项工程直接费、编制施工图预算的依据。

按预算定额规定的完成一定计量单位分项工程和所需的人工、材料、机械台班消耗量，再根据相应的工资标准、材料预算价格和施工机械台班使用费，就可以编制单位估价表，确定分项工程直接费并汇总即为单位工程直接费。

在工资标准、材料预算价格和施工机械台班单价不变的情况下，工程预算费用的高低，完全取决于预算定额的水平。预算定额起着控制建筑工程预算费用的作用。

2. 预算定额是编制施工组织设计、进行工料分析、实行经济核算的依据。

施工组织设计的重要任务之一，就是确定施工中所需人力、物力和机械设备的供求量，并做出最佳安排。根据预算定额能够比较精确地计算出施工需求量，这为有计划地组织材料采购、劳动力和施工机械的调配，提供了可靠的计算数据。另外，施工企业在完成工程任务时，为了降低工程成本和创造更多的盈利，就必须以预算定额为准，加强企业经济核算，努力提高劳动生产率，以取得较好的经济效益。

3. 预算定额是建筑工程拨款、竣工决算的依据。

符合预算定额规定工程内容的已完分项工程，是按施工进度预付工程款的。单位工程竣工验收后，再根据预算定额并在施工图预算的基础上进行结算，以保证国家基建投资的合理使用。

4. 预算定额是编制概算定额、概算指标和编制招标标底、投标报价的基础资料。

为了适应和满足不同设计阶段投资估价和设计与施工投标的需要，现行的概算定额和概算指标，是依据预算定额为基础，进行综合扩大而编制的。利用预算定额编制概算定额和概算指标，可以节省编制工作中的大量人力、物力和时间，也可以使概算定额和概算指标在水平上与预算定额一致。

二、预算定额的组成及应用

建筑安装工程预算定额分两大类,一类是建筑工程预算定额,一类是设备安装工程预算定额。为了对建筑工程预算定额有个比较深入的了解,现以北京市 2001 年编制的《建设工程预算定额》为例,加以介绍。

(一)预算定额的组成

《北京市建设工程预算定额》共分十册,包括:建筑工程,装饰工程,仿古建筑工程,电气工程,给排水、采暖、燃气工程,通风、空调工程,市政道路、桥梁工程,市政管道工程,绿化工程,庭园工程。

与之配套使用的有《北京市建设工程费用定额》、《北京市建设工程预算定额选价汇编》、《北京市建设工程材料预算价格》、《北京市建设工程机械台班费用定额》。

每册预算定额又按施工顺序、工程内容及使用材料等分成若干章。例如建筑工程共分为土石方工程、桩基及基坑支护工程、降水工程、砌筑工程、现场搅拌混凝土工程、预拌混凝土工程、模板工程、钢筋工程、构件运输工程、木结构工程、构件制作安装工程、屋面工程、防水工程、室外道路停车场及管道工程、脚手架工程、大型垂直运输机械使用费、高层建筑超高费、工程水电费等十八章。

每一章又按工程内容、施工方法、使用材料等分成若干节。例如砌筑工程一章又分为砌砖、砌块、砌石等三节。每一节再按工程性质、材料类别等分成若干定额项目(定额子目)。

为了查阅方便,册、章、子目都按固定编号。册按汉语拼音字头 J. Z. F. D. N. T ……顺序排列。章用 1、2、3……等阿拉伯数字排列,并与册的编号连结。子目在每章按统一的阿拉伯数字编号表示,并与节的编号连结。例如,砖砌内墙子目在预算定额手册的编号形式为:

预算定额手册一般由总目录、总说明及各章说明,定额项目表以及有关附录组成。

1. 总说明、册、各章说明

预算定额手册的总说明,介绍了预算定额的编制依据,定额的适用范围,编制定额时已考虑的和没考虑的因素。另外,也指出了预算定额实际应用中应注意的事项和有关规定。

各章说明,介绍了部分工程预算定额的统一规定,与本册定额配合使用的专业。包括的节、子目数量以及使用中有关规定,定额的换算方法,同时也规定了各分项工程量计算规则。

2. 定额项目表

定额项目表一般由工程内容、计量单位、项目表组成。

工程内容是规定分项工程预算定额所包括的工作内容,以及各工序所消耗的人工、材料、机械台班消耗量。

项目表是定额手册的主要组成部分,它反映了一定计量单位分项工程的预算价值(定额基价)以及基价中人工费、材料费、机械使用费,人工、材料和机械台班消耗量标准。有些地区的预算定额在项目表下面有附注,说明当设计项目与定额不符时,如何调整和换算定额。北京市预算定额把附注并入各章说明中而不另外列出。

表 5-3-1 是《北京市建设工程预算定额》建筑工程部分第四章砌筑工程第一节砌砖项目工程的定额项目表。

第一节 砌砖   表 5-3-1

工程内容：1. 基础：清理基槽、调运砂浆、运砖、砌砖。
2. 砖墙：筛砂、调运砂浆、运砖、砌砖等。

单位：m³

定额编号				4-1	4-2	4-3	4-4	4-5	4-6
项 目				砖					
				基础	外墙	内墙	贴砌墙		圆弧形墙
							1/4	1/2	
基 价（元）				165.13	178.46	174.59	246.70	205.54	183.60
其中	人工费（元）			34.51	45.75	41.97	87.24	60.17	49.00
	材料费（元）			126.57	128.24	128.20	153.75	140.40	130.07
	机械费（元）			4.05	4.47	4.42	5.71	4.97	4.53
	名 称	单位	单价（元）	数 量					
人工	82002 综合工日	工日	28.240	1.183	1.578	1.445	3.031	2.082	1.692
	82013 其他人工费	元	—	1.100	1.190	1.160	1.640	1.370	1.220
材料	04001 红机砖	块	0.177	523.600	510.000	510.000	615.900	563.100	520.000
	81071 M5水泥砂浆	m³	135.210	0.236	0.265	0.265	0.309	0.283	0.265
	84004 其他材料费	元	—	1.980	2.140	2.100	2.960	2.470	2.200
机械	84023 其他机具费	元	—	4.050	4.470	4.420	5.710	4.970	4.530

项目表中反映了砌砖各子目工程的预算价值（定额基价）以及人工、材料、机械费消耗量指标。项目表中人工消耗以综合工日和其他人工费表示。材料消耗只列出主要材料，而项目中的次要材料和零星材料以"其他材料费"按"元"为单位表示。机械费只列出"其他机具费"按"元"为单位表示。

定额项目表中，各子目工程的预算价值（定额基价）、人工费、材料费、机械费与人工、材料、机械费消耗量指标之间的关系，可用下列公式表示：

预算价值＝人工费＋材料费＋机械费

其中人工费＝综合工日×定额日工资标准＋其他人工费

材料费＝∑（定额材料用量×材料预算价格）＋其他材料费

机械费＝其他机具费

查表 5-3-1，以 J-4-2 定额为例

预算价值＝45.75＋128.24＋4.47
＝178.46 元/m³

其中 人工费＝1.578×28.24＋1.19＝45.75 元/m³

材料费＝0.177×510＋135.21×0.265＋2.14＝128.24 元/m³

机械费＝4.47 元/m³

3. 附录

附录一般在各册预算定额的后面，通常包括各种砂浆、混凝土配合比表（表5-3-2、表5-3-3、表5-3-4）等有关资料，供不同材料预算价格的预算和编制施工计划使用。

附录 砂浆、混凝土配合比表

水泥砂浆配合比表　　表 5-3-2

单位：m³

名　称	单位	单价	1:1(抹灰用)	1:2	1:2.5	1:3	1:3.5	1:4
水　泥	kg	0.366	792	544	458	401	350	322
砂　子	kg	0.036	1052	1442	1517	1593	1605	1707
合　价	元		327.74	251.02	222.24	204.11	185.88	179.3

砌筑砂浆配合比表　　表 5-3-3

单位：m³

名　称	单位	单价	混合砂浆					水泥砂浆			勾缝水泥砂浆
			M10	M7.5	M5	M2.5	M1	M10	M7.5	M5	1:1
水　泥	kg	0.366	306.00	261.00	205.00	145.00	84.00	346.00	274.00	209.00	826.00
白　灰	kg	0.097	29.00	64.00	100.00	136.00	197.00				
砂　子	kg	0.036	1600	1600	1600	1600	1600	1631.00	1631.00	1631.00	1090.00
合　价	元		172.41	159.33	142.33	123.86	107.45	185.35	159.00	135.21	341.56

普通混凝土配合比表　　表 5-3-4

单位：m³

项　目	单位	单价	混凝土强度等级（石子粒径 0.5～3.2）								
			C10	C15	C20	C25	C30	C35	C40	C45	C50
合　价	元		148.81	166.70	183.00	197.91	214.14	227.72	235.39	247.38	260.58
水泥综合	kg	0.366	222.00	276.00	328.00	373.00	422.00	463.00			
水泥52.5级	kg	0.399							442.00	475.00	514.00
砂　子	kg	0.036	746.00	709.00	681.00	651.00	619.00	589.00	613.00	583.00	545.00
石　子	kg	0.032	1272.00	1255.00	1201.00	1186.00	1169.00	1158.00	1155.00	1152.00	1121.00

（二）预算定额的应用

预算定额是编制施工图预算，确定工程造价的主要依据。定额应用正确与否直接影响建筑工程造价。在编制施工图预算应用定额时，通常会遇到以下三种情况：定额的套用、换算和补充。

1. 预算定额的直接套用

在应用预算定额时，要认真地阅读掌握定额的总说明、定额的适用范围，已经考虑和没有考虑的因素以及附注说明等。当分项工程的设计要求与预算定额条件完全相符时，则可直接套用定额。这种情况是编制施工图预算中的大多数情况。

根据施工图纸，对分项工程施工方法、设计要求等了解清楚，选择套用相应的定额项目。对分项工程与预算定额项目，必须从工程内容、技术特征、施工方法及材料规格上进行仔细核对，然后才能正式确定相应的预算定额套用项目。这是正确套用定额的关键。

例如《北京市建设工程预算定额》装饰分册第十一章第一节一玻一纱木门窗油漆工程项目，有两个定额子目，一个是底油加两遍调和漆，另一个是底油加三遍调和漆，则需根据施工图纸中门窗油漆作法，才能决定定额的套用项目。

又如 M2.5 砂浆砖砌水池腿工程项目。第四章第一节砌砖工程中没有砖砌水池腿这个项目，但在分部工程说明中规定池槽、蹲台、水池腿、花台、台阶、垃圾箱……等砌砖应套用小型砌砖定额。则砖砌水池腿工程项目可直接套用小型砖砌体定额项目。

再如某工程墙裙贴规格为 152mm×152mm×5mm 白瓷砖。装饰分册预算定额第三章墙面第八节镶贴瓷砖块料底层抹灰项目中有六个定额子目，即混凝砌块、纸面石膏板、增强水泥条板、增强石膏条板、预制陶粒混凝土条板、加气混凝土条板，砌块有金属网、无金属网等。在套用定额时，则需根据施工方法、设计要求，定出分项工程符合哪个子目，然后才能决定定额的套用项目。

2. 预算定额的换算

当设计要求与定额的工程内容、材料规格、施工方法等条件不完全相符时，而且定额规定可以换算，则不可直接套用定额。可根据编制总说明、分部工程说明等有关规定，在定额规定范围内加以调整换算。

定额换算的实质就是按定额规定的换算范围、内容和方法，对某些分项工程预算单价的换算。通常只有当设计选用的材料品种和规格同定额规定有出入并规定允许换算时，才能换算。在换算过程中，定额单位产品材料消耗量一般不变，仅调整与定额规定的品种或规格不同的材料的预算价格。经过换算的定额编号在下端应写个"换"字。

定额的换算主要有以下几个方面：

(1) 砂浆强度的换算

砂浆一般分为砌筑砂浆和抹灰用砂浆。砌体工程和抹灰工程各子项工程预算价格（定额基价），通常是按某一强度等级砌筑砂浆或按某一配合比砂浆的预算单价编制的。如果设计要求与定额规定的砂浆强度等级或配合比不同时，预算定额基价需要经过换算才可套用。其换算公式如下：

换算后的定额基价＝换算前的定额基价±(应换算的砂浆用量×不同强度等级的砂浆单价差)。

式中正负号的规定：当设计要求的砂浆强度等级高于定额子目中取定的砂浆等级时，则取正值；反之取负值。

【例1】 试求 M5 混合砂浆砌筑砖内墙工程子目的预算价值（采用 2001 年《北京市建设工程预算定额》）。

【解】 表 5-3-1，定额编号 J-4-3，计量单位 $1m^3$。

$$换算前定额基价=174.59 元/m^3$$

$$应换算的砂浆定额用量=0.265m^3$$

M5 混合砂浆与 M5 水泥砂浆单价差＝142.33－135.21＝7.12 元/m^3 （查表 5-3-3）

则 $J\text{-}4\text{-}3_{换}$＝174.59＋0.265×7.12

＝176.48 元/m^3

其中： 人工费＝28.24×1.445＋1.16＝41.97 元/m^3

材料费＝128.20＋0.265×7.12＝130.09 元/m^3

机械费＝4.42元/m³

(2) 混凝土强度等级的换算

现制和预制钢筋混凝土工程，由于混凝土强度等级不同而引起定额基价的变化。各地区确定混凝土及钢筋混凝土工程各子目定额基价，通常采用两种形式。一种是定额基价按某一强度等级混凝土单价确定的，其换算方法同砂浆强度等级的换算。

【例2】 试求1m³C30混凝土满堂基础定额基价

【解】 查表5-3-5，定额编号J-5-4，计量单位1m³。C25定额价格＝243.75元/m³

第一节 现浇混凝土构件

表5-3-5

一、垫层、基础

单位：m³

工作内容：混凝土机械搅拌、水平运输、浇注、振捣、养护等。

定额编号				5-1	5-2	5-3	5-4	5-5	5-6
项　目				基础垫层		满堂基础		带形基础	
				C10	C15	C20	C25	C20	C25
基价(元)				195.45	213.95	228.34	243.75	230.71	246.13
其中	人工费(元)			24.02	24.14	25.39	25.49	27.56	27.66
	材料费(元)			157.96	176.34	189.48	204.79	189.68	205.00
	机械费(元)			13.47	13.47	13.47	13.47	13.47	13.47
	名称	单位	单价(元)			数　量			
人工	82003 综合工日	工日	27.450	0.827	0.827	0.869	0.869	0.947	0.947
	82013 其他人工费	元	—	1.320	1.440	1.540	1.640	1.560	1.660
材料	81073 C10普通混凝土	m³	148.810	1.015					
	81074 C15普通混凝土	m³	166.700		1.015				
	81075 C20普通混凝土	m³	183.000			1.015		1.015	
	81076 C25普通混凝土	m³	197.910				1.015		1.015
	84004 其他材料费	元	—	6.920	7.140	3.730	3.910	3.930	4.120
机械	84023 其他机具费	元	—	13.470	13.470	13.470	13.470	13.470	13.470

应换算混凝土定额用量＝1.015m³

查表5-3-4，C30混凝土与C25混凝土单价差＝214.14－197.91＝16.23元/m³

则：$J\text{-}5\text{-}4_{换}$＝243.75＋16.23×1.015＝260.22元/m³

其中： 人工费＝25.49元/m³

材料费＝204.79＋1.015×16.23＝221.26元/m³

机械费＝13.47元/m³

(3) 定额按说明的有关规定进行换算

预算定额总说明及分部说明统一规定中，规定了当设计项目与定额规定内容不符时，定额基价需要换算。

定额乘系数的换算：

凡定额说明规定，按定额工、料、机乘以系数的分项工程，应将系数乘在定额基价上（乘在人工费、材料费、机械费某一项费用上）。

【例3】 试求：电气工程第六章钢索配管管径为SC20 100m长，操作高度为8m的定额单价。

【解】 电气工程册说明规定：操作高度按5m考虑的，如超过5m，在10m以下时，其人工费乘以1.25。

查定额编号D-6-129，计量单位100m，

其中：　　　　　　　　人工费＝370.25元/100m

材料费＝678.52元/100m

机械费＝10.62元/100m

按册说明规定，则

$$D\text{-}6\text{-}129_{换} = 370.25 \times 1.25 + 678.52 + 10.62 = 1151.95$$

其中：　　　　　　　　人工费＝370.25×1.25＝462.81/100m

材料费＝678.52元/100m

机械费＝10.62元/100m

3. 预算定额的补充

当分项工程的设计要求与定额条件完全不相符时或者由于设计采用新结构、新材料及新工艺，在预算定额中没有这类项目，属于定额缺项时，可编制补充预算定额。

编制补充预算定额的方法通常有两种：一种是按照本章第三节预算定额的编制方法，计算人工、各种材料和机械台班消耗量指标，然后乘以人工工资标准、材料预算价格及机械台班使用费并汇总即得补充预算定额基价。另一种方法是补充项目的人工、机械台班消耗量，可以用同类型工序、同类型产品定额水平消耗的工时、机械台班标准为依据，套用相近的定额项目；而材料消耗量按施工图纸进行计算或实际测定（可按第二章第二节材料消耗定额的制定方法来确定）。补充定额的编号一般写成章—节—补1、2……。

编制好的补充定额，如果是多次使用的，一般要报有关主管部门审批，或与建设单位进行协商，经同意后再列入工程预算表正式使用。

【例4】 某仓库地面垫层为1∶3∶6碎砖三合土，计量单位10m³。试作此工程项目的补充定额基价。

【解】 这是2001年《北京市建设工程预算定额》中缺少的定额项目，作补充定额如下：

在1997年《北京市建筑安装工程预算定额》中有这个定额项目，详见表5-3-6。

经讨论审定，1∶3∶6碎砖三合土垫层定额水平基本没变。则可借用此定额中的人工、材料消耗量指标，乘以2001年《北京市建设工程预算定额》规定的相应人工工资标准、材料预算价格，即为补充预算定额基价。

$$人工费 = 0.989 \times 27.45 \times 10 = 271.48 \text{ 元}/10m^3$$

$$材料费 = (92 \times 0.097 + 616 \times 0.036 + 0.94 \times 18.34) \times 10$$

$$= 483.40 \text{ 元}/10m^3$$

则 $Z\text{—}1\text{—}补_1 = 人工费 + 材料费$

$$= 271.48 + 483.40 = 754.88 \text{ 元}/10m^3$$

垫层 表 5-3-6

工作内容：包括底层平整及原材料处理，洒水拌合，分层铺设，找平压实，养护，调制砂浆以及现场内材料运输等全部操作过程。

定额编号				9-1	9-2	9-3	9-4	9-5	9-6	9-7	9-8
项目		单位	单价	素土	灰土(3:7)	粗砂	三合土		级配砂石		碎砖
							碎(砾)石	1:3:6 碎砖	天然	人工	干铺
预算价值		元		2.46	9.56	14.89	27.17	16.51	21.00	19.86	13.29
其中	人工费	元		0.60	1.54	0.92	2.27	2.27	0.86	1.20	1.14
	材料费	元		1.86	8.02	13.97	24.90	14.24	20.14	18.66	12.15
人工	基本工	工日		0.213	0.585	0.35	0.885	0.885	0.30	0.389	0.437
	其他工	工日		0.049	0.083	0.049	0.104	0.104	0.076	0.131	0.058
	合计	工日	2.30	0.262	0.668	0.399	0.989	0.989	0.376	0.52	0.495
材料	黄土	m³	5.30	0.35	0.60						
	石灰	kg	0.0224		216		92	92			
	砂子	kg	0.0082			1703	692	616		432	262
	碎(砾)石	kg	0.011				1561				
	碎砖	m³	7.58					0.94			1.32
	天然级配砂石	kg	0.00797						2527		
	卵石	kg	0.0091							1661	

三、预算定额的编制

（一）预算定额的编制原则

1. 按平均水平确定预算定额的原则

预算定额的平均水平是根据在现实的平均中等的生产条件，平均劳动熟练程度、平均劳动强度下，完成单位建筑产品所需的劳动时间来确定的。

预算定额的水平是以施工定额水平为基础的。但是，预算定额绝不是简单地套用施工定额的水平。因为预算定额综合和扩大了施工定额，包含了更多的可变因素，需要保留一个合理水平幅度差。另外，确定施工定额和预算定额的水平的原则是不同的。预算定额是平均水平，而施工定额是平均先进水平。所以预算定额水平要相对低一些，而施工定额水平则相对要高一些。

2. 贯彻简明适用的原则

预算定额的内容和形式，既要满足不同用途的需要，具有多方面的适用性，又要简单明了，易于掌握和应用。

定额项目齐全对定额适用性的关系很大，要注意补充那些因采用新技术、新结构、新材料和先进技术而出现的新定额项目。如果项目不全，定额缺项、漏项较多，就使建筑产品价格缺少充足的、可靠的依据。

定额划分要粗细恰当、步距合理。对于那些主要常用项目，定额要划分细一些，步距要小一些；次要的不常用的项目，定额划分要粗一些，步距也可适当放大一些。

在确定预算定额的计量单位时，也要考虑到简化工程量的计算工作。同时，为了稳定定额的水平，除了对设计和施工中变化较多，影响较大的因素允许换算外，定额要尽量少留活口，减少换算工作量，这样有利于维护定额的严肃性。

3. 统一性和差别性相结合的原则

统一性就是由中央主管部门归口，考虑国家的方针政策和经济发展的要求，统一制定预算定额的编制原则和方法；具体组织和颁发全国统一预算定额，颁发有关的规章制度和条例细则；在全国范围内统一定额分项、定额名称、定额编号，统一人工、材料和机械台班消耗量的名称及计量单位等。

这样，建筑产品才具有统一计价依据，也使考核设计和施工的经济效果具有统一的尺度。另外，还大大加强了预算原始数据的科学化、标准化，为开展和推广微型电子计算机在建筑工程概（预）算编制中的应用创造了条件。

差别性就是在统一基础上，各部门和地区可在管辖范围内，根据各自的特点，依据国家规定的编制原则，编制各部门和地区性预算定额，颁发补充性的条例细则，并对预算定额实行经常性管理。

（二）预算定额的编制依据

（1）现行建筑工程设计规范、施工验收规范、工程质量评定标准及安全技术操作规程等建筑技术法规。

（2）建筑工程通用标准图集及有关科学实验、测定、统计和经济分析资料。

（3）现行的《全国统一劳动定额》、《地区材料消耗定额》、《机械台班消耗定额》以及（或）地区编制的《施工定额》。

（4）现行的地区人工工资标准和材料预算价格。

上述各种编制依据是否齐全，对预算定额的编制水平有很大的影响。因此，在定额编制前，必须将收集上述各种资料的工作放在重要的地位。

（三）预算定额的编制步骤

（1）建立编制预算定额的组织机构，确定编制预算定额的指导思想和编制原则。

（2）制定编制预算定额的细则，搜集编制预算定额的各种依据和有关技术资料。

（3）审查、熟悉和修改搜集来的资料，按确定的定额项目和有关的技术资料分别计算工程量。在工程量计算表中要注明最后综合取定工程量数据。例如一砖内墙综合取定工程量为：砌双面清水墙占20%，单面清水墙占20%，混水墙占60%。又如，砌砖基础厚度综合取定工程量为：一砖厚占50%，一砖半厚占20%，混水墙占60%。又如，砌砖基础厚度综合取定工程量为：一砖厚占50%，一砖半厚30%，二砖厚占20%。

（4）规定人工幅度差、机械幅度差、材料损耗率、材料超运距及其他工料费的计算要求，并分别计算出一定计量单位分项工程或结构构件的人工、材料和施工机械台班消耗量标准。

（5）根据上述计算的人工、材料和机械台班消耗量标准及本地区人工工资标准、材料预算价格、机械台班使用费，计算预算定额基价，即完成一定计量单位分项工程或结构构件所消耗的人工费、材料费、机械费。

（6）编制定额项目表。

（7）测算定额水平，审查修改所编制的定额，并报请有关部门批准。

（四）预算定额人工、材料和机械台班消耗量指标的确定

确定分项工程或结构构件的定额消耗指标，包括确定计量单位，确定劳动力、材料和

机械台班的消耗量指标。

1. 计量单位的确定

预算定额的计量单位，主要是根据分项工程和结构构件的形体特征变化规律而确定的。一般遵循下面的规律：

（1）如果在分项工程或结构构件的长、宽、高三个方向的尺寸都经常发生变化时，选用立方米为计量单位。如土石方工程、混凝土及钢筋混凝土工程、砖石工程等。

（2）如果在分项工程和结构构件的高度方向的尺寸不变化，而长、宽两个方向尺寸经常发生变化时，选用平方米为计量单位。例如楼地面工程、抹灰工程等。

（3）如果分项工程或结构构件的截面尺寸基本固定时，采用延长米作为计量单位。例如踢脚线、栏板、楼梯扶手、管道工程等。

（4）当分项工程或结构构件无一定规格，而构件又比较复杂时，可按个、块、套、座、吨等作为计量单位。例如全装配工程阳台防水、阳台勾缝等按个计算；预埋件安装、金属结构制作等按吨计算。

确定预算定额的计量单位是个很重要的工作，计量单位恰当与否，直接影响定额子目的繁简，也会影响工程预算编制工作量。

2. 人工消耗量指标的确定

（1）人工消耗量指标内容

预算定额人工消耗量指标，包括完成一定计量单位分项工程或结构构件所必须的各种用工量，即应包括基本工和其他用工量。

a. 基本工消耗量。基本工消耗量是指完成一定计量单位分项工程或结构构件所需消耗的主要用工。例如，为完成各种墙体工程中的砌砖、调制砂浆以及运输砂浆和砖所需要的用工量。

基本工消耗量计算公式可表示为：

$$基本工消耗量 = \sum(综合取定工程量 \times 时间定额)$$

b. 其他工消耗。其他工消耗量是指劳动定额内没有包括而在预算定额内又必须考虑的工时消耗。其内容包括：辅助用工、超运距用工和人工幅度差。

（a）辅助用工是指预算定额中基本工以外的材料加工等所用的工时。例如砌砖工程需筛砂、淋白灰膏等增加的用工量。辅助用工可用下式表示：

$$辅助用工量 = \sum(材料加工数量 \times 时间定额)$$

（b）超运距用工是指编制预算定额时，材料、半成品等运输距离超过劳动定额（或施工定额）所规定的运输距离，而需增加的工日数量。超运距及超运距用工量的计算可用下式表示：

$$超运距 = 预算定额取定运距 - 劳动定额已包括的运距$$
$$超运距用工量 = \sum(超运距材料数量 \times 时间定额)$$

（c）人工幅度差是指劳动定额中没有包括而在预算定额中又必须考虑的工时消耗，也是在正常施工条件下所必须发生的各种零星工序用工。其内容包括：各工种间的工序搭接、交叉作业互相配合所造成的不可避免的停歇用工；施工机械在单位工程之间变换位置或临时移动水电线路所造成的间歇用工；施工过程中水电维修、隐检验收等质量检查而影响操作用工；场内单位工程之间操作地点转移影响工人操作的时间；施工中不可避免的少量用工等。

人工幅度差计算可用下式表示：

$$人工幅度差=(基本用工+超运距用工)\times 人工幅度差系数$$

人工幅度差系数一般取 10%～30%，北京地区为 10%。

(2) 人工消耗量指标的计算。预算定额是综合性定额，它包括了为完成一定计量单位分项工程或结构构件所必须的全部工程内容。要想确定预算定额某分项工程人工消耗量指标，首先要测算分项工程所包括的各种工程内容和所占的工程数量比例。例如砖基础，砖基础厚度综合取定工程量比例为：一砖厚占 50%、一砖半厚占 30%、二砖厚占 20%。则计量单位为 10m³ 砌砖基础综合取定的各种工程内容工程量为：

$$一砖厚\ 10m^3\times 50\%=5m^3$$
$$一砖半厚\ 10m^3\times 30\%=3m^3$$
$$二砖厚\ 10m^3\times 20\%=2m^3$$

按综合取定的工程量和现行《全国统一劳动定额》、人工幅度差系数等，就可以计算预算定额某分项工程各种用工的工日数。

现以计量单位为 10m³ 砌砖基础为例，说明预算定额人工消耗量指标的计算。计算中按 1985 年《全国建筑安装工程统一劳动定额》，人工幅度差系数取 10%。

a. 基本工用量计算

    砌 1 砖基础 $10\times 50\%\times 0.89=4.45$ 工日

    砌 $1\frac{1}{2}$ 砖基础 $10\times 30\%\times 0.86=2.58$ 工日

    砌 2 砖基础 $10\times 20\%\times 0.833=1.67$ 工日

基础地槽深度超过 1.5m 占 15%

    加工工日$=10\times 0.15\times 0.04=0.06$ 工日

    小计   8.76 工日

b. 其他工用量计算

辅助用工：筛砂 $2.58\times 0.196=0.51$ 工日

     淋灰膏 $0.4\times 0.5=0.2$ 工日

小计：   0.71 工日

超运距用工：

    砂 $80-50=30m$ $2.58\times 0.08=0.21$ 工日

    石灰膏 $150-100=50m$ $0.4\times 0.204=0.08$ 工日

    砖 $170-50=120m$ $10\times 0.139=1.39$ 工日

    砂浆 $180-50=130m$ $10\times 0.0598=0.60$ 工日

    小计：   2.28 工日

c. 人工幅度差用工：

    $(8.76+0.71+2.28)\times 10\%=1.18$ 工日

    其他用工量$=0.71+2.28+1.18=4.17$ 工日

    则合计用工量$=8.76+4.17=12.93$ 工日

(3) 预算定额人工消耗量指标的平均工资等级系数及平均工资等级的确定。工资等级系数就是表示各级工人工资标准的比例关系,通常以一级工工资标准与另一级工人工资标准的比例关系来表示。

在编制预算定额时,人工消耗量指标的工资等级,是按工人平均工资等级表示的。为了准确求出预算定额用工的平均工资等级,必须用加权平均方法来计算。即先计算各种用工的工资等级系数,等级总系数,汇总后与工日总数相除,求出平均等级系数,再从《工资等级系数表》查出预算定额用工的平均工资等级。

a. 计算基本工的平均工资等级系数和工资等级总系数。《全国统一劳动定额》对劳动小组成员人数、技工和普工的平均技术等级都做了规定。应根据这些数据和工资等级系数表,用加权平均方法计算小组成员的平均工资等级系数和工资等级总系数。计算公式如下:

基本工平均工资等级系数=∑(平均工资等级系数×人工数量)÷人工总数

基本工工资等级总系数=基本工用量×基本工平均工资等级系数

砖砌体劳动定额规定:

    技工 10人 平均等级 4级
    普工 12人 平均等级 3.3级

查《工资等级系数表》

4.4级工资等级系数1.800;

3.3级工资等级系数1.500。

砖砌体基本工平均工资等级系数为:

$$(1.8 \times 10 + 1.5 \times 12) \div 22 = 1.636$$

基本工工资等级总系数为:

$$8.76 \times 1.636 = 14.330$$

b. 辅助用工、超运距用工平均工资等级为3.3级。查表相应工资等级系数为1.500。

辅助用工等级总系数=辅助用工量×辅助用工平均等级系数
$$= 0.71 \times 1.5 = 1.065$$

超运距用工等级总系数=超运距用工量×超运距用工平均等级系数
$$= 2.28 \times 1.5 = 3.420$$

c. 人工幅度差平均工资等级系数和工资等级总系数。人工幅度差平均工资等级系数是基本工、辅助工、超运距用工工资等级系数的平均值。

人工幅度差平均工资等级系数=$(14.33+1.065+3.42) \div (8.76+0.71+2.28)=1.601$

人工幅度差平均工资等级总系数=$1.18 \times 1.601=1.889$

d. 预算定额人工消耗量指标平均工资等级的确定。

平均工资等级系数=各种用工等级总系数÷各种用工工日总和
$$=(14.33+1.065+3.42+1.889) \div (8.76+0.71+2.28+1.18)=1.601$$

由于平均工资等级系数为1.601,查《工资等级系数表》,$10m^3$砖基础预算定额人工消耗量指标平均工资等级是3.7级。

为了简便起见,预算定额某子目工程的各种用工量及平均工资等级,通常用《定额项目劳动力计算表》计算。详见表5-3-7。

定额项目劳动力计算表   表 5-3-7

章名称 砖石   节名称 砌砖   子目名称 砖基础   定额单位 10m³   工程名称 砌运砖   调运砂浆   清理基槽

施工操作工序名称及工作量			劳 动 定 额			工日数	等级系数	等级总系数
名　　称	数量	单位	定额编号	工种	时间定额			
1	2	3	4	5	6	7	8	9＝8×7
砌 1 砖基础	5	m³	§4-1-1(一)	砖瓦	0.89	4.45		
砌 1$\frac{1}{2}$砖基础	3	m³	§4-1-2(一)	砖瓦	0.89	2.58		
砌 2 砖基础	2	m³	§4-1-3(一)	砖瓦	0.833	1.67		
小　计						8.70		
加　工								
埋深超过 1.5m	1.5	m³	附　注	砖瓦	0.04	0.06		
合　计						8.76	1.636	14.330
辅助用工								
1. 筛砂子	2.58	m³	§4-4-83	辅助工	0.196	0.51		
2. 淋灰膏	0.4	m³	§4-4-95	辅助工	0.50	0.20		
小　计						0.71	1.500	1.065
超运距用工								
1. 砂 80－50＝30m	2.58	m³	§4-220-(九)	超运距	0.08	0.21		
2. 灰膏 150－100＝50m	0.4	m³	§4-221-(八)	超运距	0.204	0.08		
3. 砖 170－50＝120m	10	m³	§4-178-(一)	超运距	0.139	1.39		
4. 砂浆 180－50＝130m	10	m³	§4-178-(二)	超运距	0.0598	0.598		
小　计						2.28	1.50	3.420
人工幅度差	11.75	工日			10%	1.18	1.601	1.889
合　计						4.17		6.374
						12.93		20.704

砖瓦工	其他工	合　计	备注	平均工资等级系数：$\frac{20.704}{12.93}=1.601$
8.76	4.17	12.93		平均工资等级：3.7 级

3. 材料消耗量指标的确定

（1）主要材料和周转性材料消耗量指标的确定。预算定额材料消耗量指标的确定，应根据材料消耗定额和编制预算定额的原则、依据，采用理论与实际相结合，图纸计算与施工现场测算相结合等方法进行计算。使编制的定额既符合有关政策规定，又基本上与客观情况相一致，便于贯彻执行。

确定预算定额主要材料消耗量指标，应根据各分项工程的特点和相应的方法综合地进行计算，即一个分项工程的主要材料消耗量指标往往要用几种方法同时进行计算。例如，砌筑砖墙工程的主要材料用量，即要用图纸进行现场测算，又要采用理论计算公式。

例如计算每 1m³ 1$\frac{1}{2}$砖外墙用砖量和砂浆量的理论计算值。砖损耗率为 1%，砂浆损耗率为 1%。

$$砖净用量=\frac{墙厚砖数×2}{墙厚×(砖长+灰缝)×(砖厚+灰缝)}$$
$$=\frac{1.5×2}{0.365×(0.24+0.01)×(0.053+0.01)}=522 块$$

$$砂浆消耗量 = (1 - 砖数 \times 每块砖体积) \times (1 + 损耗率)$$
$$= (1 - 522 \times 0.24 \times 0.115 \times 0.053) \times (1 + 1\%)$$
$$= 0.243 \text{m}^3$$

上述计算中,砖和砂浆净用量只是理论计算用量,而材料实际净用量应按照预算定额的工程量计算规则,在测算砖砌体时扣除梁头、板头及 0.025m^3 以内过梁所占体积和门窗洞口与门窗外围面积差所占体积,并增加各种凸出腰线等体积。因此,测算出的砖和砂浆的实际净用量不等于理论上的净用量。预算定额主要材料消耗指标计算公式应该用下式表示:

$$主要材料消耗指标 = 材料实际净用量 + 材料损耗量$$

$$材料实际净用量 = 理论计算材料净用量 - 测算工程量时应扣除材料用量$$

例如砌 10m^3 一砖以上外墙,1984年北京市预算定额用量为:机砖5100块,砂浆 2.6m^3。

(2) 次要材料消耗指标的确定。预算定额的材料消耗量,是以主要材料为主列出的,次要材料不一一列出,往往把次要材料综合为其他材料费的金额"元"来表示。

计算定额子目的其他材料费时,应首先列出次要材料的内容和消耗量,然后分别乘以材料的预算单价,其计算可用下式表示:

$$其他材料费 = \sum [材料净用量 \times (1 + 损耗率) \times 材料预算价格]$$

4. 机械台班消耗指标的确定

预算定额中的施工机械消耗指标,是以台班为单位进行计算的,每一个台班为八个工作小时。

(1) 编制依据。定额的机械化水平,应以多数施工企业采用和已推广的先进方法为标准。

确定预算定额中施工机械台班消耗指标,应根据现行《全国统一劳动定额》中各种机械施工项目所规定的台班产量进行计算。

(2) 机械幅度差。编制预算定额时,在按照《全国统一劳动定额》计算施工机械台班消耗量时,还应考虑在合理的施工组织设计条件下机械停歇因素,另外增加一定的机械幅度差。

机械幅度差是指《全国统一劳动定额》规定范围内没有包括而实际中又必须增加的机械台班量。机械幅度差通常包括以下几项内容:

a. 施工中机械转移及配套机械互相影响损失的时间;

b. 机械在正常施工情况下,机械不可避免的工序间歇;

c. 工程结尾工作量不饱满所损失的时间;

d. 检查工程质量影响机械操作时间;

e. 临时水电线路的移动所发生的不可避免的机械操作间歇时间;

f. 冬期施工期间内发动机械的时间;

g. 不同厂牌机械的工效差;

h. 配合机械施工的工人,在人工幅度差范围以内的工作间歇影响的机械操作时间。

在计算预算定额机械台班消耗指标时,施工机械幅度差通常以系数表示。例如大型机械的机械幅度差:土方机械为1.25,吊装机械为1.3,打桩机械为1.33等。

(3) 机械台班消耗指标在预算定额中的表现形式。大型机械施工的土石方、打桩、构件吊装及运输项目,在预算定额内编列机械台班的种类、型号和机械台班数量。例如表

5-2-8 所示，完成 10m³ 外墙砖砌体需消耗 2～6t 塔吊 0.55 台班。

混凝土搅拌机、卷扬机等中小型机械由于是按小组配用，应以小组产量计算机械台班产量，不另增加机械幅度差。

有些地区，混凝土搅拌机等中小型机械，不列入预算定额机械台班消耗指标内，而以"中小型机械费"列入预算定额其他直接费项目内，按建筑面积计算其费用，并入直接费。但也有的地区，把中小型机械与大型机械台班消耗指标同时列入定额项目表内。详见表5-3-8。

定额项目表木门窗扇制作安装 表 5-3-8

工程内容包括：扇、亮子、盖口条、披水的制作安装、场内水平和垂直运输以及五金铁件的用工。

单位：每 100m³ 框外围面积

定额编号		7-19	7-20	7-21	7-22	7-23	7-24
项 目	单位	门 扇					
		半截玻璃门（纤维板）		半截玻璃门（平板）		木板门（拼板）	
		带亮子	不带亮子	带亮子	不带亮子	带亮子	不带亮子
基 价	元	1278.34 / 1275.69	1359.73 / 1357.28	1406.91 / 1104.52	1528.06 / 1525.63	1926.79 / 1924.32	2197.10 / 2194.85
其中：人工费	元	96.56	119.59	115.72	122.31	107.87	110.13
材料费	元	1036.50	1107.30	1170.19	1279.64	1671.23	1927.20
机械使用费	元	92.02 / 89.37	76.84 / 74.39	54.84 / 52.18	53.39 / 50.96	52.71 / 49.74	49.50 / 47.25
木材干燥费	元	53.26	56.00	66.43	72.72	95.48	110.27
（一）制 作							
人工 / 木工	工日	17.86	20.00	18.79	21.16	16.97	18.57
人工 / 其他工	工日	1.79	2.00	1.88	2.12	1.70	1.86
人工 / 合计	工日	19.65	22.00	20.67	23.28	18.67	20.43
人工 / 工资等级	级	4.2	4.2	4.2	4.2	4.2	4.2
材料 / 木材一等红松（挺料）	m³	2.360	2.837	2.511	3.107	3.091	3.822
材料 / 木材一等红松（亮子）	m³	0.338	—	0.343	—	0.32	—
材料 / 木材一等红松（门心板）	m²	—	—	0.511	0.577	1.426	1.764
材料 / 纤维板	m²	40.65	50.28				
材料 / 胶合板	m²						
材料 / 钢钉	kg	3.51	4.34	2.12	2.62	2.12	2.62
材料 / 皮胶	kg	2.84	2.63	4.29	4.32	4.26	4.31
材料 / 铝板	m²						
机械 / 圆锯 600mm	台班	0.78	0.75	0.65	0.61	0.62	0.59
机械 / 四面压刨 400mm	台班	0.96	0.69	0.61	0.59	0.56	0.51
机械 / 打眼机 515 型	台班	1.67	1.41	0.81	0.75	0.81	0.74
机械 / 开榫机 200mm 内	台班	1.54	1.41	0.74	0.74	0.72	0.74
机械 / 裁口机（多面）	台班	0.86	0.61	0.55	0.53	0.52	0.45
（二）安 装							
人工 / 木工	工日	13.20	18.47	18.44	18.18	17.72	16.85
人工 / 其他工	工日	1.32	1.85	1.84	1.82	1.77	1.69
人工 / 合计	工日	14.52	20.32	20.28	20.00	19.50	18.54
人工 / 工资等级	级	4.2	4.2	4.2	4.2	4.2	4.2
机械 / 塔式起重机/卷扬机	台班	0.083 / 0.199	0.080 / 0.201	0.076 / 0.185	0.077 / 0.187	0.077 / 0.184	0.0726 / 0.180

注：普通门扇作成防寒保温门者，每 10m² 门扇面积，增加一等红松 0.15m³，毛毡 14m²，油毡 22m²，铁钉 1.50kg，4.2 级工 2.4 工日。

思 考 题

1. 什么是建筑工程预算定额？有何作用？
2. 预算定额的编制依据和原则是什么？
3. 预算定额的计量单位是如何确定的？
4. 预算定额人工消耗指标的平均工资等级系数及平均工资等级是如何确定的？
5. 预算定额人工消耗指标都包括哪些用工？如何计算？
6. 预算定额中的主要材料消耗用量是怎样确定的？次要材料消耗量在定额中是如何表示的？
7. 预算定额机械台班消耗量指标是如何确定的？
8. 预算定额由哪些内容组成？

第四节 建筑安装工程预算定额基价的确定

预算定额基价亦称预算价值。是以建筑安装工程预算定额规定的人工、材料和机械台班消耗指标为依据，以货币形式表示每一分项工程的单位价值标准。它是以地区性价格资料为基准综合取定的，是编制工程概算造价的基本依据。

预算定额基价包括人工费、材料费和机械使用费。它们之间的关系可用下列公式表示：

$$预算定额基价 = 人工费 + 材料费 + 机械使用费；$$

式中：
$$人工费 = 定额合计用工量 \times 定额日工资标准；$$
$$材料费 = \Sigma(定额材料用量 \times 材料预算价格) + 其他材料费；$$
$$机械使用费 = \Sigma(定额机械台班用量 \times 机械台班使用费)。$$

为了正确地反映上述三种费用的构成比例和工程单价的性质、作用，定额基价不但要列出人工费、材料费和机械使用费，还要分别列出三项费用的详细构成。如人工费要反映出基本工、其他用工的工日数量，技术等级和工资单价；材料费要反映出主要材料的名称、规格、计量单位、定额用量、材料预算单价，零星的次要材料不需一一列出，按"其他材料费"以金额"元"表示；机械使用费同样要反映出各类机械名称、型号、台班用量及台班单价等。

因此，为了确定预算定额基价，必须在研究预算定额的基础上，研究定额日工资标准、材料预算价格和机械台班使用费的计算方法。

一、定额日工资标准的确定

预算定额基价中定额日工资标准，是指直接从事建筑安装工程施工工人的日基本工资、附加工资和工资性津贴之和。

（一）建筑安装工人工资等级系数

工资等级系数就是表示各级工人基本工资标准的比例关系，通常以一级工基本工资标准与另一级工人基本工资标准的比例关系来表示。

我国建筑安装企业工人的工资等级，是根据建筑安装工人的操作技术水平确定的。原来建筑工人实行七级工资制，安装工人实行八级工资制。近年来，按国家劳动部门现行有关规定，建筑、安装工人统一改为八级工资制，即八级工工资标准为一级工工资标准的3.0倍。例如表5-4-1为六类工资区各级建筑安装工人工资等级系数和月工资标准。

建筑安装工人工资等级系数表（六类工资区）　　　　　表 5-4-1

工种	工资等级系数	工资等级												
		1		2		3		4		5		6		7
建筑安装	系数	一	二	三	四	五	六	七	八	九	十	十一	十二	十三	十四
		1.00	1.079	1.184	1.289	1.421	1.553	1.684	1.816	1.974	2.132	2.289	2.447	2.632	2.810
工资标准（元）	月工资	38	41	45	49	54	59	64	69	75	81	87	93	100	107

六类工资区级差为 0.1 级工资等级系数如表 5-4-2 所示。

建筑安装工人工资级差为 0.1 级工资等级系数表　　　　　表 5-4-2

等级	系数	等级	系数	等级	系数	等级	系数	等级	系数	等级	系数	等级	系数	等级
1.0	1.000	2.0	1.184	3.0	1.421	4.0	1.684	5.0	1.974	6.0	2.289	7.0	2.632	8.0
1.1	1.018	2.1	1.208	3.1	1.447	4.1	1.713	5.1	2.006	6.1	2.323	7.1	2.669	
1.2	1.037	2.2	1.231	3.2	1.474	4.2	1.742	5.2	2.037	6.2	2.358	7.2	2.706	
1.3	1.055	2.3	1.255	3.3	1.500	4.3	1.771	5.3	2.069	6.3	2.392	7.3	2.742	
1.4	1.074	2.4	1.279	3.4	1.526	4.4	1.800	5.4	2.100	6.4	2.426	7.4	2.779	
1.5	1.090	2.5	1.303	3.5	1.553	4.5	1.829	5.5	2.132	6.5	2.461	7.5	2.816	
1.6	1.110	2.6	1.326	3.6	1.579	4.6	1.858	5.6	2.163	6.6	2.495	7.6	2.853	
1.7	1.129	2.7	1.350	3.7	1.605	4.7	1.887	5.7	2.195	6.7	2.529	7.7	2.890	
1.8	1.147	2.8	1.374	3.8	1.631	4.8	1.916	5.8	2.226	6.8	2.563	7.8	2.926	
1.9	1.166	2.9	1.397	3.9	1.658	4.9	1.945	5.9	2.258	6.9	2.598	7.9	2.963	

在编制预算定额时，人工的工资等级是按工人的平均工资等级表示的。这个平均工资等级并不恰好就是 1～8 级某一级，而是介于两个等级之间级差为 0.1 级的某一等级。为了便于计算人工费和编制单位估价表，需要用插入法计算出级差为 0.1 级建筑安装工人工资等级系数表。其计算公式如下：

$$B = A + (C - A) \times d$$

式中　B——介于两个等级之间级差为 0.1 级的某工资等级系数；

　　　A——与 B 相邻而较低的那一级工资等级系数；

　　　C——与 B 相邻而较高的那一级工资等级系数；

　　　d——介于两个工资等级之间的级差为 0.1 级的各种等级，如 0.1，0.2，0.3，0.4，………0.9。

【例 1】 试计算六类工资区 5.4 级工的工资等级系数（用插入法）

【解】 查表 5-4-1

　　　5 级工工资等级系数为 1.974；

　　　6 级工工资等级系数为 2.289。

则：5.4 级工工资等级系数为：

$$1.974 + (2.289 - 1.974) \times 0.4 = 2.100$$

【例 2】 试计算六类工资区 4 级工月工资标准，一级工月工资标准为 38 元。

【解】 查表 5-4-1

4级工工资等级系数为1.684

则4级工月工资标准为：38×1.684＝64元

（二）预算定额日工资标准的计算

预算定额日工资标准，即预算定额中的人工工日单价，它是由日基本工资、附加工资和工资性质的津贴组成，可用下式表示：

$$定额月工资标准＝日基本工资＋日附加工资和工资性津贴$$

过去，我国的工资等级制度和工资标准，都是按行业分别制定的。建筑安装工人执行原建筑工程部1956年制定的工资标准，其他行业工人分别执行相应行业的工资标准。1985年原国家劳动人事部颁发了《国营大中型企业工人工资标准表》（工资标准详见表5-4-3），统一了全国大中型企业职工的工资标准。建筑企业的工资等级标准也同样按国家统一规定的新工资等级标准执行。

国有大中型企业工人工资标准表（单位：元）　　　　　表5-4-3

各类区适用标准范围	序号	等级	一		二		三		四		五		六		七		八	
			一	二	三	四	五	六	七	八	九	十	十一	十二	十三	十四	十五
十一类工资区		11	43	47	51	56	61	66	72	78	84	91	98	105	113	121	129
十类工资区		10	42	46	50	55	60	65	40	76	82	89	96	103	110	118	126
九类工资区		9	41	45	49	54	59	64	69	75	81	87	94	101	108	115	123
八类工资区		8	40	44	48	53	58	63	68	73	79	85	91	98	105	112	110
七类工资区		7	39	43	47	52	57	62	67	72	78	84	90	96	103	110	117
六类工资区		6	38	41	45	49	54	59	64	69	75	81	87	93	100	107	114
五类工资区		5	37	40	44	48	52	56	61	66	72	78	84	90	97	104	111
		4	36	39	43	47	51	55	60	65	70	76	82	88	94	101	108
		3	35	38	42	46	50	54	59	64	69	74	80	86	92	98	105
		2	34	37	41	45	49	53	58	63	68	73	78	84	90	96	102
		1	33	36	40	44	48	52	56	61	66	71	76	81	87	93	99

工人工资标准表中列出的五类至十一类工资区，是指1956年国家工资改革时，将全国划分为十一个工资区，以后三、四、五类工资区作了相应提高，其他仍按原规定执行。例如：北京、哈尔滨为六类工资区，上海、西安为八类工资区，广州为十类工资区等。

国营企业工人新的工资等级标准仍为八级工资等级制，为使工资标准划分更为合理，在每两个工资等级中又增加了副级，共为十五个工资等级。企业内所有工人，包括生产工人辅助生产工人，各类服务工人都应执行此工资标准。

1．日基本工资的计算

各级工的月、日基本工资标准可用下式表示：

$$各级工月基本工资标准＝一级工月基本工资标准×相应工资等级系数$$

$$各级工日基本工资标准＝\frac{各级工月基本工资标准}{平均每月实际工作天数}$$

式中 平均每月实际工作天数 $=\dfrac{\text{国家规定全年应出勤天数}}{12(\text{个月})}$

【例3】 试计算六类工资区 3.6 级工的日基本工资标准。平均每月实际工作天数按 25.5 天计。

【解】 查表 5-4-1，5-4-2，

1 级工月基本工资标准为 38 元，3.6 级工工资等级系数为 1.579。

则：3.6 级工日基本工资标准 $=\dfrac{38\times 1.579}{25.5}=2.35$ 元/工日。

2. 日附加工资和工资性津贴的计算

建筑安装工人附加工资和工资性津贴，均按各地区的现行有关规定和建筑企业的现行标准按月计算。同样，按平均每月实际工作天数计算出日附加工资和工资性津贴。

【例4】 试计算某地区（六类工资区）3 级工建筑安装工程预算定额日工资标准。本地区规定：施工流动津贴 0.6 元/工日，粮贴及副食补贴 0.68 元/工日，平均每月实际工作天数按 25.5 天计算。

【解】 查表 5-4-1

1 级工月基本工资标准为 38 元，3 级工工资等级系数为 1.421。

日附加工资和工资性津贴 $0.6+0.68=1.28$ 元/工日

则：3 级工定额日工资标准 $=\dfrac{38\times 1.421}{25.5}+1.28=3.40$ 元/工日

（三）预算定额人工费的计算

预算定额人工费等于相应人工消耗指标乘以定额日工资标准，可用下式表示：

$$\text{人工费}=\text{人工工日用量}\times\text{定额日工资标准}$$

【例5】 某分项工程定额合计用工量为 14.452 工日/10m³，平均工资等级为 3.4 级，求其定额人工费。附加工资及工资性津贴 1.28 元/工日，平均每月实际工作天数按 25.5 天计（采用六类工资区工资标准）。

【解】 查表 5-4-1，5-4-2，

1 级工月工资标准 38 元，

3.4 级工工资等级系数为 1.526，

3.4 级工日基本工资 $=\dfrac{38\times 1.526}{25.5}=2.27$ 元/工日

3.4 级工定额日工资标准 $=2.27+1.28=3.55$ 元/工日

则：定额人工费 $=14.45\times 3.55=51.30$ 元

1. 材料预算价格的确定

材料预算价格是指材料由其来源地或交货地，到达仓库或施工现场存放地点后的出库价格。

建筑材料费在建筑安装工程预算造价中占有很大比重，材料费一般占工程造价的 60%～70%。预算定额中的材料费，是根据材料消耗定额和材料预算价格计算的。另外，材料预算价格也是建设单位与施工单位、加工订货单位结算其供应的材料、成品及半成品价款的依据。因此，正确编制材料预算价格，有利于降低工程造价，也有利于促进施工企

业的经济核算。

2. 材料预算价格的编制范围

材料预算价格按编制范围划分有两种。

(1) 地区材料预算价格。地区材料预算价格是根据本地区材料价格资料编制的，仅提供本地区内所有工程使用的材料预算价格。例如 2001 年北京城乡建设委员会，结合北京地区材料供应、材料价格等资料编制的《建设工程材料预算价格》，就是供北京地区建筑安装工程使用的材料预算价格。包括土建；水电；工厂制品；仿古建筑；苗木共五册。编制地区材料预算价格，应由地区主管部门负责组织邀请设计、施工、建设、银行、运输及物资供应等单位参加，共同编制，经过主管部门批准后执行。

(2) 某项工程使用的材料预算价格。某项工程使用的材料预算价格，是以某一个工程为对象编制的，仅提供该项工程使用的材料预算价格。

一般大型重点工程建设，由于材料规格、产地、运输等情况的不同，经有关部门同意批准，可以单独编制适合于该工程需要的材料预算价格。

3. 材料预算价格的组成与确定

建筑材料、成品及半成品的预算价格是由下列五项费用组成的：

(1) 材料原价。材料原价是指材料出厂价格或商店的批发牌价。

(2) 供销部门手续费。基本建设所需要的建筑材料，大致有两种供应渠道，一种是指定生产厂直接供应，另一种是由物资供销部门供应。材料供销部门手续费是指某些材料，由于不能直接向生产单位采购订货，需经当地物资供销部门供应而支付的附加手续费。其计算公式如下：

$$供销部门手续费＝材料原价 \times 手续费率$$

不经物资供应部门而直接从生产单位采购直达到货的材料，不计算供销部门手续费。供销部门手续费，各地区均参考原国家经委规定的费率制定本地区使用的费率。目前，我国大部分地区执行国家经委规定的费率。详见表 5-4-4。

供销部门手续费率表　　　　表 5-4-4

序号	材料名称	费率(%)	备注	序号	材料名称	费率(%)	备注
	金属材料	2.5	包括有色、黑色金属、生铁		化工材料	2	
	木材	3	包括竹、胶合板		轻工产品	3	
	电机材料	1.8			建筑材料	3	包括一、二、三类物资

(3) 材料包装费。材料包装费是指为了便于材料运输或保护材料而进行包装所需要的一切费用。

材料包装费用的计算，通常有两种情况：

a. 材料出厂时已经包装者，其包装费一般已计入材料原价内，不再另行计算，但应扣回包装品的回收值。如水泥、玻璃、铁钉、油漆、卫生陶瓷等，均由厂家负责包装。

包装品的回收价值，如地区主管部门已有规定者，应按地区的规定计算。地区无规定者，可根据实际情况，参照下列比率自行确定：

(a) 用木材制品包装者，以 70％回收量，按包装材料原价的 20％回收计算。

(b) 用铁皮、铁丝制品包装者，铁桶以 95％、铁皮以 50％、铁丝以 20％的回收量，按包装材料原价的50％计算。

(c) 用纸皮、纤维品包装者，以50％的回收量，按包装材料原价的50％计算。

(d) 用草绳、草袋制品包装者，不计算回收价值。

b. 材料原价中未含包装费，包装费用需要另行计算。如果包装器材不是一次性报废材料，则包装费用应按多次使用，分次摊销的方法计算。

(4) 材料运输费。材料运输费是指材料由来源地运至施工工地仓库止，材料全部运输过程中所发生的一切费用。通常包括车、船运输费；调车费；入库费；装卸费以及附加工作费等费用。

材料运输费用，一般按外埠运费和市内运费两段计算。

a. 外埠运费：外埠运费包括材料由其来源地运至本市材料仓库或货站的全部费用：车、船运输费，装卸费以及入库费。

其运费的计算，一般是根据工程材料需用量，参考历年来物资实际分配来源地以及可能提供的材料量，测算出合理的运输里程，再根据铁道、航运部门规定的运价，采用加权平均的方法计算出各种材料的运输费用。

b. 市内运费：市内运费包括材料从本市仓库或货站，运至施工工地仓库的出库费、装卸费和运输费。

市内运费的计算，是根据施工工程任务在全市城近郊的分布状况，以及与其相应的物资来源地点、公安交通部门规定的可行运输路线里程、货物运价表等有关资料计算的。通过计算汇总编制出建筑材料市内运输费费率汇总表。如表5-4-5所示。

建筑材料市内运费费率汇总表　　　　　　　　　　表 5-4-5

序号	材料类别	范围	计取单位	市内运费
01	黑色及有色金属	全章	t	45.00
02	水泥及水泥制品	其中：水泥	t	25.00
		加气混凝土砌块、板，泡沫水泥砖	m³	13.00
		其他诸项	供应价格	15％
03	木材	其中：原木，厚板	供应价格	25.00
		其他诸项	m²	2.5％
04	玻璃	全章	供应价格	3％
05	砖、瓦、灰、砂、石	其中：机制红、兰砖，瓦	千块	50.00
		非承重粘土空心砖	千块	225.00
		承重粘土空心砖	千块	110.00
		陶粒、水泥、炉渣空心砖，粘土珍珠岩砖石	m³	35.0
		棉水泥瓦、脊瓦，玻璃钢波形瓦、脊瓦，透明尼龙瓦	供应价格	4％

注：摘自1996年北京市现行材料预算价格附表《市内运费费率汇总表》。

(5) 采购及保管费。材料采购及保管费是指施工企业的材料供应部门，在组织材料采购、供应和保管过程中所需要支出的各项费用。其中包括：采购及保管部门的人员工资和管理费，工地材料仓库的保管费，货物过秤费及材料运输费之和的一定比率计算。其费用可用下式表示：

材料采购及保管费＝（材料原价＋供销部门手续费＋包装费＋运输费）×采购及保管费率

采购及保管费的计算，目前各地区均执行国家经委的规定，即费率为2％。但有些地区根据本地区的材料供应管理制度，采购及保管费做了些调整。例如北京市现行材料预算价格中的采购及保管费，经过测算，综合取定费率为2%，并综合考虑了材料的运输及保管损耗。

材料预算价格通常采用预算价格表的形式计算。即根据上述计算方法，逐项的计算材料预算价格每个组成部分，填入材料预算价格计算表格内，详见表5-4-6。

材料预算价格计算表 表5-4-6

材料名称	规格型号	计量单位	原价	供销手续费		合计	包装费	外埠运费				供应价格	市内运费				合计	采购及保管费	减包装品回收值	材料预算价格
				费率%	小计			车船运费	装卸杂费	入库费	小计		出库费	运费	装卸费	小计				
(2)	(3)	(4)	(5)	(6)=(4)×(5)	(7)=(4)+(6)	(8)	(9)	(10)	(11)	(12)=(9)+(10)+(11)	(13)=(7)+(8)+(12)	(14)	(15)	(16)	(17)=(14)+(15)+(16)	(18)=(13)+(17)	(19)=(18)×费率	(20)	(21)=(18)+(19)−(20)

各地区使用的材料预算价格计算表的格式较多，表5-4-6为北京地区使用的预算价格计算表，学习时仅供参考。

材料预算价格的计算可用下式表示：

材料预算价格＝（供应价格＋市内运费）×（1＋采购及保管费率）−包装回收值

式中： 供应价格＝原价＋供销部门手续费＋包装费＋外埠运费

【例6】 北京某工程原使用32.5级普通硅酸盐水泥，出场价格为289.17元/t，由北京市建材公司供应，建材公司提货地点是本市的中心仓库。试求某工地仓库水泥的预算价格。供销手续费率为3%，采购及保管费率为2%。

【解】 （1）32.5普通硅酸盐水泥原价为289.17元/t

（2）供销部门手续费：289.17×3%＝8.67元/T

（3）包装费：水泥纸袋包装费已包括在材料原价内，不另计算。但包装回收值应在材料预算价格中扣除。纸袋回收率为50%，纸袋回收值按0.13元/个计算。则包装费应扣除值为：

$$20×50\%×0.13＝1.30 元/t$$

（4）运输费：
水泥市内运费　25.00元/t（查表5-4-5）

（5）采购及保管费：

$$(289.17＋8.67＋25)×2\%＝6.46 元/t$$

北京某工程仓库32.5普通硅酸盐水泥供应价格及预算价格为：

供应价格＝289.17＋8.67＝297.84元/t

预算价格＝(297.84＋25＋6.46)−1.3＝328元/t

(四) 施工机械台班使用费的确定

施工机械使用费以"台班"为计量单位,一台机械工作8小时,称为一个台班。为使机械正常运转,一个台班中所支出和分摊的各种费用之和,称为机械台班使用费或机械台班单价。

机械台班使用费是编制预算定额基价的基础之一,是施工企业对施工机械费用进行成本核算的依据。机械台班使用费的高低,直接影响建筑工程造价和企业的经营效果。因此,确定合理的机械台班费用定额,对加速建筑施工机械化步伐,提高企业劳动生产率,降低工程造价具有一定的现实意义。

1. 机械台班使用费的分类

根据施工要求,现行《建筑机械台班费用定额》分为大型机械和中小型机械两大部分。

(1) 大型机械

a. 水平运输机械

b. 起重及垂直运输机械

c. 土石方筑路机械

d. 打桩机械

(2) 中小型机械

a. 混凝土及砂浆搅拌机械

b. 金属加工机械及木结构加工机械

c. 焊接机械

d. 动力机械及其他机械

中小型机械(混凝土搅拌机)台班费用定额见表5-4-7。

混凝土搅拌机机械台班费用定额　　　　表5-4-7

费用项目		单位	混凝土搅拌机		
			250L(电)	400L(电)	800L(电)
机械台班费		元	12.89	17.69	29.97
第一类费用	折旧费		1.73	2.88	4.61
	大修费		1.03	1.71	3.34
	维修费		1.86	3.10	6.05
	替换设备、工具附加费		1.09	1.69	1.21
	润滑擦拭材料费		0.54	0.54	0.84
	安拆辅助设施费		1.23	1.53	2.00
	场外运输费		0.55	0.59	0.83
	小计		8.03	11.44	18.88
第二类费用	人工工资		2.76	2.76	3.19
	燃料动力费		2.10	3.49	7.90
	小计		4.86	6.25	11.09

2. 机械台班使用费的项目组成及计算方法

机械台班使用费由两类费用组成：

(1) 第一类费用（亦称不变费用）

这类费用不因施工地点、条件的不同而发生大的变化。其费用内容如下：

a. 台班机械折旧费：机械按规定使用期限，陆续收回其原始价格的台班摊销费用。其费用应根据机械的预算价格、机械使用总台班、机械残值率等资料确定的。其计算公式如下：

$$台班机械折旧费 = \frac{机械预算价格 \times (1-机械残值率)}{使用总台班}$$

式中：

$$机械残值率 = \frac{机械残值}{机械预算价格};$$

$$使用总台班 = 机械使用年限 \times 年工作台班$$

机械残值是指机械设备经使用磨损达到规定使用年限时的残余价值。各种机械残值率详见表5-4-8。

机械残值率表　　表 5-4-8

序 号	机 械 种 类	机 械 残 值 率(%)
1	大型施工机械	5
2	运输机械	6
3	中小型机械	4

注：此表摘自1981年国家编《建筑工程预算定额》（修改稿）。

机械预算价格是指机械出厂价格，加上供销部门手续费和机械由出厂地点运到使用单位的一次性运杂费。

b. 台班大修理费：机械使用达到规定的大修间隔期而必须进行大修理，以保持机械正常功能所需支出的台班摊销费用。其计算公式为：

$$台班大修理费 = \frac{一次大修理费 \times 大修理次数}{使用总台班}$$

c. 台班经常维修费：在机械一个大修周期内的中修和定期各级保养所需支出的台班摊销使用。其计算公式如下：

$$台班经常维修费 = 台班大修费 \times K_a$$

式中　K_a ——台班经常维修系数，$K_a = \frac{台班经常维修费}{台班大修理费}$，如载重汽车 $K_a = 1.46$，自卸汽车 $K_a = 1.52$，塔式起重机 $K_a = 1.69$ 等。

d. 台班润滑材料及擦拭材料费：为保证机械正常运转进行日常保修所需的润滑油脂及擦拭用布、棉丝等台班摊销费用。其计算可用下式表示：

$$\text{台班润滑材料及擦拭材料费} = \Sigma \left(\text{某润滑材料及擦拭材料的台班使用量} \times \text{相应单价} \right)$$

式中

$$\text{某润滑材料台班使用量} = \frac{一次使用量 \times 每个大修理间隔期平均加油次数}{大修理间隔台班}$$

e. 台班安装拆卸及辅助设施费：机械进出工地必须安装拆卸所需的工料机具消耗和

试运转费以及辅助设施台班分摊费用。

　　f. 台班进出场费：机械整体部件或分部件从停放地点运至施工现场之间的运输转移台班摊销费用。

　　目前有些地区，大型机械的安装拆卸及辅助设施费、机械进出场费等两次费用，在预算定额中单独列项。

　　g. 台班替换设备工具及附具费：为了机械正常运转所需要的附属设备（如轮胎、电瓶、电缆、钢丝绳等）和随机应用的工具及附具的台班摊销费用。

　　h. 台班机械保管费：机械管理部门为管理机械所消耗的台班摊销费用。这项费用，有些地区不列入机械台班费用内，而是一并考虑在机械出租管理费内。

（2）第二类费用（亦称可变费用）

　　这类费用常因施工地点和条件的不同而有较大的变化。其费用包括：

　　a. 机上人员工资：机上操作人员及随机人员的工资。它是按机械施工定额、不同类型机械使用性能配备的一定技术等级的机上人员的工资。

　　b. 动力燃料费：包括机械所需的电力、柴油、汽油、固体燃料等台班摊销费用。

（3）养路费及牌照税

　　指按照省、市（地）有关部门规定，定期交纳的机械牌照税和维护公路所需的台班摊销费用。此项费用未包括在一、二类费用内，而是在台班费用定额中另列项表示。

　　台班养路费计算公式如下：

$$台班养路费 = \frac{核定吨位 \times 每月每吨养路费 \times 年工作月数}{年工作台班}$$

　　计算建筑机械台班费用定额几项常用基本数据详见表5-4-9。

建筑机械台班费用定额几项基本数据参考表　　表5-4-9

序号	机械名称	型号规格	预算价格（元）	残值率（%）	使用总台班	大修间隔台班	一次大修理费（元）	耐用周期	K_a（系数）
1	载重汽车	JX_{261} 10t	105000	6	3750	750	8600	5	1.46
2	自卸汽车	AH_{360} 8t	6300	6	3125	625	6800	5	1.52
3	汽车起重机	Q_2-5H 5t	80900	5	3750	750	6000	5	2.10
4	汽车起重机	TS-100L 10t	147310	5	3750	750	11000	5	2.10
5	履带式起重机	W_{501} 10t	101850	5	5625	1125	13000	5	2.16
6	塔式起重机	TQ_{2-6} 2～6t	96300	5	6000	1200	8000	5	1.69
7	混凝土搅拌机	C_{145-3} 400L	10500	4	3500	875	2000	4	1.81
8	卷扬机	1012型单慢5t	8190	4	2500	500	950	5	2.24

　　【例7】　以北京地区10t载重汽车为例，计算其台班使用费。查表5-4-9此规格载重汽车计算机械台班费用有关资料如下：

　　　　预算价格（台）　　　　　　　105000元
　　　　机械残值率　　　　　　　　　6％

使用总台班	3750 台班	
大修理间隔台班	750 台班	
一次大修理费用	8600 元	
耐用周期	5 次	
经常维修次数	1.46	
年工作台班	240 台班	

【解】 第一类费用的计算：

$$机械折旧费 \frac{105000 \times (1-6\%)}{3750} = 26.32 \text{ 台班}$$

$$大修理费 \frac{8600 \times (5-1)}{3750} = 9.17 \text{ 元/台班}$$

经常维修费 9.17×1.46＝13.39 元/台班

替换设备、工具、附具费	13.22 元/台班
润滑擦拭材料费	2.03 元/台班
小计	66.03 元/台班
第二类费用的计算	
人工工资	3.19 元/台班
燃料动力费	19.98 元/台班
小 计	23.17 元/台班
台班养路费	28.50 元/台班
合 计	117.70 元/台班

根据以上各项费用的计算，10t 载重汽车的机械台班费应是 117.70 元/台班。其中第一类费用 66.03 元/台班，第二类费用 23.17 元/台班，公路养路费 28.50 元/台班，详见表 5-4-10。

载重汽车机械台班费用定额　　　表 5-4-10

<table>
<tr><th colspan="2">费 用 项 目</th><th>单位</th><th colspan="4">载 重 汽 车(t)</th></tr>
<tr><th colspan="2"></th><th></th><th>8</th><th>10</th><th>12</th><th>15</th></tr>
<tr><td colspan="2">机 械 台 班 费</td><td>元</td><td>84.64</td><td>117.70</td><td>124.12</td><td>142.06</td></tr>
<tr><td rowspan="7">第一类费用</td><td>折 旧 费</td><td></td><td>9.08</td><td>26.32</td><td>26.32</td><td>28.95</td></tr>
<tr><td>大 修 费</td><td></td><td>7.15</td><td>9.17</td><td>9.17</td><td>12.27</td></tr>
<tr><td>经常维修费</td><td></td><td>10.43</td><td>13.39</td><td>13.39</td><td>17.91</td></tr>
<tr><td>替换设备、工具、附具费</td><td></td><td>13.22</td><td>15.12</td><td>15.12</td><td>15.84</td></tr>
<tr><td>润滑擦拭材料费</td><td></td><td>2.03</td><td>2.03</td><td>2.03</td><td>2.18</td></tr>
<tr><td>安拆辅助设施费</td><td></td><td></td><td></td><td></td><td></td></tr>
<tr><td>场外运输费</td><td></td><td></td><td></td><td></td><td></td></tr>
<tr><td colspan="2">小 计</td><td></td><td>41.91</td><td>66.03</td><td>66.03</td><td>77.15</td></tr>
<tr><td rowspan="3">第二类费用</td><td>人工工资</td><td></td><td>3.19</td><td>3.19</td><td>5.52</td><td>5.52</td></tr>
<tr><td>燃料动力</td><td></td><td>16.74</td><td>19.98</td><td>21.22</td><td>23.76</td></tr>
<tr><td>小 计</td><td></td><td>19.93</td><td>23.17</td><td>26.74</td><td>29.28</td></tr>
<tr><td colspan="2">公路养路费</td><td></td><td>22.80</td><td>28.50</td><td>31.35</td><td>35.63</td></tr>
</table>

在施工过程中,由于工程地质条件的变化、设计意图的改变、材料的代换等,致使各分项工程实际工程量与原施工图预算各分项工程量存在差别,原施工图工程直接费在竣工结算时也随之改变。有了单位估价表,再算出施工企业实际已完成的建筑安装工程量,就可以算出与工程基本相符的已完工程价款,据以办理施工过程中的结算和竣工工程结算。

3. 单位估价表中的综合单价是基本建设核算和分析工作常用的货币指标之一。

企业为了实行经济核算,考核单位建筑安装产品成本执行情况,必须借助单位估价表中的综合单价所表明的预算成本进行比较,看看实际成本大小,分析节超原因。

二、单位估价表的编制

(一) 单位估价表编制依据

各省、市、自治区编制地区统一单位估价表,一般是以本地区中心城市的有关资料为依据编制的。因为预算定额在某一地区是统一的,工资标准在一个地区也是统一的,只是在材料预算价格水平上有些出入。在一个地区范围内,只要从组织上、技术上采取适当措施,就可以编制出统一的地区单位估价表。

编制单位估价表的主要依据是:

(1) 地区现行的预算定额。

(2) 地区现行的日工资标准。

(3) 地区现行的材料预算价格。

(4) 地区现行的施工机械台班预算价格。

(二) 单位估价表的内容

单位估价表内容是由两部分组成的。一是预算定额规定的工、料及施工机械台班数量,即合计用工数和平均工资等级、各种材料消耗量、施工机械种类和台班消耗量;二是预算价格,即与上述三种量相应的人工费、材料费、机械费以及三种费用的合计。详见表5-4-11。

单位估价表(砖石工程) 表5-4-11

定额编号:五-1-2　　　　　　一砖以上外墙　　　　　　计量单位:10m³

	项 目	单 位	单价(元)	数 量	合价(元)
	人工费(3.4级)	工 日	2.50	15.78	39.45
材料	M2.5混合砂浆	m³	28.61	2.60	74.39
	机 砖	千块	73.14	5.10	373.01
	其他材料费				1.80
	小 计				449.20
机械	2~6t塔吊	台 班	57.21	0.55	31.47
	合 计				520.12

单位估价表的编制就是把建筑安装工程预算定额规定的人工、材料及机械台班消耗量,分别乘以预算定额日工资标准、地区材料预算价格和施工机械台班使用费,把上述三项费用汇总即得分项工程单位预算价值。

为了加强建筑企业管理,原国家计划委员会和中国建设银行以计标〔1985〕(352)号文件明确规定："各种概预算定额一般应列出基价。全国统一定额应按北京地区的工资标准、材料预算价格、机械台班单价计算基价，主管部门另有规定的除外；地区统一定额和通用性的全国统一预算定额，以省会所在地的工资标准、材料预算价格、机械台班单价计算基价。在定额表中一般应列出基价所依据的单价并在附录中列出材料预算价格取定表。"

有些地区的预算定额，已不单是确定人工、材料和机械台班消耗量指标，而是与本地区的工资标准、材料预算价格、机械台班使用费结合起来，在预算定额中直接表示出人工费、材料费、机械费和单位分项工程定额基价。因此，有些省、市地区不再编制单位估价表，在编制工程预算时直接采用定额。

（三）单位估价汇总表的编制

在单位估价表编制完成后，为了方便使用，应编制单位估价汇总表。

单位估价汇总表应将单位估价表中的主要资料列入，包括有：单位估价表编号、工程名称，定额基价以及其中人工费、材料费及施工机械费。详见表 5-4-12。

单位估价汇总表（砖石工程） 表 5-4-12

单位：10m³

定额编号			5-2-1	5-2-2	5-2-3	5-2-4	5-2-5	5-2-6	5-2-7
项目		单位	砖 外 墙						
			水 泥 白 灰 砂 浆				水 泥 砂 浆		
			M2.5	M5	M7.5	M10	M5	M7.5	M10
预算价值	建筑物檐高在 20m以下	元	520.12	529.32	536.13	542.92	527.66	537.82	547.31
	45m以下	元	531.32	540.52	547.33	554.12	538.86	549.02	558.51
	80m以下	元	626.00	635.20	642.01	648.80	633.54	643.70	653.19
其中	人工费	元	39.45	39.45	39.45	39.45	39.45	39.45	39.45
	材料费	元	449.20	458.40	465.21	472.00	456.74	466.90	476.39
	机械费 2～6t塔吊	元	31.47	31.47	31.47	31.47	31.47	31.47	31.47
	3～8t塔吊	元	42.67	42.67	42.67	42.67	42.67	42.67	42.67
	4～10t塔吊	元	137.35	137.35	137.35	137.35	137.35	137.35	137.35
人工		工日	15.78	15.78	15.78	15.78	15.78	15.78	15.78

注：此表摘自 1986 年《北京市土建工程常用项目单位估价汇总表》。

在编制单位估价表时，要注意单位的换算。即单位估价表是按预算定额编制的，定额的计量单位多是 10m³、100m³、10m² 算，而单位估价表多数是采用 1m³ 或 1m² 等计量单位。因此，为了套用单价的方便，在编制单位估价汇总表时应将计量单位缩小。

（四）预算定额与单位估价表的区别与联系

预算定额是由国家或被授权单位确定的为完成一定计量单位分项工程所需的人工、材料和施工机械台班消耗量的标准。它是一种数量标准。

单位估价表是确定定额单位建筑产品直接费用的文件。例如，每镶贴 10m² 大理石墙面直接费是多少。它是一种货币指标。

也就是说，预算定额所确定的人工、材料、施工机械台班消耗的数量，而单位估价表所确定的是人工费、材料费、施工机械台班费。

预算定额与单位估价表又有着内在的联系：预算定额是编制单位估价表的基础资料之一；单位估价表是依据预算定额资料编制的。

思 考 题

1. 预算定额日工资标准由几部分组成？
2. 什么是建筑安装工人工资等级系数？级差为 0.1 级工资等级系数表是如何制定的？
3. 本地区月、日基本工资是如何计算的？
4. 试计算北京地区 3.8 级工月、日基本工资。若每个工日的副食补贴、工资性津贴为 0.25 元，试计算 3.8 级工定额日工资标准？（北京地区为六类工资区）
5. 材料预算价格由哪些费用组成？如何计算？
6. 机械台班费用由哪些费用组成？
7. 什么是单位估价表和单位估价汇总表？单位估价表与概算定额有何关系？
8. 单位估价表有何作用？如何编制？

第五节 建筑工程概算定额与概算指标

一、概算定额

（一）概算定额概念

建筑工程概算定额，亦称扩大结构定额。它是初步设计阶段编制工程概算时，计算和确定工程概算造价，计算人工、材料及机械台班需要量所使用的定额。它的项目划分粗细，与初步设计深度相适应。概算定额是控制工程项目投资的重要依据，在工程建设的投资管理中有重要的作用。

概算定额是在预算定额的基础上，按常用主体结构工程列项，以主要工程内容为主，适当合并相关预算定额的分项内容，进行综合扩大，较预算定额具有更为综合扩大的性质。例如，砖砌内墙、门窗过梁、墙体加筋、内墙抹灰、内墙喷大白浆等工程内容，在预算定额中分别编制五个分项工程定额；在概算定额中，以砖砌内容为主要工程内容，将这五个施工顺序相衔接并关联性较大的分项工程，合并为一个扩大分项工程，即砖内墙概算定额。又如砖基础概算定额，适当合并了与砖基础主要工程内容相关的人工挖地槽、砖砌基础、基础防潮层、回填土、余土外运等五个分项工程内容，综合扩大为一个扩大分项工程，即砖基础概算定额。

概算定额属于计价定额，从这一点来看，它和预算定额的性质是相同的。但是，它们的项目划分和综合扩大程度存在很大差异，也就是说，概算定额比预算定额更综合扩大。

（二）概算定额作用

（1）概算定额是初步设计阶段编制工程概算、技术设计阶段编制修正概算的主要依据。初步设计、技术设计是采用三阶段设计的第一阶段和第二阶段。根据国家有关规定，按设计的不同阶段对拟建工程进行估价，编制工程概算和修正概算。这样就需要与设计深度相适应的计价定额，概算定额正是适应这种设计深度而编制的。

（2）概算定额是编制主要材料申请计划的计算依据。保证材料供应是工程建设的先决条件。根据现行材料供应体制，建设项目需要向物资供应部门提供材料申请计划，申报主要材料，如钢材、木材、水泥等需用量，以获得材料供应指标。由市场采购的材料，也要按照需用量提出采购计划。根据概算定额的材料消耗指标计算工程用料数量比较准确，并可以在施工图设计之前提出计划。

（3）概算定额是设计方案进行经济比较的依据。设计方案比较，主要是指建筑结构方案的经济比较。目的是选择出经济合理的建筑结构方案，在满足功能和技术性能要求的条件下，达到降低造价和人工、材料消耗。概算定额按扩大建筑结构构件或扩大综合内容划分定额项目，可为建筑结构方案的比较提供方便条件。

（4）概算定额是编制概算指标的依据。

（5）概算定额是招投标工程编制招标标底，投标报价的依据。

（三）概算定额的编制依据和项目划分原则

1. 概算定额的编制依据

由于概算定额的适用范围不同，其编制依据较之预算定额也略有区别。

（1）现行的建筑工程设计标准及规范、施工验收规范。

（2）现行建筑工程预算定额及施工定额。

（3）经有关部门批准的建筑工程标准设计和有代表性的设计图纸等。

（4）过去颁发和现行的概算定额。

（5）现行的地区人工工资标准，材料预算价格、机械台班单价等资料。

（6）有关的施工图预算或工程结算等经济技术资料。

2. 概算定额项目划分原则

概算定额项目划分要贯彻简明适用的原则。在保证一定准确性的前提下，概算定额的项目应在预算定额项目的基础上，进行适当的综合扩大。其定额项目划分的粗细程度，应适应初步设计的深度。总之，应使概算定额项目简明易懂，项目齐全，计算简单，准确可靠。

（四）概算定额内容

概算定额表现为按专业特点和地区特点汇编的各种定额手册。它的内容由总说明、分章说明和定额项目表以及附录组成。

1. 总说明和分章说明

总说明介绍概算定额的作用、编制依据、编制原则，说明使用的范围和应遵守的规定，建筑面积的计算规则，某些费用的取费标准等。分章说明规定了结构分部的工程量计算规则，所包括的定额项目等内容。

2. 定额项目表

定额项目表由项目表及综合项目两项内容组成。如表 5-5-1 所示。

项目表是概算定额手册的主要部分，它反映了一定计量单位扩大结构构件或扩大分项工程的概算单价以及主要材料消耗量的标准。

综合项目是规定概算定额所综合扩大的分项工程内容，即此综合项目中的各分项工程所消耗的人工、材料和机械台班数量均已包括在概算定额内。

概算定额所综合扩大的各分项工程内容，各地区规定也不尽相同。例如表 5-5-1 砖墙概算定额综合了：过梁、圈梁、钢筋混凝土加固带、加固筋、砖砌垃圾道、通风道、附墙烟囱等七个分项工程。

砖墙、砌块墙及砖柱　　　　　　表 5-5-1

综合项目：砖墙和砌块墙包括：过梁、圈梁、加固筋、钢筋混凝土加固带，垃圾道、通风道、附墙烟囱等。

定额编号	项目			单位	概算单价（元）	主要工程量			主　　要			
						砌体(m^3)	现浇混凝土(m^3)	预制混凝土(m^3)	水泥(kg)	钢筋(kg)	板方材(m^3)	红机砖(块)
2-1	红机砖	外墙	厚度在(mm) 240	m^2	34.06	0.227	0.012	0.006	17	3		116
2-2			365	m^2	51.58	0.345	0.018	0.009	26	4		176
2-3			490	m^2	69.10	0.463	0.024	0.012	35	5		236
2-4		内墙	115	m^2	13.50	0.106		0.002	5			57
2-5			240	m^2	30.12	0.210	0.011	0.005	16	2		107
2-6			365	m^2	46.10	0.319	0.017	0.008	24	3		163
2-7		女儿墙	240	m^2	37.75	0.220	0.033		22	2	0.004	112
2-8			365	m^2	57.38	0.335	0.051		33	3	0.005	171
2-9		保护墙	115	m^2	17.72	0.118			23			65
2-10			240	m^2	26.50	0.248			12			126
2-11		保护墙	365 厚度在(mm)	m^2	40.50	0.379			19			193
2-12	红机砖	电梯井		m^2	66.26	0.256	0.021		20	3		131
2-13		框架间	外墙 厚度在(mm) 240	m^2	21.08	0.173	0.003		10	1		89
2-14			365	m^2	32.21	0.263	0.005		15	1		135
2-15			内墙 115	m^2	13.98	0.085		0.008	7	1		44
2-16			240	m^2	28.65	0.178		0.016	14	2		91
2-17			365	m^2	43.41	0.271		0.024	22	3		139
2-18		小型砌体		m^3	124.11	1.00			47			531
2-19		砖柱	矩型	m^3	114.51	1.00			34			562
2-20			异型	m^3	137.81	1.00			34			711
2-21		弧型墙增工日		m^2	1.01							
2-22	空心砖	外墙	厚度在(mm) 240	m^2	35.86	0.227	0.012		14	2		10
2-23			365	m^2	54.33	0.345	0.018		22	3		14

注：此表摘自北京市1992年颁发的《建设工程概算定额》建筑工程分册第二章墙体工程。

3. 附录

附录一般列在概算定额手册的后面，通常包括各种砂浆、混凝土配合比表、材料选价表以及机械台班选价表等有关资料。例如表 5-5-2 为材料选价表。

材料选价表　　　　　　表 5-5-2

序号	代号	材料名称	单位	单价	序号	代号	材料名称	单位	单价
		01 黑色及有色金属			5	1005	预应力钢筋	kg	2.195
1	1001	一般钢筋 $\phi10$ 内	kg	1.759	6	1006	冷拔丝 $\phi5$ 内	kg	2.884
2	1002	一般钢筋 $\phi10$ 外	kg	1.928	7	1016	镀锌铁皮	m^2	24.634
3	1003	大模墙钢筋 $\phi10$ 内	kg	1.807	8	1017	26号镀锌铁皮	m^2	20.988
4	1004	大模墙钢筋 $\phi10$ 外	kg	1.976	9	1018	瓦垄铁皮	m^2	24.000

续表

序号	代号	材料名称	单位	单价	序号	代号	材料名称	单位	单价
10	1019	铜丝	kg	23.531	6	1034	3mm 压花玻璃	m²	8.630
11	1020	铅板	kg	4.708	7	1035	5mm 压花玻璃	m²	15.560
12	1393	空心钢	kg	2.900	8	1036	玻璃条(磨石地面)	m²	8.210
13	1401	铁皮	kg	4.863	9	1046	※镜子玻璃	m²	74.620
14	1488	槽钢	kg	1.529	10	1312	车边玻璃镜子	m²	261.000
15	1489	工字钢	kg	1.540	11	1511	5mm 磨砂玻璃	m²	13.300
16	1496	钢筋网	kg	1.759	12	1512	6mm 磨砂玻璃	m²	16.320
17	1525	钢管 φ40	kg	1.908	13	1513	6mm 夹丝玻璃	m²	29.210
18	1526	角钢	kg	1.598	14	1634	3mm 磨砂玻璃	m²	7.700
19	1539	钢垫板	kg	2.014			04 砖、瓦、灰、砂、石		
20	1554	型钢	kg	1.586	1	1015	※墙面砖(0.02m² 以内)	m²	32.590
21	1686	压型钢板	kg	6.000	2	1037	红机砖	块	0.140
		02 水泥			3	1038	※兰机砖	块	0.210
1	1022	水泥	kg	0.199	4	1039	※加气混凝土素块	m³	93.480
2	1024	525 号水泥	kg	0.240	5	1040	※加气混凝土碎块	m³	42.540
		03 玻璃及制品			6	1042	※墙面砖(0.02m² 以外)	m³	30.420
1	1029	2mm 玻璃	m²	5.790	7	1043	108×108×8—10 缸砖	块	0.184
2	1030	3mm 玻璃	m²	7.200	8	1044	※白锦砖(马赛克)	m²	12.490
3	1031	4mm 玻璃	m²	9.980	9	1045	※色锦砖(马赛克)	m²	17.930
4	1332	5mm 玻璃	m²	12.720	10	1048	200×200×25 水泥花砖	块	0.295
5	1033	6mm 玻璃	m²	15.840					

注：此表摘自北京市 1992 年颁发的《建设工程概算定额》建筑工程分册附录二。

二、概算指标

(一) 概算指标概念与作用

建筑工程概算指标是在三阶段设计的初步设计阶段，编制工程概算，计算和确定工程的初步设计概算造价，计算劳动、材料、机械台班需用量时采用的一种定额。这种定额的编制和初步设计的深度相适应。一般是在概算定额的基础上编制的。

建筑工程概算指标是按整个建筑物以每 m²（或 100m²）为计量单位、构筑物以座为计量单位，规定所需要的人工、材料、机械台班消耗量的标准。因此，概算指标比概算定额更进一步综合扩大，较之概算定额更具有综合性质。

概算指标是以整个建筑物或构筑物为对象编制的，它包括了完成该建筑物或构筑物所需要的全部施工过程。

概算指标在工程建设中有以下几点作用：

(1) 概算指标是控制工程项目投资的依据。

(2) 概算指标是基建部门编制基本建设投资计划和估算主要材料消耗量的依据。

(3) 概算指标是设计单位在方案、设计阶段编制投资估算，选择设计方案的依据。

(二) 概算指标的编制依据

(1) 工程标准设计图纸和各类工程的典型设计。

(2) 现行的建筑工程概算定额，材料的预算价格及其他有关资料。

(3) 国家颁发的现行建筑设计规范和施工规范及其他有关技术规范。

(4) 不同工程类型的造价指标及人工、材料、机械台班消耗指标。

(5) 各工程类型的工程结算资料。

(三) 概算指标内容及表现形式

概算指标表现为按专业的不同,由各部委(地区)汇编的各种概算指标手册。其内容由总说明、分册说明和经济指标及结构特征等部分组成。

1. 总说明及分册说明

总说明主要从总体上说明概算指标的用途、编制依据、分册情况、适用范围、工程量计算规则及其他内容。

分册说明是就本册中的具体问题作出必要的说明。

2. 经济指标

经济指标是概算指标的核心部分,它包括该单项(或单位)工程每 $1m^2$ 造价指标以及每 $1m^2$ 建筑面积的扩大分项工程量,主要材料消耗及工日消耗指标。

3. 结构特征

结构特征是指在概算指标内标明建筑物平、剖面示意图,表示建筑结构工程概况。

列出结构特征,就限制了概算指标的适用对象和使用条件,可作为不同结构进行指标换算的依据。

概算指标在具体内容的表示方法上,有综合指标与单项指标两种形式。综合指标是一种概括性较大的指标,如表 5-5-3 所示;单项指标则是一种以典型建筑物或构筑物为分析对象的概算指标,如表 5-5-4 所示为学生宿舍一般土建工程概算指标,表 5-5-5 为单层工业厂房建筑、安装工程概算指标。

单层工业建筑实物量综合指标　　　　表 5-5-3

序号	项目	单位	工程量		工作量	
			$1000m^2$	每万元	占造价(%)	占直接费(%)
1	土方工程	m^3	833	42	2.09	2.84
2	基础工程	m^3	84	4	2.44	3.31
3	砌砖工程	m^3	644	32	14.49	19.64
4	混凝土工程	m^3	200	10	18.00	24.40
5	门工程	m^2	146	7.3	2.56	3.46
6	窗工程	m^2	640	32	11.22	15.18
7	楼地面工程	m^2	957	48	2.29	3.11
8	屋面工程	m^2	1077	54	4.68	6.35
9	装饰工程	m^2	7673	384	6.90	9.36
10	金属工程	t	1.98	0.1	0.89	1.21
11	其他工程	元	16414	821	8.21	11.13
12	直接费	元	147535	7377	73.77	100
13	间接费	元	52465	2623	26.23	—
14	合计	元		10000	100	—

多层民用建筑实物量单项指标

表 5-5-4

指标编号	4020	工程名称	学生宿舍	建筑面积	3581m²
项目名称		结构特征	砖混		
工程地质及地耐力		$R=14t/m^2$		基础埋深	$-2.00m$

每 m² 造价指标	直接费(元)	59.37
每 1m² 材料指标	其中基础工程	4.9

材料名称	单位	全部工程	其中基础
水 泥	kg	116	7
木 材	m³	0.013	
钢 筋	kg	10.50	0.57
型 钢	kg	0.10	
钢 板	kg	0.03	
钢窗料	kg	3.45	
标准砖	块	282	54
石 灰	kg	58	21
砂	m³	0.40	0.04
石 子	m³	0.17	0.01
石油沥青	kg	1	
卷 材	m²	0.47	
人 工 (平均等级)	工日	3.47	0.49

分项工程名称	每 1m² 工程量	造价(%)	元/m²	分项工程名称	每 1m² 工程量	造价(%)	元/m²
基础工程		8.25	4.90	钢混凝土肋形板	0.057m²		1.25
砖基础	0.185m³		4.90	钢混凝土平板	0.064m²		1.20
墙体工程		32.02	19.01	钢混凝土空心板	0.61m²		6.44
一砖外墙	0.227m²		2.71	细石混凝土楼面	0.54m²		1.27
一砖半外墙	0.276m²		5.44	水磨石楼面	0.215m²		1.28
半砖内墙	0.009m²		0.05	水磨石面钢混凝土楼梯	0.045m²		1.79
一砖内墙	0.747m²		7.10	混凝土散水	0.029m²		0.16
一砖半内墙	0.27m²		3.30	门窗工程		15.09	8.96
水磨石隔断厕所	0.008 间		0.41	普通木门	0.021m²		0.46
梁柱工程		0.2	0.12	全玻璃弹簧门	0.011m²		0.42
钢混凝土矩形梁	0.001m³		0.12	单层木侧窗	0.002m²		0.02
屋盖工程		11.08	6.58	单层钢侧窗	0.004m²		0.16
钢混凝土矩形梁	0.0005m³		0.07	一玻一纱钢窗侧	0.128m²		7.90
钢混凝土肋形板	0.008m²		0.18	装饰工程		5.09	3.02
预制钢混凝土空心板	0.186m²		1.96	水磨石灰砂浆抹面	0.23m²		0.24
二毡三油卷材屋面	0.194m²		1.06	石灰砂浆抹面	2.364m²		1.77
水泥蛭石保温层 δ-130	0.194m²		2.43	水刷石墙面	0.301m²		1.01
屋面架空隔热板	0.194m²		0.88	其他工程		3.39	2.01
楼地面工程		24.88	14.77	砖砌地沟	0.006m		0.24
细石混凝土地面	0.135m²		0.71	钢混凝土阳台及栏杆	0.029m²		0.92
水磨石地面	0.059m²		0.67	零星工程			0.85

注：本表摘自1983年兵器工业部编制的一般土建工程概算指标。

单层工业厂房实物量单项指标

表 5-5-5

	编 号	81	82	83	84	85
	工程名称	织造车间	织造车间	修理车间	修理车间	修理车间
	结构类型	钢筋混凝土	混 合	混 合	混 合	框 架
	建筑面积(m²)	2350	3000	980	700	1800
工程特征	层　数	1	1	1	1	1
	厂房高度(m)	6.30	5.90	7.20	8.80	12
	跨　度	9	12	15	15	21
	开　间	3～5	3.3	6	6	6
	抗震裂度	7	7	7	7	7
	地基承载力(kN/m²)	120	150	120	180	150
结构特征	基　础	钢筋混凝土	钢筋混凝土杯基	钢筋混凝土杯基	砖	钢筋混凝土
	外　墙	1砖	1.5砖	1砖	1砖	1.5砖
	内　墙	1砖	1砖	1砖	1砖	1砖
	柱	砖	钢筋混凝土	钢筋混凝土	钢筋混凝土	钢筋混凝土
	屋盖	空心板	薄复梁	屋面板	大型板	大型屋面板
	屋面	油毡	油毡	油毡	油毡	油毡
	门、窗	木门、钢窗	木门、钢窗	钢门窗	木门、钢窗	木门、钢窗
	地面	水泥、水磨石	水泥	水泥	水泥	混凝土
	内墙装饰	砂浆	混合砂浆	白灰砂浆	混合砂浆	白灰砂浆
	外墙装饰	勾缝	勾缝	勾缝	清水	清水
	卫生间标准	公厕	公厕	公厕	公厕	无
	采暖	—	暖气	暖气	—	散热器
	照明	明管	明管	明管	明管	明管
造价分析	总造价(元/m²)	247	258	260	284	294
	土 建(%)	94	86	90	90	88
	上下水	2	2.30	1	1.50	0.6
	暖 气	—	5.70	4	—	7.4
	照 明	4	6.00	5	2	2
	动 力	—	—	—	6.50	2

1. 土建工程每100m²含工程量

1	挖　土(m³)	42	33	260	89	60
2	填　土(m³)	84	18	180	49	40
3	余　土(m³)	—	15	80	40	20
4	垫　层(m³)	2.30	1.60	0.86	7.16	34
5	基　础(m³)	16.00	12.85	14.30	13.64	22
6	外　墙(m³)	10.40	10	24	27.20	38.80
7	内　墙(m³)	21.30	16.70	6.80	2.70	3.80
8	现浇混凝土(m³)	3.21	2.96	3.80	6.50	5.70
9	预制混凝土(m³)	15.10	13.60	13.60	12.86	11
10	门(m²)	3.10	3.68	5.50	7.10	5.09
11	窗(m²)	22	21	19.60	27.00	23
12	屋面(m²)	132	135	112	104	112

续表

	编　号	81	82	83	84	85
13	楼　地　面(m²)	65	97	98	94	91
14	水磨石地面(m²)	32	—	—	—	—
15	内墙抹灰(m²)	198	134	350	145	155
16	内墙贴磁砖(m²)	3.10	—	—	—	—
17	外墙抹灰(m²)	—	22	145	4.20	—
18	混凝土垫层(m²)	6.50	5.69	12.30	12.59	6.40
19	天　　棚(m²)	99	78	109	94	98
20	散水及门坡混凝土(m²)	3.96	4.50	4.81	4.30	5.40
2. 水暖工程每100m²含工程量						
1	镀锌管 φ25 以内(m)	2.30	—	4	3.80	2.30
2	φ32～φ50(m)	7.50	—	—	4.73	—
3	焊接管 φ25 以内(m)	—	12	11	—	27
4	φ32～φ50(m)	—	33	6.30	—	20.45
5	铸铁管 φ50(m)	—	1	3.20	1.75	1.51
6	φ100(m)	1.70	1.28	—	5.14	—
7	大便器(套)	0.13	0.12	0.11	0.21	—
8	洁　　具(套)	0.13	0.12	—	—	—
9	阀　　门(个)	—	1.24	—	—	6.50
10	散 热 器(m)	—	7.18	6.20	—	8.20
3. 电照工程每100m²含工程量						
1	钢　　管(m)	73	13	36	56	15
2	塑 料 管(m)	—	84	1.20	5.70	21
3	管内穿线 4(mm²)	73	292	150	216	69
4	6～16mm²	22	7	—	157	31
5	钢索配管(m)	36	—	—	—	—
6	灯　　具(套)	5.26	9.55	3.60	4.60	3.00
7	开　　关(个)	—	4.2	3.60	4.60	3.00
8	插　　座(个)	—	1	—	—	—
9	配电箱(个)	0.04	0.33	0.12	2.90	0.56
4. 土建工程每100m²工料消耗量						
	(一)人　工(工日)	448	396	368	516	580
	(二)材　　料					
1	水　　泥(t)	17.30	14.00	16.00	19.26	18.00
2	钢筋 φ10 以内(t)	1.64	0.76	0.75	0.67	0.73
3	φ10 以外(t)	0.73	0.73	1.63	2.50	1.17
4	型　　钢(t)	0.38	—	0.75	1.30	2.20
5	板 方 材(m³)	0.98	0.97	0.76	0.62	0.26
6	夹　　板(m²)	7.00	8.00	7.00	8.40	6.26
7	红　　砖(千块)	20.60	14.23	19.60	18.60	30
8	石　　灰(t)	3.32	3.86	7.78	3.30	2
9	砂(t)	63	60	49	52	98

续表

编 号		81	82	83	84	85
10	石 子(t)	42	31	60	59	66
11	色石子(t)	1.05	—	—	—	—
12	锦 砖(m²)	—	—	—	—	—
13	瓷 砖(m²)	3.50	—	—	—	—
14	毛 石(m²)	4.70	14.23	—	—	—
15	石棉瓦(m²)	—	130	—	—	—
16	蛭 石(m³)	8.00	—	7.25	—	8.16
17	油 毡(m³)	328	130	249	226	252
18	沥 青(t)	0.91	0.81	0.64	0.75	0.59
19	玻 璃(m²)	30	28	22	32	28
20	油 漆(kg)	14	13	12	15	10
5. 水暖工程每100m² 工料消耗量						
1	人工(工日)	5	18	10	4	36
2	镀锌钢管 φ25 以内(m)	2.30	—	4	3.80	2.30
3	φ32～φ50(m)	7.50	—	—	4.73	—
4	焊接钢管 φ25 以内(m)	—	12	11	—	27
5	φ32～φ50(m)	—	33	6.30	—	20.45
6	铸钢管 φ100(m)	1.70	2.28	3.20	1.75	1.51
7	阀 门(个)	—	1.24	—	—	6.50
8	大便器(套)	0.13	0.12	0.11	0.21	—
6. 电照工程每100m² 工程消耗量						
1	人 工(工日)	16	21	9	45	9
2	钢 管(m)	73	13	36	56	15
3	塑料管(m)	—	84	1.20	5.70	21
4	电线 4mm² 以内(m)	198	292	150	216	69
5	6～16mm²(m)	22	7	—	157	31
6	灯 具(套)	5.26	9.55	3.60	4.60	3
7	开 关(个)	5.26	4.2	3.60	4.60	3
8	插 座(个)	—	1	—	—	—
9	配电箱(个)	0.04	0.33	0.12	2.90	0.56

注：本表单方造价以1988年全国定额单价平均水平编制，仅供参考。

思 考 题

1. 什么是概算定额？它有哪些作用？
2. 概算定额与预算定额有何异同？
3. 什么是概算指标？它有哪些作用？
4. 概算指标在具体内容的表示方法上通常有哪两种形式？

第六章 建筑安装工程概预算

第一节 建筑安装工程概（预）算分类

一、分类

建筑安装工程概（预）算是指在执行工程建设程序过程中，根据不同的设计阶段设计文件的具体内容和国家（或地方主管部门）规定的定额、指标及各种取费标准，预先计算和确定建设项目投资额中建筑安装工程部分所需要的全部投资额的文件。它是建设项目建设概（预）算文件的组成内容之一。

按不同的设计阶段和编制依据的不同，建筑安装工程概（预）算可分为：设计概算、施工图预算和施工预算三种。

（一）设计概算

设计概算是指在初步设计阶段，由设计单位根据初步设计或扩大初步设计图、概预算定额（或概算指标）、各项费用定额（或取费标准）等有关资料，预先计算和确定建筑安装工程费用的文件。

概算文件应包括建设项目总概算、单项工程综合概算、单位工程概算以及其他工程和费用概算。设计单位在报送设计图纸的同时，要报送相应种类的概算。

概算是控制工程建设投资、编制工程计划、控制工程建设拨款以及考核设计经济合理性的依据。

（二）施工图概预算

施工图概预算是指在施工图设计阶段，当工程设计完成后，在工程开工之前，由施工单位根据施工图计算的工程量、施工组织设计和国家（或地方主管部门）规定的现行概预算定额、单位估价表以及各项费用定额（或取费标准）等有关资料，预先计算和确定建筑安装工程建设费用的文件。

施工图概预算是确定建筑安装工程造价、实行经济核算和考核工程成本，实行工程包干、进行工程结算的依据，也是建设银行划拨工程价款的依据。

（三）施工预算

施工预算是施工单位内部编制的一种预算。是指施工阶段在施工图概算的控制下，施工队根据施工图计算的工程量、施工定额、单位工程施工组织设计等资料，通过工料分析，预先计算和确定完成一个单位工程或其中的分部工程所需的人工、材料、机械台班消耗量及其相应费用的文件。

施工预算是签发施工任务单、限额领料、开展定额经济包干、实行按劳分配的依据，也是施工企业开展经济活动分析和进行施工预算与施工图预算的对比依据。

二、建筑安装工程费用构成

在工程建设中，建筑安装工程概（预）算所确定的每一个单项工程或其中单位工程的投资额，实质上是相应工程的计划价格。这种计划价格在实际工作中作为建筑安装工程价值的货币表现，亦被称为建筑安装工程费用或建筑安装工程造价。

（一）我国现行建筑安装工程费用构成

建筑安装工程在施工过程中所消耗的人力、物力和财力，一部分直接消耗在建筑安装工程上，另一部分消耗在施工组织管理中，另外建筑企业还要向国家财政部门交纳一定的税金和税后留存的利润。所谓建筑安装工程费用就是上述四部分费用的总和。

根据国家建设部、中国人民建设银行〔2003〕建标字第206号文件规定，建筑安装工程费用划分为直接费、间接费、利润和税金四部分。我国现行建筑安装工程费用的构成详见表6-1-1。

我国现行建筑安装工程费用的构成　　　　　　　表6-1-1

费用项目			计算公式
直接费(1)	直接工程费	人工费	Σ[概(预)算人工工日定额×日工资标准×实物工程量]
		材料费	Σ[概(预)算材料定额×材料预算价格×实物工程量]
		施工机械使用费	Σ[概(预)算机械定额×机械台班预算单价×实物工程量]
	措施费小计		按规定标准计算
间接费(2)	以直接费为计算基础		(1)×相应费率
	以人工费和机械费为计算基础		（人工费+施工机械使用费）×相应费率
	以人工费为计算基础		人工费×相应费率
利润(3)	以直接费为计算基础		[(1)+(2)]×相应利润率
	以人工费和机械费为计算基础		（人工费+施工机械使用费）×相应利润率
	以人工费为计算基础		人工费×相应利润率
税金(4)			[(1)+(2)+(3)]×税率

（二）建筑安装工程各项费用的组成

建筑安装工程费用由直接费、间接费，利润及税金（二税一费）四部分费用构成。各项费用组成，详见图6-1-1所示。

1. 直接费

由直接工程费和措施费组成。

（1）直接工程费：是指施工过程中耗费的构成工程实体的各项费用，包括人工费、材料费、施工机械使用费。

1）人工费：是指直接从事建筑安装工程施工的生产工人开支的各项费用，内容包括：

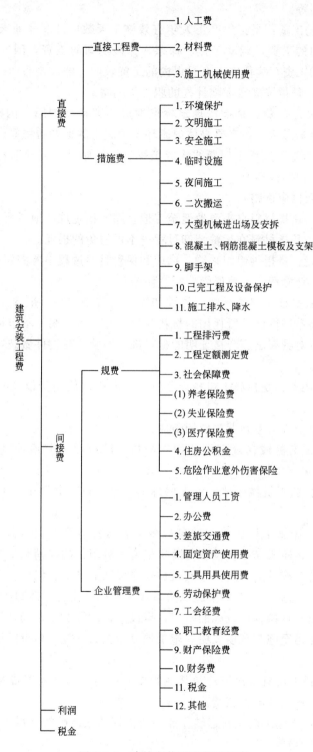

图 6-1-1 建筑安装工程费用组成

① 基本工资：是指发放给生产工人的基本工资。
② 工资性补贴：是指按规定标准发放的物价补贴，煤、燃气补贴，交通补贴，住房

补贴，流动施工津贴等。

③ 生产工人辅助工资：是指生产工人年有效施工天数以外非作业天数的工资，包括职工学习、培训期间的工资，调动工作、探亲、休假期间的工资，因气候影响的停工工资，女工哺乳时间的工资，病假在六个月以内的工资及产、婚、丧假期的工资。

④ 职工福利费：是指按规定标准计提的职工福利费。

⑤ 生产工人劳动保护费：是指按规定标准发放的劳动保护用品的购置费及修理费，徒工服装补贴，防暑降温费，在有碍身体健康环境中施工的保健费用等。

2）材料费：是指施工过程中耗费的构成工程实体的原材料、辅助材料、构配件、零件、半成品的费用。内容包括：

① 材料原价（或供应价格）。

② 材料运杂费：是指材料自来源地运至工地仓库或指定堆放地点所发生的全部费用。

③ 运输损耗费：是指材料在运输装卸过程中不可避免的损耗。

④ 采购及保管费：是指为组织采购、供应和保管材料过程中所需要的各项费用。包括：采购费、仓储费、工地保管费、仓储损耗。

⑤ 检验试验费：是指对建筑材料、构件和建筑安装物进行一般鉴定、检查所发生的费用，包括自设试验室进行试验所耗用的材料和化学药品等费用。不包括新结构、新材料的试验费和建设单位对具有出厂合格证明的材料进行检验，对构件做破坏性试验及其他特殊要求检验试验的费用。

3）施工机械使用费：是指施工机械作业所发生的机械使用费以及机械安拆费和场外运费。

施工机械台班单价应由下列七项费用组成：

① 折旧费：指施工机械在规定的使用年限内，陆续收回其原值及购置资金的时间价值。

② 大修理费：指施工机械按规定的大修理间隔台班进行必要的大修理，以恢复其正常功能所需的费用。

③ 经常修理费：指施工机械除大修理以外的各级保养和临时故障排除所需的费用。包括为保障机械正常运转所需替换设备与随机配备工具附具的摊销和维护费用，机械运转中日常保养所需润滑与擦拭的材料费用及机械停滞期间的维护和保养费用等。

④ 安拆费及场外运费：安拆费指施工机械在现场进行安装与拆卸所需的人工、材料、机械和试运转费用以及机械辅助设施的折旧、搭设、拆除等费用；场外运费指施工机械整体或分体自停放地点运至施工现场或由一施工地点运至另一施工地点的运输、装卸、辅助材料及架线等费用。

⑤ 人工费：指机上司机（司炉）和其他操作人员的工作日人工费及上述人员在施工机械规定的年工作台班以外的人工费。

⑥ 燃料动力费：指施工机械在运转作业中所消耗的固体燃料（煤、木柴）、液体燃料（汽油、柴油）及水、电等。

⑦ 养路费及车船使用税：指施工机械按照国家规定和有关部门规定应缴纳的养路费、车船使用税、保险费及年检费等。

(2) 措施费：是指为完成工程项目施工，发生于该工程施工前和施工过程中非工程实体项目的费用。

包括内容：

1) 环境保护费：是指施工现场为达到环保部门要求所需要的各项费用。

2) 文明施工费：是指施工现场文明施工所需要的各项费用。

3) 安全施工费：是指施工现场安全施工所需要的各项费用。

4) 临时设施费：是指施工企业为进行建筑工程施工所必须搭设的生活和生产用的临时建筑物、构筑物和其他临时设施费用等。

临时设施包括：临时宿舍、文化福利及公用事业房屋与构筑物，仓库、办公室、加工厂以及规定范围内道路、水、电、管线等临时设施和小型临时设施。

临时设施费用包括：临时设施的搭设、维修、拆除费或摊销费。

5) 夜间施工费：是指因夜间施工所发生的夜班补助费、夜间施工降效、夜间施工照明设备摊销及照明用电等费用。

6) 二次搬运费：是指因施工场地狭小等特殊情况而发生的二次搬运费用。

7) 大型机械设备进出场及安拆费：是指机械整体或分体自停放场地运至施工现场或由一个施工地点运至另一个施工地点，所发生的机械进出场运输及转移费用及机械在施工现场进行安装、拆卸所需的人工费、材料费、机械费、试运转费和安装所需的辅助设施的费用。

8) 混凝土、钢筋混凝土模板及支架费：是指混凝土施工过程中需要的各种钢模板、木模板、支架等的支、拆、运输费用及模板、支架的摊销（或租赁）费用。

9) 脚手架费：是指施工需要的各种脚手架搭、拆、运输费用及脚手架的摊销（或租赁）费用。

10) 已完工程及设备保护费：是指竣工验收前，对已完工程及设备进行保护所需费用。

11) 施工排水、降水费：是指为确保工程在正常条件下施工，采取各种排水、降水措施所发生的各种费用。

2. 间接费

间接费由规费、企业管理费组成。

(1) 规费：是指政府和有关权力部门规定必须缴纳的费用（简称规费）。包括：

1) 工程排污费：是指施工现场按规定缴纳的工程排污费。

2) 工程定额测定费：是指按规定支付工程造价（定额）管理部门的定额测定费。

3) 社会保障费

① 养老保险费：是指企业按规定标准为职工缴纳的基本养老保险费。

② 失业保险费：是指企业按照国家规定标准为职工缴纳的失业保险费。

③ 医疗保险费：是指企业按照规定标准为职工缴纳的基本医疗保险费。

4) 住房公积金：是指企业按规定标准为职工缴纳的住房公积金。

5) 危险作业意外伤害保险：是指按照建筑法规定，企业为从事危险作业的建筑安装施工人员支付的意外伤害保险费。

(2) 企业管理费：是指建筑安装企业组织施工生产和经营管理所需费用。

内容包括：

1）管理人员工资：是指管理人员的基本工资、工资性补贴、职工福利费、劳动保护费等。

2）办公费：是指企业管理办公用的文具、纸张、帐表、印刷、邮电、书报、会议、水电、烧水和集体取暖（包括现场临时宿舍取暖）用煤等费用。

3）差旅交通费：是指职工因公出差、调动工作的差旅费、住勤补助费、市内交通费和误餐补助费，职工探亲路费，劳动力招募费，职工离退休、退职一次性路费，工伤人员就医路费，工地转移费以及管理部门使用的交通工具的油料、燃料、养路费及牌照费。

4）固定资产使用费：是指管理和试验部门及附属生产单位使用的属于固定资产的房屋、设备仪器等的折旧、大修、维修或租赁费。

5）工具用具使用费：是指管理使用的不属于固定资产的生产工具、器具、家具、交通工具和检验、试验、测绘、消防用具等的购置、维修和摊销费。

6）劳动保险费：是指由企业支付离退休职工的易地安家补助费、职工退职金、六个月以上的病假人员工资、职工死亡丧葬补助费、抚恤费、按规定支付给离休干部的各项经费。

7）工会经费：是指企业按职工工资总额计提的工会经费。

8）职工教育经费：是指企业为职工学习先进技术和提高文化水平，按职工工资总额计提的费用。

9）财产保险费：是指施工管理用财产、车辆保险。

10）财务费：是指企业为筹集资金而发生的各种费用。

11）税金：是指企业按规定缴纳的房产税、车船使用税、土地使用税、印花税等。

12）其他：包括技术转让费、技术开发费、业务招待费、绿化费、广告费、公证费、法律顾问费、审计费、咨询费等。

3. 利润

利润是指施工企业完成所承包工程获得的盈利。

4. 税金

是指国家税法规定的应计入建筑安装工程造价内的营业税、城市维护建设税及教育费附加等。

附件一：建筑安装工程费用参考计算方法

各组成部分参考计算公式如下：

1. 直接费

（1）直接工程费

$$直接工程费＝人工费＋材料费＋施工机械使用费$$

1）人工费

$$人工费＝\sum(工日消耗量\times 日工资单价)$$

$$日工资单价(G) = \sum_1^5 G$$

① 基本工资

$$基本工资(G_1) = \frac{生产工人平均月工资}{年平均每月法定工作日}$$

② 工资性补贴

$$工资性补贴(G_2) = \frac{\sum 年发放标准}{全年日历日 - 法定假日} + \frac{\sum 月发放标准}{年平均每月法定工作日}$$
$$+ 每工作日发放标准$$

③ 生产工人辅助工资

$$生产工人辅助工资(G_3) = \frac{全年无效工作日 \times (G_1 + G_2)}{全年日历日 - 法定假日}$$

④ 职工福利费

$$职工福利费(G_4) = (G_1 + G_2 + G_3) \times 福利费计提比例(\%)$$

⑤ 生产工人劳动保护费

$$生产工人劳动保护费(G_5) = \frac{生产工人年平均支出劳动保护费}{全年日历日 - 法定假日}$$

2) 材料费

$$材料费 = \sum(材料消耗量 \times 材料基价) + 检验试验费$$

① 材料基价

$$材料基价 = [(供应价格 + 运杂费) \times (1 + 运输损耗率(\%))]$$
$$\times (1 + 采购保管费率(\%))$$

② 检验试验费

$$检验试验费 = \sum(单位材料量检验试验费 \times 材料消耗量)$$

3) 施工机械使用费

$$施工机械使用费 = \sum(施工机械台班消耗量 \times 机械台班单价)$$

机械台班单价

台班单价 = 台班折旧费 + 台班大修费 + 台班经常修理费 + 台班安拆费及场外运费

+ 台班人工费 + 台班燃料动力费 + 台班养路费及车船使用税

（2）措施费

本规则中只列通用措施费项目的计算方法，各专业工程的专用措施费项目的计算方法由各地区或国务院有关专业主管部门的工程造价管理机构自行制定。

1）环境保护

$$环境保护费 = 直接工程费 \times 环境保护费费率(\%)$$

$$环境保护费费率(\%) = \frac{本项费用年度平均支出}{全年建安产值 \times 直接工程费占总造价比例(\%)}$$

2）文明施工

$$文明施工费 = 直接工程费 \times 文明施工费费率(\%)$$

$$文明施工费费率(\%) = \frac{本项费用年度平均支出}{全年建安产值 \times 直接工程费占总造价比例(\%)}$$

3）安全施工

$$安全施工费 = 直接工程费 \times 安全施工费费率(\%)$$

$$安全施工费费率(\%) = \frac{本项费用年度平均支出}{全年建安产值 \times 直接工程费占总造价比例(\%)}$$

4）临时设施费

临时设施费有以下三部分组成：

① 周转使用临建（如，活动房屋）

② 一次性使用临建（如，简易建筑）

③ 其他临时设施（如，临时管线）

$$临时设施费 = (周转使用临建费 + 一次性使用临建费) \times (1 + 其他临时设施所占比例(\%))$$

其中：

a. 周转使用临建费

$$周转使用临建费 = \sum \left[\frac{临建面积 \times 每平方米造价}{使用年限 \times 365 \times 利用率(\%)} \times 工期(天) \right] + 一次性拆除费$$

b. 一次性使用临建费

$$一次性使用临建费 = \sum 临建面积 \times 每平方米造价 \times [1 - 残值率(\%)] + 一次性拆除费$$

c. 其他临时设施在临时设施费中所占比例，可由各地区造价管理部门依据典型施工企业的成本资料经分析后综合测定。

5) 夜间施工增加费

$$夜间施工增加费 = \left(1 - \frac{合同工期}{定额工期}\right) \times \frac{直接工程费中的人工费合计}{平均日工资单价}$$

$$\times 每工日夜间施工费开支$$

6) 二次搬运费

$$二次搬运费 = 直接工程费 \times 二次搬运费费率(\%)$$

$$二次搬运费费率(\%) = \frac{年平均二次搬运费开支额}{全年建安产值 \times 直接工程费占总造价的比例(\%)}$$

7) 大型机械进出场及安拆费

$$大型机械进出场及安拆费 = \frac{一次进出场及安拆费 \times 年平均安拆次数}{年工作台班}$$

8) 混凝土、钢筋混凝土模板及支架

① 模板及支架费 = 模板摊销量 × 模板价格 + 支、拆、运输费

摊销量 = 一次使用量 × (1 + 施工损耗) × [1 + (周转次数 - 1) × 补损率/周转次数

- (1 - 补损率)50%/周转次数]

② 租赁费 = 模板使用量 × 使用日期 × 租赁价格 + 支、拆、运输费

9) 脚手架搭拆费

① 脚手架搭拆费 = 脚手架摊销量 × 脚手架价格 + 搭、拆、运输费

$$脚手架摊销量 = \frac{单位一次使用量 \times (1 - 残值率)}{耐用期 \div 一次使用期}$$

② 租赁费 = 脚手架每日租金 × 搭设周期 + 搭、拆、运输费

10) 已完工程及设备保护费

$$已完工程及设备保护费 = 成品保护所需机械费 + 材料费 + 人工费$$

11) 施工排水、降水费

$$排水降水费 = \sum 排水降水机械台班费 \times 排水降水周期$$

$$+ 排水降水使用材料费、人工费$$

2. 间接费

间接费的计算方法按取费基数的不同分为以下三种：
(1) 以直接费为计算基础

$$间接费 = 直接费合计 \times 间接费费率(\%)$$

(2) 以人工费和机械费合计为计算基础

$$间接费＝人工费和机械费合计 \times 间接费费率(\%)$$

$$间接费费率(\%)＝规费费率(\%)＋企业管理费费率(\%)$$

(3) 以人工费为计算基础

$$间接费＝人工费合计 \times 间接费费率(\%)$$

1) 规费费率

根据本地区典型工程发承包价的分析资料综合取定规费计算中所需数据：
① 每万元发承包价中人工费含量和机械费含量。
② 人工费占直接费的比例。
③ 每万元发承包价中所含规费缴纳标准的各项基数。

规费费率的计算公式：

a. 以直接费为计算基础

$$规费费率(\%)＝\frac{\sum 规费缴纳标准 \times 每万元发承包价计算基数}{每万元发承包价中的人工费含量} \\ \times 人工费占直接费的比例(\%)$$

b. 以人工费和机械费合计为计算基础

$$规费费率(\%)＝\frac{\sum 规费缴纳标准 \times 每万元发承包价计算基数}{每万元发承包价中的人工费含量和机械费含量} \times 100\%$$

c. 以人工费为计算基础

$$规费费率(\%)＝\frac{\sum 规费缴纳标准 \times 每万元发承包价计算基数}{每万元发承包价中的人工费含量} \times 100\%$$

2) 企业管理费费率

企业管理费费率计算公式：

a. 以直接费为计算基础

$$企业管理费费率(\%)＝\frac{生产工人年平均管理费}{年有效施工天数 \times 人工单价} \times 人工费占直接费比例(\%)$$

b. 以人工费和机械费合计为计算基础

$$企业管理费费率(\%)＝\frac{生产工人年平均管理费}{年有效施工天数 \times (人工单价＋每一工日机械使用费)} \times 100\%$$

c. 以人工费为计算基础

$$企业管理费费率(\%)＝\frac{生产工人年平均管理费}{年有效施工天数 \times 人工单价} \times 100\%$$

3. 利润

利润计算公式见附件二——建筑安装工程计价程序。

4. 税金

税金计算公式：

$$税金 = (税前造价 + 利润) \times 税率(\%)$$

税率：

（1）纳税地点在市区的企业

$$税率(\%) = \frac{1}{1-3\%-(3\%\times7\%)-(3\%\times3\%)} - 1$$

（2）纳税地点在县城、镇的企业

$$税率(\%) = \frac{1}{1-3\%-(3\%\times5\%)-(3\%\times3\%)} - 1$$

（3）纳税地点不在市区、县城、镇的企业

$$税率(\%) = \frac{1}{1-3\%-(3\%\times1\%)-(3\%\times3\%)} - 1$$

附件二：建筑安装工程计价程序

根据建设部第107号部令《建筑工程施工发包与承包计价管理办法》的规定，发包与承包价的计算方法分为工料单价法和综合单价法，程序为：

1. 工料单价法计价程序

工料单价法是以分部分项工程量乘以单价后的合计为直接工程费，直接工程费以人工、材料、机械的消耗量及其相应价格确定。直接工程费汇总后另加间接费、利润、税金生成工程发承包价，其计算程序分为三种：

（1）以直接费为计算基础，见表6-1-2

以直接费为计算基础   表6-1-2

序号	费用项目	计算方法	备注
1	直接工程费	按预算表	
2	措施费	按规定标准计算	
3	小计	(1)+(2)	
4	间接费	(3)×相应费率	
5	利润	((3)+(4))×相应利润率	
6	合计	(3)+(4)+(5)	
7	含税造价	(6)×(1+相应税率)	

(2) 以人工费和机械费为计算基础,见表 6-1-3。

以人工费和机械费为计算基础　　　　　　　　　　表 6-1-3

序　号	费用项目	计算方法	备　注
1	直接工程费	按预算表	
2	其中人工费和机械费	按预算表	
3	措施费	按规定标准计算	
4	其中人工费和机械费	按规定标准计算	
5	小计	(1)+(3)	
6	人工费和机械费小计	(2)+(4)	
7	间接费	(6)×相应费率	
8	利润	(6)×相应利润率	
9	合计	(5)+(7)+(8)	
10	含税造价	(9)×(1+相应税率)	

(3) 以人工费为计算基础,见表 6-1-4。

以人工费为计算基础　　　　　　　　　　表 6-1-4

序　号	费用项目	计算方法	备　注
1	直接工程费	按预算表	
2	直接工程费中人工费	按预算表	
3	措施费	按规定标准计算	
4	措施费中人工费	按规定标准计算	
5	小计	(1)+(3)	
6	人工费小计	(2)+(4)	
7	间接费	(6)×相应费率	
8	利润	(6)×相应利润率	
9	合计	(5)+(7)+(8)	
10	含税造价	(9)×(1+相应税率)	

2. 综合单价法计价程序

综合单价法是分部分项工程单价为全费用单价，全费用单价经综合计算后生成，其内容包括直接工程费、间接费、利润和税金（措施费也可按此方法生成全费用价格）。

各分项工程量乘以综合单价的合价汇总后，生成工程发承包价。

由于各分部分项工程中的人工、材料、机械含量的比例不同，各分项工程可根据其材料费占人工费、材料费、机械费合计的比例（以字母"C"代表该项比值）在以下三种计算程序中选择一种计算其综合单价。

（1）当 $C>C_0$（C_0 为本地区原费用定额测算所选典型工程材料费占人工费、材料费、和机械费合计的比例）时，可采用以人工费、材料费、机械费合计为基数计算该分项的间接费和利润，见表 6-1-5。

以直接费为计算基础　　　　　　　　　　　　　　　表 6-1-5

序　号	费用项目	计算方法	备　注
1	分项直接工程费	人工费＋材料费＋机械费	
2	间接费	(1)×相应费率	
3	利润	((1)+(2))×相应利润率	
4	合计	(1)+(2)+(3)	
5	含税造价	(4)×(1+相应税率)	

（2）当 $C<C_0$ 值的下限时，可采用以人工费和机械费合计为基数计算该分项的间接费和利润，见表 6-1-6。

以人工费和机械费为计算基础　　　　　　　　　　　表 6-1-6

序　号	费用项目	计算方法	备　注
1	分项直接工程费	人工费＋材料费＋机械费	
2	其中人工费和机械费	人工费＋机械费	
3	间接费	(2)×相应费率	
4	利润	(2)×相应利润率	
5	合计	(1)+(3)+(4)	
6	含税造价	(5)×(1+相应税率)	

（3）如该分项的直接费仅为人工费，无材料费和机械费时，可采用以人工费为基数计算该分项的间接费和利润，见表 6-1-7。

以人工费为计算基础　　　　　　表 6-1-7

序　号	费用项目	计算方法	备　注
1	分项直接工程费	人工费＋材料费＋机械费	
2	直接工程费中人工费	人工费	
3	间接费	(2)×相应费率	
4	利润	(2)×相应利润率	
5	合计	(1)＋(3)＋(4)	
6	含税造价	(5)×(1＋相应税率)	

思 考 题

1. 建筑安装工程概（预）算，按设计阶段和编制依据的不同通常分为几种？
2. 我国现行建筑安装工程费用由哪几种费用构成的？每一种费用都包括哪些内容？
3. 间接费通常包括哪几种费用？间接费如何计算？
4. 什么是建筑安装工程利润？利润与法定利润有何区别？
5. 施工企业的利润是如何计算的？

第二节　一般土建施工图预算的编制

一、施工图预算的作用及编制依据

（一）施工图预算的作用

1. 是拨付工程价款的依据

施工图预算是建设单位拨付工程价款的依据。建设单位根据施工图预算办理基本建设拨款和工程价款，监督建设单位和施工单位按进度办理结算。

2. 是结算工程费用的依据

施工图预算是建设单位和施工单位结算工程费用的依据。施工单位根据已会审的施工图，编制施工图预算送交建设单位审核。审核后的施工图预算就是建设单位和施工单位竣工时双方结算工程费用的依据。

3. 是编制工程施工计划的依据

施工图预算是施工单位编制施工计划的依据。施工图预算是建筑安装企业正确编制施工计划（材料计划、劳动力计划、机械台班计划、施工计划等），进行施工准备，组织材料进场的依据。

4. 是加强经济核算的依据

施工图预算是建筑安装企业加强经济核算，提高企业管理水平的依据。施工图预算是根据预算定额和施工图编制的，而预算定额确定的人工、材料、机械台班消耗量是经过分析测定按平均水平取定的。企业在完成某单位工程施工任务时，如果在人力、物力、资金方面低于施工图预算时，则这一生产过程的劳动生产率达到了高于预算定额的水平，从而提高了企业的经济管理水平。

5. 是控制投资、加强施工管理的基础

施工图预算是建筑安装企业进行两算对比的依据。

两算对比是指施工图预算与施工预算的对比。通过两算对比分析，可以预先找出工程节约或超支原因，防止人工、材料、机械费的超支，避免发生工程成本亏损。

（二）施工图预算的编制依据

建筑工程一般都是由土建工程、电气工程、给排水工程、暖通工程等工程预算组成。编制施工图预算的主要依据内容有：

1. 施工图、有关标准图集

是指经过认真的会审施工图，包括图中所有的文字说明、技术资料。掌握施工图中的有关通用图集和标准图集。它表明了工程的具体内容、结构特征、建筑结构尺寸等。因此施工图、有关标准图集是编制施工图预算的重要依据。

2. 建筑工程定额及有关文件

是指现行的建筑工程定额、地区单位估价表、材料预算价格、人工工资标准、施工机械台班单价、间接费、其他费用定额以及有关工程造价管理的文件等。

3. 熟悉施工图及施工组织设计

在编制施工图预算之前，必须熟悉施工图纸、施工组织设计和现场情况，了解施工方法、工序、操作、施工组织、进度以及施工现场平面布置的技术文件。掌握单位工程各部位建筑概况，要对工程全貌和设计图有全面的、详细的了解，这些资料都是编制施工图预算不可缺少的依据。

4. 预算工作手册

预算工作手册是将常用的数据、计算公式和有关系数等汇编成册，以便查用，它可以加快工程量的计算速度。

5. 招标文件

要详细的阅读招标文件，对招标文件中提出的要求以及其他材料要求等也是编制施工图预算的依据。

二、工程量计算的主要规则

（一）建筑面积计算规则

房屋建筑面积是指房屋建筑的水平投影面积，加上各层面积的总和。

1. 计算建筑面积的范围

（1）单层建筑物无论其高度如何均按一层计算，其建筑面积按建筑物外墙勒脚以上外围水平投影面积计算。单层建筑物内如带有部分楼层者，亦应计算建筑面积。如图 6-2-1 所示，其建筑面积可用下列公式表示：

$$S = l \times b$$

式中　S——单层建筑物建筑面积；

　　　l——两端山墙勒脚以上外表面间水平距离；

　　　b——两纵墙勒脚以上外表面间水平距离。

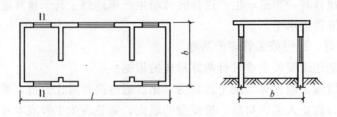

图 6-2-1　单层建筑物建筑面积计算示意图

高低联跨的单层建筑物，需分别计算建筑面积，按高低跨相邻处高跨柱外边线为分界线。如图 6-2-2 所示。其建筑面积高跨为：

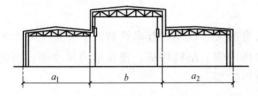

$$S_1 = l \times b$$

低跨为：　　$S_2 = l \times (a_1 + a_2)$

（2）多层建筑物的建筑面积按各层建筑面积的总和计算，其每层建筑面积按建筑物勒脚以上外墙外围的水平面积计算。

图 6-2-2　高低联跨计算建筑面积

（3）建筑物外墙为预制挂（壁）板的，按挂（壁）板外墙主墙面间的水平面积计算。

（4）地下室、半地下室、地下车间、仓库、商店、指挥部等及附属建筑物外墙有出入口的（沉降缝为界）建筑物，按其上口外墙（不包括采光井、防潮层及其保护墙）外围水平面积计算。人防通道端头出口部分为楼梯踏步时，按楼梯上口外墙外围水平面积计算。

（5）用深基础做地下架空层时，层高超过 2.2m，设计包括安装门窗、地面抹灰装饰者，按架空层外墙外围的水平面积计算建筑面积。

（6）坡地建筑物利用吊脚做架空层时，有围护结构且层高超过 2.2m 的，按围护结构外围水平面积计算建筑面积。

（7）穿过建筑物的通道、建筑物内的门厅、大厅不论其高度如何，均按一层计算建筑面积，门厅、大厅内回廊部分按其水平投影面积计算建筑面积。

（8）书库、立体仓库设有结构层的，按结构层计算建筑面积，没有结构层的，按承重书架层或货架层计算建筑面积。

（9）室内楼梯间电梯井、提物井、垃圾道、管道井、附墙烟囱等，均按建筑物自然层计算建筑面积。

（10）舞台灯光控制室的建筑面积，按围护结构外围水平面积乘以实际层数计算建筑面积。

（11）建筑物内的技术层，层高超过 2.2m 的，按技术层外围水平面积计算建筑面积。技术层层高虽不超过 2.2m，但从中分隔出来作为办公室、仓库等，应按分隔出来的使用部分外围水平面积计算建筑面积。

（12）有柱的雨罩，按柱外围水平面积计算建筑面积，如图 6-2-3 所示，建筑面积：$S = a \times b$。

独立柱的雨罩，按顶盖的水平投影面积的一半计算建筑面积，如图 6-2-4 所示，建筑

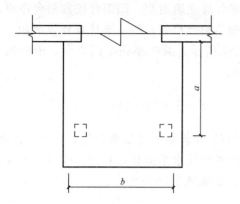
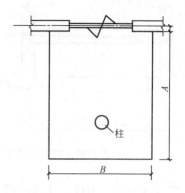

图 6-2-3　有柱雨罩建筑面积计算　　　　图 6-2-4　独立柱雨罩建筑面积计算

面积：$S=\frac{1}{2}(A\times B)$。

（13）有柱的车棚、货棚、站台等，按柱外围水平面积计算建筑面积，如图 6-2-5 所示，建筑面积：$S=a\times b$。

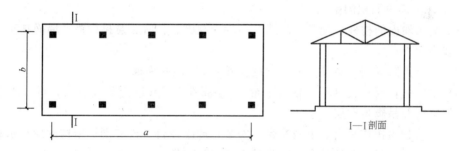

图 6-2-5　有柱车棚、货棚、站台建筑面积计算

单排柱的独立车棚、货棚、站台等，按顶盖的水平投影面积的一半计算建筑面积，如图 6-2-6 所示，建筑面积：$S=\frac{1}{2}(A\times B)$。

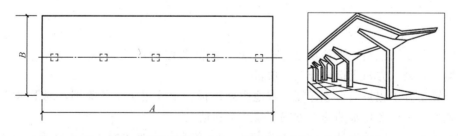

图 6-2-6　单排柱的独立车棚、货棚、站台等建筑面积计算

（14）突出屋面的有围护结构的楼梯间、水箱间、电梯机房等，按围护结构外围水平面积计算建筑面积。

（15）突出墙面的门斗、眺望间，按围护结构外围水平面积计算建筑面积。

（16）封闭式阳台、挑廊按其水平投影面积计算建筑面积。挑阳台按其水平投影面积

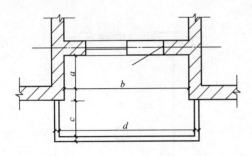

图 6-2-7 半凸、半凹阳台建筑面积计算

的一半计算建筑面积。凹阳台按其阳台净空面积（包括阳台栏板）的一半计算建筑面积。如图 6-2-7 所示，某一半凸半凹阳台，阳台的建筑面积：

$$S=\frac{1}{2}\times[(a\times b)+(c\times d)]$$

（17）建筑物外有顶盖和柱的走廊、檐廊，按柱的外边线水平面积计算建筑面积；无柱的走廊、檐廊挑出墙外宽度在 1.5m 以上时，按其顶盖投影面积的一半计算建筑面积。

（18）两个建筑间有围护结构的架空通廊，按通廊的投影面积计算建筑面积；没有围护结构的架空通廊，按其投影面积的一半计算建筑面积。

（19）室外楼梯（包括疏散梯）按自然层水平投影面积之和计算建筑面积。

（20）各种变形缝、沉降缝、凡宽度在 30cm 以内者，均分层计算建筑面积；高低联跨时，其面积并入低跨建筑物面积内计算。

2. 不计算建筑面积的范围

（1）突出墙面的构件、配件、附墙柱、垛、勒脚、台阶、悬挑雨篷、墙面抹灰、镶贴块料、装饰面等。

（2）检修消防等用的室外爬梯、宽度在 60cm 以内的钢梯。

（3）住宅的首层平台（不包括挑平台）、层高在 2.2m 以内的设备层，设计不利用的深基础架空层及吊脚架空层。

（4）建筑物内操作平台、上料平台、安装箱或罐体台、没有围护结构的屋顶水箱、花架、凉棚、舞台及后台悬挂幕布、布景的天桥、挑台等。

（5）单层建筑物内分隔的操作间、控制室、仪表间等单层房间。

（6）宽在 0.3m 以上的变形缝、沉降缝，有伸缩缝的靠墙烟囱、构筑物。

（7）地下人防干、支线，人防通道，人防通道端头为竖向爬梯设置的安全出入口。

（8）独立烟囱、烟道、地沟、油（水）罐、气柜、水塔、贮油（水）池、贮仓、栈桥等。

（二）土方工程

土方工程主要包括：平整场地、挖土方（挖槽及挖坑）、原土夯实、灰土、回填土、房心回填土，余（方）土运输等工程项目。

在计算土方工程量前，应详细了解地质勘探报告中确定土壤的类别，地下水位标高，以及挖填土、运土和排水的施工方案等技术资料情况。

挖、填土方以室外设计地坪标高为起点，如室外设计地坪标高与实际平均标高超过±30cm 时，按实际标高计算挖填土方量。

土方工程量计算如下：

1. 平整场地

平整场地系指厚度在±30cm 以内的就地挖、填、找平。建筑物按首层面积乘以系数 1.4；构筑物如烟囱、水塔、冷却塔、贮油罐、贮水池，按其底面积乘以系数 2，以平方米计算。

2. 挖土方

(1) 挖沟槽其工程量计算规则如下：

挖槽沟的宽度按设计垫层外皮尺寸加工作面宽度计算；挖槽沟长度：外墙按中心线长，内墙按净长线长，突出部分如柱基、检查井等并入槽沟工程量内。

(2) 挖槽沟深度按垫层底至室外平均标高距离计算。

挖槽沟工程量计量公式可用下式表示（参见图6-2-8）：$V = L \times (a + 工作面宽度 + 放坡土方折算厚度) \times H$

式中 V——槽沟挖土量（m^3）；

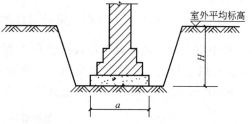

图 6-2-8 挖槽沟工程量计算示意图

　　　L——槽沟计算长度：外墙按中心线长，内墙按净长线长（m）；

　　　a——垫层外皮尺寸（m）；

　　　H——垫层底至室外平均标高距离（m）；

基础施工所需工作面宽度及放坡土方增量折算厚度详见表6-2-1、表6-2-2。

基础施工所需工作面宽度计算表　　　　　表6-2-1

基 础 类 型	每边各增加工作面宽度(mm)	基 础 类 型	每边各增加工作面宽度(mm)
砖基础	200	基础垂直面做防水层	800
浆砌毛石、条石基础	150	坑底打钢筋混凝土预制桩	3000
混凝土基础及垫层支模板	300	坑底螺旋钻孔桩	1500

放坡土方增量折算厚度表　　　　　表6-2-2

基础类型	挖土深度(m)	放坡土方增量折算厚度(m)
沟 槽	2 以内	0.59
	2 以外	0.83
基 坑	2 以内	0.48
	2 以外	0.82
土 方	5 以内	0.70
	8 以内	1.37
	13 以内	2.38
	13 以外每增1m	0.24
喷锚护壁	5 以内	0.25
	8 以内	0.40
	8 以外	0.65

3. 回填土

建筑回填土通常是指基础回填土和房心回填土。其工程量计算均以立方米计。

(1) 基础回填土

基础回填土工程量计算可用下式表示:

$$V_{填} = 挖土体积 - 室外设计地坪以下埋设的各种工程量体积$$

式中室外设计地坪以下埋设的各种工程量体积一般包括:混凝土垫层、墙基、柱基、$\phi 500mm$ 以上管道以及地下建筑物、构筑物等体积。

$\phi 500mm$ 以上管道每米应减土方量,详见表 6-2-3。

每米管道应减土方量表　　表 6-2-3

种类	管径(mm)					
	500~600	700~800	900~1000	1100~1200	1300~1400	1500~1600
钢管	0.24	0.44	0.71	—	—	—
铸铁管	0.27	0.49	0.77	—	—	—
钢筋混凝土管及缸瓦管	0.33	0.60	0.92	1.15	1.35	1.55

有些地区,基础回填土土方量按挖土量乘以系数计算。

(2) 房心回填土

房心回填土工程量按下式计算:

$$V_{房} = 地面面积 \times h - 室内 \phi 500mm 以上管道体积$$

式中　h——室外地坪平均标高与室内地面垫层下皮高度。详见图 6-2-9。

4. 土方运输

土方运输分为挖填土土方运输和余(亏)土土方运输,按不同的运输方法和距离,分别以立方米计算。

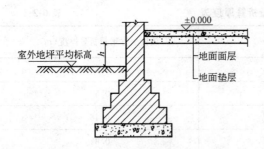

图 6-2-9　房心回填土计算高度示意图

(1) 挖填土土方运输。现场施工时,挖填土土方的运距在预算定额中都有规定。各地区在计算工程量时,可按本地区预算定额的有关规定进行。

(2) 余(亏)土运输。余(亏)土运输是指回填后余(亏)土的运输。其工程量计算可用下式表示:

余(亏)土体积 = 挖土体积 - 基槽回填土体积 - 房心回填土体积 - 0.9 灰土体积

式中　0.9 灰土体积是指室内地面灰土垫层所需土方数量。

如果余(亏)土体积计算结果是正数,则表示余土运输;反之,如计算结果是负数,则表示亏土运输,也就是说,回填后现场缺少一定数量的土方。

【例1】　北京地区某建筑物基础平面图、剖面图如图 6-2-10 所示。已知室外设计地坪

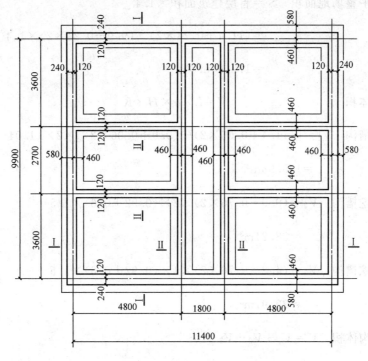

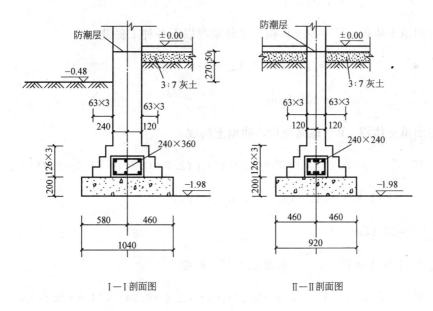

图 6-2-10 基础平、剖面图

以下各种工程量:混凝土垫层体积 15.12m³,砖基础体积 44.29m³,钢筋混凝土地梁体积 5.88m³。试求此建筑物平整场地、挖土方、回填土、房心回填土、余(亏)土运输工程量(不考虑挖填土方运输)。图中尺寸均以 mm 计。

【解】 平整场地面积　$S=$首层建筑面积$\times 1.4$

$$= (11.4+0.24\times 2)\times(9.9+0.24\times 2)\times 1.4$$

$$= 172.64 \text{m}^2$$

挖槽沟体积　　　　　　　　$V=L\times a\times H\times K$

外墙挖槽沟　$V_1=[(11.4+0.06\times 2)+(9.9+0.06\times 2)]\times 2\times(1.04+0.3\times 2)\times 1.5$

$$=105.98\text{m}^3$$

内纵墙挖槽沟　$V_2=(9.9-0.76\times 2)\times 2\times(0.92+0.6)\times 1.5$

$$=38.21\text{m}^3$$

内横墙挖槽沟　$V_3=(4.8-0.76\times 2)\times 4\times(0.92+0.6)\times 1.5$

$$=29.91\text{m}^3$$

则挖槽沟体积　$V=V_1+V_2+V_3$

$$=105.98+38.21+29.91$$

$$=174.10\text{m}^3$$

基础回填土体积　$V=$挖土体积$-$室外地坪以下各种工程量

$$=174.10-15.12-5.88-44.29$$

$$=108.81\text{m}^3$$

房心回填土体积　$V=$地面面积$\times$回填土高度

$$V=[(3.6-0.24)\times(4.8-0.24)\times 4+(2.7-0.24)\times(4.8-0.24)\times 2$$

$$+(1.8-0.24)\times(9.9-0.24)]\times 0.27$$

$$=26.68\text{m}^3$$

房心3∶7灰土体积　$V=$地面面积$\times$灰土高度

$$V=[(3.6-0.24)\times(4.8-0.24)\times 4+(2.7-0.24)\times(4.8-0.24)\times 2$$

$$+(1.8-0.24)\times(9.9-0.24)]\times 0.15$$

$$=14.82\text{m}^3$$

余(亏)土运输体积　$V=$挖土体积$-$基础回填土体积$-$房心回填土体积-0.9灰土体积

$$=174.10-108.81-26.68-0.9\times14.82$$

$$=25.27m^3$$

(三) 脚手架工程

工业与民用建筑工程在施工中所需搭设的脚手架，需计算工程量。脚手架材料是周转使用材料，在预算定额中规定的材料消耗量是使用一次应摊销的材料数量。

脚手架材料可分木、竹、金属三种，定额通常以钢管脚手架为主。

对于一个单位建筑工程来说，脚手架的搭设方法是多种多样的。而预算定额不可能因搭设形式不同，费用也不同。为了简化计算，北京市《建筑安装工程预算定额》编制了以建筑面积为计算基数的综合脚手架和按垂直（水平）投影面积、长度等计算的单项脚手架。其工程量计算规则如下：

1. 综合脚手架

工业与民用建筑综合脚手架，分单层、多层、高层建筑（包括现制、预制钢筋混凝土框架结构），均按建筑物总建筑面积以 m^2 计算。不计算建筑面积的架空层、设备管道层、人防通道等，其脚手架工程量按其围护结构水平投影面积以 m^2 计算。

综合脚手架综合了内外墙砌筑脚手架，也包括了装修和预制构件安装使用的各种脚手架及安全网等。综合脚手架不包括设备安装及吊顶使用的脚手架。

2. 单项脚手架

凡不能按建筑面积计算的脚手架，均按单项脚手架计算工程量。其工程量计算规则如下：

（1）构筑物的单双排脚手架，按构筑物的垂直投影面积以平方米计算。单、双排架子已包括了卷扬机架、斜道及安全网等。

（2）内墙脚手架，层高在 3.6m 以上时，执行 4.5m 以内脚手架，层高超过 4.5m 时，超过部分执行层高 4.5m 以上每增 1m 子目。

（3）天棚吊顶按天棚面积以平方米计算。层高超过 3.6m 在 4.5m 以内时，执行吊顶架子。层高超过 4.5m 以上者，执行层高 4.5 米以上每增 1m 子目。

（四）砌筑工程

砖石工程主要包括：砖石基础、墙体、柱砖石及其他零星砌体。

1. 基础工程量计算规划

（1）建筑物基础与墙身的分界线，以室内设计地面为界线，有地下室者，以地下室室内设计地面分界。

（2）砖砌体采用标准砖时，砖墙的计算厚度规定按表 6-2-4 所示计算。

标准砖墙体厚度 表 6-2-4

墙 厚	$\frac{1}{4}$砖	$\frac{1}{2}$砖	$\frac{3}{4}$砖	1砖	$1\frac{1}{2}$砖	2砖	$2\frac{1}{2}$砖	3砖
mm	53	115	180	240	365	490	615	740

（3）砖石基础不分厚度与埋深，按图示尺寸以立方米计算工程量。其计算长度：外墙按中心线，内墙按净长线，应扣除组合柱、圈梁（地梁）所占体积。基础大放脚、丁字岔

处重叠部分、基础防潮层以及管道穿墙洞等已综合在预算定额内，计算时不予扣除，但暖气沟挑砖亦不增加。

砖石基础工程量计算可用下式表示：

$$外墙条形基础体积 = L_中 \times 基础断面积 - 组合柱及地梁体积$$

$$内墙条形基础体积 = L_内 \times 基础断面积 - 组合柱及地梁体积$$

式中　$L_中$——外墙中心线长；
　　　$L_内$——内墙净长线长。

带形砖基础，通常采用等高式和不等高式两种大放脚砌筑法。如图 6-2-11 所示。

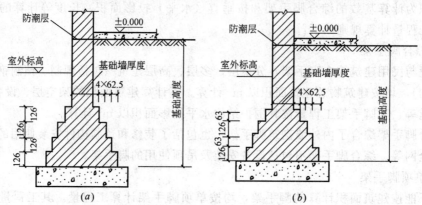

图 6-2-11　大放脚砖基础示意图
(a) 等高大放脚砖基础；(b) 不等高大放脚砖基础

采用大放脚砌筑法时，砖基础断面积通常按下述两种方法确定。

a. 采用折加高度计算

$$基础断面积 = 基础墙宽度 \times (基础高度 + 折加高度)$$

式中　基础高度——垫层上表面至室内地面的高度。

$$折加高度 = \frac{大放脚增加断面积之和}{基础墙宽度}$$

b. 采用增加断面积计算

$$基础断面积 = 基础墙宽度 \times 基础高度 + 大放脚增加断面积$$

为了计算方便，将砖基础大放脚的折加高度及大放脚增加断面积编制成表格。计算基础工程量时，可直接查折加高度和大放脚增加断面积表。详见表 6-2-5。

【例2】　计算图 6-2-10 所示砖基础工程量。钢筋混凝土地梁体积 5.88m³。

【解】

砖基础体积

$$V = (L_中 + L_内) \times 基础墙厚 \times (基础高 + 折加高度)$$

等高、不等高砖墙基大放脚折加高度和大放脚增加断面积表　　表 6-2-5

放脚层高	折加高度 (m)											增加断面 (m²)	
	1/2 砖 (0.115)		1 砖 (0.24)		$1\frac{1}{2}$ 砖 (0.365)		2 砖 (0.49)		$2\frac{1}{2}$ 砖 (0.615)		3 砖 (0.74)			
	等高	不等高	等高	不等高	等高	不等高	等高	不等高	等高	不等高	等高	不等高	等高	不等高
一	0.137	0.137	0.066	0.066	0.043	0.043	0.032	0.032	0.026	0.026	0.021	0.021	0.01575	0.01575
二	0.411	0.342	0.197	0.164	0.129	0.108	0.096	0.08	0.077	0.064	0.064	0.053	0.04725	0.03938
三			0.394	0.328	0.259	0.216	0.193	0.161	0.154	0.128	0.128	0.106	0.0945	0.07875
四			0.656	0.525	0.432	0.345	0.321	0.253	0.256	0.205	0.213	0.17	0.1575	0.126
五			0.984	0.788	0.647	0.518	0.482	0.38	0.384	0.307	0.319	0.255	0.2363	0.189
六			1.378	1.083	0.906	0.712	0.672	0.53	0.538	0.419	0.447	0.351	0.3308	0.2599
七			1.838	1.444	1.208	0.949	0.90	0.707	0.717	0.563	0.596	0.468	0.441	0.3465
八			2.363	1.838	1.553	1.208	1.157	0.90	0.922	0.717	0.766	0.596	0.567	0.4411
九			2.953	2.297	1.942	1.51	1.447	1.125	1.153	0.896	0.958	0.745	0.7088	0.5513
十			3.61	2.789	2.372	1.834	1.768	1.366	1.409	1.088	1.171	0.905	0.8663	0.6694

外墙基础体积：

基础高度 = 1.98 − 0.2

　　　　 = 1.78m

基础墙厚 = 0.365m

基础墙计算长度

　　　　 = [(11.4 + 0.06×2) + (9.9 + 0.06×2)] × 2

　　　　 = 43.08m

砖基础采用等高三层砌筑法，查表 6-2-5，折加高度 = 0.259m

外墙基础体积　V_1 = 43.08 × 0.365 × (1.78 + 0.259)

　　　　　　　　 = 32.06m³

内纵墙基础体积：

基础高度 = 1.78m

基础墙厚 = 0.24m

基础墙计算长度 = (9.9 − 0.12×2) × 2

　　　　　　　 = 19.32m

查表 6-2-5，折加高度 = 0.394m

内纵墙基础体积　V_2 = 19.32 × 0.24 × (1.78 + 0.394)

　　　　　　　　　 = 10.08m³

内横墙基础体积：

基础高度＝1.78m

基础墙厚＝0.24m

基础墙计算长度＝(4.8－0.12×2)×4

＝18.24m

查表 6-2-5，折加高度＝0.394m

内横墙基础体积　V_3＝18.24×0.24×(1.78＋0.394)

＝9.52m³

基础体积　V＝(V_1＋V_2＋V_3)－地梁体积

＝(32.06＋10.08＋9.52)－5.88

＝45.78m³

2. 砖墙工程量计算规则

砖墙分内外墙，按墙长度乘以高度乘以厚度的体积以立方米计算。其计算长度、高度及厚度规定如下：

(1) 砖墙长度。外墙按中心线，内墙按净长线长度计算。

(2) 砖墙高度

a. 外墙：平屋顶有挑檐板者算至板面，坡屋顶带檐口者算至望板下皮，砖出檐者算至砖檐上皮。

b. 内墙：由室内设计地面（地下室内设计地面）或楼板面算至板底，梁下墙算至梁底；不压板的墙算至板上皮。如长向板、短向板压在同一墙上时，按短向板压墙高度计算；如有吊顶天棚，而墙高不砌至板底，设计图纸又没注明者，高度算至天棚底另加 20cm。

(3) 砖墙厚度。砖墙砌体采用标准砖时，砖墙的厚度应以定额规定的墙厚尺寸为准。详见表 6-2-6。

标准砖等高、不等高砖柱基础大放脚折加高度表　　　　表 6-2-6

砖柱几何特征		大 放 脚 层 数						
长×宽 (mm)	断面积 (m²)	一 层	二 层		三 层		四 层	
		等 高	等 高	不等高	等 高	不等高	等 高	不等高
240×240	0.0576	0.168	0.565	0.366	1.271	1.068	2.344	1.602
365×240	0.0876	0.126	0.439	0.285	0.967	0.814	1.762	1.211
365×365	0.1332	0.099	0.332	0.217	0.725	0.609	1.306	0.900
490×365	0.1789	0.086	0.281	0.184	0.606	0.509	1.083	0.747
490×490	0.2401	0.073	0.234	0.154	0.501	0.420	0.889	0.614
615×490	0.3014	0.063	0.206	0.135	0.438	0.367	0.774	0.535
615×615	0.3782	0.056	0.180	0.118	0.382	0.319	0.668	0.463
740×615	0.4551	0.052	0.162	0.107	0.342	0.286	0.599	0.415
740×740	0.5476	0.046	0.146	0.096	0.306	0.256	0.534	0.370

续表

砖柱几何特征		大 放 脚 层 数							
长×宽 (mm)	断面积 (m²)	五 层		六 层		七 层		八 层	
		等高	不等高	等高	不等高	等高	不等高	等高	不等高
240×240	0.0576	3.502	3.113	5.867	4.122	8.458	6.814	11.700	8.434
365×240	0.0876	2.863	2.316	4.325	3.112	6.195	4.975	8.501	6.130
365×365	0.1332	2.107	1.701	3.158	2.268	4.483	3.597	6.124	4.416
490×365	0.1789	1.734	1.399	2.582	1.854	3.646	2.921	4.956	3.574
490×490	0.2401	1.415	1.140	2.096	1.504	2.950	2.235	3.986	2.876
615×490	0.3014	1.225	0.987	1.807	1.296	2.532	2.021	3.411	2.461
615×615	0.3782	1.055	0.849	1.549	1.111	2.140	1.725	2.881	2.097
740×615	0.4551	0.941	0.757	1.378	0.988	1.920	1.529	2.572	1.855
740×740	0.5476	0.836	0.673	1.221	0.875	1.696	1.350	2.266	1.635

内外砌体积分别扣除门窗框外围面积、过人洞、嵌入墙内的钢筋混凝土柱、竖风道、烟囱、圈梁和过梁等所占体积。不扣除伸入墙内的板头、梁头、梁垫、钢筋砖过梁、雨罩梁及凹进墙内的壁龛、管槽、暖气槽、消火栓箱、窗盘心和 0.025m³ 以下的过梁及 0.3m² 以内的孔洞等所占体积。但凸出外墙面的腰线、挑檐、压顶、窗台线、虎头砖、门窗套、预制楼板靠墙挑砖等体积亦不增加。凸出墙外的砖垛并入墙体内计算。

定额中规定计算工程量不予扣除者,在编制定额的工料消耗中对不扣除的因素已作考虑。定额规定应该扣除的,在编制定额的工料消耗中未作考虑。因此,在计算工程量时,应遵守定额的有关规定,以保证工程量计算的准确性。

内、外墙砌砖工程量计算可用下式表示:

外墙砖体积=($L_中$×外墙高-外门窗框外围面积)×墙厚±有关体积

内墙砖体积=($L_内$×内墙高-内门窗洞口面积)×墙厚±有关体积

式中 $L_中$——外墙中心线长;

$L_内$——内墙净长线长。

3. 砖柱工程量计算规则

砖柱不分柱基、柱身,工程量合并按体积以立方米计算,按砖柱定额执行。

对于砖砌四边大放脚的砖柱基础,其砌筑形式有等高和不等高两种。

砖柱及基础工程量,可按下式计算:

砖柱体积=柱断面积×(全柱高度+折加高度)

式中 全柱高度——指包括基础高度在内的全柱总高度;

柱断面积——指柱断面的长乘宽之积;

折加高度——等于砖柱基础大放脚增加体积除以柱断面积,即:

$$折加高度=\frac{砖柱基础大放脚增加体积}{砖柱断面积}$$

砖柱基础大放脚折加高度,详见表 6-2-6。

4. 其他墙体工程量计算规则

(1) 空斗墙。按空斗墙外形尺寸计算体积,以立方米计算。扣除门窗框外围面积、过人洞、钢筋混凝土过梁、圈梁所占体积。墙角、内外墙交接处、门窗洞口立边、钢筋砖过梁、楼板搁置处、檐头、封山等已包括在空斗墙定额内,不另计算。但基础、基础以上窗台以下的实砌砖墙及柱分别计算工程量,按相应定额执行。

(2) 花饰墙。花饰墙不扣除空心部分,按外形尺寸立方米计算。

(3) 砖围墙。砖围墙分带花墙、不带花墙,按体积以立方米计算。围墙工程以设计室外地坪为界,以下为基础,以上为墙体。

(4) 附墙烟囱、通风道、垃圾道等应扣除 $0.15m^2$ 以上的空洞所占体积后,并入墙身内计算。出屋顶部分按外形体积计算,套小型砌体定额项目;需内抹灰者不再增加抹灰的工、料费。

(5) 砖砌地沟不分墙身、墙基,其工程量合并以立方米计算。

(6) 池槽、蹲台、水池腿、台阶、明沟等零星砖砌体,均按实砌体积以立方米计算。

(五) 混凝土工程

混凝土工程是一个主要分部工程,包括现制、预制、预应力混凝土构件以及接头灌缝等有关工程项目。

现制、预制混凝土工程,除注明按水平投影面积以平方米计算者外,均按设计图示尺寸以立方米计算。不扣除钢筋、铁件和螺栓所占体积,但用型钢代替钢筋骨架时,每吨型钢应扣减 $0.1m^3$ 混凝土体积。

1. 混凝土基础

混凝土基础形式通常有:条形基础、柱下单独基础、满堂基础等。

(1) 条形基础。条形基础亦称带形基础,其工程量按体积立方米计算。

其工程量计算可用下式表示:

$$条形基础体积=(L_中+L_内) \times 基础断面积$$

式中 $L_中$——外墙条形基础中心线长;

$L_内$——内墙条形基础净长线长;

基础断面积——指条形基础宽与高乘积 $a \times h$,详见图 6-2-12 所示。

【例3】 计算图 6-2-10 所示混凝土垫层工程量。

【解】

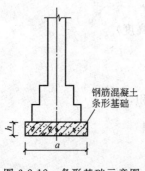

图 6-2-12 条形基础示意图

混凝土垫层体积 $V=(L_中+L_内) \times 垫层断面积$

外墙垫层体积 $V_1=[(11.4+0.06 \times 2)+(9.9+0.06 \times 2)] \times 2 \times 0.2 \times 1.04$

$=8.96m^3$

内纵墙垫层体积 $V_2=(9.9-0.46 \times 2) \times 2 \times 0.2 \times 0.92$

$=3.30m^3$

内横墙垫层体积 $V_3=(4.8-0.46 \times 2) \times 4 \times 0.2 \times 0.92$

$=2.86m^3$

混凝土垫层体积 $V = V_1 + V_2 + V_3$
$= 8.96 + 3.30 + 2.86$
$= 15.12 \text{m}^3$

(2) 柱下单独基础

钢筋混凝土柱下单独基础常用断面尺寸有四棱锥台形、杯形、踏步形等。详见图 6-2-13、图 6-2-14。

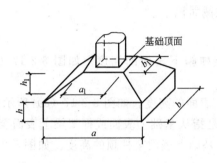

图 6-2-13 四棱锥台形基础

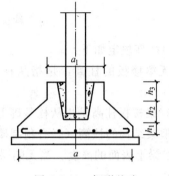

图 6-2-14 杯形基础

柱下单独基础工程量按图示尺寸以立方米计算。图 6-2-13 四棱锥台形基础，其体积按下式计算：

$$锥台形基础体积 = a \times b \times h \times \frac{h_1}{6}[a \times b + (a+a_1)(b+b_1) + a_1 \times b_1]$$

式中字母所表示尺寸如图 6-2-13、6-2-14 所示。

杯形基础的形式属于柱下单独基础，但预留有连接装配式柱的孔洞，计算工程量时应扣除孔洞体积。

柱下单独基础高度按设计规定计算，如无规定时可算至基础的顶面。

(3) 满堂基础

满堂基础是指由成片的钢筋混凝土板支承着整个建筑，一般分为梁板式满堂基础（详见图 6-2-15）和箱式满堂基础（详见图 6-2-16）两种形式。

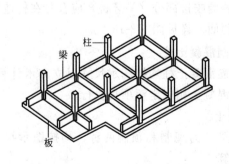

图 6-2-15 梁板式满堂基础

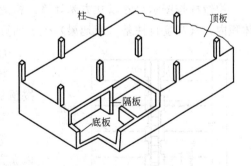

图 6-2-16 箱式满堂基础

梁板式满堂基础按图示尺寸以立方米计算，工程量为板和梁体积之和。

箱式满堂基础是指由顶板、底板及纵横墙板连成整体的基础。通常定额未直接编列项目，工程量按图示几何形状，分别计算底板、连接墙板、顶板各部位的体积以立方米计算。

2. 混凝土柱

混凝土柱分现制和预制两种。按截面形式，现制柱分为矩形柱、圆形柱；预制柱分为矩形柱、工字形柱及双肢柱等。

(1) 现制混凝土柱。现制混凝土柱工程量按图示尺寸以立方米计算。其工程量可用下式表示：

$$柱体积＝柱高×柱截面积$$

式中柱高规定如下：

a. 无梁楼板的柱高，是指从柱基础上表面至柱帽下表面的高度。如图 6-2-17 (b) 所示。

b. 有梁楼板柱高是指从柱基础上表面至楼板上表面的高度。如图 6-2-17 (a) 所示。

c. 框架结构的柱高（当有预制楼板隔层时），是指从基础上表面或框架梁上表面至上一层框架梁上表面的高度。当无隔层时，是指从柱基础上表面至柱顶的高度。如图 6-2-17 (c) 所示。

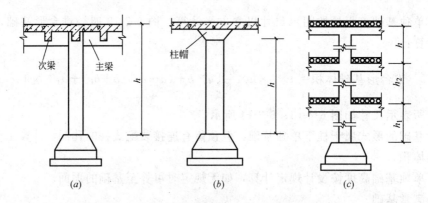

图 6-2-17　现制钢筋混凝土柱高计算示意图

有牛腿混凝土柱，要加上依附于柱上的牛腿体积。

构造柱按图示尺寸以立方米计算。构造柱与砖墙咬接部分（马牙槎）应合并在构造柱体积内，其高度自柱基（或地梁）上表面算至柱顶面。详见图 6-2-18。

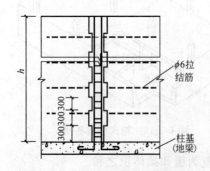

图 6-2-18　构造柱计算高度示意图

(2) 预制混凝土柱

预制钢筋混凝土柱均按图示尺寸以立方米计算，按预制钢筋混凝土相应定额项目执行。

3. 混凝土梁

混凝土梁分为现制和预制两种，均按图示尺寸以立方米计算。

现制梁包括：基础梁、单梁、框架梁、连续梁、吊车梁、托架梁、圈梁和过梁等。

预制梁包括：矩形梁、T形梁、工字形梁、过梁及吊车梁等。

（1）混凝土梁体积，可用下式表示：

$$梁体积＝梁长×梁断面积$$

当结构为现浇混凝土肋形楼盖时，式中梁长规定如下：主梁与柱交接时，主梁长度算至柱侧面。主次梁交接时，次梁长度算至主梁侧面。详见图6-2-19所示。

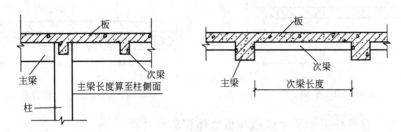

图6-2-19 肋形楼盖梁计算长度示意图

（2）伸入墙内的梁头和现浇垫块，其体积并入梁的体积计算。

（3）圈梁代过梁者，其过梁体积并入圈梁工程量中。

（4）叠合梁是指预制梁上部预留一定高度，待安装后再浇灌的混凝土梁。其工程量按图示二次浇灌部分的体积以立方米计算。

【例4】 计算图6-2-10所示混凝土地梁工程量。

【解】

$$梁体积＝梁长×梁断面积$$

外墙地梁体积 $V_1＝[(11.4+0.06×2)+(9.9+0.06×2)]×2×0.36×0.24$
$＝3.72m^3$

内纵墙地梁体积 $V_2＝(9.9-0.12×2)×2×0.24×0.24$
$＝1.11m^3$

内横墙地梁体积 $V_3＝(4.8-0.12×2)×4×0.24×0.24$
$＝1.05m^3$

混凝土地梁体积 $V＝V_1+V_2+V_3$
$＝3.72+1.11+1.05$
$＝5.88m^3$

4．混凝土板

混凝土板分为现浇板和预制板。现浇板包括：有梁板、无梁板及平板等；预制板包括：平板、空心板、槽形板及大型屋面板等。

板的工程量，应根据板的不同类型按体积分别以立方米计算。

（1）有梁板，是指梁与板整浇成一体的梁板结构。如肋形楼盖、密肋楼盖、井式楼盖等。其工程量按梁与梁之间的净尺寸计算。

（2）无梁板，是指没有梁直接由柱支承的板。

无梁板工程量按板体积计算。柱帽执行柱帽定额，高度自柱帽下口至板底。

（3）平板，是指没有梁，直接由墙支承的板。其工程量按主墙间的净尺寸以立方米计算。详见图 6-2-20 所示。

（4）叠合板，是指在预制钢筋混凝土板上再现浇一层钢筋混凝土，形成预制、现制二合一的板。详见图 6-2-21。

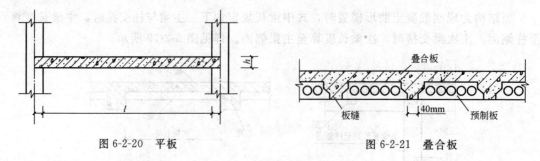

图 6-2-20　平板　　　　　　　　图 6-2-21　叠合板

叠合板的工程量按图示尺寸以板和板缝体积总和计算。

（5）有多种板连接时，以墙的中心线为界。伸入墙内板头并入板内计算；板与圈梁连接时，板算至圈梁侧面。

（6）各类型预制板均按图示尺寸以立方米计算。

（7）现制板与预制板类构件，均不扣除面积在 $0.3m^2$ 以内的孔洞所占体积。

5. 混凝土墙

混凝土墙分为：普通墙、间隔墙、挡土墙、地下室墙、电梯井墙及大模板墙等。

混凝土墙工程量，均按图示尺寸以立方米计算。应扣除门窗洞口及 $0.3m^2$ 以上的孔洞所占体积。

大模板混凝土墙中的圈梁、过梁及伸入外墙连接部分，应并入墙体积内计算。墙高度算至墙顶面，不扣除伸入墙内的板头体积。

6. 其他混凝土构件

（1）混凝土楼梯。混凝土楼梯分为整体楼梯和预制装配式楼梯两种。

a. 混凝土整体楼梯。混凝土整体楼梯包括：休息平台、平台梁、斜梁、楼梯板、踏步以及楼梯与楼板相连的梁。详见图 6-2-22 所示。

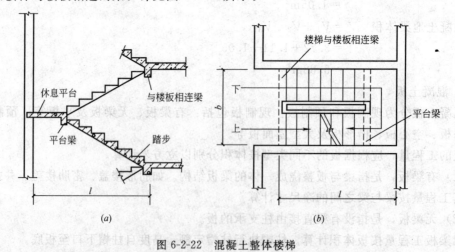

图 6-2-22　混凝土整体楼梯
(a) 楼梯剖面图；(b) 楼梯平面图

整体楼梯工程量应分层按楼梯水平投影面积计算。不扣除宽度小于50cm的楼梯井；伸入墙内部分亦不另外增加。楼梯基础、栏杆（栏板）、扶手不包括在楼梯工程量内，应另列项目计算。

整体楼梯工程量计算可用下式表示：

$$每层楼梯水平投影面积 = l \times b - 宽度大于50cm楼梯井面积$$

式中　l——休息平台内墙面至楼梯与楼板相连梁的外皮尺寸；
　　　b——楼梯间净宽。

b. 预制装配式楼梯。预制装配式楼梯一般可采用楼梯段、平台板和平台梁组装方式，也可采用斜梁、踏步、平台板和平台梁组装方式。其工程量应分别按不同构件以立方米计算，套相应预算定额。

（2）混凝土阳台和雨篷。混凝土整体阳台和雨篷工程量，均按图示尺寸以立方米计算。但嵌入墙内的梁应按相应定额另列项目计算。

（3）预制混凝土框架柱的接头（包括梁接头）。其工程量按设计断面尺寸以实体积计算，套框架柱接头定额。

（4）预制板接头灌缝。其工程量按预制板构件体积以立方米计算。

（5）栏板其工程量按图示长度乘以高度及厚度以立方米计算。

以上各类混凝土预制构件制作工程量的损耗，北京市建筑安装工程预算定额中以费用形式在定额中已予考虑，计算时不应再计损耗。有些地区编制的预算定额没有考虑这部分损耗量，则工程量计算时，除以图示尺寸计算体积外，还应计算预制构件制作损耗量。其制作工程量计算公式如下：

预制构件制作工程量 = 图示工程量 × (1 + 制作损耗率 + 运输及堆放损耗率 + 安装损耗率)

式中制作、运输及安装损耗率，详见表6-2-7。

钢筋混凝土预制构件制作、运输及安装损耗率表　　　　表6-2-7

名　　称	制作损耗率	运输堆放损耗率	安装损耗率
各类预制钢筋混凝土构件	0.2%	0.8%	0.5%
预制钢筋混凝土桩	0.1%	0.4%	1.5%

（六）模板工程

1. 模板工程包括：现浇混凝土模板、现场预制混凝土模板、构筑物混凝土模板。

2. 模板工程的工程量计算：

（1）柱、梁、墙、板的支模高度（室外设计地坪至板底或板面至板底之间的高度）是按3.6m编制的超过3.6m部分，执行本章相应的模板支撑高度3.6m以上每增1m的定额子目，不足1m时按1m计算。

（2）条形基础的肋高超过1.5m时，其肋执行直形墙定额子目，基础执行无梁式带形基础定额子目。

（3）满堂基础不包括反梁，反梁高度在1.5m以内时，执行基础梁定额子目；反梁高度超过1.5m时执行直形墙的定额子目。

（4）墙及电梯井外侧模板执行直形墙相应子目，电梯井壁内侧模板执行电梯井壁相应子目。

（5）阳台、平台、雨罩、挑檐的侧模板及阳台雨罩、挑檐的立板均执行栏板相应子目。

（6）定额中未列出的项目，每件体积小于 $0.1m^3$ 时，执行小型构件定额子目；大于 $0.1m^3$ 时，执行其他构件定额子目。

（7）现场预制混凝土模板综合了地模。

（8）本章定额另附每立方米混凝土中模板接触面积参考表。

（9）现浇混凝土的模板工程量，除另有规定外，均应按混凝土与模板的接触面积，以平方米计算，不扣除柱与梁、梁与梁连接重叠部分的面积。

（10）基础

① 箱形基础应分别按无梁式满堂基础、柱、墙、梁、板有关规定计算，执行相应定额子目。

② 框架式基础分别按基础、柱、梁计算。

③ 满堂基础中集水井模板面积并入基础工程量中。

（11）柱

① 柱模板按柱周长乘以柱高计算，牛腿的模板面积并入柱模板工程量中。柱高从柱基或板上表面算至上一层楼板上表面，无梁板算至柱帽底部标高。

② 柱帽按展开面积计算，并入楼板工程量中。

③ 构造柱按图示外露部分的最大宽度乘以柱高计算模板面积。

（12）墙

① 墙体模板分内外墙计算模板面积，凸出墙面的柱，沿线的侧面积并入墙体模板工程量中。

② 墙模板的工程量按图示长度乘以墙高以平方米计算，外墙高度由楼层表面算至上一层楼板上表面，内墙由楼板上表面算至上一层楼板（或梁）下表面。

现浇钢筋混凝土墙上单孔面积在 $0.3m^2$ 以内的孔洞不扣除，洞侧壁面积亦不增加；单孔面积在 $0.3m^2$ 以外的孔洞应扣除，洞口侧壁面积并入模板工程量中。采用大模板时，洞口面积不扣除，洞口侧模的面积已综合在定额中。

（13）梁

梁模板工程量按展开面积计算，梁侧的出沿按展开面积并入梁模板工程量中，梁长的计算按有关规定：

① 梁与柱连接时，梁长算至柱侧面。

② 主梁与次梁连接时，次梁长算至主梁侧面。

③ 梁与墙连接时，梁长算至墙侧面。如墙为砌块（砖）墙时，伸入墙内的梁头和梁垫的体积并入梁的工程量中。

④ 圈梁的长度，外墙按中心线，内墙按净长线。

⑤ 过梁按图示尺寸计算。

（14）楼板

楼板的模板工程量按图示尺寸以平方米计算，不扣除单孔面积在 $0.3m^2$ 以内的孔洞所占的面积，洞侧壁模板面积亦不增加；应扣除梁、柱帽以及单孔面积在 $0.3m^2$ 以外孔洞所占的面积，洞口侧壁模板面积并入楼板的模板工程量中。

(15) 模板支撑高度3.6m以上每增1m按超过部分面积计算工程量。

(16) 其他

① 楼梯按水平投影面积计算，扣除宽度大于500mm的楼梯井。

旋转式楼梯按下式计算：

$$S=\pi(R^2-r^2)\times n$$

R——楼梯外径

r——楼梯内径

n——层数（或n=旋转角度/360）

② 挑出的阳台、雨罩、露台、挑檐均按水平投影面积以平方米计算；执行阳台雨罩相应子目；阳台、平台、雨罩、挑檐的侧模按图示尺寸以平方米计算。

③ 混凝土台阶不包括梯带，按图示尺寸的水平投影面积以平方米计算，台阶两端的挡墙或前池另行计算。

④ 现浇混凝土的小型池槽按其外形体积以立方米计算。

⑤ 烟囱、水塔和筒仓液压滑升钢模板按平均筒身中心线周长乘以高度以平方米计算。

(七) 钢筋（预埋铁件）工程量计算

钢筋分不同规格、形式，按设计长度乘以单位理论重量以吨计算。

(1) 预埋铁件以吨计算。

钢筋损耗率包括施工过程中操作损耗和图纸未注明的钢筋搭接。北京市建筑安装工程预算定额规定：钢筋损耗率2.5%，铁件损耗率1%。

(2) 图纸钢筋用量计算。如果采用标准图，可按标准图所列的钢筋混凝土构件钢筋用量表，分别汇总其钢筋用量。

对于设计图纸标注的钢筋混凝土构件，应按图示尺寸，区别钢筋的级别和规格分别计算，并汇总其钢筋用量。其钢筋用量的计算可用下式表示：

$$图纸钢筋用量=\sum(钢筋长度\times 每米重)$$

式中钢筋长度可遵循以下规定：

$$直钢筋长度=构件长度-2\times 保护层厚度+弯钩增加长度$$

$$弯起钢筋长度=直段钢筋长度+斜段钢筋长度+弯钩增加长度$$

a. 保护层厚度。钢筋保护层厚度按设计规定计算，通常可参考表6-2-8计算。

钢筋保护层厚度（mm） 表6-2-8

环境条件	构件类型	混凝土强度等级		
		≤C20	C25、C30	≥C35
室内正常环境	板、墙、壳 梁和柱	15 25	15 25	15 25
露天或室内高湿度环境	板、墙、壳 梁和柱	35 45	25 35	15 25

b. 弯钩增加长度。一般螺纹钢筋、焊接网片及焊接骨架可不必弯钩。

钢筋弯钩形式有三种：半圆弯钩、直弯钩及斜弯钩。弯钩长度按设计规定计算；如设计无规定时可参考表 6-2-9 计算。

钢筋弯钩增加长度表　　　　　　　　　　　　　　表 6-2-9

钢筋直径 d (mm)	半圆弯钩 (6.25d)		斜弯钩 (4.9d)		直弯钩 (3d)	
	一个钩长	二个钩长	一个钩长	二个钩长	一个钩长	二个钩长
6	40	80	30	60	18	36
8	50	100	40	80	24	48
10	60	120	50	100	30	60
12	75	150	60	120	36	72
14	85	170	70	140	42	84
16	100	200	78	156	48	96
18	110	220	88	176	54	108
20	125	250	98	196	60	120
22	135	270	108	216	66	132
25	155	310	122	244	75	150
28	175	350	137	274	84	168
30	188	376	147	294	90	180

c. 弯起钢筋斜长。在钢筋混凝土梁中，因受力需要，经常采用弯起钢筋。其弯起形式有 30°、45°、60°三种。弯起钢筋的斜长可按表 6-2-10 计算。

弯起钢筋斜长　　　　　　　　　　　　　　表 6-2-10

符号			
图形	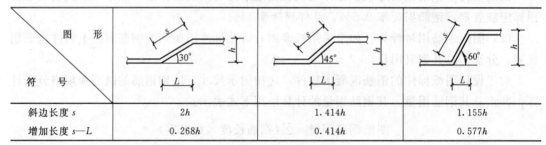		
斜边长度 s	2h	1.414h	1.155h
增加长度 s—L	0.268h	0.414h	0.577h

d. 箍筋长度。矩形梁、柱的箍筋长度，可按设计规定计算；如设计无规定时，可按减去保护层的箍筋周边长度，另加闭口箍筋的综合长度 140mm 计算。

（八）金属结构制作安装工程

金属结构制作安装工程通常包括：钢屋架、钢柱、钢支撑、墙架、各种吊车梁、托架、防风桁架以及各种类型钢门等项目。其工程量计算规则如下：

（1）金属结构制作安装工程量，按设计图纸中各种型钢和钢板的几何尺寸以吨计算，不扣除孔眼、切肢、切边的质量。计算钢板质量时，多边形按外接矩形计算。

钢板、型钢工程量计算公式如下：

钢板质量＝∑（钢板面积×每平方米质量）

型钢质量＝∑（型钢长度×每米质量）

（2）依附在钢柱上的牛腿及悬臂梁的质量，应并入柱身质量内计算。

（3）依附在吊车梁上的连接钢板质量应并入吊车梁的工程量内计算。但依附在吊车梁旁的制动板和制动梁的工程量，应另列项目计算，执行制动梁制作定额；依附在吊车梁上的钢轨，应另列项目，按设备安装工程定额相应项目执行。

（4）依附在屋架上的檩托，其质量应并入钢屋架工程量内计算。金属屋架单榀质量在0.5t以下者，按轻型钢屋架定额执行。

（5）墙架柱、墙架梁及连系拉杆的质量，应并入钢屋架工程量内计算。山墙防风桁架质量，应另列项目计算。

（6）柱侧挡风板、遮阳板、挡雨板支架的质量，应并入挡风架制作工程量内计算。

（7）平台柱、平台梁、平台板及平台斜撑等质量，应并入钢平台工程量内计算；但依附在钢平台上的钢扶梯及栏杆，应另列项目计算，按相应定额执行。

（8）各种钢门的五金铁件（如折页、普通门轴、门闩、插销等，但不包括配重铊），均综合在制作定额内，不得另行计算。但推拉门、射线防护门的金属滑轨、滑轴、阻偏轮或轴承等五金配件，应按设计图纸所示，另列项目计算。

（9）金属结构制作定额中，已包括了钢材制作损耗。北京市建筑安装工程预算定额规定：金属结构制作定额中，包括了钢材6％的操作损耗；不包括除锈及油漆工料费。当需油漆、除锈时，应按相应定额子目单独计算。

【例5】 试计算图 6-2-23 钢屋架水平支撑的制作工程量。

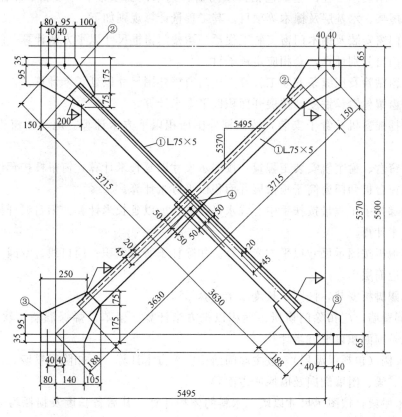

图 6-2-23 钢屋架水平支撑

【解】

① 角钢L 75×5 质量：(3.715＋3.630)×5.82×2＝85.5kg

② 钢板-8 质量：0.25×0.275×62.8×2＝8.64kg
③ 钢板-8 质量：0.25×0.325×62.8×2＝10.21kg
④ 钢板-8 质量：0.1×0.1×62.8＝0.63kg

    合计 角钢∟75×5   85.50kg
          钢板-8   19.48kg

（九）钢筋混凝土及金属结构构件运输

本项工程主要包括钢筋混凝土预制构件和金属结构构件的运输。

（1）钢筋混凝土预制构件主要包括：各种形式梁、柱、大型屋面板、槽形板、空心板、加气混凝土板、楼梯以及全装配工程的内外墙板、大楼梯等构件。

（2）北京市《建筑安装工程预算定额》规定：钢筋混凝土预制构件运输工程量，按构件实际体积以立方米计算，并且分构件类别按不同运距分别列项计算。

（3）北京市预算定额以费用形式在定额中已考虑运输损耗，如果有些地区预算定额中没有考虑构件运输损耗，其工程量可用下式计算：

  钢筋混凝土构件运输工程量＝图示工程量×(1＋运输堆放损耗率＋安装损耗率)

（十）木结构及木装修工程

木结构与木装修工程，主要包括：木门窗、钢木门窗安装、木装修、木地板、间壁墙、天棚、屋架、木基层及檩木等项目。其工程量计算规则如下：

（1）木门窗安装及钢木门窗安装工程量，均按门窗框尺寸以平方米计算。门连窗安装工程量，按门窗分别计算，套相应定额子目。

（2）门窗贴脸及压缝条安装工程量，按门窗框外围尺寸以延长米计算。

（3）门窗镶包镀锌铁皮，按展开面积以平方米计算。

（4）手摇摇窗机及管子安装，按窗框外围面积以平方米计算。电动摇窗机及管子安装，按组计算。

（5）窗帘盒、窗帘轨安装工程量，按图示尺寸以延长米计算，窗帘杆按套计算。

（6）木窗台板和门窗筒子板按展开面积以平方米计算。

（7）楼梯扶手工程量按扶手中心线水平投影长度以延长米计算。阳台栏杆扶手（或栏板）以延长米计算。

（8）木地板按图示尺寸以平方米计算。扣除柱子所占面积；门口线、空圈、暖气槽的面积并入相应面层内。

（9）木踢脚板安装，按图示长度以米计算。

（10）间壁墙，应扣除门窗所占面积以平方米计算。聚苯乙烯保温墙、软木保温墙、均按图示框外围面积以平方米计算。

（11）天棚（包括保温层），按主墙间面积以平方米计算。不扣除间壁墙、检查孔及穿过天棚的柱、梁、附墙烟囱及墙垛所占面积。

（12）木屋架，按图示尺寸以竣工木料的体积计算。其后备长度及损耗均已包括在定额内，不另行计算。附属于屋架的木夹板、垫木、风撑，与屋架连接的挑檐木、气楼及半屋架等，均应并入屋架材料（竣工木料体积）内计算。其工程量计算公式如下：

  屋架竣工木料体积＝图示屋架各杆件体积＋木夹板、垫木、挑檐木等体积为了简化计算，可参照表 6-2-11 屋架杆件长度系数表中有关数据计算。

表 6-2-11 使用方法：

表中各杆件上标注的数字，均为杆件的编号，若要计算某杆件的长度，只要将杆件所对应系数乘以跨度 L 即可。屋架跨度 L 是指屋架上、下弦中心线交点之间的长度。

屋架杆件长度系数表　　　　　　　　　　　　　　　　表 6-2-11

形　式	高跨比	杆　件　编　号										
		1	2	3	4	5	6	7	8	9	10	11
～1	1/4	1	0.559	0.250	0.280	0.125						
	1/5	1	0.539	0.200	0.269	0.100						
	1/6	1	0.527	0.167	0.264	0.083						
～2	1/4	1	0.559	0.250	0.236	0.167	0.186	0.083				
	1/5	1	0.539	0.200	0.213	0.133	0.180	0.067				
	1/6	1	0.527	0.167	0.200	0.111	0.176	0.056				
～3	1/4	1	0.559	0.250	0.225	0.188	0.177	0.125	0.140	0.063		
	1/5	1	0.539	0.200	0.195	0.150	0.160	0.100	0.135	0.050		
	1/6	1	0.527	0.167	0.177	0.125	0.150	0.083	0.132	0.042		
～4	1/4	1	0.559	0.250	0.224	0.200	0.180	0.150	0.141	0.100	0.112	0.050
	1/5	1	0.539	0.200	0.189	0.160	0.156	0.120	0.128	0.080	0.108	0.040
	1/6	1	0.527	0.167	0.167	0.133	0.141	0.100	0.120	0.067	0.105	0.033

如屋架采用杉原木材时，杆断面积可近似取杉木头径、尾径平均值。

木屋架所用的拉杆铁件，按设计图示规格计算重量后，若与定额中铁件用量不符时，可按实际重量加 2.5％损耗，增减调整定额中铁件的含量。

(13) 檩木，按设计图示尺寸竣工木材的体积计算。檩托已包括在定额内，不另计算。

a. 简支檩：长度计算无规定时，按屋架或山墙中距增加 20cm 接头计算。

b. 出山檩：如两头为出山檩条，算至博风板内侧。

c. 连续檩：接头长度按全部连续檩的总长度增加 5％计算。

(14) 屋面木基层，按屋面的斜面积以平方米计算。不扣除附墙烟囱、通风道、屋顶小气窗、斜沟等面积；但小气窗挑檐的出檐部分也不增加。

(15) 封檐板、博风板，按外围长度以延长米计算。博风板按斜长算至出檐与封檐板相交处。

(十一) 屋面工程

屋面工程包括屋面防水、屋面保温层及屋面排水等项目。其工程量计量规则如下：

1. 屋面防水

屋面防水按其屋面所用材料不同，可分为卷材防水屋面、刚性防水屋面、瓦屋面（铁皮屋面）及折板屋面等。

(1) 卷材防水屋面，是以沥青油毡等柔性材料铺设和粘结的屋面防水层。

a. 屋面找平层按图示尺寸以平方米计算。

b. 屋面防水按图示尺寸以平方米计算，扣除 $0.3m^2$ 以上孔洞所占面积；女儿墙、伸缩缝、天窗等处的卷起部分，按图示面积并入屋面工程量中，图纸未标注者，高度按 250mm 计算。

(2) 刚性防水屋面，是以细石混凝土或防水水泥砂浆等刚性材料作为屋面防水层。

a. 细石混凝土或防水水泥砂浆屋面防水层，按图示尺寸以平方米计算，扣除面积在 $0.3m^2$ 以内的孔洞体积。

b. 分格缝根据所使用的嵌缝油膏、沥青麻丝等材料，按长度以延长米计算。

c. 分格缝上所铺的卷材，按图示尺寸以平方米计算。根据不同作法执行屋面卷材有关章节的相应项目。

(3) 瓦屋面（铁皮屋面）按图示尺寸以平方米计算。但不扣除 $0.3m^2$ 以内孔洞及房上烟囱、风帽、底座、风道、屋面小气窗和斜沟等所占面积，而屋面小气窗出檐与屋面重叠部分的面亦不增加。但天窗出檐部分的面积并入相应屋面工程量内计算。

2. 屋面保温层

屋面保温层按图示面积乘以保温层厚度以立方米计算。

3. 屋面排水

屋面排水的导水装置，按照使用材料不同，分为铁皮制品排水和石棉水泥制品排水项目。北京市预算定额编制了铁皮制品排水项目。

铁皮制品排水及白铁零件工程量，按图示尺寸展开面积以平方米计算。如设计图纸无规定时，各种铁皮制品排水的工程量可根据表 6-2-12 计算。铁皮制品排水咬口和搭接的工料已包括在定额内，不单独计算。

各种白铁排水单位面积计算表　　　　　　　　　表 6-2-12

名称	单位	水落管沿沟	天沟	斜沟	烟囱泛水	白铁滴水	天窗窗台泛水	天窗侧面泛水	白铁滴水沿水	下水口	水斗	透气管泛水	漏头
		m								个			
白铁排水	m^2	0.30	1.30	0.90	0.80	0.11	0.50	0.70	0.24	0.45	0.40	0.22	0.16

水落管的长度，由檐沟底面（无檐沟的由水斗下口）算至室外设计地坪的高度。

(十二) 楼地面工程

楼地面工程包括垫层、结合层及面层三部分工程项目。

1. 垫层

垫层通常分为地面垫层和基础垫层。按其使用的不同材料又分为灰土垫层、混凝土及钢筋混凝土垫层、级配砂石垫层、毛石垫层及水泥（石灰）焦渣垫层等。

地面垫层，按主墙间净空面积乘厚度以立方米计算。应扣除沟道、设备基础及构筑物外围所占的垫层体积，不扣除柱垛、间壁墙和附墙烟囱、风道所占的垫层体积。门洞口、空圈、暖气槽和壁龛的开口部分所占的垫层体积亦不增加。其工程量的计算可用下式表示：

$$垫层体积＝(地面面积－沟道等面积)\times 垫层厚度$$

2. 结合层

结合层一般是指冷底子油、刷素水泥浆、找平层及防潮层等。

（1）防潮层工程量按不同作法，分平面、立面以平方米计算。不扣除 $0.3m^2$ 以内的孔洞。平面与立面的连接处高差在 50cm 以下者，按展开面积并入平面计算；超过 50cm 时，套立面相应定额。

（2）地面找平层按主墙间净空面积以平方米计算。应扣除沟道、设备基础及构筑物所占面积，不扣除柱垛、间壁墙和附墙烟囱、风道所占面积；门洞口、空圈和暖气槽、壁龛的开口部分所占的面积亦不增加。

（3）冷底子油、刷素水泥浆工程量按图示尺寸以平方米计算。

3. 面层及踢脚

楼地面面层按所用材料和使用要求，分为整体面层、块料面层和防腐防酸面层等。

（1）整体面层。整体面层一般包括水泥砂浆地面、水磨石地面、剁斧石地面、混凝土地面、钢筋混凝土地面、豆石混凝土楼面、107 胶水泥地面等。

a. 水泥及 107 胶彩色地面，按主墙间的净空面积以平方米计算。不扣除垛、柱、间壁墙及 $0.3m^2$ 以内孔洞所占面积；但门口线、暖气槽的面积亦不增加。

b. 现制水磨石楼地面、剁斧石地面、按实铺面积以平方米计算。

c. 楼梯各种面层、按水平投影面积以平方米计算。楼梯井宽在 50cm 以内者不扣除，超过 50cm 者应扣除其面积。其工程量计算可用下式表示：

$$每层楼梯投影面积＝L\times b－楼梯井面积(宽度大于50cm)$$

式中　L——平台内墙面至楼梯与楼板相连梁外皮长度；
　　　b——楼梯间净宽。

d. 混凝土及钢筋混凝土整体面层，按不同用料及厚度以平方米计算。

（2）块料面层。块料面层一般包括红机砖、缸砖、锦砖、预制水磨石、大理石、水泥花砖、面砖、塑料板及橡胶板地面等。

a. 块料面层按实铺面积以平方米计算。

b. 楼梯的块料面层按其水平投影面积计算，楼梯井宽超过 50cm 者应扣除其面积。

（3）防腐耐酸面层。防腐耐酸面层根据所使用的材料和作用划分为水玻璃耐酸砂浆、铁屑砂浆、沥青混凝土耐碱水泥砂浆、不发火水泥地面、玻璃钢地面、水玻璃耐酸混凝土地面等。

防腐耐酸的结合层和面层按实铺面积以平方米计算。

由于防腐耐酸面层专业性较强，大部分用于生产车间和厂房，而定额划分的范围，项目中所含的内容等都一致。因此，对于不同部门颁发的定额不能混用。

（4）踢脚

a. 块料、木踢脚线按实际长度以延长 m 计算。

b. 水泥、现制磨石踢脚线，按净空周长以延长米计算。不扣除门洞所占长度，但门及墙垛侧边亦不增加。

4. 台阶、散水

(1) 台阶及礓碴坡道面层均按水平投影面积以平方米计算。详见图 6-2-24。

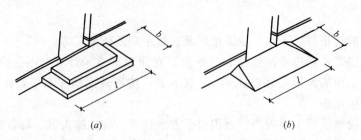

图 6-2-24 台阶、坡道面层计算示意图
(a) 台阶；(b) 坡道

定额仅包括面层的工料消耗量。各种垫层、结构层按不同做法分别计算工程量，套相应定额子目。台阶及礓碴坡道面层工程量计算可用下式表示：

$$台阶（坡道）面层面积 = l \times b$$

式中　l——台阶（坡道）长度；
　　　b——台阶（坡道）宽度。

(2) 散水按图示尺寸以平方米计算。

(十三) 装饰工程

装饰工程主要是指抹灰和油漆涂料工程。

抹灰工程按使用材料和装饰效果可分为石灰砂浆、水泥砂浆、水刷石、水磨石、剁斧石、干粘石、喷涂和拉毛等抹灰，按使用要求也可分为普通、中级和高级抹灰。

油漆涂料工程包括油漆玻璃及特殊涂料等项目。

1. 抹灰工程

(1) 内墙面抹灰。内墙面抹灰按内墙间图示净长线乘以高度以平方米计算。应扣除门窗洞口（即门窗框外围）和空圈所占面积，不扣除踢脚线、装饰线、挂镜线、0.3m² 以内孔洞及墙与构件交接处所占面积；但门窗洞口、空圈及炉片槽的侧壁和顶面面积亦不增加；垛的侧面抹灰并入内墙抹灰工程量内。

内墙面抹灰工程量计算可用下式表示：

$$内墙抹灰面积 = 内墙长度 \times 内墙高度 - 门窗洞口（空圈）面积 + 垛侧面积$$

式中　内墙长度——按主墙面的结构净长计算；
　　　内墙高度——a 无墙裙，其高度按室内楼地面算至顶板底面；b 内墙裙，其高度按墙裙顶面算至顶棚底面；c 吊顶不抹灰，其高度按室内楼地面算至吊顶底面，另加 20cm。

(2) 内墙裙抹灰。内墙裙抹灰按主墙面结构长度乘墙裙高度以平方米计算。不扣除门窗洞口和空圈所占面积；但门窗洞口及空圈侧面亦不增加。垛的侧面墙裙抹灰并入墙裙抹灰工程量内计算。

内墙裙抹灰工程量可用下式表示：

$$内墙裙抹灰面积＝墙裙长×墙裙高＋垛侧面积裙抹灰面积$$

（3）顶棚抹灰

a. 顶棚抹灰按主墙间面积以平方米计算。不扣除垛、柱、附墙烟囱、隔断墙及检查孔所占面积，梁的侧面积并入顶棚抹灰工程量内。其工程量计算可用下式表示：

$$顶棚抹灰面积＝主墙间面积＋梁侧面积$$

b. 密肋梁、井字梁顶棚抹灰。按展开面积以平方米计算。

c. 预制顶板勾缝抹平（指板缝宽在10cm以内者），按主墙间面积计算。不扣除垛、柱、附墙烟囱、检查孔所占面积。

d. 装饰线以凸出阳角为准，按三道线以内，三道线以外以延长米计算。

（4）外墙面抹灰

a. 外墙面抹灰按外墙面的垂直投影面积以平方米计算。应扣除门窗框外围、装饰线和大于 $0.3m^2$ 孔洞所占面积，但不扣除 $0.3m^2$ 以内孔洞面积；垛的侧壁抹灰面积并入外墙抹灰工程量中。其工程量计算可用下式表示：

$$抹灰面积＝外墙长×外墙高－门窗洞口（空圈）面积＋垛侧面积$$

式中　外墙长——外墙外边线长度；

　　　外墙高——a. 有挑檐天沟，由室外设计地坪算至挑檐下皮；b. 无挑檐天沟，由室外设计地坪算至压顶板下皮；c. 坡顶屋面代檐口天棚者，由室外设计地坪算至檐口天棚下皮。

外墙抹灰计算高度详见图 6-2-25 所示。

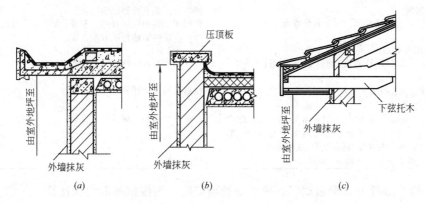

图 6-2-25　外墙抹灰计算高度示意图
(a) 有挑檐天沟；(b) 无挑檐天沟；(c) 坡屋面带檐口天棚

b. 外墙裙抹灰以长度乘高度计算，不扣除门窗洞口和空圈所占面积，但门窗洞口和空圈侧壁及顶面面积亦不增加，垛和附墙烟囱两侧面积并入外墙裙工程量内。

c. 阳台、雨罩抹灰工程量按展开面积以平方米计算。

d. 柱、梁、挑檐、天沟、腰线、门窗套、窗楣、压顶、扶手、栏板及遮阳板抹灰工程量，均按展开面积以平方米计算。

e. 内、外窗台抹灰，按窗台展开面积计算。

f. 镶贴各种块料面层，按实贴面积计算其工程量。

g. 黑板按图示尺寸，以平方米计算。

h. 采光井、池槽、地面沟槽、花池、花台、水槽腿、垃圾箱、蹲坑、蹲台、尿池、挡板、厕浴隔断及各类井子等小型零星抹灰，均按展开面积以平方米计算。

2. 油漆工程

(1) 油漆及特殊涂料等项目工程量计算规则详见表 6-2-13。

油漆、喷刷浆、特殊涂料工程量计算规则　　　　　表 6-2-13

项　目	计算方法及说明
一、多面涂刷，按单面面积计算： 　1. 钢门窗、木门窗、钢框木门、工业组合窗、百页门窗、厂库房大门、钢木大门、包铁皮门。	高×宽（门窗框外围面积，贴脸、压条、披水不另计算）。
2. 间壁隔断、栏杆、栅栏。	高×宽。
3. 屋架（包括风撑）。	跨度×中高×$\frac{1}{2}$。
4. 木格板、铁纱、金属网刷油。	长×宽。
5. 排气罩。	水平投影面积计算。
二、单面涂刷，按单面面积计算： 　1. 抹灰面涂刷（室内墙、顶）。	按抹灰相应项目的工程量。
2. 地板、踢脚板。	长×宽（踢脚板长×高，并入地板面积内计算）。
3. 屋面板（包括檩条）、平铁屋面、瓦垄铁屋面。	按屋面工程相应项目的工程量，平铁屋面按平方米计算。
4. 木丝板、胶合板、纤维板、石棉板、吸声板（检查孔、木压条不另计）墙、顶。	按木结构相应项目的工程量。
5. 窗台板、筒子板、伸缩缝盖板、暖气罩。	筒子板、暖气罩按木装修相应项目的工程量，窗台板、伸缩缝盖板按平方米计算。
6. 护墙、台度、衣（壁）柜、柜台、阁楼、木花格。	按实刷面积计算。
7. 消火栓、通风孔、电闸箱、镜箱、碗橱及零星木装修。	按展开面积计算，执行单层门窗定额。
8. 玻璃黑板。	按框外围垂直投影面积计算。
9. 水落管、天沟、檐沟、泛水、金属伸缩缝。	按屋面工程相应项目的工程量（水落管子目包括双面油漆，金属伸缩缝按平方米计算）。
三、按延长米计算： 　1. 封檐板、博风板、持镜线、窗帘盒、木扶手、挂衣板。	按木结构及木装修相应项目的工程量。
2. 黑板框、生活园地木框。	按框外围尺寸计算。
四、按重量计算： 　1. 钢屋架（包括支撑、檩条）、钢天窗架、钢梁柱、花式钢梁柱及空花构件、笼子板、平台、操作台、制动架、车挡、钢爬梯、踏步式铁扶梯、设备支架、铁器零件。	按金属结构相应项目的工程量。
2. 混凝土混合屋架的钢构件、钢腹杆。	按吨计算。

(2) 钢木玻璃窗、全玻璃门、黑板等玻璃安装，沟按框外围面积计算。

(3) 半截玻璃门（包括门亮子）、半截玻璃隔断的玻璃安装，均按玻璃框上皮至中坎下皮高度乘框外围宽度以平方米计算。

(十四) 室外道路、停车场及管道工程

在建筑工程中，除一般房屋外，还有各种配套工程，如道路、排水管道等。本工程包括道路路基、路面、路牙、排水管道及车间内铁路，适用于厂区及小区建设。

1. 道路

(1) 路基按图示尺寸以立方米计算。

(2) 路面按结构宽度乘以道路中心线长度以平方米计算。

(3) 路牙工程量按图示长度的延长米计算。

2. 排水管道

(1) 排水管道工程量按图示尺寸以延长米计算，不扣除检查井所占长度。

(2) 管基混凝土分为枕基和通基，工程量按图示尺寸以立方米计算。

3. 车间内铁路

(1) 车间内铁路和厂区铁路的划分：铺设方法不同的，按其不同铺设方法的交接处为界，铺设方法相同的按车间外 2m 为界。

(2) 车间内铁路，根据不同材料分为枕木上铺轨和在混凝土轨枕上铺轨；其工程量按实际长度以延长米计算。

(3) 护轮轨工程量，按轮轨两侧铺设长度之和以延长米计算。

(4) 转车盘工程量按台计算，车档按处计算。

（十五）构筑物工程

构筑物工程包括烟囱、水塔、冷却塔、贮水（油）池（罐）、钢筋混凝土贮仓及漏斗等。现仅将烟囱和水塔工程量计算规则简述如下：

1. 烟囱

烟囱按其构造部位分为基础、筒身、烟道内衬、隔绝层及附属设施等。烟囱按其筒身材料分为砖烟囱和钢筋混凝土烟囱。

(1) 烟囱基础。烟囱基础按体积以立方米计算。基础与筒身分界线：砖基础以大放脚的扩大顶面为界；钢筋混凝土基础包括基础底板与筒座，筒座以上为筒身。如图 6-2-26 所示。

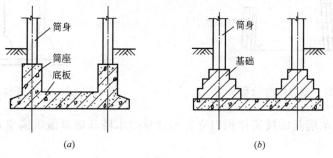

图 6-2-26 烟囱基础示意图
(a) 烟囱钢筋混凝土基础；(b) 烟囱砖基础

(2) 烟囱筒身。烟囱筒身、钢筋混凝土滑模筒身。

筒身工程量按不同厚度，分段以立方米计算。牛腿体积并入筒身工程量内，但应扣除 $0.3m^2$ 以上孔洞及砖烟囱内的混凝土圈梁、过梁、压顶另列项目计算。

圆烟囱每段工程量计算可用下式表示：

$$每段体积 = \pi \times \frac{（下口内径+壁厚）+（上口内径+壁厚）}{2} \times 高度 \times 厚度$$

(3) 烟道。砖砌或钢筋混凝土烟道按体积以立方米计算。烟道与炉体的划分以第一道闸口为界，在炉体内的烟道应列入炉体工程量内。

（4）烟囱内衬。烟囱内衬按内衬使用材料不同以实砌体积计算。扣除各种孔洞所占体积，伸出外面的连接横砖（防沉带）已包括在定额内，不另计算。

（5）隔热材料。隔热材料按烟囱筒身与内衬之间的体积计算。扣除各种孔洞所占体积，但不扣除连接横砖（防沉带）的体积。

（6）烟囱的钢筋混凝土集灰斗（包括分隔墙、水平隔墙、梁柱等）

应按混凝土及钢筋混凝土章节相应项目计算。

烟囱构造组成如图6-2-27所示。

2. 水塔

水塔分为钢筋混凝土水塔和砖水塔。水塔的构造主要分为基础、塔身和水槽三部分。详见图6-2-28。

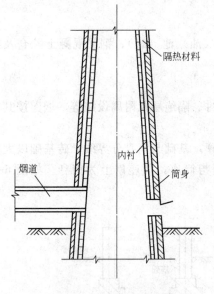
图6-2-27 烟囱构造示意图

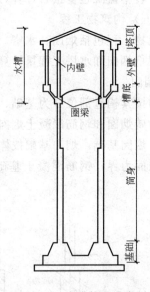
图6-2-28 水塔构造示意图

（1）基础。水塔基础按实体积以立方米计算。水塔基础常做成满堂式或环形台阶式钢筋混凝土基础。

基础与塔身的划分：钢筋混凝土筒式水塔，以筒座上表面为分界，筒座以上为塔身，以下为基础；钢筋混凝土柱式水塔，以柱脚与基础板或梁交接处为分界线，与基础板相连的梁并入基础内计算；如果是钢筋混凝土基础砖塔身时，以混凝土与砖墙交接处为分界线。

（2）塔身。塔身分为筒式塔身和柱式塔身。

a. 筒式塔身。筒式塔身按体积以立方米计算，应扣除门窗洞口及0.3m²以上孔洞所占的体积（砖壁扣除钢筋混凝土构件所占体积）。

塔身高度，自基础上表面至槽底相连的圈梁下表面间的距离。

依附于钢筋混凝土塔身的过梁、雨篷、挑檐梁等的体积并入塔身工程量内计算。与砖塔身相连的混凝土圈梁、过梁及雨篷等工程项目，按混凝土及钢筋混凝土章节相应项目执行。

如果塔身壁厚不同时，应分段计算。其筒壁体积计算公式为：

$$V=\sum h \times c \times D \times \pi$$

式中　V——筒壁体积；
　　　h——每段筒壁垂直高度；
　　　c——每段筒壁厚度；
　　　D——每段筒壁中心线直径。

b. 柱式塔身。柱式塔身是由柱和梁组成的钢筋混凝土框架。柱式塔身工程量不分柱、梁和直柱、斜柱，均以实体积合并计算。

（3）水槽。水槽由塔顶、槽底（含圈梁）、内壁、外壁组成。详见图6-2-29、图6-2-30。

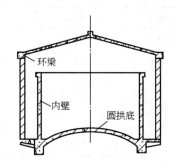

图6-2-29　水槽构造示意图

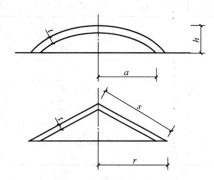

图6-2-30　圆锥形、球形塔顶及槽底示意图

a. 钢筋混凝土塔顶及槽底，不分形式（塔顶不分锥形、球形，槽底不分平底、拱底），均按图示尺寸以实体积计算。塔顶包括顶板和圈梁、槽底包括底板挑出斜壁及圈梁。塔顶及槽底工程量计算公式如下：

圆锥形　　　　　　　　$V=\pi \times r \times s \times t$

球　形　　　　　　　　$V=\pi \times t \times (a^2 + h^2)$

式中　V——塔顶及槽底体积；
　　　r——圆锥底面之半径；
　　　s——圆锥斜长；
　　　t——塔顶及槽底厚度；
　　　a——平切圆半径；
　　　h——平切圆高度。

b. 水塔的水槽内壁、外壁，按图示尺寸以实体积计算。其工程量计算公式同筒式塔身环形体积计算公式。应扣除孔洞、砖壁及混凝土构件所占体积；依附于外壁的垛、挑檐梁等均并入外壁体积内计算。

c. 砖砌水槽壁按实体积以立方米计算。

三、一般土建工程施工图预算编制实例

本例为一幢五层砖混结构的职工单身宿舍楼工程。

(一) 工程概况

(1) 建筑面积 1974m², 室内设计标高±0.000, 相当于绝对标高+49.20m, 室外标高-0.60m, 相当于绝对标高+48.60m。

(2) 基础为 C15 钢筋混凝土条形基础, M5 水泥砂浆砖基础, C15 钢筋混凝土过梁。

(3) 现浇钢筋混凝土构件除注明外, 均为 C20 混凝土。其他构件的混凝土强度等级为: 预制构件 C20; 预应力构件 C30。图中 φ 为三号圆钢, Φ 为二级螺纹钢。

(4) M5 混合砂浆砌筑内外墙, M7.5 混合砂浆砌筑女儿墙, M7.5 水泥砂浆砌筑半砖内墙。防潮层为 1:3 防水砂浆。

(5) 屋面、台阶、散水及各房间内外墙、顶棚、楼地面的做法, 详见表 6-2-14、表 6-2-15 房间做法表、材料做法表。

房 间 做 法 表　　　　表 6-2-14

房间名称	楼、地面	墙面	顶棚	踢脚	屋面
门厅	地 5	内墙 3	棚 2	踢 2	
宿舍	地 5, 楼 4	内墙 3	棚 2	踢 2	屋 3
会议室	地 5, 楼 4	内墙 3	棚 2	踢 2	屋 3
走道	地 5, 楼 4	内墙 3	棚 2	踢 2	屋 3
厕所	地 6, 楼 2	内墙 3	棚 2		屋 3
盥洗间	地 6, 楼 2	内墙 3	棚 2		屋 3
楼梯间	地 5	内墙 3	棚 2	踢 2	屋 3

材 料 做 法 表　　　　表 6-2-15

外 墙 1 (砖墙勾缝)	1. 清水砖墙 1:1 水泥砂浆勾凹缝 2. 喷刷红土浆
外 墙 6 (水刷石墙面)	1. 12 厚 1:3 水泥砂浆打底扫毛或划出纹道 2. 刷素水泥浆一道(内掺水重 3%~5%的 107 胶) 3. 8 厚 1:1.5 水泥石子(小八厘)罩面
外 墙 9 (干粘石墙面)	1. 12 厚 1:3 水泥砂浆打底扫毛或划出纹道 2. 6 厚 1:3 水泥砂浆 3. 刮 1 厚 107 胶素水泥浆粘结层, 干粘石面拍平压实
内 墙 3 (墙面抹白灰)	1. 9 厚 1:3 白灰膏砂浆打底 2. 7 厚 1:3 白灰膏砂浆 3. 2 厚纸筋灰罩面 4. 喷大白浆
棚 2 (预制板勾缝抹平)	1. 钢筋混凝土预制板抹缝 2. 板底腻子刮平 3. 喷大白浆
屋 3 (油毡上人屋面)	1. 钢筋混凝土预制板(平放) 2. 1:6 水泥焦渣最低处 30 厚找 2%坡度 3. 平铺 200 厚加气混凝土块保温层 4. 20 厚 1:3 水泥砂浆找平层 5. 二毡三油防水层 6. 20 厚粗砂铺卧 200×200×25 水泥砖, 留缝隙 3mm, 用砂填满扫净

续表

地 5 (水泥地面)	1. 素土夯实 2. 100厚3:7灰土 3. 50厚C10混凝土 4. 素水泥浆结合层一道 5. 20厚1:2.5水泥砂浆压实赶光
地 6 (水泥地面)	1. 素土夯实 2. 100厚3:7灰土 3. 50厚(最高处)1:2:4豆石混凝土从门口处向地漏找0.5%泛水,最低处不小于30厚 4. 素水泥浆结合层一道 5. 20厚1:2.5水泥砂浆压实赶光
楼 4 (水泥楼面)	1. 钢筋混凝土楼板 2. 70厚1:6水泥焦渣垫层 3. 素水泥浆结合层一道 4. 20厚1:2.5水泥砂浆压实赶光
楼 2 (豆石混凝土楼面)	1. 钢筋混凝土楼板 2. 素水泥浆结合层一道 3. 20厚1:3水泥砂浆找平层 4. 一毡二油防水层四周卷起150高 5. 50厚(最高处)1:2:3豆石混凝土坡向地漏,找0.5%泛水,最低处不小于30厚,上撒1:1水泥砂子压实赶光
踢 2 (水泥踢脚)	1. 13厚1:3水泥砂浆打底扫毛或划出纹道 2. 7厚1:2.5水泥砂浆罩面、压实赶光
台 2 (水泥台阶)	1. 素土夯实(坡度按单项设计) 2. 300厚3:7灰土 3. 60厚C15混凝土(厚度不包括踏步三角部分) 4. 素水泥浆结合层一道 5. 20厚1:2.5水泥砂浆抹面压实赶光
散 2 (混凝土散水)	1. 素土夯实 2. 100~130厚3:7灰土 3. 50厚C15混凝土,上撒1:1水泥砂子压实赶光

注:此表摘自北京市建筑设计院编制的《材料做法》京J12。

(6) 本工程采用北京市结构构件通用图集、门窗标准图集。本工程门窗明细表,详见表6-2-16。

门 窗 明 细 表　　　　表6-2-16

| 编号 | 洞口尺寸
(mm) | 数 量 ||||| 编号 | 洞口尺寸
(mm) | 数 量 |||||
		一层	二层	三层	四层	五层	总计			一层	二层	三层	四层	五层	总计
19M$_1$	1000×2700	13					13	66C	1800×1800	17					17
39M$_1$	900×2700	2					2	42C$_1$	1200×600	1	1	1	1	1	5
59M$_2$	1500×2700	2					2	65C	1800×1500		18	18	18	18	72
18M$_1$	1000×2400		14	14	14	14	56	55C	1500×1500	1	2	2	2	2	9
38M$_1$	900×2400		2	2	2	2	8								

(7) 门刷铁红色调和漆,窗刷草绿色调和漆。作法是刮腻子、磨光、底油、二遍调和漆。

(8) 腰线抹水泥砂浆,面刷白水泥浆。外窗台抹水泥砂浆。厕所、盥洗室墙裙高1.2m,抹水泥砂浆。楼梯抹水泥砂浆。

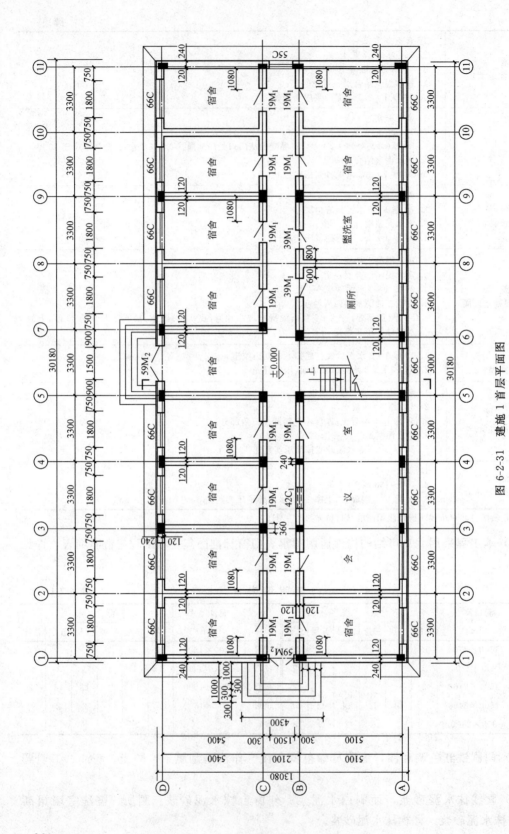

图 6-2-31 建施 1 首层平面图

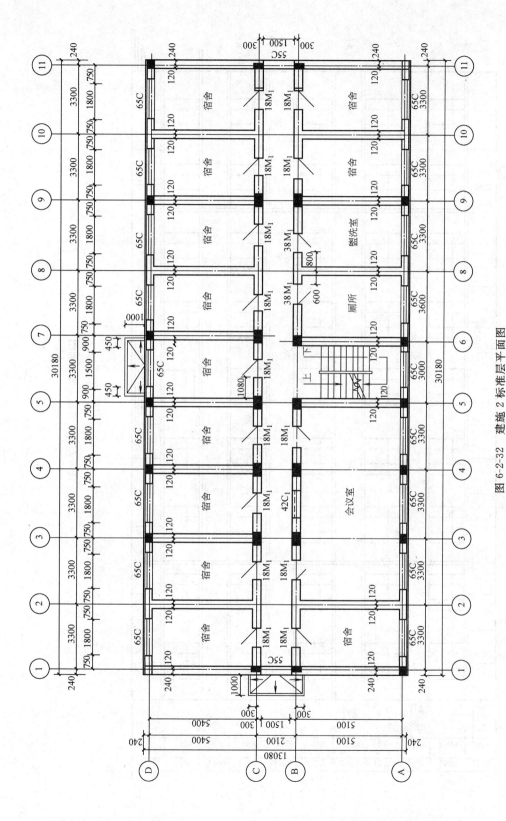

图 6-2-32 建施 2 标准层平面图

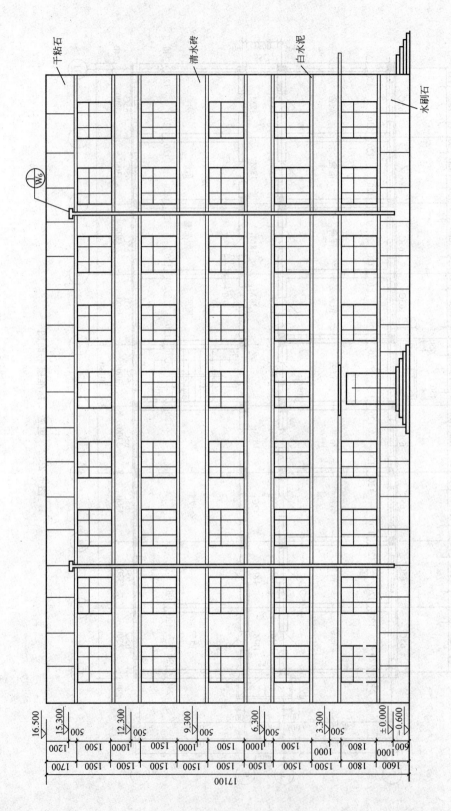

图 6-2-33 建施 3 北立面图

图 6-2-34 建施 4 南立面图

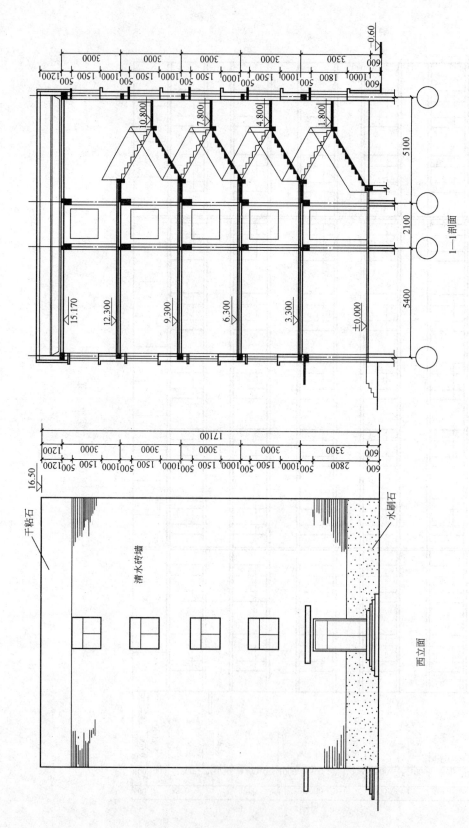

图 6-2-35 建施 5 西立面图及剖面图

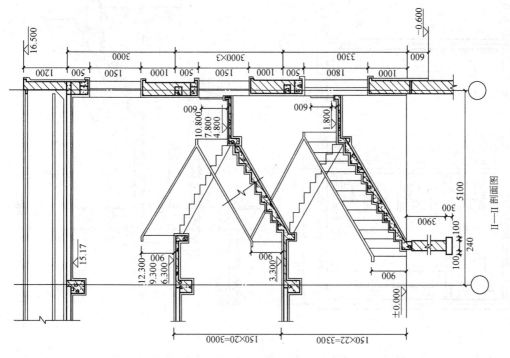

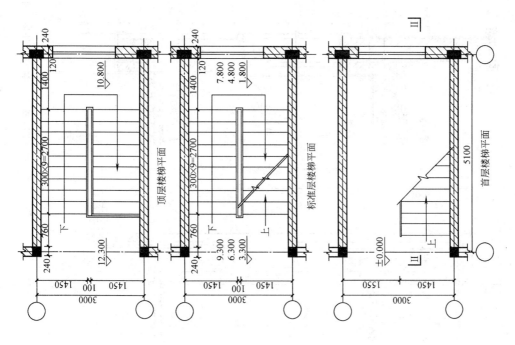

图 6-2-36 建施 6 6楼梯平、剖面图

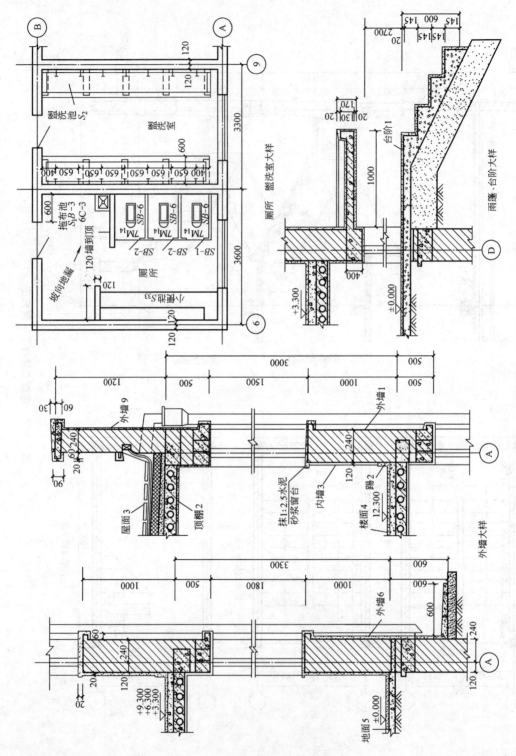

图 6-2-37 建施 7 外墙、雨篷、台阶、厕所、盥洗室大样图

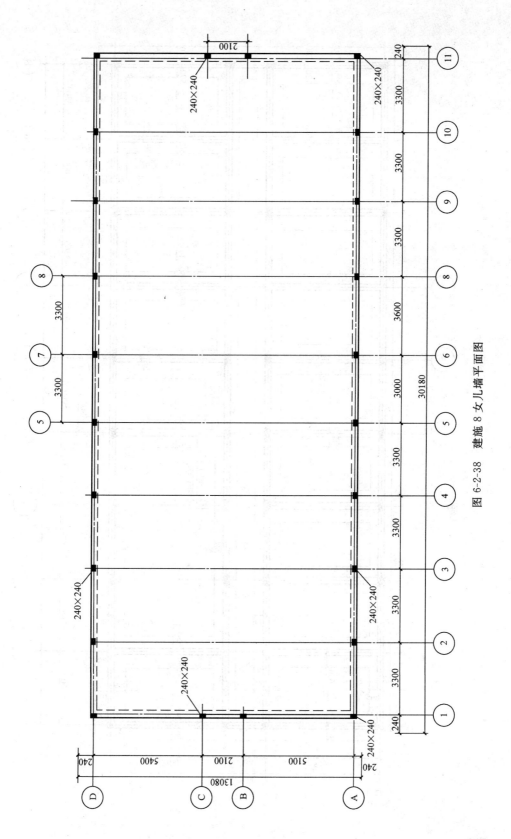

图 6-2-38 建施 8 女儿墙平面图

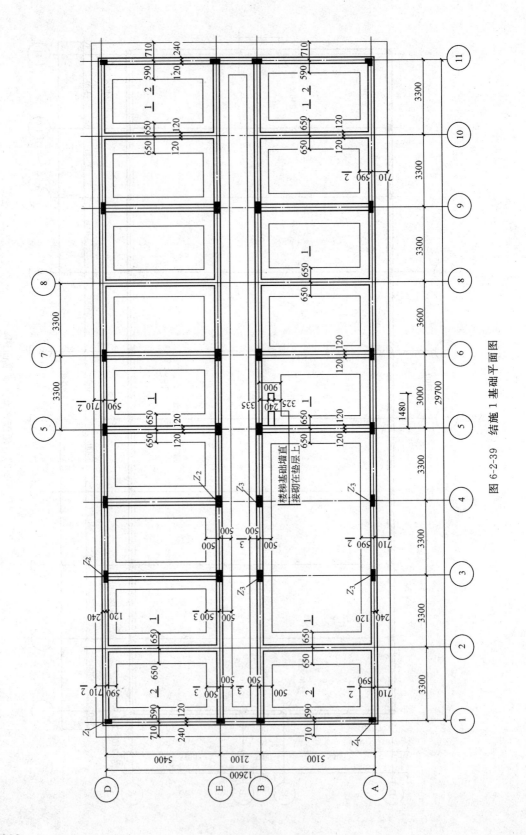

图 6-2-39 结施 1 基础平面图

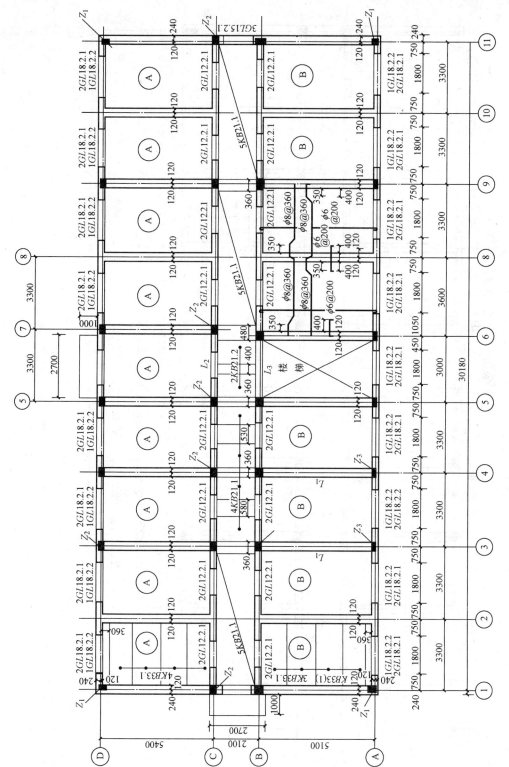

图 6-2-40 结施 2 首层顶板结构平面图

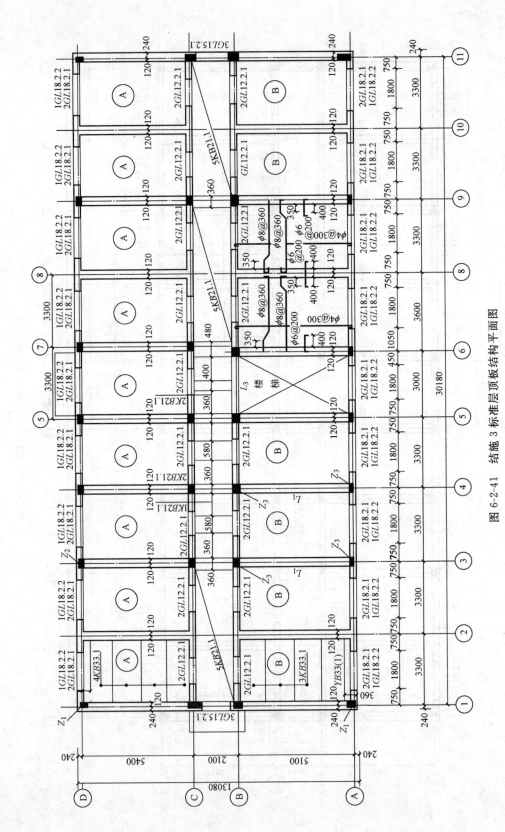

图 6-2-41 结施 3 标准层顶板结构平面图

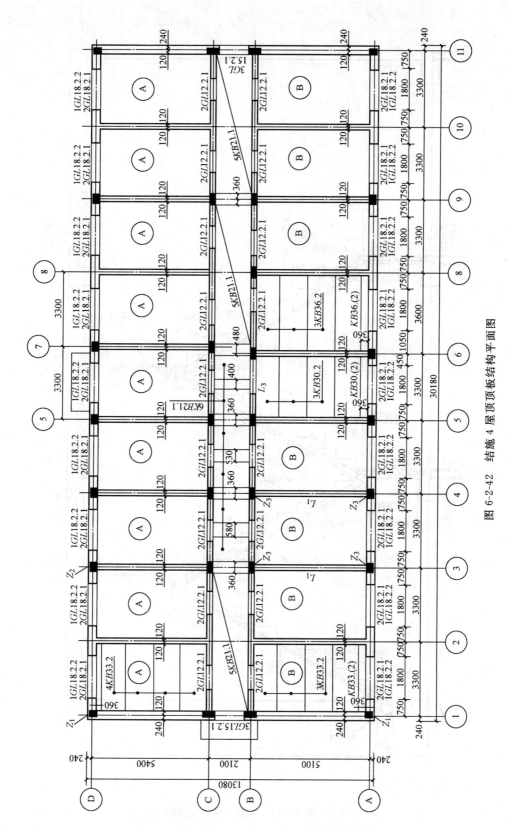

图 6-2-42 结施 4 屋顶顶板结构平面图

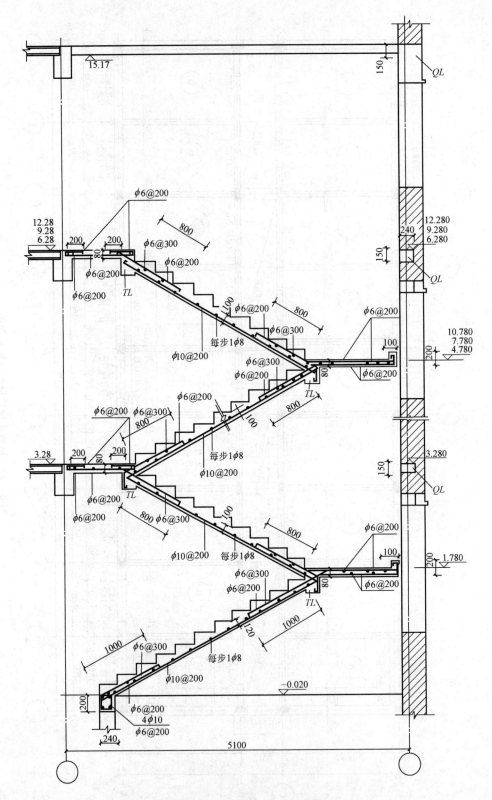

图 6-2-43 结施 5 楼梯配筋图

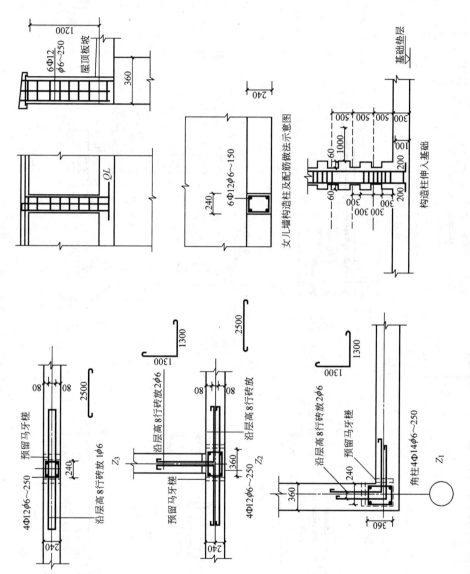

图 6-2-44 结施 6 构造柱配筋图

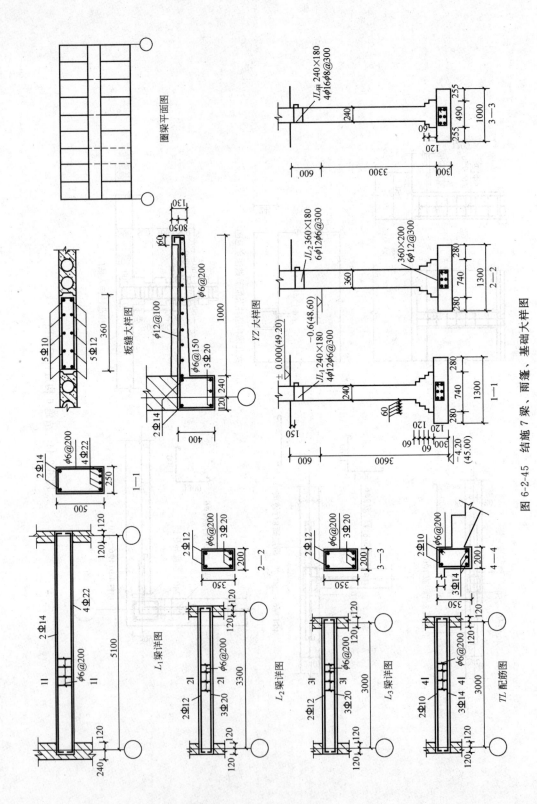

图 6-2-45 结施 7 梁、雨篷、基础大样图

表 6-2-17

门窗洞口面积计算表

工程名称：单身宿舍

序号	门窗(孔洞)名称	图号代号	洞口尺寸 宽(m)	洞口尺寸 高(m)	每樘 面积(m²)	每樘 外围面积(m²)	总樘数	合计 面积(m²)	合计 外围面积(m²)	洞口所在部位(层线墙) 首层 外墙	洞口所在部位(层线墙) 首层 内墙	洞口所在部位(层线墙) 首层 内墙	洞口所在部位(层线墙) 二~五层 外墙	洞口所在部位(层线墙) 二~五层 内墙	洞口所在部位(层线墙) 二~五层 内墙	备注
	59M₂		1.5	2.7	3.98	3.98	2	7.96	7.96	2 7.96						
	19M₁		1.0	2.7	2.64	2.64	13	34.32	34.32		13 34.32					
	18M₁		1.0	2.4	2.34	2.34	56	131.04	131.04					56 131.04		
	39M₁		0.9	2.7	2.37	2.37	2	4.74	4.74		2 4.74					
	38M₁		0.9	2.4	2.10	2.10	8	16.80	16.80					8 16.80		
	66C		1.8	1.8	3.17	3.17	17	53.89	53.89	17 53.89						
	65C		1.8	1.5	2.63	2.63	72	189.36	189.36				72 189.36			
	42C₁		1.2	0.6	0.68	0.68	5	3.40	3.40	1 0.68			8 17.52			
	55C		1.5	1.5	2.19	2.19	9	19.71	19.71	1 2.19				4 2.72		
合计										64.04	39.74		206.88	150.56		

说明：1. 本表除填写门窗面积外，凡对每个面积在 0.3m² 以上的孔洞均应填入本表。2. 本表"洞口所在部位"栏内，横虚线上面填写在该部位的门窗樘数或洞口个数，横虚线下面写相应的计算面积。3. 需分层层填写时，可另续附页。4. 门窗特殊五金如门锁、弹簧铰链、管子拉手等，可记在"备注栏内"。

墙体埋件体积计算表

工程名称：单身宿舍

表 6-2-18

序号	构件名称	代号	图号	构件尺寸(m) 宽	构件尺寸(m) 高	构件尺寸(m) 长	每根体积(m³)	总根数	总体积(m³)	构件所在部位 首层 外墙	构件所在部位 首层 内墙	构件所在部位 首层 内墙	构件所在部位 二~五层 外墙	构件所在部位 二~五层 内墙	构件所在部位 二~五层 内墙	备注
	圈梁 QL_1			0.36	0.15			85.08	4.59				85.08 / 4.59			
	圈梁 QL_2			0.24	0.15			956.10	34.43	84.60 / 3.05	123.54 / 4.45		253.80 / 9.14	494.16 / 17.79		
	小计									3.05	4.45		9.14	17.79		
	构造柱 Z_1			0.39	0.27			91.80	9.66	13.20 / 1.39	6.60 / 0.69		48.00 / 5.05	24.00 / 2.53		
	构造柱 Z_2			0.42	0.27			275.40	31.23	39.60 / 4.49	19.80 / 2.25		144 / 16.33	72 / 8.16		
	构造柱 Z_3			0.30	0.24			61.20	4.42	6.60 / 0.48	6.6 / 0.48		24.00 / 1.73	24.00 / 1.73		
	小计									6.36	3.42		23.11	12.42		
	预制过梁 $L_{18.2.1}$						0.0471	178	8.38	34 / 1.60			144 / 6.78			
	预制过梁 $L_{18.2.2}$						0.0471	89	4.19	17 / 0.80			72 / 3.39			
	预制过梁 $L_{15.2.1}$						0.0409	27	1.10	3 / 0.12			24 / 0.98			小挑口总体积 0.56m³
	预制过梁 $L_{12.2.1}$						0.0232	168	3.90		32 / 0.74			136 / 3.16		
	小计									2.52	0.74		11.15	3.16		
	女儿墙构造柱			0.24	0.24			28.80	1.66							

合计

说明：1. 各种墙体埋件除圈梁按长度"m"计列外，其他均按"根"数计列。2. 本表"构件所在部位"栏内，横虚线上面填写在该部位的圈梁长度"m"数或其他埋件的"件"数，横虚线下面填写相应的计算体积。3. 需分层填写时可另续附页。4. 部分埋入墙内的构件如挑梁，其伸出墙外部分的体积可记在"备注"栏内，以便计算整个构件。

鉴于本课程的地区性特点，本实例没有绘制某些工程细部大样图，如楼梯休息平台护窗栏杆、屋面出入口等。施工图预算实例中也没有计算这些细部子目。

职工单身宿舍绘制如下施工图：

图 6-2-31 建施 1　首层平面图
图 6-2-32 建施 2　标准层平面图
图 6-2-33 建施 3　北立面图
图 6-2-34 建施 4　南立面图
图 6-2-35 建施 5　西立面图及剖面图
图 6-2-36 建施 6　楼梯平、剖面图
图 6-2-37 建施 7　外墙、雨篷、台阶、厕所、盥洗室大样图
图 6-2-38 建施 8　女儿墙平面图
图 6-2-39 结施 1　基础平面图
图 6-2-40 结施 2　首层顶板结构平面图
图 6-2-41 结施 3　标准层顶板结构平面图
图 6-2-42 结施 4　屋顶顶板结构平面图
图 6-2-43 结施 5　楼梯配筋图
图 6-2-44 结施 6　构造柱配筋图
图 6-2-45 结施 7　梁、雨篷、基础大样图

盥洗室大样图

工程计算表　　　　　　　　　　　　　　　　　　　表 6-2-19

工程名称：职工单身宿舍　　　　　　　　　　　　年　月　日　第1页

序号	工　程　项　目	单位	数量	计　算　式
	一、常用计算基数			
	建筑面积	m²	1974	(29.70+0.48)×(12.60+0.48)×5＝1974
	外墙2—2剖面中线长	m	85.08	(29.70+0.12)×2+(12.60+0.12)×2＝85.08
	内横墙1—1剖面净长线长	m	70.44	(5.4−0.24)×8+(5.1−0.24)×6＝70.44
	首层内纵墙3—3剖面净长线长	m	53.10	(29.70−0.24)×2−3.06−2.76＝53.10
	二～五层内纵墙3—3剖面净长线长	m	56.16	53.10+3.06＝56.16
	外墙外边线	m	86.52	(29.70+0.48)×2+(12.60+0.48)×2＝86.52
	首层建筑面积	m²	394.75	(29.70+0.48)×(12.60+0.48)＝394.75
	二、土方工程			
1	平整场地	m²	552.64	首层建筑面积×1.4 394.75×1.4＝552.65
2	槽沟挖土	m³	1452.11	挖土体积＝基槽计算长度×(垫层宽+工作面宽度+放坡折加厚度)×挖土高度 内横墙1—1剖面：38.52×2.73×3.6＝378.57 内纵墙3—3剖面：27.09×2.43×3.6＝236.98 外墙2—2剖面 85.08×2.73×3.6＝836.17 楼梯基础 0.27×0.4×3.6＝0.39 小计 1452.11
3	钢筋混凝土垫层	m³	73.32	体积＝∑(垫层计算长度×垫层宽×垫层高) 内横墙1—1剖面：58.54×1.30×0.30＝22.83 内纵墙3—3剖面：28.52×2×1.0×0.30＝17.11 外墙2—2剖面 85.08×1.30×0.30＝33.18 楼梯基础剖面 1.7×0.4×0.3＝0.20 小计 73.32
4	C20钢筋混凝土地梁	m³	11.94	体积＝∑(地梁断面积×地梁计算长度) JL_1 0.24×0.18×70.44＝3.04

续表

序号	工程项目	单位	数量	计算式
				$JL_{甲}$ $0.24×0.24×(29.70-0.24)×2=3.39$ JL_2 $0.36×0.18×85.08=5.51$ 小计 11.94
5	C20钢筋混凝土构造柱	m³	11.61	体积=Σ(构造柱断面积×基础构造柱高) Z_1 $0.39×0.27×3.90×4=1.64$ Z_2 $0.42×0.27×3.90×20=8.85$ Z_3 $0.30×0.24×3.90×4=1.12$ 小计 11.61
6	M5水泥砂浆砌砖基础	m³	237.82	体积=Σ[基础计算长度×墙厚×(基础梁+折加高度)] 内横墙 1—1剖面:70.44×0.24×(3.9+0.525)=74.81 内纵墙 3—3剖面:(29.70-0.24)×2×0.24×(3.9+0.164) =57.47 外墙 2—2剖面 85.08×0.365×(3.9+0.216)=127.82 楼梯基础剖面 1.36×0.24×3.90=1.27 小计 261.37 实际基础砖砌体=基础体积-地梁体积-构造柱体积 =261.37-11.94-11.61=237.82
7	防潮层(1:3防水砂浆)	m²	62.43	面积=Σ(基础墙计算长度×墙厚) 内横墙 1—1剖面:70.44×0.24=16.91 内纵墙 3—3剖面:(29.70-0.24)×2×0.24=14.14 外墙 2—2剖面 85.08×0.365=31.05 楼梯基础剖面 1.36×0.24=0.33 小计 62.43
8	基础回填土	m³	1117.42	回填土体积=挖土体积-垫层体积-基础体积 1452.11-73.32-11.94-11.61-237.82=1117.42
9	房心回填土	m³	142.90	房心回填土=地面面积×回填高度 (394.75-62.43)×(0.60-0.17)=142.90
10	余(亏)土运输	m³	161.88	余(亏)土体积=挖土体积-基槽回填土体 积-房心回填土体积-0.9灰土体积 1452.11-1117.42-142.90-0.9×(394.75-62.43)×0.10 =161.88
	三、脚手架工程			
11	综合脚手架	m²	1974	建筑面积
	四、砖石工程			
12	M5水泥砂浆砌砖基础	m³	237.82	抄自序号6
13	M5混合砂浆砌外墙	m³	316.32	体积=(外墙中心线长×高度-外门窗面积)×墙厚-嵌入 外墙梁柱体积 门窗框作用面积 64.04+206.88=270.92 (抄门窗洞口面积计算表) 混凝土圈梁 3.05+13.73=16.78 (抄自墙体埋件体积计算表) 混凝土构造柱 6.36+23.11=29.47 (抄自墙体埋件体积计算表) 门窗过梁 2.52+11.15=13.67 (抄自墙体埋件体积计算表) 实际砖砌体积(85.08×15.30-270.92)×0.365-16.78 -29.47-13.67=316.32
14	M7.5混合砂浆女儿墙	m³	22.98	计算公式同外墙 女儿墙构造柱 1.66(抄自墙体埋件体积计算表) 女儿墙实际砖砌体积 (29.94+12.84)×2×0.24×1.20-1.66=22.98
15	M5混合砂浆砌内墙	m³	352.48	体积=(内墙净长线×墙高-内门窗面积)×墙厚-嵌入 内墙梁柱体积 首层内墙体积: 1—1剖面 70.44×0.24×(3.3-0.22)=52.07 3—3剖面 53.10×0.24×(3.3-0.22)=39.25 小计 91.32

续表

序号	工程项目	单位	数量	计 算 式
				其中扣除 内门窗洞口面积 34.32＋4.74＋0.68＝39.74
				（抄自门窗洞口计算表）
				圈梁 4.45（抄自墙体埋件体积计算表）
				门窗过梁 0.74（抄自墙体埋件体积计算表）
				构造柱 3.42（抄自墙体埋件体积计算表）
				首层实际砖砌体积
				91.32－39.74×0.24－(4.45＋0.74＋3.42)＝73.17
				二～五层内墙体积
				1—1 剖面 70.44×0.24×(3－0.13)×4＝194.08
				3—3 剖面 56.16×0.24×(3－0.13)×4＝154.73
				小计 348.81
				其中扣除内门窗洞口面积 131.04＋16.80＋2.72＝150.56
				（抄自门窗洞口计算表）
				圈梁 17.79（抄自墙体埋件体积计算表）
				过梁 3.16（抄自墙体埋件体积计算表）
				构造柱 12.42（抄自墙体埋件体积计算表）
				实际砖砌体积
				348.81－150.56×0.24－17.79－3.16－12.42＝279.31
				一～五层内墙砌体合计 73.17＋279.31＝352.48
16	M7.5 水泥砂浆砌半砖内墙	m^3	2.51	首层 1.5×0.115×3.08＝0.53
				二～五层 1.5×0.115×2.87×4＝1.98
				小计 2.51
17	M7.5 混合砂浆水池砖垛	m^3	1.73	0.5×0.6×0.115×10×5＝1.73
18	外砖墙勾缝	m^2	923.06	86.52×13.80－270.92＝923.06
19	砖墙面刷红土浆	m^2	923.06	1193.98－270.92＝923.06
20	砖砌体钢筋加固	t	1.382	构造柱 Z_1 2.60×2×32×6＝998.40m
				构造柱 Z_2 (2.6×2＋2.5)×32×18＝4435.20m
				构造柱 Z_3 2.5×2×32×4＝640m
				小计 6073.60m
				0.222×6073.60＝1348kg　1348×1.025＝1382kg
	五、钢筋混凝土工程			
	现浇部分			
21	C15 钢筋混凝土垫层	m^3	73.32	抄自序号 3
22	C20 钢筋混凝土地梁	m^3	11.94	抄自序号 4
23	C20 钢筋混凝土构造柱	m^3	58.58	9.66＋31.23＋4.42＋11.61＋1.66＝58.58
				（抄自墙体埋件体积计算表及序号 5）
24	C20 钢筋混凝土圈梁	m^3	39.02	3.05＋4.45＋13.73＋17.79＝39.02
				（抄自墙体埋件体积计算表）
25	C15 钢筋混凝土压顶	m^3	1.85	(29.94＋12.84)×2×(0.24＋0.06×2)×0.06＝1.85
26	C20 钢筋混凝土单梁	m^3	9.05	体积＝梁长×梁宽×梁高
				L_1 5.34×0.5×0.25×2×5＝6.68
				L_2 0.35×0.20×3.54×5＝1.24
				L_3 0.35×0.20×3.24×5＝1.13
				小计 9.05
27	C20 钢筋混凝土雨罩梁	m^3	0.78	0.36×0.4×2.7×2＝0.78
28	C20 钢筋混凝土雨罩板	m^3	0.43	1.0×2.7×2×0.08＝0.43
29	C20 钢筋混凝土平板	m^3	35.90	体积＝板长×板厚×板宽
				厕所 3.60×5.10×0.13×4＝9.55
				盥洗室 3.30×5.10×0.13×4＝8.75
				楼梯间 3.0×0.56×0.13×4＝0.87
				楼面板带 0.36×29.70×0.13×5＋0.36×3.3×0.13
				×6×4＋0.36×29.70×0.13＝12.05
				(0.36×4＋0.58＋0.53＋0.4＋0.48)×2.1×
				0.13×5＝4.68
				小计 35.90
30	C20 钢筋混凝土楼梯	m^3	47.47	面积＝楼梯进深×楼梯间净宽－大于 0.5m 宽度的楼梯井面积
				(2.7＋1.4＋0.2)×2.76×4＝47.47

续表

序号	工程项目	单位	数量	计算式
	预制部分			
31	C20钢筋混凝土过梁制作	m³	17.57	3.9+1.1+4.19+8.38=17.57 (抄自墙体埋件体积计算表)
32	C20钢筋混凝土过梁运输	m³	17.57	3.9+1.1+4.19+8.38=17.57 (抄自墙体埋件体积计算表)
33	C20钢筋混凝土过梁吊装	m³	17.57	3.9+1.1+4.19+8.38=17.57 (抄自墙体埋件体积计算表)
34	C20预应力圆孔板制作	m³	105.15	0.284×(216+57)+0.219×(24+7)+0.310×3+0.239 +0.257×3+0.198+0.178×105=105.15
35	C30预应力圆孔板运输	m³	105.15	0.284×(216+57)+0.219×(24+7)+0.310×3+0.239 +0.257×3+0.198+0.178×105=105.15
36	C30预应力圆孔板堵孔	m³	105.15	0.284×(216+57)+0.219×(24+7)+0.310×3+0.239 +0.257×3+0.198+0.178×105=105.15
37	C30预应力圆孔板吊装	m³	105.15	0.284×(216+57)+0.219×(24+7)+0.310×3+0.239 +0.257×3+0.198+0.178×105=105.15
38	预应力圆孔板接头灌缝	m³	105.15	0.284×(216+57)+0.219×(24+7)+0.310×3+0.239 +0.257×3+0.198+0.178×105=105.15
	模板工程			
39	基础垫层模板	m²	102.58	按模板接触面积 2—2剖 {(29.7+0.71×2+12.6+0.7×2)×2+[29.7−0.59×2+12.6−(0.59+1)×2]×2−1.3×14}=147.96 1—1剖 [5.1−(0.59+0.5)]×2×5+(5.1−0.59−0.9)×2+(5.4−0.59−0.5)×8×2=116.28 3—3剖 29.7×2−0.59×4−1.3×14×2=38.84×2=77.68 基础垫层模板为： (147.96+116.28+77.68)×0.3=102.58
40	地梁模板	m²	90.71	2—2剖 86.52×0.18+(12.6−0.24+29.7−0.24)×2×(0.18+0.06) =15.57+83.64×0.24=35.64 1—1剖面 70.44×(0.18+0.18+0.06)=29.58 3—3剖面 53.1×0.24×2=25.49 小计35.64+29.58+25.49=90.71
41	构造柱模板	m²	312.42	Z_1=(0.12+0.06×2)×(91.8+15.6)=25.78 Z_2=[(0.36+0.12)×2−0.24+0.06×2]×(275.4+7.8)=231.34 Z_3=(0.24+0.12)×2×(61.2+15.6)=55.3 小计：25.78+231.34+55.3=312.42
42	圈梁模板	m²	312.35	QL_1 85.08×0.15×2=25.52 QL_2 956.1×0.15×2=286.83 小计：25.52+286.83=312.35
43	后顶模板	m²	20.53	(29.94+12.84)×2×(0.06+0.06)×2=20.53
44	单梁模板	m²	83.91	L_1梁 5.34×(0.25×2+0.5)×10=53.4

续表

序号	工程项目	单位	数量	计 算 式
				L_2 梁
				$3.54\times(0.35\times2+0.2)\times5=15.93$
				L_3 梁
				$3.24\times(0.35\times2+0.2)\times5=14.58$
				小计：$53.4+15.93+14.58=83.91$
45	雨罩梁模板	m²	5.83	$(0.4+0.32+0.36)\times2.7\times2=5.83$
46	雨罩板模板	m²	6.25	$[2.7\times1+(0.13+0.08)\times1+2.7\times0.08]\times2=6.25$
47	平板模板	m²	96.45	$3.36\times4.86\times4=65.32$
				$3.06\times4.86\times4=59.49$
				$2.76\times0.56\times4=6.18$
				$29.46\times0.36\times6+3.06\times0.36\times24+(0.36\times4+1.99)$
				$\times1.86=96.45$
48	楼梯模板	m²	47.47	抄自序号 30
49	盥洗池 S_{23} 安装	m	45.00	$4.5\times2\times5=45$
50	瓷砖小便池 S_{33} 安装	个	5	
51	磨石厕所隔断安装	间	15	$3\times5=15$
52	磨石拖布池 S_{18} 安装	个	5	
	六、木结构与木装修工程			
53	有亮木板门制作	m²	7.96	7.96（抄自门窗洞口计算表）
54	有亮纤维板门制作	m²	186.90	$34.32+131.04+4.74+16.80=186.90$
				（抄自门窗洞口计算表）
55	一玻一纱带亮木窗制作	m²	266.36	$53.89+189.36+3.40+19.71=266.36$
				（抄自门窗洞口计算表）
56	厕所隔断木门制作	m²	10.73	$1.2\times0.596\times15=10.73$
57	楼梯栏杆扶手制作	m	27.95	$3.3\times8+1.55=27.95$
58	窗帘盒制作	m	159.84	$(15\times5-1)\times(1.8+0.36)=159.84$
59	有亮木板门安装	m²	7.96	
60	有亮纤维板门安装	m²	186.90	
61	一玻一纱带亮木窗安装	m²	266.36	
62	厕所隔断木门安装	m²	10.73	
63	木门安玻璃（3mm）	m²	44.19	$1.825\times1.48\times2+0.645\times0.98\times13+0.475\times0.98\times56$
				$+0.645\times0.88\times2+0.475\times0.88\times8=44.19$
64	有亮木板（纤维板）门油漆	m²	194.86	$186.90+7.96=194.86$
65	木窗安玻璃（3mm）	m²	266.36	
66	一玻一纱带亮木窗油漆	m²	266.36	
67	厕所隔断木门油漆	m²	10.73	
68	楼梯栏杆油漆	m²	22.95	$3\times0.9\times8+1.5\times0.9=22.95$
69	楼梯扶手油漆	m	27.95	
70	窗帘盒油漆	m²	159.84	
71	木门锁制作安装	个	79	
72	特殊暗锁制作安装	个	2	
73	大拉手制作安装	个	8	
	七、屋面工程			
74	1∶6 水泥焦渣找坡层	m³	58.38	$12.60\times29.70\times\left(0.03+\dfrac{12.6\times2\%}{2}\right)=58.38$

续表

序号	工程项目	单位	数量	计算式
75	干铺加气块保温层	m³	74.84	12.60×29.70×0.20=74.84
76	1:3水泥砂浆找平层	m²	399.60	12.60×29.70+(29.70+12.60)×2×0.3=399.60
77	二毡三油一砂防水层	m²	399.6	12.60×29.70+(29.7+12.6)×2×0.3=399.6
78	水泥砖面	m³	374.22	12.60×29.70=374.22
79	铁皮排水管	m²	63.6	15.9×4=63.6
80	铸铁下水口	套	4	
	八、楼地面工程			
81	地面3:7灰土垫层	m³	33.23	垫层体积=地面面积×垫层厚度 (394.75−62.43)×0.1=33.23
82	地面C10号混凝土垫层	m³	15.06	[394.75−62.43−(3.36+3.06)×4.86]×0.05=15.06
83	地面50厚1:2:4豆石混凝土垫层	m²	31.20	厕所、盥洗间(3.36+3.06)×4.86=31.20
84	楼面1:6水泥焦渣垫层	m³	89.49	楼面焦渣垫层(394.75−62.43−31.20)×0.07×4=84.31 厕所蹲台焦渣垫层1.2×2.7×(0.15+0.17)×5=5.18 小计89.49
85	水泥砂浆找平层	m²	124.80	厕所、盥洗间(3.36+3.06)×4.86×4=124.80
86	50厚1:2:3豆石混凝土楼面	m²	124.80	同序号77
87	厕所蹲台抹水泥	m²	16.20	2.7×1.2×5=16.20
88	20厚1:2水泥砂浆抹面	m²	1505.65	首层394.75−62.43−31.20=301.13 二~五层301.13×4=1204.52 小计1505.65
89	二毡三油防潮层地面	m²	39.27	同序号75 31.2+0.25×(4.86×2+3.36+3.06)×2=39.27
90	1:2.5水泥砂浆踢脚线	m	1396.86	首层:宿舍(5.16+3.06)×2×8+(4.86+3.06)×2×3=179.04 会议室(9.66+4.86)×2=29.04 走廊13.20×2+13.50+13.20+5.4×2=63.90 楼梯4.86×2+2.76=12.48 小计284.46 二~五层(首层踢脚长−首层楼梯间踢脚长+3.06×2)×4 (284.46−12.48+3.06×2)×4=1112.40 合计284.46+1112.40=1396.86
91	楼梯面层抹水泥砂浆	m²	47.47	同序号32
92	台阶3:7灰土垫层	m³	4.90	4.3×1.9×0.3×2=4.90
93	台阶C15混凝土垫层	m³	1.96	$\left(4.3\times1.9\times0.06+0.145\times0.3\times\frac{1}{2}\times22.7\right)\times2=1.96$
94	台阶抹水泥砂浆	m²	16.34	4.3×1.9×2=16.34
95	散水挖土方	m³	10.17	(86.52+4×0.7−4.3×2)×0.7×0.18=10.17
96	散水3:7灰土垫层	m³	7.35	(86.52+4×0.7−4.3×2)×0.7×0.13=7.35
97	散水C15混凝土50厚	m²	48.19	(86.52+4×0.6−4.3×2)×0.6=48.19
	九、装饰工程			
98	室内水泥墙裙	m²	193.68	厕所(3.36+4.86)×2×1.2×5=98.64 盥洗间(3.06+4.86)×2×1.2×5=95.04 小计193.68
99	墙面二毡三油防潮层	m²	193.68	同序号90

续表

序号	工程项目	单位	数量	计算式
100	墙面抹白灰砂浆	m²	3917.9	抹灰面积＝主墙间结构净长×抹灰高度－门窗洞口面积 首层 宿舍(3.06＋5.16)×2×3.08×8＋(3.06＋4.86)×2×3.08×3＝551.44 会议室(9.66＋4.86)×2×3.08＝89.44 门厅 5.4×2×3.08＝33.26 走廊 53.10×3.08＝165.55 楼梯间(5.1×2＋2.76)×3.08＝39.92 厕所(3.36＋4.86)×2×(3.08－1.2)＝30.91 盥洗间(3.06＋4.86)×2×(3.08－1.2)＝29.78 小计 940.30 其中扣除：外门窗面积 7.96＋53.89＋2.19＝64.04 (抄自门窗洞口面积计算表) 内门窗面积(34.32＋4.74＋0.68)×2＝79.48 (抄自门窗洞口面积计算表) 首层实际抹灰面积 940.30－64.04－79.48＝796.78 二～五层： 宿舍[(3.06＋5.16)×2×2.87×9＋(3.06＋4.86)×2×2.87×3]×4＝2244.11 会议室(9.66＋4.86)×2×2.87×4＝333.38 走廊(53.10＋3.06＋1.86×2)×2.87×4＝667.42 楼梯间(5.10×2＋2.76)×2.87×4＝148.78 厕所(4.86＋3.36)×2×(2.87－1.2)×4＝109.82 盥洗间(3.06＋4.86)×2×(2.87－1.2))×4＝105.81 小计 3629.32 其中扣除： 外窗面积 189.36＋17.52＝206.88 (抄自门窗洞口面积计算表) 内门窗面积(131.04＋16.80＋2.72)×2＝301.12 (抄自门窗洞口面积计算表) 二～五层实际抹灰 3629.32－206.88－301.12＝3121.12 合计 796.78＋3121.12＝3917.9
101	顶棚现浇板抹水泥砂浆	m²	248.80	盥洗间、厕所(3.06＋3.36)×4.86×4＝124.80 房间板带 3.06×0.36×9×5＋3.06×0.36×6×4＋(3.06×7＋3.36＋2.76)×0.36＝85.92 走廊板带(0.36×4＋0.58＋0.53＋0.48＋0.40)×1.86×5＝31.90 楼梯间平板 2.76×0.56×4＝6.18 小计 248.80
102	现浇钢筋混凝土梁抹灰	m²	86.94	L_1(0.5×2＋0.25)×4.86×10＝60.75 L_2(0.35×2＋0.20)×3.06×5＝13.77 L_3(0.35×2＋0.20)×2.76×5＝12.42 小计 86.94
103	预制板勾缝抹平	m²	1356.97	宿舍 3.06×5.16×9×5＋3.06×4.86×3×5＝933.61 会议室 9.16×4.86×5＝222.59 走廊 29.46×1.86×5＝273.98 现浇楼面房间顶层预制板(2.76＋3.36＋3.06)×4.86＝44.61

续表

序号	工程项目	单位	数量	计算式
				小计:1474.79
				其中扣除:房间板带抹灰面积85.92
				走廊板带抹灰面积31.00
				实际勾缝抹平面积1474.79－85.92－31.90=1356.97
104	门窗后塞口堵缝	m²	461.22	抄自门窗洞口面积计算表
105	厕所贴白瓷砖	m²	18.00	3.0×1.2×5=18.00
106	内窗台抹灰	m²	20.84	1.8×0.12×(17＋72)＋1.5×1.2×9=20.84
107	外窗台抹灰	m²	41.69	1.8×0.24×(17＋72)＋1.5×0.24×9=41.69
108	厕所隔墙抹水泥	m²	45.43	(1.5×2＋0.12)×(3.08＋2.87×4)=45.43
109	水池砖垛抹水泥	m²	33.60	(0.5×2＋0.12)×0.6×10×5=33.60
110	外墙裙水刷石	m²	130.28	外边线长×高度－门框外围面积86.52×1.54－1.48×1×2=130.28
111	墙面干粘石	m²	141.89	86.52×1.64=141.89
112	雨罩水刷石	m²	5.4	2.7×1×2=5.4
113	腰线抹水泥	m²	108.65	0.06×3×(29.70＋0.48)×10×2=108.65
114	腰线刷白水泥	m²	108.65	0.06×3×(29.70＋0.48)×10×2=108.65
115	女儿墙压顶抹水泥	m²	51.34	(0.36＋0.06×2＋0.06×2)×(29.94＋12.84)×2=51.34
116	预制板顶棚喷大白	m²	1605.77	248.80＋1356.97=1605.77(抄自序号93、95)
117	抹灰面喷大白	m²	4012.55	室内抹白灰砂浆3917.9(抄自序号92)
				现浇梁抹水泥86.94(抄自序号94)
				楼梯底面2.7×(2.76－0.1)×1.56×4＋1.4×2.76=36.90
				雨罩底面2.7×1.0×2=5.4
				小计4047.14
118	踢脚线刷水泥浆	m	1396.86	抄自序号82
119	工程水电费	m²	1974	按建筑面积以m²计
120	大型机械使用费	m²	1974	按建筑面积以m²计

思 考 题

1. 施工图预算有何作用?
2. 编制施工图预算的依据是什么?
3. 编制单位工程施工图预算有几种方法?其编制步骤如何?
4. 工程量计算是按怎样顺序进行的?
5. 工程量计算的一般原则是什么?
6. 为什么说工程量计算是编制施工图预算最重要工作之一?

第三节 室内电气、水暖施工图预算的编制

一、室内电气、水暖施工图预算的编制步骤

室内电气、水暖工程施工图预算的编制方法与一般土建工程施工图预算的编制方法基本相同。其编制步骤如下:

(一)熟悉与审查施工图纸

熟悉与审查施工图纸的重点应是与工程项目划分、工程量计算有关的内容。例如熟悉审查采暖施工图的重点应是:

(1) 管道材料及连接方法、管径、标高及定位尺寸;

(2) 散热器种类及规格、安装形式；
(3) 阀门、集气罐等配件（附件）的规格；
(4) 管道刷油及保温要求；
(5) 支架、吊架等配件大样及其他要求。

（二）计算分项工程量

按电气、水暖工程预算定额规定的工程量计算规则计算各项工程量，并汇总整理列入工程预算表内。

在计算电气、水暖分项工程量时，通常要注意以下几点：

1. 分项工程量的计量单位

主要采用自然计量单位，即按照施工对象本身的自然组成情况，如台、组、套、个等。这些自然计量单位可以直接在施工图中查得。但也有个别的由于其规格、尺寸复杂，为了便于计算工程量而采用物理计量单位，如管道刷油防腐按展开面积以平方米为计量单位。

2. 管道和线材的长度计算

由于施工图中只表示管道直径、线材型号，而不标注其图示尺寸。在管道和线材工程量计算时，通常不采用数字公式计算。水平管道和线材的长度在施工平面图中用比例尺度量；垂直管道的长度按轴测图中所注标高或者对照建筑立面图和剖面图的有关尺寸计算。

3. 工程量计算顺序

管线工程的工程量计算顺序，一般按先主管、后支管，先引进后排出的顺序进行计算。例如电气工程，一般按进户线，总配电箱、各分配电箱（盘）直至照明灯具的顺序计算。又如给排水工程，可按引进管、干管、支管到用水设备，然后再按排水方向直至排出室外的顺序计算。

阀门、散热器等工程量一般都是直接从施工图上查点或在查点的基础上计算。因此必须严格按照一定的顺序或编号进行计算，以免遗漏或重算。

在计算时须注意管道的起止点，以及管径变化处，以免相互混淆。

（三）套预算单价

从预算定额中查出各分项工程相应的预算单价，填入工程预算表内。在套用预算单价时，一定要使套用单价的分项工程名称、规格、工程内容与预算定额子目的名称、规格、工程内容完全一致。例如电线管敷设预算单价，预算定额不仅分为在砖、混凝土结构上的明敷或暗敷，同时又分为直径15mm、20mm、25mm……等不同规格电线管的明敷或暗敷。因此，在套用单价时，电线管是明敷还是暗敷以及直径大小都必须一一相符。

定额内已包括的内容，不得重复计算；定额中未包括的内容应单独列项计算。

（四）计算工程直接费

首先把各分项工程量与套用的预算单价相乘，计算出每一分项工程的直接费，汇总求出各分项工程直接费合计，然后按规定计算现场管理费。把现场管理费与各分部工程直接费合计相加，即为单位工程直接费。

（五）计算各项费用

室内电气、水暖工程，通常称为"通用设备安装工程"。其间接费（施工管理费、其他间接费）、利润及税金等项费用定额（标准）及其计算方法按照规定进行计算。

最后将工程直接费、间接费、利润及税金等项费用汇总，即为室内电气、水暖工程预算费用。

室内电气、给排水工程预算各项费用的计算，详见本节编制实例。

室内电气、水暖等通用设备安装工程预算费用的计算过程可用下式表示：

二、室内电气工程预算的编制

（一）工程量计算

计算室内电气工程量时，应按一定的顺序逐条干线、逐条支线、逐项用电器具、逐个楼层计算。

室内电气照明工程包括进户装置、室内配线（管）、照明器具安装及防雷装置等工程项目。其工程量计算规则为：

1. 进户装置

室内外电气平面图的分界，通常以架空线进线横担为界。

室内电源是从室外低压配电线路上接线的，为了安全引入室内，设有进户装置。

进户装置包括铁（木）横担、引下线（从室外电杆引下至横担的电线）、进户线（从横担通过进户管至配电箱的电线）和进户管。

进户横担安装，按高、低压及二线、四线、六线以组为单位计算。其工程量包括了横担安装、上瓷瓶及防水弯头等工程内容；但不包括引下线。引下线在架线工程中计算。

2. 配线（管）工程

配线（管）工程按施工方法通常分为明敷设和暗敷设两种。

（1）配管明敷。配管明敷是指在明敷线路的某些部位，为了安全和保护导线，沿墙、柱、梁等建筑结构表面配管明敷。

配管明敷工程量按管路大小和不同材质及沿何种结构敷设，分别以延长米计算。

（2）配管暗敷。配管暗敷是指把各种管路（电线管、塑料管、钢管、防爆钢管等），预先敷设在墙壁、钢筋混凝土结构里。

配管暗敷工程量按管路直径大小、不同材质及不同结构，分别以延长米计算。

无论明、暗敷设，其配管工程量不扣除管路中间接线箱（盒）、灯头盒、开关盒等所占长度。

（3）管内穿线。在管材配线工程中尚需进行穿线。管内穿线工程量按导线材质型号、截面大小分别以单线的延长米计算。因此，其工程量应为配管工程数量乘以穿线根数。

穿线定额中综合了接头线长度，不再计算接头线工程量。

（4）瓷（塑）夹板配线。瓷（塑）夹板配线是一种用瓷（塑）夹板固定导线于墙、梁、柱面以及天棚面的配线方式。

瓷（塑）夹板配线工程量按不同结构（砖或混凝土结构）、不同导线材质、型号、截面、二线或三线，分别以线路延长米计算。

（5）塑料护套线敷设。塑料护套线敷设是指把卡子固定在砖、混凝土结构上，然后把导线裹在卡中，并且卡住。

塑料护套线敷设工程量按导线材质、型号、截面以及敷设方式（上卡子或粘结），分别以单线延长米计算。

(6) 木槽板配线。木槽板配线是指把导线镶入木槽内的明配线。

木槽板配线工程量按不同导线材质、型号、截面、二线或三线，分别以线路延长米计算。

配线工程线路的水平长度，按照明器具之间的中心线距离计算；线路垂直长度按图示尺寸计算。

灯具、明暗开关、插销等的预留线，已分别综合在有关定额内，计算工程量时不再计算。但配线进入开关箱、柜、板的预留线，按表 6-3-1 规定预留长度，分别计入相应工程量内。

连接设备导线预留长度表（每根线） 表 6-3-1

序号	项目	预留长度(m)	说明
1	各种开关箱、柜、板	高+宽	箱、柜的盘面尺寸
2	单独安装(无箱、盘)的铁壳开关、闸刀开关、启动器、母线槽进出线盒等	0.3	从安装对象中心算起
3	由地平管子出口引至动力接线箱	1	以管口计算
4	电源与管内导线连接(管内穿线与软、硬母线连接)	1.5	以管口计算
5	出户线	1.5	以管口计算

3. 照明器具安装工程

照明器具安装工程包括灯具、配电箱安装及接线盒、开关、插销、电度表、电铃、电扇安装等工程项目。

(1) 灯具安装。灯具安装均以套为计算单位。

a. 普通灯具安装。吸顶灯具按灯罩直径的不同规格分别计算。其他普通灯具按不同的类型分别计算。

b. 荧光灯具安装。荧光灯具按安装方式不同，分为吊链式、吊管式、吸顶式、开启式和嵌入式等，按每组灯管数目不同，分为单管、双管和三管等类型分别计算。

c. 工矿灯具安装。工矿灯具分为工厂罩灯、防水防爆灯等类型，按不同的灯具、不同的安装方法分别计算。

d. 庭院柱灯安装。庭院柱灯具分为钢杆柱灯、混凝土柱灯等类型，按灯罩数目的不同分别计算。

钢杆柱灯安装的挖坑、浇灌混凝土基座等，安装费内均未包括，应另行计算；可执行土建定额相应项目，一并列入电气工程预算。

混凝土柱灯安装未包括电杆的搬运、组立、挖杆坑以及基座的砌筑、装饰和基座中装设的接线箱制作、安装以及熔断器安装、金属支架制作安装等，应按确定的做法另行计算并执行相应的定额子目。

(2) 配电箱安装。配电箱安装，分为铁和木配电箱两种，以套为计量单位，按其半周长的不同分为明装、暗装分别计算。

配电箱安装定额仅包括箱体的安装费，不包括箱体的制作费，应按设计所选型号另列项目计算。

(3) 接线盒安装。接线盒安装，分为暗装和明装。接线盒安装按不同结构类型，以个为单位分别计算。

(4) 开关及插销安装。开关及插销按安装方式分为明装与暗装。

开关有拉线开关、扳把开关、定时开关等，都分别按其不同类型，以套为单位分别计算。

插销按明装、暗装、单相与三相以及不同额定电流，分别以套为单位计算。

(5) 电气仪表安装。电气仪表安装通常包括电铃、电扇及电表等项目的安装。

电铃安装，是按不同电铃直径以套为单位计算。

电扇安装，按不同规格以台为单位计算。

电度表安装、按单相、三相磁卡式以块为单位计算。

4. 防雷及接地装置

防雷及接地装置，包括接地极制作安装、接地母线敷设、避雷针制作安装及避雷引下线敷设等工程项目。

(1) 接地极制作安装。与土壤直接接触的金属体称为接地极或接地体。接地极按所使用的材料不同，分为角钢、圆钢及钢管接地极。接地装置挖填土执行第二章电缆沟挖土相应子目。

接地极制作安装工程量，按不同材质以根为计量单位分别计算，利用底板钢筋作接地极以 m^2 计算。

(2) 接地母线敷设。连接接地极与电气设备之间的金属导体称为接地线或称接地母线。接地母线的敷设方式分为明敷设和暗敷设。

接地母线敷设工程量，按其不同的敷设方式、所使用的不同材料以延长米计算。

(3) 避雷针制作安装。预算定额中，避雷针分为制作、安装两节。

避雷针制作，按材质、针长的不同以根为单位计算，分别执行相应定额子目。

避雷针安装，分为安装平屋面上、墙上，按针长的不同以根为单位分别计算。

(4) 避雷引下线敷设。建筑物，构筑物避雷引下线，按其施工方法，一般有明敷设、暗敷设和利用结构主钢筋焊连作为避雷引下线。

避雷引下线敷设工程量，按不同的材质、固定方式及不同的建筑物高度，以单根延长米计算。

(二) 电气照明工程预算书的编制

根据上述规则计算的各项工程量和地区现行预算定额以及各项费用定额（标准），按电气照明工程施工图预算编制步骤，编制电气照明工程预算书。

(三) 电气照明工程预算编制实例

编制如图 6-3-1、图 6-3-2 所示职工单身宿舍工程室内电气照明工程预算。采用 2001 年北京市《电气安装工程预算定额》，图例、符号采用 1980 年《电气安装工程施工图册》（增订本）的有关规定。

工程说明：

(1) 首层平面图与二～五层平面图相同，只需在首层两个出入口处增设两套吸顶灯和电源引入管线。

(2) 首层增设吸顶灯型号⑫，增加阻燃聚乙烯管 8m、管内穿线 24m，增设跷板式开关两套。

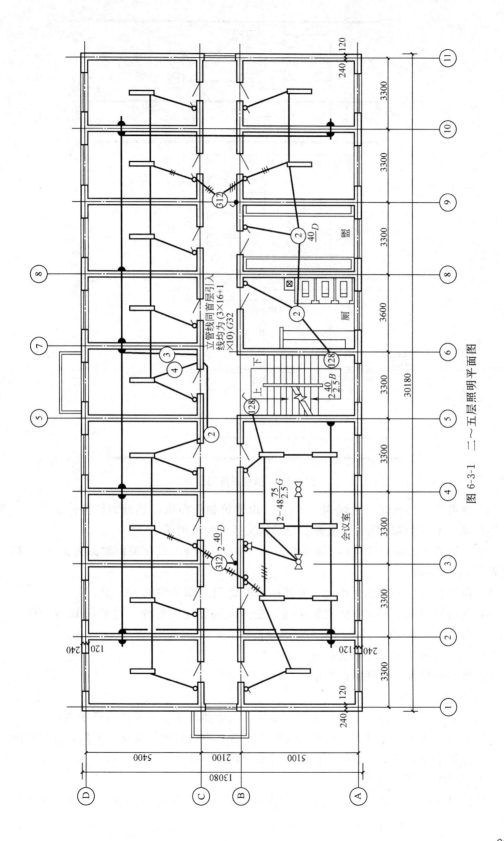

图 6-3-1 二～五层照明平面图

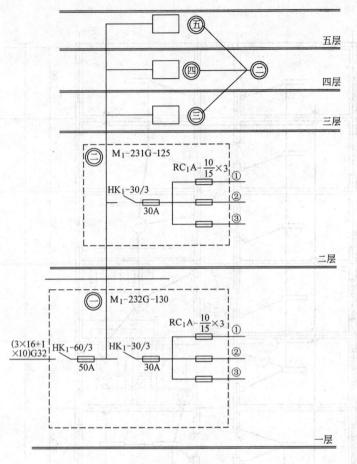

图 6-3-2 照明系统图

(3) 电源为三相四线,进线 380/220V。由建筑物西山墙ⓒ轴处的铁横担上引入,离室外地坪 3.9m,用 G32 钢管暗敷至⑥与ⓒ轴交接处的配电箱。

(4) 配电箱下皮距地 1.4m,插座距地为 300mm,跷板式开关距地面为 1.4m,拉线开关距顶棚 200mm。

(5) 配电盘安装采用北京市电气安装标准图集 H_1-208Z 中的 JX_4 型。

(6) 进线选用 BLXF-500 橡皮铝芯线,室内配线除注明者外,均采用 BLV-500 型塑料铝芯线 2×2.5,穿墙、板管均采用阻燃聚乙烯管暗配。

室内电气照明工程量计算表,见表 6-3-2。

三、室内给排水工程预算的编制

(一) 工程量计算

室内给排水工程一般包括给排水管道安装、卫生器具安装及其他项目安装。

计算室内给排水工程量时,可按引进管、干管、支管到用水设备,然后再按排水的顺序计算。如果干管有几个立管时,则按立管编号顺序计算。

1. 室内给排水管道安装

室内给排水管道一般是低压管道。室内与室外划分界限是:给排水管道以外墙外侧 1.5m 处为界。

工程量计算表　　　　　　　　　　　　表 6-3-2

工程名称：单身宿舍电气照明工程　　　　　　　年　月　日第　页　页

序号	工程项目	单位	数量	计量式
1	进户线铁横担安装 4 线	组	1	
2	钢管暗敷 G32	m	25.94	引入管（水平管＋立管）0.24＋4×3.3＋3.0＋(3.3－1.4)＝18.34 引上管（1～五层）(3.3－1.4)＋3＋3＋3＋1.4＝12.3 小计　30.64
3	阻燃聚乙烯管 G16	m	1058.40	首层：照明线路(3.3－1.4－0.5＋2.3)＋(3.3－1.4－0.5＋3＋2.5)＋(13×3.3＋2.5＋2＋1.4×3＋3.2＋2.3＋2.7)＋(0.13＋0.2＋2.2)×12＋(2.5＋0.13＋0.2)＋(2.8＋0.13＋0.2)＋(1.3＋0.13＋0.2)×6＋(3.3－1.4)＋(3.3－1.4－0.8)×2＋8＝131.80 插座线路(3.3－1.4－0.5＋3.6)＋(3.3×7＋0.12×3＋9.7×3)＋8×(3.3－0.3)＝81.56 二～五层：4×(131.80＋81.56－0.3×7)＝845.04 小计　1058.40
4	管内穿线 2×2.5	m	2152.10	1058.40×2＋(2×3＋1.3×6＋3＋2.5＋8×2)＝2152.10
5	进户线管内穿线3×16＋1×10	m	35.64	30.64＋(0.4＋0.5)×2＋(0.35＋0.45)×4＝35.64
6	铁配电箱安装（半周长 m）	套	5	
7	铁配电箱制作 400×500	套	1	
8	铁配电箱制作 350×450	套	4	
9	三相胶盖闸刀安装 50A	个	1	
10	三相胶盖闸刀安装 30A	个	5	
11	熔断器安装 10A	个	15	3×5＝15
12	铁接线盒安装（砖墙）	个	197	39×5＋2＝197
13	铁灯头盒安装（圆孔板）	个	122	24×5＋2＝122
14	单相插销（暗装）5A	套	70	14×5＝70
15	电风扇安装（吊扇）	台	10	2×5＝10
16	壁灯安装	套	10	
17	荧光灯安装 40W	套	90	18×5＝90
18	吸顶灯安装 40W	套	12	2×5＋2＝12
19	普通灯具安装 40W	套	10	2×5＝10
20	拉线开关安装	套	85	17×5＝85
21	暗装跷板式开关	套	22	4×5＋2＝22

　　（1）室内给排水管道安装工程量是按不同的材料、不同的连接方式、不同的接口材料、不同的管径等，以延长米为单位分别计算。

　　各种管道的水平长度，应用比例尺按建筑平面图所示管道中心线的长度来度量，垂直长度按建筑剖面图、管道透视图所示的标高来计算。各种阀门和管件（成组成套安装的除外）在管道中所占的长度，已在制定定额时作了综合考虑，计算工程时均不再扣除。

　　（2）各种管道安装定额中包括了接头零件（三通、弯头、管箍等）制作和安装的工程内容（另有规定者除外），在工程量计算中不再另行计算。

　　（3）管架制作与安装。管架分为一般管架、木垫式管架、滚动滑动式管架、弹簧式管架等。其制作与安装均以 kg 为单位分别计算。

2. 其他项目安装

(1) 水嘴安装。水嘴安装，按其不同的直径、种类以个为单位分别计算。

(2) 各类阀门安装。各类阀门安装，按阀门连接方式不同，分为丝扣阀门、丝扣法兰阀门等。均按其不同的直径以个为单位分别计算。

(3) 水表组成与安装。水表组成与安装，分为丝扣式、焊接法兰式等。按是否带旁通管和管材的不同直径分别计算。

(4) 室内消火栓安装。室内消火栓安装，分明装和暗装两种，按其不同规格以套为单位分别计算。

3. 卫生器具安装

(1) 浴盆安装。浴盆安装，按材质、规格、供冷水或热水分别以组为单位计算。

(2) 洗脸盆安装。洗脸盆安装，分墙架式和柱脚式，按接管种类、开关方式、器具材质和规格、供冷水或热水，分别以组为单位计算。

(3) 淋浴器具安装。淋浴器具安装，分镀锌钢管和钢管制品、供冷水或热水，分别以组为单位计算。

每组淋浴器定额已包括全部工料。使用定额时按配水方式和材质不同套用相应定额。

(4) 大便器安装。根据大便器形式、冲洗方式、不同材质，分别以组为单位计算。

(5) 小便器安装。小便器安装，常用的有挂式、立式两种形式。其安装工程量，按小便器形式、配水方式、不同材质，分别以组为单位计算。

4. 管道刷油防锈

(1) 管道刷油防锈，根据不同作法，按管道展开面积平方米计算。

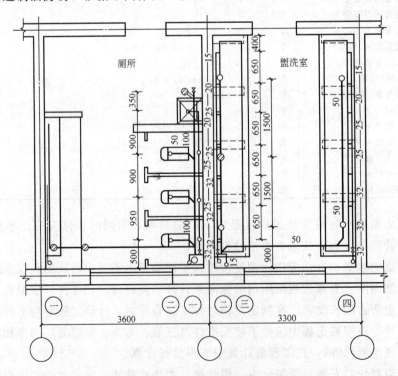

图 6-3-3 一～五层给排水平面图

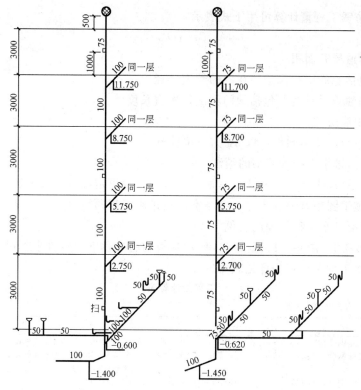

图 6-3-4 排水系统图

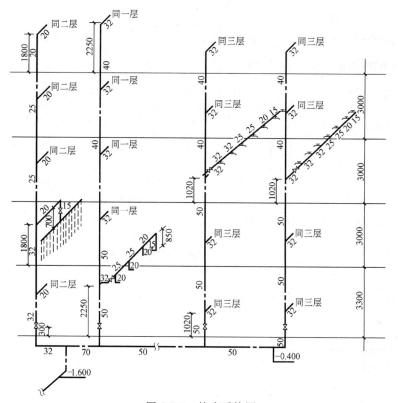

图 6-3-5 给水系统图

管道刷油防锈工程量计算可用下式表示：
$$F=\pi DL$$

式中　F——管道展开面积；
　　　D——包括绝缘层和保护层在内的管道外径；
　　　L——刷油管道长度，包括阀门和配件所占长度。

（2）管架刷油防锈

管架刷油防锈，按不同作法以 kg 为单位计算。

（二）室内给排水工程预算书的编制

根据上述计算规则计算的分项工程量、地区现行预算定额以及各种费用定额（标准），按给排水工程施工图预算编制步骤，编制室内给排水工程预算书。

（三）室内给排水工程量编制实例

编制如图 6-3-3、图 6-3-4、图 6-3-5 所示单身宿舍工程室内给排水工程量。

室内给排水工程量计算表详见表 6-3-3。

工程量计算表　　　　　　　　　　　　　　　　　　　　表 6-3-3

工程名称：单身宿舍给排水工程　　　　　　　　　　　　年　月　日第 1 页

序号	工程项目	单位	数量	计 算 式
1	室内低压镀锌钢管丝接 D_{70}	m	4.47	水平管＋立管 1＋1.6＋0.37＋1.5＝4.47
2	室内低压镀锌钢管丝接 D_{50}	m	28.79	水平管＋立管 3.6＋0.8＋2×(0.4＋3.3＋3＋1.02)＋0.4＋3.3＋3＋2.25＝28.79
3	室内低压镀锌钢管丝接 D_{40}	m	18.00	立管 6＋6＋6＝18.00
4	室内低压镀锌钢管丝接 D_{32}	m	31.00	厕所 1.5＋0.4＋3.3＋1.8＋5×(0.15＋0.25＋0.3)＝10.50 盥洗室 5×2×(0.15＋0.25＋0.35＋2×0.65)＝20.50 小计 31.00
5	室内低压镀锌钢管丝接 D_{25}	m	13.00	立管＋水平管 3×2＋5×(0.95＋0.9)＋5×2×(0.65＋0.65)＝13.00
6	室内低压镀锌钢管丝接 D_{20}	m	26.50	立管＋水平管 3＋1.6×5＋5×(0.9＋3×0.3)＋5×0.65×2＝26.50
7	室内低压镀锌钢管丝接 D_{15}	m	29.25	厕所 0.7×5＋(0.85＋0.20)×5＝8.75 盥洗室 (0.65＋7＋0.20)×5×2＝20.50 小计 29.25
8	承插式铸铁排水管水泥接口 D_{100}	m	53.95	水平管＋立管 1＋1.4＋1＋1.45＋3.3＋3×3＋1.5＋1.5＝20.15 厕所 5×[0.5＋0.95＋0.9＋3×(0.38＋0.49)]＝33.8 小计 53.95
9	承插式铸铁排水管水泥接口 D_{75}	m	22.00	立管＋水平管 0.65＋0.5＋3＋3.3＋4×3＋0.6＋0.5＋0.3×5＝22.00
10	承插式铸铁排水管水泥接口 D_{50}	m	114.00	厕所 3.1×5＋5×(0.9＋0.35＋0.15＋0.10＋0.80＋4×0.6)＝39.00 盥洗室 5×[2×(0.9＋2×1.5)＋2.8＋(0.8×4＋0.6×2)]＝75.00 小计 114.00
11	低压丝扣阀 D_{50}	个	3	
12	低压丝扣阀 D_{32}	个	16	1＋3×5＝16
13	低压丝扣阀 D_{15}	个	5	
14	水嘴 D_{15}	个	75	5＋7×10＝75
15	瓷高位水箱蹲式大便器	组	15	3×5＝15
16	小便槽冲洗管制安 D_{15}	m	13	2.6×5＝13
17	地漏安装 D_{50}	组	25	5×5＝25
18	清扫口安装 D_{100}	组	10	2×5＝10

四、室内采暖工程预算的编制

（一）工程量计算

室内采暖包括采暖管道（输热管道和用水管道）安装、散热器安装以及管道刷油、保温等工程项目。

1. 采暖管道安装工程

室内采暖管道是指室内规定范围内的所有采暖管道，其中包括减压设备、除污器等。一般以采暖建筑物外墙边以外1.5m为界。

（1）室内采暖管道，不分干管、支管均按不同管材、管径和连接方法，分别以延长米单位计算。

管道水平长度，按平面图所示管道中心线长度度量（用比例尺）；垂直长度按建筑剖面图或透视图所示标高计算。不扣除阀门及接头管件等所占长度。

与散热器连接的支管，按出入口在一侧或出入口分两侧的形式分别度量。

出入口在一侧的度量方法，由散热器的主管结点起量至连接的散热器中心止，然后由度量的工程量中减去散热器总片数一半长度，再加上支管煨弯所占长度，即为散热器支管长度。

出入口分两侧的度量方法，回水支管应由立管的连接点量至连接的散热器中心止，再加散热器总片数的一半长度以及煨弯部分所占长度。散热器支管垂直连接部分可平均增加200mm。散热器长度详见表6-3-4所示。

散热器长度表　　　　　　　　　　　　表6-3-4

散热器类型	柱 型		M-132	翼 型		圆 翼 型	
	4柱	5柱		大60	小60	φ50	φ70
每片长度(mm)	59	59	82	280	200	1025	1025

立管的垂直长度应扣除散热器所占高度。

（2）采暖管道安装定额中包括了接头零件（三通、弯头、管箍）制作和安装的工程内容。

（3）阀门安装，按不同类型、不同管径以个为单位分别计算。

（4）管道支架制作与安装，按管架种类以千克为单位分别计算。

（5）集气罐制作与安装，按不同规格以个为单位分别计算。集气罐安装定额中，不包括支架制作安装、附件安装以及跑风管安装，应另行分别计算，套用相应定额项目。

（6）管道附属配件的组成与安装。管道附属配件通常包括减压器、疏水器、除污器、注水器等；其组成与安装按不同组成方式、不同规格以组为单位分别计算。

（7）管道伸缩器制作与安装。管道中钢管煨弯的伸缩器，应按不同的管径规格分别以个计算。在制作项目定额中没有包括管材。其管材用量应计入同规格的管道安装工程量内。

2. 散热器安装

散热器安装包括散热器的组成与安装。

（1）片状散热器安装。如铸铁散热器，分柱型、132型、翼型、圆翼型等不同规格按片为单位分别计算。

(2) 光排钢管散热器安装,按不同管径以延长米为单位计算。

(3) 钢(铝)串片散热器安装,以延长米为单位计算。

3. 管道刷油、保温工程

(1) 管道刷油工程

采暖工程(管道、暖气片)刷油,根据设计规定的作法,按管道展开面积以平方米为单位计算。

1) 在度量刷油管道时,以其中心线的长度为准。其中各种阀门、法兰盘、减压器、注水器等的各种附件的长度,均计算在管道的长度内,不增减其刷油工程量。

2) 铸铁暖气片刷油,应将暖气片的表面积作为刷油面积。如无表面积资料时,则可按其散热面积计算。常用铸铁暖气片规格及散热面积详见表6-3-5。

常用暖气片规格、散热面积参考表　　　　表 6-3-5

暖气片规格	单位	柱型暖气片		翼型暖气片		圆翼型暖气片	
		4柱	5柱	大60	小60	50×1000	70×1000
暖气片长度	mm	59	59	280	200	1025	1025
暖气片高度	mm	732	732	600	600		
暖气片宽度	mm	164	208	115	115	ϕ165	ϕ175
散热面积	m²	0.32	0.37	1.00	0.75	1.81	2.00

(2) 管道保温工程

管道保温均按设计规定的保温材料,分别以立方米为单位计算。

管道保温工程量计算可用下式表示:

$$V = \pi \times (d+h) \times h \times L$$

式中　V——管道保温材料体积;

　　　h——管道保温层厚度;

　　　d——管道外径;

　　　L——保温管道长度,同刷油管道长度。

(二) 室内采暖工程预算书的编制

室内采暖工程预算书的编制方法与给排水工程预算书的编制方法相似。

思 考 题

1. 室内水暖、电照工程管道和线材长度应按怎样顺序进行计算?
2. 室内电照工程包括哪些工程项目?工程量如何计算?
3. 室内给排水工程包括哪些工程项目?工程量如何计算?
4. 室内采暖工程包括哪些工程项目?工程量如何计算?

第四节　建筑工程概算

一、建筑工程概算

建筑工程设计一般分为初步设计、技术设计(也称扩大初步设计)和施工图设计三个阶段。前面所讲的一般土建工程施工图预算,就是根据施工图设计阶段,所提出的施工图编制的单位工程建设费用的文件。

根据国家有关部门规定,工程初步设计阶段必须编制工程设计总概算;采用三阶段设计的技术设计(扩大初步设计)阶段编制工程设计修正总概算。

建筑工程概算是指在初步设计阶段(或扩大初步设计阶段),由设计单位根据相应设计阶段的设计图纸、概算定额(或概算指标)、施工管理费等各项费用定额(标准)编制的工程建设费用文件。

工程概算文件是设计文件的重要组成部分。原国家计委、国家建委、财政部颁发的有关文件明确规定:"设计单位必须在报批设计文件的同时报批概算。各主管部门必须在审批设计的同时认真审批概算,……。设计单位必须严格按照批准的初步设计和总概算进行施工图设计。"

二、工程概算的作用

(一)工程概算是国家控制工程建设投资额、编制工程建设计划、实行工程建设大包干的依据。

经过审查批准的工程建设投资额,是国家控制工程建设投资的最高限额。无论是安排年度建设计划,还是建设银行拨款与贷款,都应以工程概算为依据。

(二)工程概算是编制工程建设招标标底和投标报价的依据。

工程概算是工程设计文件的组成部分。在开展设计招、投标和施工招、投标过程中,以工程概算为依据确定的标底,是评标的最重要的标准之一。

(三)工程概算是衡量设计方案是否经济合理的依据。

当建设项目的各个设计方案提出后,可以利用工程概算或总概算的造价指标及主要材料消耗指标,进行技术经济分析,评价设计方案的先进性、合理性,找出在设计方案中存在的浪费和保守现象,促进工程设计质量不断提高。

(四)可作为签订承包合同,办理拨款、贷款及竣工结算的依据。

工程概算经建设单位和施工单位双方审定后,可以作为签订承包合同,办理工程拨款、贷款及竣工结算的依据。

三、工程概算分类

工程概算按其工程特征,可分为建筑工程概算和设备及安装工程概算两大类。

建筑工程概算又分为一般土建工程概算、给排水工程概算、采暖通风工程概算、电气照明工程概算等;设备安装工程概算分为机械设备安装工程概算、电气设备安装工程概算。

四、单位工程概算的编制方法

单位工程概算是指在初步设计阶段(或扩大初步设计阶段),根据单位工程设计图纸、概算定额(或概算指标)以及各种费用定额等技术资料编制的单位工程建设费用的文件。

根据概算定额编制单位工程概算与利用预算定额编制施工图预算的方法基本相同。

(1)根据图纸计算单位工程量。

(2)根据已计算工程量套用概算定额基价,计算单位工程直接费。

(3)计算各项费用。将直接费与各项费用相乘后即得单位工程造价。

(4)做工料分析。运用工料分析表,计算单位工程所需的主要材料用量和主要工种用工量。

(5) 填写编制说明

a. 编制依据。说明设计文件、概算定额及各种费用定额依据。

b. 主要设备和工程材料的数量。说明主要机械设备、电气设备及建筑安装工程主要材料（钢材、木材、水泥等）数量。

c. 其他要说明的有关问题。

思 考 题

1. 什么是单位工程概算？工程概算的作用是什么？
2. 编制单位工程概算有哪几种方法？其编制步骤是什么？

第五节 施 工 预 算

一、施工预算的内容及编制依据

施工预算是在施工前，由施工单位编制的预算。它规定建筑安装工程在单位工程或分部、分层、分段上的人工、材料、施工机械台班消耗量和直接费的标准。它是在施工图预算的控制下，根据施工定额编制并直接用于施工生产的技术文件。

（一）施工预算的作用

施工预算有以下几方面的作用：

1. 施工预算是编制施工计划的依据

施工计划部门可根据施工预算提供的建筑材料、构配件和劳动力等工程数量，进行备料和按时组织材料进场及安排各工种的劳动力计划进场时间等。

2. 施工预算是施工队向施工班组签发施工任务单和限额领料单的依据

施工任务单是把施工作业计划落实到班组的计划文件，也是记录班组完成任务情况和结算班组工人工资的依据。

施工任务单的内容可分为两部分。一部分是下达给班组的工程内容，包括工程名称、计量单位、工程量、定额指标、平均技术等级、质量要求以及开工、竣工日期等；另一部分是班组实际完成工程任务情况的记载及工人工资结算，包括实际完成的工程量、实用工日数、实际平均技术等级、工人完成工程的工资额以及实际开、竣工日期等。

3. 施工预算是计算计件工资和超额奖励、贯彻按劳分配的依据

施工预算是衡量工人劳动成果，计算应得报酬的依据。它把工人的劳动成果和个人应得报酬的多少直接联系起来，很好地体现了多劳多得的社会主义按劳分配的原则。

4. 施工预算是企业开展经济活动分析进行"两算"对比的依据

经济活动分析主要是应用施工预算的人工、材料和机械台班消耗数量及直接费与施工图预算的人工、材料、机械汇总数量及直接费对比，分析超支或节约的原因，改进技术操作和施工管理，有效地控制施工中的人力、物力消耗，节约工程成本开支。

（二）施工预算的内容

施工预算一般以单位工程为对象，按分部、分层、分段编制。施工预算通常由文字说明及表格两大部分组成。

1. 文字说明部分

应简明扼要地叙述以下几方面的内容：

(1) 单位工程概况。简要说明拟建单位工程建筑面积、层数、结构形式以及装饰标准等概况。

(2) 图纸审查意见。说明采用的图纸名称及标准图集的编号。介绍图纸经会审后，对设计图纸及设计总说明书提出的修改意见。

(3) 采用的施工定额。施工定额是施工预算的编制依据，定额水平的高低和定额内容是否简明适用，直接影响施工预算的编制质量。目前，在全国尚无统一施工定额的情况下，应该执行所在地区或企业内部自行编制的施工定额。

(4) 施工部署及施工期限。

(5) 冬雨季施工措施、降低工程成本的技术措施。

(6) 在施工中急需建设单位配合解决的问题。

2. 表格部分

编制施工预算可采用表格形式进行。目前，由于没有全国统一的施工定额，各地区采用的表格形式也不尽相同。例如，北京市各建筑企业在编制施工预算时，通常采用下面几种表格：

(1) 计算工程量表格。可参见施工图预算实例所示工程量计算表格。

(2) 施工预算表，亦称施工预算工料分析表。这是施工预算的基本表格。该表是工程量乘以施工定额中的人工、材料、机械台班消耗量而编制的。详见表 6-5-1。

(3) 施工预算工、料、机费用汇总表。

(4) 两算对比表。用于进行施工图预算与施工预算的对比。

(5) 其他表格。如：门窗加工表、钢筋混凝土预制构件加工表、五金明细表及钢筋表等。

(三) 施工预算编制依据

(1) 会审后的施工图纸和说明书。

施工图纸（包括标准图）和设计说明书必须经过有关单位的会审。施工预算根据会审后的图纸和说明书以及会审纪要来编制，目的是使施工预算更符合实际情况。

(2) 本地区或企业内部编制的现行施工定额。

(3) 单位工程施工组织设计。

单位工程施工组织设计直接影响施工预算的编制质量。例如：土方开挖采用的是机械挖土还是人工挖土；选用的运土工具和运距；放坡系数是多少；脚手架采用的是木脚手还是金属脚手等等，都应该在施工方案中有明确规定。

(4) 经过审核批准的施工图预算。施工预算的计算项目划分比施工图预算的分项工程项目划分要细一些，但有的工程量还是相同的（如土方工程量、门窗制作工程量等）。为了减少重复计算，施工预算与施工图预算工程量相同的计算项目，可以照抄使用。

(5) 现行的地区人工工资标准、材料预算价格、机械台班单价。

二、施工预算编制的方法和步骤

(一) 施工预算编制的方法

通常有两种方法，一是"实物法"，二是"实物金额法"。

1. "实物法"

工程名称：单身宿舍

施工预算工料分析表

表 6-5-1

序号	定额编号	项目名称	单位	工程数量	人工(工日) 综合	人工(工日) 技工	人工(工日) 普工	M5水泥砂浆 (m³)	M5混合砂浆 (m³)	M7.5水泥砂浆 (m³)	M7.5混合砂浆 (m³)	1:1水泥砂浆 (m³)	标准砖 (块)	生石灰 (kg)	325号水泥 (kg)	砂(中) (t)	钢筋 φ6 (kg)
		一、材料运输及材料加工 ……															
		四、砖石工程															
	§4-1-2	M5水泥砂浆1½砖基础	m³	117.43	1.02/119.78	0.42/49.32	0.60/70.46	0.26/30.53					507/59537		6381	51.01	
	§4-1-1	M5水泥砂浆1砖基础	m³	120.39	1.06/127.61	0.44/52.97	0.62/74.64	0.26/31.30					507/61038		6541	52.30	
	§4-2-40	M7.5混合砂浆1½砖混水外墙	m³	22.98	1.10/25.28	0.59/13.56	0.51/11.72			0.26/5.97			510/11720	266	1528	9.85	
	§4-2-22	M5混合砂浆1½砖单面清水	m³	313.80	1.18/370.38	0.59/185.14	0.59/185.14		0.26/81.59				510/160038	4159	15343	139.02	
	§4-2-32	M5号混合砂浆1砖内墙	m³	351.30	1.06/372.38	0.57/200.24	0.49/172.14		0.26/91.34				510/179163	4658	17172	155.65	
	§4-2-28	M7.5水泥砂浆½砖内墙	m³	2.62	1.57/4.11	0.81/2.12	0.76/1.99			0.22/0.58			535/1402		156	0.92	
	§4-3-63	M7.5水泥砂浆砖过梁	m³	1.80	2.03/3.65	1.25/2.25	0.78/1.40			0.18/0.32			562/1012		86	0.52	
	§4-5-95	砖墙勾缝	10m²	119.398	0.8/95.52		0.8/95.52					0.023/2.75			2085	2.87	
	§4-8-135	过梁安装(0.04m³以内)	10根	16.80	0.8/13.44	0.5/8.40	0.3/5.04		0.12/2.02					103	380	3.44	
	§4-8-146	过梁安装(0.07m³以内)	10根	29.4	1.31/38.51	0.83/24.40	0.48/14.11		0.12/3.53					180	663	6.02	
	§4-2注s	墙体加筋	100kg	13.48	0.45/6.07	0.45/6.07	0.45/6.07										1348
		小计			1176.63	538.40	638.23	(61.83)	(178.48)	(0.90)	(5.97)	(2.75)	473910	9366	50335	421.60	1348
		五、混凝土及钢筋混凝土工程 ……															

"实物法"即施工预算工、料、机分析表示法，目前应用比较普遍。它的编制方法是，根据施工图和设计说明书、劳动定额或施工定额工程量计算规则计算工程量，套用定额并用表格形式计算汇总，分析人工、材料及施工机械台班消耗量。

2."实物金额法"

用"实物金额法"编制施工预算又有以下两种形式：

（1）根据"实物法"编制施工预算的人工、材料、机械消耗数量，分别乘以人工、材料、机械台班单价，并汇总求得人工、材料、机械费及直接费。即工、料、机费用汇总表。

表内实物数量用于向施工班组签发施工任务单和限额领料单；直接费及所含人工、材料及机械费可与施工图预算直接费及所含人工、材料费及机械费对比，分析节超原因。

（2）根据施工定额工程量计算规则计算工程量，套施工定额估价表单价，计算施工预算的人工、材料和机械台班使用费。

不论采用哪种方法，都必须根据当地现行的施工定额的工程量计算规则、定额项目划分及定额的册、章、节说明，按分工管理的要求，分层、分段、分工种、分项进行工程量计算、工料分析以及人工费、材料费、机械费的计算。

（二）施工预算编制步骤

编制施工预算可按下列步骤进行：

（1）熟悉施工图纸（包括标准图）及有关设计说明书，了解施工组织设计和施工现场情况。

（2）根据施工图纸、施工定额及现场情况，列出工程项目，计算工程量：

a. 如果工程计算项目的名称、计量单位、计算规则与施工图预算的相应工程计算项目一致时，则可以直接利用施工图预算的工程量，不必另行计算。例如，挖土方、平整场地等项目，可以直接利用施工图预算工程量。

b. 不能直接利用施工图预算工程量的工程计算项目，则按本地区现行施工定额工程量计算规则和有关规定计算工程量。例如，现制钢筋混凝土项目，施工预算工程量就不能直接利用施工图预算工程量，应按模板（以平方米计算）、钢筋（以吨计算）、混凝土（以立方米计算）三个定额分项来计算。

（3）工程量汇总。工程量计算完毕经核对后，根据施工定额规定的分部分项工程的顺序，分层或分段汇总，整理列项填入施工预算表内。

（4）计算施工预算直接费

a. 计算施工预算人工、材料及机械费。

如果采用的是施工定额，则将各计算项目相应施工定额人工、材料、机械台班消耗量填入表内，进行人工工日、材料消耗数量、机械台班消耗数量的计算，编制施工预算工、料、机分析表。同时列出构配件明细表（如预制钢筋混凝土构件、钢筋、门窗表等）。用工、料、机分析表中的人工、材料、机械台班消耗数量分别乘以相应的人工、材料、机械台班单价，即可求得施工预算人工费、材料费及机械费。

若采用的是施工定额估价表单价，则可直接用工程量乘定额单价求得。

b. 将上述计算的人工费、材料费、机械使用费相加，即可求得施工预算直接费。如果本地区或企业内部无统一施工定额，可按所在地区规定或企业内部自行编制的材料消耗

定额及现行全国统一劳动定额套用。

(5) 编写施工预算说明书。

思 考 题

1. 什么是施工预算？有何作用？
2. 施工预算包括哪些内容？
3. 施工预算编制步骤怎样？

第六节　工程竣工结算和竣工决算

一、工程备料款和进度款的拨付

由于建筑产品具有生产周期长、工程造价高等不同于一般产品的特点，故在工程价款支付上，采用预付工程备料款，随工程进度支付工程进度款，到一定程度后扣减备料款，留有部分余款待工程竣工验收完毕以后，办理结算，结清尾款。

(一) 工程备料款的收取

按国家和地区文件规定，承发包双方签订合同后，承包单位（施工单位）应向建设单位（发包单位）收取工程备料款。备料款数额的多少，是以形成工程实体的材料需要量及其储备的时间长短来计算的。其数额可按下式计算：

$$预收工程备料款数额 = \frac{年度建安工程量 \times 主要材料比重(\%)}{年度施工日历天数} \times 材料储备天数$$

或

$$工程备料款额度 = \frac{预收备料款额数}{年度建安工程量} \times 100\%$$

在实际工作中，备料款的预付额度，建筑工程一般不得超过当年建筑（包括水、暖、电、卫等）工程工作量的30%，大量采用预制构件以及工期在6个月以内的工程，可以适当增加，安装工程一般不得超过当年安装工作量的10%，安装材料用量较大的工程，可以适当增加。

按合同规定由建设单位供应的材料，这部分材料，承包单位不应收取备料款。

(二) 工程备料款的扣还

预付的工程备料款，从竣工前未完工程所需材料价值相当于预付备料款额度时起，在工程价款结算时，按材料所占的比重陆续抵扣，在全部工程竣工之前扣完。

在实际工作中，备料款的起扣点，是由施工单位与建设单位根据具体情况商定的。工程备料款的起扣点一般可按下式计算：

$$预收备料款起扣时的工程进度（起扣点） = 1 - \frac{预收备料款占建安工作量的\%}{主要材料占建安工作量的\%}$$

应扣还的预收备料款数额，可按下列公式计算：

应扣还预收备料款数额 = 年度计划工作量 × （至本期止累计进度% — 预收备料款起扣点% — 已扣备料款进度%） × 主要材料占建安工作量的比重%

(三) 工程进度款的拨付

建安企业一般在月末，根据本期完成的工作量向建设单位收取进度款，以使施工过程中耗用的资金及时得到补偿，保证工程施工的顺利进行。工程进度款按逐月完成工程量乘以相应单价并按规定计取各项费用,计算出工程价款,向建设单位办理工程价款结算手续。当达到预收备料款的起扣点时,应从应支工程进度款中减去应扣还的备料款数额。

施工期间,其结算的价款一般不得超过承包工程合同价值的95%,结算双方可以在5%的幅度内协商确认尾款比例。待工程竣工验收后,按规定办理决算,结清尾款。

二、工程竣工结算

工程竣工结算是一个单位工程完工,通过验收,竣工报告被批准后,承包方按国家有关规定和协议条款约定的时间、方式向发包方代表提出结算报告,办理竣工结算。竣工结算意味着承发包双方经济关系的结束而办理的工程财务结算,结清价款。结算应根据"工程竣工结算书"和"工程价款结算账"进行。前者表示发包方应拨付承包方工程竣工的全部价款,后者表示已拨付的工程价款。其中建设工程价款结算的方式有以下几种:

1. 按月结算

即实行旬末或月中预支,月终结算,竣工后清算的办法。跨年度施工的工程,在年终进行工程盘点,办理年度结算。

2. 竣工后一次结算

建设项目或单项工程全部建筑安装工程建设期在12个月以内,或者工程承包合同价值在100万元以下的,可以实行工程价款每月月中预支,竣工后一次结算。

3. 分段结算

当年开工,当年不能竣工的单项工程或单位工程按照工程形象进度,划分不同阶段进行结算,可以按月预支工程款。

4. 其他结算方式

结算双方约定并经过开户建设银行同意的其他结算方式。

(一)编制竣工结算的原则

编制工程竣工结算是一项细致的工作,既要做到正确地反映建筑安装工人创造的工程价值,又要正确地贯彻执行国家有关部门的各项规定。因此,编制竣工决算要遵循以下原则:

(1)贯彻"实事求是"原则。应对办理竣工结算的工程项目的内容进行全面清点。对未完工程不能办理竣工决算。工程质量不合格的,应返工,质量合格后才能结算。返工消耗的工料费用,不能列入竣工结算。

工程竣工结算一般是在施工图预算的基础上,按照施工中的更改变动后的情况编制的。所以,在竣工结算中要实事求是,该调增的调增,该调减的调减,做到既合理又合法,正确地确定工程结算价款。

(2)严格遵守国家和地区的有关规定,以保证工程结算价款的统一。

(二)编制竣工结算的依据

(1)承发包双方签订的工程合同或协议;

(2)工程竣工报告和工程竣工验收单;

(3)经建设单位(发包方)及有关部门审核批准的施工图概预算;

(4)本地区现行的概预算定额、材料预算价格、费用定额及有关文件、规定等;

(5)设计变更通知书和现场签证以及其他有关记录和资料等;

(6)其他有关资料。

（三）工程竣工结算书的编制

现以北京地区现行的建筑安装工程结算费用程序表为例，供学习参考，如表6-6-1、表6-6-2所示。

建筑、安装、市政工程结算计算程序表（直接费为基数） 表6-6-1

序号	项目名称	计算公式	金额（元）
1	直接费	含现场管理费	
2	洽商增减直接费		
3	小计	(1)+(2)	
4	企业管理费	(3)×相应工程类别费率	
5	小计	(3)+(4)	
6	利润	(5)×7%	
7	小计	(5)+(6)	
8	税金	(7)×3.4%	
9	工程总价	(7)+(8)	

建筑、安装、市政工程结算计算程序表（人工费为基数） 表6-6-2

序号	项目名称	计算公式	金额（元）
1	直接费	含现场管理费	
2	洽商增减直接费		
3	其中：人工费	含洽商中的人工费	
4	设备费	含洽商中的设备费	
5	小计	(1)+(2)	
6	企业管理费	(3)×相应工程类别费率	
7	小计	(5)+(6)	
8	利润	(7)×7%	
9	小计	(7)+(8)	
10	税金	(9)×3.4%	
11	工程总价	(9)+(10)	
12			
13			
14			

表6-6-1是以直接费为基数进行取费的。表6-6-2是以定额人工费作为取费的基数。

（四）合同价款的调整

工程竣工结算是在原施工图概预算的基础上调整编制的。

1. 合同价款调整的范围

（1）发包方（甲方）代表确认的工程量增减。

（2）发包方（甲方）代表确认的设计变更或工程洽商。

（3）工程造价管理部门公布的价格调整。

（4）合同约定的其他增减或调整。

2. 量差

量差是指设计变更、洽商和发包方代表确认的工程量增减差额等。量差应按实调整，作为计取直接费和其他费用增减的依据。

3. 费用

属于工程量增减变化，要相应调整现场管理费、企业管理费、利润、税金等。

（五）发包方（甲方）供应材料设备

甲方采购的材料、设备按其供应方式，向施工单位结算材料及设备价款。

（1）甲方将材料、设备运至施工现场或施工单位指定地点，甲方应按相应品种、材质、规格的预算价格的99％向施工单位结算料款。

（2）甲方将材料、设备采购入库（本市），或自外埠采购并负责运至本市车站（到货站），由施工单位自库内或自车站提货并运至所需地点的，甲方应按相应品种、材质、规格的供应价格的101％向施工单位结算料款。

当甲方不能按照协议条款约定的材料设备种类、规格、数量、质量等级、提供时间、地点等供应材料设备时，由甲方承担违约责任。违约处理意见，双方可在协议中确定。

三、工程竣工决算

工程竣工决算是在建设项目或单项工程完工后，由建设单位财务及有关部门，以竣工结算等资料为基础进行编制的。竣工决算全面反映了竣工项目从筹建到竣工投产全过程中各项资金的使用情况和设计概（预）算执行的结果。它是考核建设成本的重要依据。

竣工决算应包括竣工项目从筹建到竣工投产全过程的全部实际支出费用，即建筑工程费用、安装工程费用、设备工程费用、工器具购置费用和其他工程费用。

（一）竣工决算的作用

工程竣工后，及时编制工程竣工决算，主要有以下几方面作用：

1. 全面反映竣工项目的实际建设情况和财务情况

竣工决算反映竣工项目的实际建设规模、建设成本和建设时间，以及办理验收交接手续时的全部财务情况。

2. 有利于节约基建投资

及时编制竣工决算，办理新增固定资金移交转账手续，是缩短建设周期、节约基建投资的重要因素。例如，有些已具备交付条件或可以投产使用的工程项目，如不及时办理移交手续，不仅不能提取固定资产折旧费，而且所发生的维修费、更新费、工人工资等，都要继续在基建投资中开支。这样，既增加了基本建设支出，也不利于企业管理。

3. 有利于经济核算

及时编制竣工决算，办理交付手续，生产企业可以正确地计算已经投入使用的固定资产折旧费，合理计算产品成本、促进企业的经营管理。

4. 考核竣工项目设计概算的执行情况

竣工决算用概算进行比较，可以反映设计概算的执行情况。通过对比分析，可以肯定成绩、总结经验教训，为今后修订概算定额、改进设计、推广先进技术、制定基本建设计划、努力降低建设成本、提高投资效果、提供了参考资料。

（二）竣工决算的内容和编制方法

根据国家有关规定，竣工决算分大、中型建设项目和小型建设项目进行编制。

工程竣工决算文件通常包括文字说明、建设项目竣工验收报告和财务决算报表三部分内容。

1. 文字说明

主要包括：工程概况，设计概算和基本建设计划的执行情况，各项技术经济指标完成情况，各项拨款使用情况，工程建设工期，工程建设成本，投资效果和基建结余资金的分析，以及建设过程中的主要经验、问题和各项建议等内容。

2. 建设项目竣工验收报告

3. 竣工决算报表

按照有关规定，应根据建设项目的规模，分别编制大、中型建设项目竣工决算表和小型建设项目竣工决算表。

(1) 大、中型建设项目的竣工决算表

包括：竣工工程概况表、竣工财务决算表和交付财产明细表。

a. 竣工工程概况表。该表是用设计概算所确定的主要指标来和实际完成的各项主要指标进行对比，以说明大、中型建设项目的概况。该表具体填列内容详见表6-6-3。

竣工工程概况表　　　　　　　　　表6-6-3

建设项目名称	长江农机厂					项　目	概算(元)	实际(元)	主要事项说明
建设地址	××省××市	占地面积	设计	实际	建设成本	建安工程	5,137,700	5,452,491	
			18公顷	17公顷		设备、工具、器具	8,626,200	9,154,738	
新增生产能力	能力(或效益)名称		设计	实际		其他基本建设	1,576,200	1,543,246	
	年产X4105柴油机		5000台/30万马力	5000台/30万马力		应核销其他支出	×	129,525	
建设时间	计划	从1977年2月开工至1980年12月竣工							
	实际	从1977年4月开工至1981年6月竣工							
初步设计和概算批准机关、日期,文号						合　计	15,340,100	16,280,000	
完成主要工程量	名　称	单　位	数　量		主要材料消耗	名　称	单　位	概算	实际
			设计	实际		钢材	t		
	建筑面积	m²	35,900	35,968		木材	m³		
						水泥	t		
	设备	台/t	627/315	615/304	主要技术经济指标	项　目		概算	实际
	⋮	⋮	⋮	⋮		每马力投资(元)		51.13	54.27

b. 竣工财务决算表。该表反映竣工的大、中型建设项目的全部资金来源和资金运用情况。采用基建资金来源合计等于基建资金运用的平衡表形式。该表具体填列内容见表6-6-4。

c. 交付使用财产明细表。该表反映竣工交付使用固定资产的详细内容，适用于大、中、小型建设项目。该表具体填列内容详见表6-6-5。

(2) 小型建设项目的竣工决算表

包括：竣工决算总表和交付使用财产明细表。

a. 竣工决算总表。该表反映竣工小型建设项目的概况和它的全部资金来源和资金运用情况。表格的内容，基本上与竣工工程概况表和竣工财务决算表相同，详见表6-6-6。

b. 交付使用财产明细表。该表填列内容同表 6-6-5。

竣工决算在上报主管部门的同时，还应抄送有关设计单位和开户建设银行。

竣工决算必须内容完整、核对准确、真实可靠。

竣工财务决算表　　　　　　　　　　　　　　　　表 6-6-4

资　金　来　源	金　　额(元)	资　金　运　用	金　　额(元)
一、基建预算拨款	16,348,610	一、交付使用财产	16,150,475
二、基建其他拨款		二、应核销投资支出	
其中：自筹资金		1. 拨付其他单位基建款	
三、应付款	26,492	2. 移交其他单位未完工程	
四、固定资金		3. 报废工程损失	
五、欠交折旧基金		三、应核销其他支出	129,525
六、欠交基建收入		1. 器材处理亏损	129,525
七、专用基金		2. 器材折价损失	
		3. 设备盘亏及毁损	
		四、在建工程	
		五、器　　材	80,452
		1. 设备	24,265
		2. 材料	56,187
		六、银行存款及现金	
		七、预付及应收款	14,650
		八、固定资产净值	
		九、专用基金资产	
合　　　　计	16,375,102	合　　　　计	16,375,102

交付使用财产明细表（甲式）　　　　　　　　　　　表 6-6-5

单项工程：金工车间　　　　（适用于房屋及建筑物）　　　　　第　页

| 交付使用财产名称 | 结　构 | 工　程　量 | | | 概算 | 实　际 | | | 备注 |
		单位	设计	实际		建安工程投资	其他基建投资	合计	
主 厂 房	钢筋混凝土	m²	8,000	8,000	1,280,000	1,300,000	13,000	1,313,000	

移交单位：　　　　　　　　　　　接受单位：
1981 年 11 月 30 日　　　　　　　1981 年 11 月 30 日

交付使用财产明细表（乙式）

单项工程：金工车间　　　　（适用于需要安装设备）　　　　　第　页

| 交付使用财产名称 | 规格、型号 | 单位 | 数量 | 概算 | 实　际 | | | | 备注 |
					设备投资	建安工程投资	其他基建投资	合计	
牛头刨床		台	1	16,000	15,810	230	160	16,200	

移交单位：　　　　　　　　　　　接受单位：
1981 年 11 月 30 日　　　　　　　1981 年 11 月 30 日

竣工决算总表　　　　　　　　　　　　　表 6-6-6

建设项目名称						项　　目	金额(元)	主要事项说明
建设地址			占地面积	设　计	实　际	1. 基建预算拨款		
						2. 基建其他拨款		
新增生产能力	能力(或效益)名　　称	设计	实际	初步设计或概算批准机关、日期		其中:自筹资金		
						3. 应付款		
						合　　计		
建设时间	计划	从　　年　　月开工至　　年　　月竣工				1. 交付使用财产		
	实际	从　　年　　月开工至　　年　　月竣工				2. 应核销投资支出		
建设成本	项　　目		概算(元)	实际(元)		3. 应核销其他支出		
	建筑安装工程					4. 在建工程		
	设备、工具、器具					5. 设　备		
	其他基本建设					6. 材　料		
	应核销其他支出					7. 银行存款及现金		
						8. 预付及应收款		
	合　　计					合　　计		

思　考　题

1. 什么是竣工结算？工程竣工结算通常有几种结算方式？
2. 工程竣工结算的内容有哪些？

第七章 工程量清单和清单计价

第一节 工程量清单编制

工程量清单编制规定了工程量清单编制人、工程量清单组成和分部分项工程量清单、措施项目清单、其他项目清单的编制等。

一、一般规定

1. 工程量清单是招标投标活动中,对招标人和投标人都具有约束力的重要文件,是招标投标活动的依据,专业性强,内容复杂,对编制人的业务技术水平要求高,能否编制出完整、严谨的工程量清单,直接影响招标的质量,也是招标成败的关键。因此,规定了工程量清单应由具有编制招标文件能力的招标人或具有相应资质的中介机构进行编制。"相应资质的中介机构"是指具有工程造价咨询机构资质并按规定的业务范围承担工程造价咨询业务的中介机构等。

2. 《中华人民共和国招标投标法》规定,招标文件应当包括招标项目的技术要求和投标报价要求。工程量清单体现了招标人要求投标人完成的工程项目及相应工程数量,全面反映了投标报价要求,是投标人进行报价的依据,工程量清单应是招标文件不可分割的一部分。

3. 工程量清单应反映拟建工程的全部工程内容及为实现这些工程内容而进行的其他工作。借鉴国外实行工程量清单计价的做法,结合我国当前的实际情况,我国的工程量清单由分部分项工程量清单、措施项目清单和其他项目清单组成。分部分项工程量清单应表明拟建工程的全部分项实体工程名称和相应数量,编制时应避免错项、漏项;措施项目清单表明了,为完成分项实体工程而必须采取的一些措施性工作,编制时力求全面;其他项目清单主要体现了招标人提出的一些与拟建工程有关的特殊要求,这些特殊要求所需的费用金额计入报价中。

二、分部分项工程量清单

1. 分部分项工程量清单包括的内容,应满足两方面的要求,其一要满足规范管理、方便管理的要求;二要满足计价的要求。为了满足上述要求,《建设工程工程量清单计价规范》(以下简称《计价规范》)提出了分部分项工程量清单的四个统一,即项目编码统一、项目名称统一、计量单位统一、工程量计算规则统一。招标人必须按规定执行,不得因情况不同而变动。

2. 分部分项工程量清单编码以12位阿拉伯数字表示,前9位为全国统一编码,编制分部分项工程量清单时应按《计价规范》附录中的相应编码设置,不得变动,后3位是清单项目名称编码,由清单编制人根据设置的清单项目编制。

3. 分部分项工程量清单项目名称的设置,应考虑三个因素,一是附录中的项目名称;

二是附录中的项目特征；三是拟建工程的实际情况。工程量清单编制时，以附录中的项目名称为主体，考虑该项目的规格、型号、材质等特征要求，结合拟建工程的实际情况，使其工程量清单项目名称具体化、细化，能够反映影响工程造价的主要因素。

4. 随着科学技术的发展，新材料、新技术、新的施工工艺将伴随出现，因此《计价规范》规定，凡附录中的缺项，工程量清单编制时，编制人可作补充。补充项目应填写在工程量清单相应分部工程项目之后，并在"项目编码"栏中以"补"字示之。

5. 现行"预算定额"，其项目一般是按施工工序进行设置的，包括的工程内容一般是单一的，据此规定了相应的工程量计算规则。工程量清单项目的划分，一般是以一个"综合实体"考虑的，一般包括多项工程内容，据此规定了相应的工程量计算规则。二者的工程量计算规则是有区别的。

三、措施项目清单

1. 措施项目清单的编制应考虑多种因素，除工程本身的因素外，还涉及水文、气象、环境、安全等和施工企业的实际情况。为此《计价规范》提供"措施项目一览表"，作为列项的参考。表中"通用项目"所列内容是指各专业工程的"措施项目清单"中均可列的措施项目。表中各专业工程中所列的内容，是指相应专业的"措施项目清单"中可列的措施项目。措施项目清单以"项"为计量单位，相应数量为"1"。

2. 影响措施项目设置的因素太多，"措施项目一览表"中不能一一列出，因情况不同，出现表中未列的措施项目，工程量清单编制人可作补充。补充项目应列在清单项目最后，并在"序号"栏中以"补"字示之。

四、其他项目清单

1. 工程建设标准的高低、工程的复杂程度、工程的工期长短、工程的组成内容等直接影响其他项目清单中的具体内容，《计价规范》提供了两部分四项作为列项的参考。其不足部分，清单编制人可作补充，补充项目应列在清单项目最后，并以"补"字在"序号"栏中示之。

预留金主要考虑可能发生的工程量变更而预留的金额，此处提出的工程量变更主要指工程量清单漏项、有误引起工程量的增加和施工中的设计变更引起标准提高或工程量的增加等。

总承包服务费包括配合协调招标人工程分包和材料采购所需的费用，此处提出的工程分包是指国家允予分包的工程。

2. 为了准确的计价，零星工作项目表应详细列出人工、材料、机械名称和相应数量。人工应按工种列项，材料和机械应按规格、型号列项。

思 考 题

1. 工程量清单是由哪几项内容组成？
2. 建设工程工程量清单计价规范的四个统一指的是什么？

第二节 工程量清单计价

《建设工程工程量清单计价规范》规定了工程量清单计价的工作范围、工程量清单计价价款构成、工程量清单计价单价和标底、报价的编制、工程量调整及其相应单价的确定等。

1. 实行工程量清单计价招标投标的建设工程，其招标标底和投标报价的编制、合同价款的确定与调整、工程结算等均应按《计价规范》执行。本条既规定了工程量清单计价活动的工作内容，同时又强调了工程量清单计价活动应遵循《计价规范》的规定。招标投标实行工程量清单计价，是指招标人公开提供工程量清单，投标人自主报价或招标人编制标底及双方签订合同价款、工程竣工结算等活动。从我国近些年的招标投标计价活动情况看，压级压价，合同价款签订不规范，工程结算久拖不结等现象比较普遍，也比较严重，有损于招投标活动中的分开、公平、公正和诚实信用的原则。招标投标实行工程量清单计价，是一种新的计价模式，为了合理确定工程造价，避免旧事重演，《计价规范》从工程量清单的编制、计价至工程量调整等各个主要环节都作了详细规定，工程量清单计价活动中应严格遵守。

2. 为了避免或减少经济纠纷，合理确定工程造价，《计价规范》规定，工程量清单计价价款，应包括完成招标文件规定的工程量清单项目所需的全部费用。其内涵：①包括分部分项工程费、措施项目费、其他项目费和规费、税金；②包括完成每分项工程所含全部工程内容的费用；③包括完成每项工程内容所需的全部费用（规费、税金除外）；④工程量清单项目中没有体现的，施工中又必须发生的工程内容所需的费用；⑤考虑风险因素而增加的费用。

3. 为了简化计价程序，实现与国际接轨，工程量清单计价采用综合单价计价，综合单价计价是有别于现行定额工料单价计价的另一种单价计价方式，应包括完成规定计量单位、合格产品所需的全部费用，考虑我国的现实情况，结合单价包括除规费、税金以外的全部费用。综合单价不但适用于分部分项工程量清单，也适用于措施项目清单、其他项目清单等。各省、直辖市、自治区工程造价管理机构，应制定具体办法，统一综合单价的计算和编制。

4. 由于受各种因素的影响，同一个分项工程可能设计不同，由此所含工程内容会发生差异《计价规范》。附录中"工程内容"栏所列的工程内容没有区别不同设计而逐一列出，就某一个具体工程项目而言，确定综合单价时，附录中的工程内容仅供参考。

分部分项工程量清单的综合单价，不得包括招标人自行采购材料的价款。

5. 措施项目清单中所列的措施项目均以"一项"提出，所以计价时，首先应详细分析其所含工程内容，然后确定其综合单价。措施项目不同，其综合单价组成内容可能有差异，因此《计价规范》强调，在确定措施项目综合单价时，《计价规范》规定的综合单价组成仅供参考。

招标人提出的措施项目清单是根据一般情况确定的，没有考虑不同投标人的"个性"，因此投标人在报价时，可以根据本企业的实际情况增加措施项目内容报价。

6. 其他项目清单中的预留金、材料购置费和零星工作项目费，均为估算、预测数量，虽在投标时计入投标人的报价中，不应视为投标人所有。竣工结算时，应按承包人实际完成的工作内容结算，剩余部分仍归招标人所有。

7. 《招标投标法》规定，招标工程设有标底的，评标时应参考标底，标底的参考作用，决定了标底的编制要有一定的强制性。这种强制性主要体现在标底的编制应按建设行政主管部门制定的有关工程造价计价办法进行,标底的编制除应遵照工程量清单计价规范规定外,还应符合建设部令第 107 号《建筑工程施工发包与承包计价管理办法》第六条的要求。

8. 工程造价应在政府宏观调控下,由市场竞争形成。在这一原则指导下,投标人的报价应在满足招标文件要求的前提下实行人工、材料、机械消耗量自定,价格费用自选、全面竞争、自主报价的方式。

9. 为了合理减少工程承包人的风险,并遵照谁引起的风险谁承担责任的原则,《计价规范》对工程量的变更及其综合单价的确定作了规定。执行中应注意:①不论由于工程量清单有误或漏项,还是由于设计变更引起新的工程量清单项目或清单项目工程数量的增减,均应按实调整;②工程量变更后综合单价的确定应按《计价规范》的规定执行;③本条仅适用于分部分项工程量清单。

10. 合同履行过程中,引起索赔的原因很多,《计价规范》强调了"由于工程量的变更,……承包人可提出索赔要求",但不否认其他原因发生的索赔或工程发包人可能提出的索赔。

"第 9 条规定以外的费用损失"主要指"措施项目费"或其他有关费用的损失。

思 考 题

1. 工程量清单计价规范中工程造价的全部费用包括哪些内容?
2. 工程量清单计价的综合单价和预算单价有何区别?

第三节 工程量清单及其计价格式

工程量清单及其计价格式规定了工程量清单及其计价的统一格式和填写方法。

一、工程量清单格式

1. 工程量清单内容包括:(1)封面,(2)填表须知,(3)总说明,(4)分部分项工程量清单,(5)措施项目清单,(6)其他项目清单,(7)零星工作项目表。工程量清单统一格式中的零星工作项目表是其他项目清单的附表,是为其他项目清单计价服务的。

随工程量清单发至投标人的还应包括主要材料价格表,招标人提供的主要材料价格表应包括详细的材料编码、材料名称、规格型号和计量单位,主要材料价格表主要供评标用。

2. 工程量清单统一格式的填写如下例所示(某省某单位老年公寓楼工程,包括建筑、装饰装修和安装工程,招标投标采用工程量清单计价方式。表中均以假定数字示之)。

表 7-3-1

某省某单位老年公寓楼

_____建　　筑_____工程

工 程 量 清 单

招　标　人：_____（略）_____（单位签字盖章）

法 定 代 表 人：_____（略）_____（签字盖章）

造价工程师及注册证号：_____（略）_____（签字盖执业专用章）

编　制　时　间：<u>2004 年 8 月 3 日</u>

填 表 须 知

1. 工程量清单及其计价格式中所有要求签字、盖章的地方，必须由规定的单位和人员签字、盖章。
2. 工程量清单及其计价格式中的任何内容不得随意删除或涂改。
3. 工程量清单计价格式中列明的所有需要填报的单价和合价，投标人均应填报，未填报的单价和合价，视为此项费用已包含在工程量清单的其他单价和合价中。
4. 金额（价格）均应以 __人民币__ 表示。

表 7-3-2

总 说 明

工程名称：老年公寓楼建筑工程

    1. 工程概况：建筑面积 $5200m^2$，5层，混凝土基础，全现浇结构。施工工期 10 个月。施工现场邻近公路，交通运输方便，施工要防噪声。

    2. 招标范围：全部建筑工程。

    3. 清单编制依据：建设工程工程量清单计价规范、施工设计图文件、施工组织设计等。

    4. 工程质量应达验收标准。

    5. 考虑施工中可能发生的设计变更或清单有误，预留金额 65 万元。

    6. 投标人在投标时应按《建设工程工程量清单计价规范》规定的统一格式，提供"分部分项工程量清单综合单价分析表"、"措施项目费分析表"。

    7. 随清单附有"主要材料价格表"，投标人应按其规定内容填写。

表 7-3-3

分部分项工程量清单

工程名称：老年公寓楼

序号	项目编码	项目名称	计量单位	工程数量
		土石方工程		
1	010101003001	挖带形基槽，二类土，槽宽0.60m，深0.80m，弃土运距150.00m	m³	16.16
2	010101003002	挖带形基槽，二类土，槽宽1.00m，深2.10m，弃土运距150.00m	m³	1592.03
3		（以下略）		
		砌筑工程		
4	010301001001	垫层，3∶7灰土厚15cm	m³	32.15
5	010302002001	空斗墙M5水泥砂浆砌	m³	83.92
6		（以下略）		
		混凝土及钢筋混凝土工程		
7	010404001005	现浇钢筋混凝土直形墙，C30	m³	212.07
8		（以下略）		
		（其他略）		

表 7-3-4

措施项目清单

工程名称：老年公寓楼

序号	项 目 名 称
1	临时设施
2	大型机械设备进出场及安拆
3	垂直运输机械
4	环境保护
5	施工排水
6	（其他略）

表 7-3-5

其他项目清单

工程名称：老年公寓楼

序号	项　目　名　称	
	预留金	650000.00
	零星工作项目费	

表 7-3-6

零星工作项目表

工程名称：老年公寓楼

序号	名　　称	计量单位	数　　量
1	人工 　(1)木工 　(2)搬运工 　(3)(以下略)	工日 工日	179 269
	小　　计		
2	材料 　(1)茶色玻璃5mm 　(2)镀锌铁皮20#	m^2 m^2	894 90
	小　　计		
3	机械 　(1)载重汽车4t 　(2)点焊机100kV·A 　(3)(以下略)	台班 台班	90 45
	小　　计		
	合　　计		

表 7-3-7

主要材料价格表

工程名称：老年公寓楼

序号	材料编码	材料名称	规格、型号等特殊要求	单位	单价(元)
1	（均按统一编码填写）	低碳盘条	$\phi 8$	t	
2		圆钢	$\phi 20$	t	
3		矿渣水泥	32.5级	t	
4		（以下略）			

表 7-3-8

某省某单位老年公寓楼

_____装 饰 装 修_____工 程

工 程 量 清 单

招　　标　　人：____（略）____（单位签字盖章）

法 定 代 表 人：____（略）____（签字盖章）

造价工程师及注册证号：____（略）____（签字盖执业专用章）

编　制　时　间：2004 年 8 月 3 日

填 表 须 知

1. 工程量清单及其计价格式中所有要求签字、盖章的地方，必须由规定的单位和人员签字、盖章。

2. 工程量清单及其计价格式中的任何内容不得随意删除或涂改。

3. 工程量清单计价格式中列明的所有需要填报的单价和合价，投标人均应填报，未填报的单价和合价，视为此项费用已包含在工程量清单的其他单价和合价中。

4. 金额（价格）均应以　人民币　表示。

表 7-3-9

总 说 明

工程名称：老年公寓楼装饰装修工程

    1. 工程概况：建筑面积 $5200m^2$，5 层，全现浇结构，外墙面水刷石，内墙面石灰砂浆抹面刷白，室内为水磨石楼地面，铝合金窗。施工工期 6 个月，施工现场邻近公路，交通运输方便，施工要防噪声。

    2. 招标范围：全部装饰装修工程。

    3. 清单编制依据：建设工程工程量清单计价规范、施工设计图文件、施工组织设计等。

    4. 工程质量应达验收标准。

    5. 招标人自行采购铝合金窗，供至施工现场，共 510 樘。

    6. 考虑施工中可能发生的设计变更或清单有误，预留金 33.5 万元，铝合金窗购置费 67 万元。

    7. 投标人投标时，应按《建设工程工程量清单计价规范》规定的统一格式，提供"分部分项工程量清单综合单价分析表"。

    8. 随清单附有"主要材料价格表"，投标人应按其规定内容填写。

表 7-3-10

分部分项工程量清单

工程名称：老年公寓楼装饰装修工程

序号	项目编码	项 目 名 称	计量单位	工程数量
		楼地面工程		
1	020101002001	现浇水磨石楼地面，1：2.5 白石子浆厚 15mm，嵌玻璃条厚 3mm，1：3 水泥砂浆找平层厚 20mm	m^2	3000.00
2	020101002002	现浇水磨石楼地面，1：2.5 白石子浆厚 15mm，嵌玻璃条厚 3mm，1：3 水泥砂浆找平层厚 30mm	m^2	1000.00
		墙、柱面工程		
3	020201001001	砖墙面抹灰，1：3 石灰砂浆厚 18mm	m^3	10000.00
4		（以下略）		
补		（略）	m^2	（略）
		（其他略）		

表 7-3-11

措施项目清单

工程名称：老年公寓楼装饰装修工程

序号	项 目 名 称
1	临时设施
2	室内空气污染测试
3	环境保护

表 7-3-12

其他项目清单

工程名称：老年公寓楼装饰装修工程

序号	项　目　名　称	
	(1)预留金	335000.00
	(2)铝合金窗购置费	670000.00
	(1)零星工作项目费	
	(2)总承包服务费	

表 7-3-13

零星工作项目表

工程名称：老年公寓楼装饰装修工程

序号	名　　称	计量单位	数　　量
1	人工 （1）抹灰工 （2）油漆工	工日 工日	116 37
	小　　计		
2	材料		
	小　　计		
3	机械		
	小　　计		
	合　　计		

表 7-3-14

主要材料价格表

工程名称：老年公寓楼装饰工程

序号	材料编码	材料名称	规格、型号等特殊要求	单位	单价(元)
1	（均按统一编码填写）	铝合金条	$\phi 4$	m	
2		方钢管	25×25×2.5	m	
3		（以下略）			

表 7-3-15

某省某单位老年公寓楼

_____安　装_____工程

工 程 量 清 单

招　标　人：_____（略）_____（单位签字盖章）

法　定　代　表　人：_____（略）_____（签字盖章）

造价工程师及注册证号：_____（略）_____（签字盖执业专用章）

编　制　时　间：<u>2004 年 8 月 3 日</u>

填 表 须 知

1. 工程量清单及其计价格式中所有要求签字、盖章的地方,必须由规定的单位和人员签字、盖章。

2. 工程量清单及其计价格式中的任何内容不得随意删除或涂改。

3. 工程量清单计价格式中所列明的所有需要填报的单价和合价,投标人均应填报,未填报的单价和合价,视为此项费用已包含在工程量清单的其他单价和合价中。

4. 金额(价格)均应以　人民币　表示。

表 7-3-16

总 说 明

工程名称：老年公寓楼安装工程

1. 工程概况：建筑面积 5200m², 5 层，全现浇结构。热水集中供热采暖，普通照明灯具，镀锌钢管给水，铸铁管排水，施工工期 3 个月，施工现场邻近公路，交通运输方便。
2. 招标范围：电气、给排水、采暖工程。
3. 清单编制依据：建设工程量清单计价规范、施工设计图文件、施工组织设计等。
4. 工程质量应达验收标准。
5. 考虑施工中可能发生的设计变更或清单有误，预留金额 54 万元。
6. 随清单附有"主要材料价格表"，投标人应按其规定内容填写。

表 7-3-17

分部分项工程量清单

工程名称：老年公寓楼安装工程

序号	项目编码	项目名称	计量单位	工程数量
		电气设备安装工程		
1	030212001001	电线硬塑料管敷设，ϕ20，砖混结构，暗配	m	4000.00
2	030212003001	管内照明配线，二线，塑料铜线 15mm^2	m	4000.00
3		（以下略）		
		给排水、采暖、燃气工程		
4	030801001001	室内给水镀锌焊接钢管，DN20，螺纹连接	m	1000.00
5	030805001001	铸铁散热器，M132，三级除锈刷银粉二遍	片	500
6		（以下略）		
		（其他略）		

表 7-3-18

措施项目清单

工程名称：老年公寓楼安装工程

序号	项 目 名 称
1	临时设施费
2	安全施工
3	（其他略）

表 7-3-19

其他项目清单

工程名称：老年公寓楼安装工程

序号	项 目 名 称	
	预留金	540000.00

表 7-3-20

主要材料价格表

工程名称：老年公寓楼安装工程

序号	材料编码	材料名称	规格、型号等特殊要求	单位	单价(元)
1	（均按统一编码填写）	镀锌焊接钢管	DN20	m	
2		普通焊接钢管	DN20	m	
		（以下略）			

335

二、工程量清单计价格式

1. 《计价规范》提供的工程量清单计价格式为统一格式，内容包括：（1）封面，（2）投标总价，（3）工程项目总价表，（4）单项工程费汇总表，（5）单位工程费汇总表，（6）分部分项工程量清单计价表，（7）措施项目清单计价表，（8）其他项目清单计价表，（9）零星工作项目计价表，（10）分部分项工程量清单综合单价分析表，（11）措施项目费分析表，（12）主要材料价格表。其中格式不得变更或修改。但是，当一个工程项目不是采用总承包而是分包时，表格的使用可能有些变化。需要填写哪些表格，招标人应提出具体要求。

2. 工程量清单计价格式的填写，如下例所示（以上述的工程量清单为依据填写）。

表 7-3-21

某省某单位老年公寓楼

_____建　　筑_____工程

工程量清单报价表

招　标　　人：_____（略）_____（单位签字盖章）

法　定　代　表　人：_____（略）_____（签字盖章）

造价工程师及注册证号：_____（略）_____（签字盖执业专用章）

编　制　时　间：2004 年 8 月 3 日

表 7-3-22

投 标 总 价

建 设 单 位：　　某省某单位　　

工 程 名 称：　　老年公寓楼工程　　

投标总价(小写)：　　8263100.00元　　

　　　　（大写）：捌佰贰拾陆万叁仟壹佰元

招 标 人：　　（略）　　（单位签字盖章）

法定代表人：　　（略）　　（签字盖章）

编制时间：2004年8月3日

表 7-3-23

工程项目总价表

工程名称：老年公寓楼工程

序号	单项工程名称	金额(元)
1	老年公寓楼工程	8263100.00
2	（略）	
	合　计	8263100.00

表 7-3-24

单项工程费汇总表

工程名称：老年公寓楼工程

序号	单位工程名称	金额（元）
1	建筑工程	3581563.00
2	装饰装修工程	2755281.00
3	安装工程	1926256.00
	其中：电气设备安装工程	321000.00
	给排水、采暖	173800.00
合计		8263100.00

表 7-3-25

单位工程费汇总表

工程名称：老年公寓楼建筑工程

序号	项 目 名 称	金额（元）
1	分部分项工程量清单计价合计	1119903.00
2	措施项目清单计价合计	1001920.00
3	其他项目清单计价合计	724018.00
4	规费	601955.00
5	税金	133767.00
	合　　计	3581563.00

表 7-3-26

分部分项工程量清单计价表

工程名称：老年公寓楼建筑工程

序号	项目编码	项目名称	计量单位	工程数量	金额（元）	
					综合单价	合价
		土石方工程				
1	010101003001	挖带形基槽，二类土，槽宽0.60m，深0.80m，弃土运距150.00m	m³	16.16	30.00	485.00
2	010101003002	挖带形基槽，二类土，槽宽1.00m，深2.10m，弃土运距150.00m	m³	1592.03	70.00	111442.00
3		（以下略）				
		小　计				111927.00
		砌筑工程				
4	010301001001	垫层，3∶7灰土厚15cm	m³	32.15	73.00	2347.00
5	010302002001	空斗墙，M5水泥砂浆砌筑	m³	83.921	252.79	21214.00
6		（以下略）				
		小　计				23561.00
		本页小计				135488.00
		合　计				

续表

序号	项目编码	项目名称	计量单位	工程数量	金额(元)	
					综合单价	合价
		混凝土及钢筋混凝土工程				
7	010404001005	现浇钢筋混凝土直形墙,C30	m^3	212.07	271.56	57590.00
8		(以下略)				
		小 计				57590.00
		(其他略)				
		本页小计				57590.00
		合 计				193078.00

表 7-3-27

措施项目清单计价表

工程名称：老年公寓楼建筑工程

序号	项 目 名 称	金额(元)
1	临时设施	240782.00
2	大型机械设备进场及安拆	25416.00
3	垂直运输机械	668838.00
4	环境保护	40130.00
5	施工排水	26754.00
6	（其他略）	
	合　　计	1001920.00

表 7-3-28

其他项目清单计价表

工程名称：老年公寓楼建筑工程

序号	项　目　名　称	金额(元)
1	招标人部分 　　预留金	650000.00
	小　　计	650000.00
2	投标人部分 　　零星工作项目费	74018.00
	小　　计	74018.00
	合　　计	724018.00

表 7-3-29

零星工作项目计价表

工程名称：老年公寓楼建筑工程

序号	名称	计量单位	数量	金额(元)	
				综合单价	合价
1	人工				
	(1)木工	工日	179	40.00	7160.00
	(2)搬运工	工日	269	30.00	8070.00
	(3)(以下略)				
	小 计				15230.00
2	材料				
	(1)茶色玻璃 5mm	m²	894	28.00	25038.00
	(2)镀锌铁皮 20#	m²	90	40	3600.00
	小 计				28638.00
3	机械				
	(1)载重汽车 4t	台班	90	250	22500.00
	(2)点焊机 100kV·A	台班	45	170	7650.00
	(3)(以下略)				
	小 计				30150.00
	合 计				74018.00

表 7-3-30

分部分项工程量清单综合单价分析表

工程名称：老年公寓楼建筑工程

序号	项目编码	项目名称	工程内容	综合单价组成					综合单价
				人工费	材料费	机械使用费	管理费	利润	
1	010101003001	挖带形基槽，二类土，槽宽 0.60m，深 0.80m，弃土运距 150.00m	挖土	23.00	0.06	0.03	5.30	1.61	30.00 元/m³
				16.00		0.03	4.00	1.21	
			基底钎探	1.00	0.06		0.30	0.10	
			运土	6.00			1.00	0.30	
2	010101003002	挖带形基槽，二类土，槽宽 1.00m，深 2.10m，弃土运距 150.00m	挖土	38.70	15.04	0.01	12.75	3.95	70.45 元/m³
				21.00		0.01	5.30	1.60	
			基底钎探	1.50	0.04		0.45	0.15	
			运土	6.00			1.00	0.30	
			挡土板	10.20	15.00		6.00	1.90	
	（其他略）								

表 7-3-31

措施项目费分析表

工程名称：老年公寓楼建筑工程

序号	措施项目名称	单位	数量	金额(元)					
				人工费	材料费	机械使用费	管理费	利润	小计
1	临时设施	项	1	2006.00	187275.00	3344.00	36786.00	11371.00	240782.00
2	大型机械设备进出场及安拆	项	1	4682.00	2006.00	13377.00	4013.00	1338.00	25416.00
3	垂直运输机械	项	1			535071.00	107014.00	26753.00	668838.00
4	环境保护	项	1	3344.00	29429.00		5350.00	2007.00	40130.00
5	施工排水	项	1	2006.00	2675.00	16721.00	4013.00	1339.00	26754.00
	合计			12038.00	221385.00	568513.00	157176.00	42808.00	1001920.00

348

表 7-3-32

主要材料价格表

工程名称：老年公寓楼建筑工程

序号	材料编码	材料名称	规格、型号等特殊要求	单位	单价(元)
1	（均按统一编码填写）	低碳盘条	$\phi 8$	t	2430.00
2		圆钢	$\phi 20$	t	2500.00
3		矿渣水泥	32.5级	t	366.00
		（其他略）			

表 7-3-33

某省某单位老年公寓楼

_____装 饰 装 修_____工程

工程量清单报价表

招 标 人：_____（略）_____（单位签字盖章）

法 定 代 表 人：_____（略）_____（签字盖章）

造价工程师及注册证号：_____（略）_____（签字盖执业专用章）

编 制 时 间：2004 年 8 月 3 日

表 7-3-34

单位工程费汇总表

工程名称：老年公寓楼装饰装修工程

序号	工 程 名 称	金额(元)
1	分部分项工程量清单计价合计	1371119.00
2	措施项目清单计价合计	153833.00
3	其他项目清单计价合计	1016300.00
4	规费	133768.00
5	税金	80261.00
	合　　计	2755281.00

表 7-3-35

分部分项工程量清单计价表

工程名称：老年公寓楼装饰装修工程

序号	项目编码	项目名称	计量单位	工程数量	金额（元）	
					综合单价	合价
		楼地面工程				
1	020101002001	现浇水磨石楼地面，1:2.5白石子浆厚15mm，嵌玻璃条厚3mm，1:3水泥砂浆找平层厚20mm	m^2	3000.00	50.00	150000.00
2	020101002002	现浇水磨石楼地面，1:2.5白石子浆厚15mm，嵌玻璃条厚3mm，1:3水泥砂浆找平层厚30mm	m^2	1000.00	55.00	55000.00
		（其他略）				
		本页小计				205000.00
		合 计				205000.00

表 7-3-36

措施项目清单计价表

工程名称：老年公寓楼装饰装修工程

序号	项 目 名 称	金额(元)
1	临时设施	107014.00
2	室内空气污染测试	20065.00
3	环境保护	16721.00
4	安全施工	10033.00
	合 计	153833.00

表 7-3-37

其他项目清单计价表

工程名称：老年公寓楼装饰装修工程

序号	项目名称	金额(元)
1	招标人部分	
	(1)预留金	335000.00
	(2)铝合金窗购置费	670000.00
	小　计	1005000.00
2	投标人部分	
	(1)零星工作项目费	5500.00
	(2)总承包服务费	5800.00
	小　计	11300.00
	合　计	1016300.00

表 7-3-38

零星工作项目计价表

工程名称：老年公寓楼装饰装修工程

序号	名　　称	计量单位	数量	金额(元)	
				综合单价	合价
1	人工				
	(1)抹灰工	工日	116	30.00	3480.00
	(2)油漆工	工日	37	35.00	2020.00
	小　　计				5500.00
2	材料				
	小　　计				
3	机械				
	小　　计				
	合　　计				5500.00

表 7-3-39

分部分项工程量清单综合单价分析表

工程名称：老年公寓楼装饰装修工程

序号	项目编码	项目名称	工程内容	综合单价组成					综合单价
				人工费	材料费	机械使用费	管理费	利润	
1	020101002001	现浇水磨石楼地面，1：2.5白石子浆厚15mm,嵌玻璃条厚3mm，1：3水泥砂浆找平层厚20mm	找平层	13.50	21.00	2.10	12.00	1.40	50.00元/m²
				1.50	5.00	0.60	2.00	0.60	
			面层	12.00	16.00	1.50	10.00	0.80	
	（其他略）								

表 7-3-40

主要材料价格表

工程名称：老年公寓楼装饰装修工程

序号	材料编码	材料名称	规格、型号等特殊要求	单位	单价(元)
1	（均按统一编码填写）	铝合金条	$\phi 4$	m	0.50
2		方钢管	25×25×2.5	m	5.00
3		（其他略）			

表 7-3-41

某省某单位老年公寓楼

_____安　　装_____工程

工程量清单报价表

招　　标　　人：_____（略）_____（单位签字盖章）

法 定 代 表 人：_____（略）_____（签字盖章）

造价工程师及注册证号：_____（略）_____（签字盖执业专用章）

编　制　时　间：2004 年 8 月 3 日

表 7-3-42

单位工程费汇总表

工程名称：老年公寓楼安装工程

序号	项 目 名 称	金额(元)
1	分部分项工程量清单计价合计	666256.00
2	措施项目清单计价合计	225000.00
3	其他项目清单计价合计	540000.00
4	规费	360000.00
5	税金	135000.00
	合　　计	1926256.00

表 7-3-43

分部分项工程量清单计价表

工程名称：老年公寓楼安装工程

序号	项目编码	项目名称	计量单位	工程数量	金额（元）	
					综合单价	合价
		电气设备安装工程				
1	030212001001	电线硬塑料管敷设，$\phi 20$，砖混结构，暗配	m	4000.00	5.00	20000.00
2	030212003001	管内照明配线，二线，塑料铜线 $15mm^2$	m	4000.00	7.00	28000.00
3		（以下略）				
		（其他略）				
		本页小计				48000.00
		合　计				

续表

序号	项目编码	项目名称	计量单位	工程数量	金额(元)	
					综合单价	合价
		给排水、采暖				
4	030801001001	室内给水镀锌钢管,DN20,螺纹连接	m	1000.00	14.00	14000.00
5	030805001001	铸铁散热器,M132,三级除锈刷银粉两遍	片	500	24.00	12000.00
6		（以下略）				
		本页小计				26000.00
		合 计				74000.00

表 7-3-44

措施项目清单计价表

工程名称：老年公寓楼安装工程

序号	项 目 编 码	金额(元)
1	临时设施	180000.00
2	安全施工	45000.00
3	（其他略）	
	合　　计	225000.00

表 7-3-45

其他项目清单计价表

工程名称：老年公寓楼安装工程

序号	项 目 编 码	金额(元)
1	招标人部分	
	预留金	540000.00
	小　　计	540000.00
2	投标人部分	
	小　　计	
	合　　计	540000.00

表 7-3-46

主要材料价格表

工程名称：老年公寓楼安装工程

序号	材料编码	材料名称	规格、型号等特殊要求	单位	单价(元)
1	（均按统一编码填写）	镀锌焊接钢管	DN20	m	5.19
2		普通焊接钢管	DN20	m	3.91
		（其他略）			

思 考 题

1. 工程量清单包括哪几种表格？
2. 工程量清单计价都包括哪些表格？

第四节 建筑工程工程量清单项目及计算规则

一、概述

（一）单位工程划分：工程量清单计价规范附录 A 为建筑工程，附录 B 为装饰工程，附录 C 为安装工程，附录 D 为市政工程，附录 E 为园林绿化工程。

（二）内容及适用范围

1. 内容：规范附录 A 清单项目包括土石方工程、地基与桩基础工程、砌筑工程、混凝土及钢筋混凝土工程、厂库房大门、特种门、木结构工程、金属结构工程、屋面及防水工程、防腐隔热保温工程，共 8 章 45 节，177 个项目。

2. 适用范围：附录 A 清单项目适用于采用工程量清单计价的工业与民用的建筑物和构筑物的建筑工程。

（三）有关问题的说明

1. 附录与附录之间的衔接。

（1）附录 A 的管沟土石方、基础、地沟等清单项目也适用于附录 C "安装工程工程量清单项目及计算规则"。

（2）附录 A 清单项目也适用于附录 E "园林绿化工程工程量清单项目及计算规则" 中未列项的清单项目。

（3）附录 A 与附录 B "装饰装修工程工程量清单项目及计算规则" 的界线：

1）基础垫层含在附录 A 基础项目内；楼地面垫层含在附录 B.1.1、B.1.2、B.1.3、B.1.4、B.1.8 项目内。

2）库房大门、特种门含在附录 A 表 A.5.1 内；其他门含在附录 B.4.1 内。

2. 附录 A 共性问题的说明。

（1）附录 A 清单项目中的工程量是按建筑物或构筑物的实体净量计算，施工中所发生的材料、成品、半成品的各种制作、运输、安装等的一切损耗，应包括在报价内。

（2）附录 A 清单项目中所发生的钢材（包括钢筋、型钢、钢管等）均按理论重量计算，其理论重量与实际重量的偏差，应包括在报价内。

（3）设计规定或施工组织设计规定的已完工产品保护发生的费用列入工程量清单措施项目费内。

（4）高层建筑所发生的人工降效、机械降效、施工用水加压等应包括在各分项报价内；卫生用临时管道应考虑在临时设施费用内。

（5）施工中所发生的施工降水、土方支护结构、施工脚手架、模板及支撑费用、垂直运输费用等，应列在工程量清单措施项目费内。

二、附录 A.1 土（石）方工程

（一）概况

本章共分 3 节 10 个项目。包括土方工程、石方工程、土（石）方回填。适用于建筑物和构筑物的土石方开挖及回填工程。

（二）有关项目的说明

1. "平整场地" 项目适于建筑场地厚度在±30cm 以内的挖、填、运、找平。

工程量"按建筑物首层面积计算",如施工组织设计规定超面积平整场地时,超出部分应包括在报价内。

2."挖土方"项目适用于±30cm以外的竖向布置的挖土或山坡切土,是指设计室外地坪标高以上的挖土,并包括指定范围内的土方运输。

3."挖基础土方"项目适用于基础土方开挖(包括人工挖孔桩土方),并包括指定范围内的土方运输。

4."管沟土方"项目适用于管沟土方开挖、回填。

5."石方开挖"项目适用于人工凿石、人工打眼爆破、机械打眼爆破等,并包括指定范围内的石方清除运输。

6."土(石)方回填"项目适用于场地回填、室内回填和基础回填,并包括指定范围内的运输以及借土回填的土方开挖。应注意:基础土方放坡等施工的增加量,应包括在报价内。

(三)土石方共性问题的说明

1."指定范围内的运输"是指由招标人指定的弃土地点或取土地点的运距;若招标文件规定由投标人确定弃土地点或取土地点时,则此条件不必在工程量清单中进行描述。

2.土石方清单项目报价应包括指定范围内的土石一次或多次运输、装卸以及基底夯实、修理边坡、清理现场等全部施工工序。

3.桩间挖土方工程量不扣除桩所占体积。

4.因地质情况变化或设计变更引起的土(石)方工程量的变更,由业主与承包人双方现场认证,依据合同条件进行调整。

工程量清单的工程量,按《建设工程工程量清单计价规范》规定"是拟建工程分项工程的实体数量"。土石方工程除场地、房心填土外,其他土石方工程不构成工程实体。但目前没有一个建筑物或构筑物是不动土可以修建起来的,土石方工程是修建中实实在在的必须发生的施工工序,如果采用基础清单项目内含土石方报价,由于地表以下存在许多不可知的自然条件,势必增加基础项目报价的难度。为此,我们将土石方单独列项。

(四)举例:某老年公寓楼为多层砖混结构住宅,带形砖基础,槽深为3.2m,外墙基础垫层外边线长为39.801m,宽为12.5m,土方不需要运输。

甲方的工程量清单为1592.03m³

经投标人根据地质资料有关规定计算:

分部分项工程量清单计价表　　　　　　　　　　表 7-4-1

工程名称:老年公寓多层砖混住宅工程　　　　　　　　　　第　页　共　页

序号	项目	项目名称	计量单位	工程数量	金额(元)	
					综合单价	合价
	010101002001	A.1 土(石)方工程 挖基础土方 土壤类别:三类土 基础类型:砖大放脚 带形基础 垫层外边线长39.801m 宽12.50m 挖土深度3.20m	m³	1592.03	16.75	26672.02

分部分项工程量清单综合单价计算表   表 7-4-2

工程名称：老年公寓多层砖混住宅工程　　　　　　　　　　　　　计量单位：m^3
项目编码：010101002001　　　　　　　　　　　　　　　　　　　工程数量：1592.03
项目名称：挖基础土方　　　　　　　　　　　　　　　　　　　　综合单价：16.75 元

序号	项目编号	项目名称	工程内容	综合单价组成						综合单价
				人工费	材料费	机械使用费	现场经费	企业管理费	利润	风险费用	
010101002001		挖土方	1. 排地表水								16.75 元/m^3
			2. 土方开挖	14.51			0.56	0.59	1.10		
			3. 挡土板支拆								
			4. 截桩头								
			5. 基底钎探								
			6. 运输								
			小计	14.51			0.56	0.59	1.10		

基础挖土方为 39.801m×12.5m×3.2m＝1592.03m^3（槽深超过 m 按大开挖计算）

三、附录 A.2　桩与地基基础工程

（一）概况

本章共 3 节 12 个项目。包括混凝土桩、其他桩和地基与边坡的处理。适用于地基与边坡的处理、加固。

（二）有关项目的说明

1. "预制钢筋混凝土桩"项目适用于预制混凝土方桩、管桩和板柱等。

2. "接桩"项目适用于预制钢筋混凝土方桩、管桩和板桩的接桩。

3. "混凝土灌注桩"项目适用于人工挖孔灌注桩、钻孔灌注桩、爆扩灌注桩、打管灌注桩、振动管灌注桩等。

4. "砂石灌注桩"适用于各种成孔方式（振动沉管、锤击沉管等）的砂石灌注桩。应注意：灌注桩的砂石级配、密实系数均应包括在报价内。

5. "挤密桩"项目适用于各种成孔方式的灰土、石灰、水泥粉、煤灰、碎石等挤密桩。应注意：挤密桩的灰土级配、密实系数均应包括在报价内。

6. "旋喷桩"项目适用于水泥浆旋喷桩。

7. "喷粉桩"项目适用于水泥、生石灰粉等喷粉桩。

8. "地下连续墙"项目适用于各种导墙施工的复合型地下连续墙工程。

9. "锚杆支护"项目适用于岩石高削坡混凝土支护挡墙和风化岩石混凝土、砂浆护坡。

10. "土钉支护"项目适用于土层的锚固（注意事项同锚杆支护）。

（三）共性问题的说明

1. 本章各项目适用于工程实体，如：地下连续墙适用于构成建筑物、构筑物地下结构部分的永久性的复合型地下连续墙。作为深基础支护结构，应列入清单措施项目费，在分部分项工程量清单中不反映其项目。

2. 各种桩（除预制钢筋混凝土桩）的充盈量，应包括在报价内。

3. 振动沉管、锤击沉管若使用预制钢筋混凝土桩尖时,应包括在报价内。
4. 爆扩桩扩大头的混凝土量,应包括在报价内。
5. 桩的钢筋(如:灌注桩的钢筋笼、地下连续墙的钢筋网、锚杆支护、土钉支护的钢筋网及预制桩头钢筋等)应按混凝土及钢筋混凝土有关项目编码列项。

(四)举例:某工程灌注桩

土壤级别:二级土,单根桩设计长度:8m,总根数:127根,桩截面:$\phi800$。
灌注混凝土强度等级C30。

1. 经业主根据灌注桩基础施工图计算:
混凝土灌注桩总长为:$8m \times 127 = 1016m$
2. 经投标人根据地质资料和施工方案计算:
(1) 混凝土桩总体积为:$3.146 \times (0.4m)^2 \times 1016m = 510.7m^3$
混凝土桩实际消耗总体积为:$510.7m^3 \times (1+0.015+0.25) = 646.04m^3$
(每立方米实际消耗混凝土量为:$1.265m^3$)
(2) 钻孔灌注混凝土的计算:
$$1016 \div 1016 = 1m$$
(3) 泥浆运输(泥浆总用量为:$0.486m^3/m^3 \times 510.7m^3 = 248.2m^3$)
$$248.2 \div 1016 = 0.244m^3$$
(4) 泥浆池挖土方($58m^3$)
$$58 \div 1016 = 0.057m^3$$
(5) 泥浆池垫层($2.96m^3$)
$$2.96 \div 1016 = 0.003m^3$$
(6) 池壁砌砖($7.5m^3$)
$$7.5 \div 1016 = 0.007m^3$$
(7) 池底砌砖($3.16m^3$)
$$3.16 \div 1016 = 0.003m^3$$
(8) 池底、池壁抹灰($25m^2$)
$$25 \div 1016 = 0.025m^2$$
(9) 拆除泥浆池1座
$$1 \div 1016 = 0.001$$

分部分项工程量清单计价表　　　　　　　　　表7-4-3

工程名称:某工程　　　　　　　　　　　　　　　　　　　　　　第　页共　页

序号	项目	项目名称	计量单位	工程数量	金额(元)	
					综合单价	合价
	010201003001	A.2桩与地基基础工程 混凝土灌注桩 土壤级别:二级土 桩单根设计长度:8m 桩根数:127根 桩截面:$\phi800$ 混凝土强度:C30 泥浆运输5km以内	m	1016	515.97	524225.52

分部分项工程量清单综合单价计算表　　　　　　　表 7-4-4

工程名称：某工程　　　　　　　　　　　　　　　　　　　　　计量单位：m
项目编码：010201003001　　　　　　　　　　　　　　　　　　工程数量：1016
项目名称：混凝土灌注桩　　　　　　　　　　　　　　　　　　综合单价：515.97 元

序号	定额编号	工程内容	单位	数量	其中：(元)					
					人工费	材料费	机械费	管理费	利润	小计
	2-88	钻孔灌注混凝土桩	m	1.000	105.56	156.55	76.10	114.92	27.04	479.95
	2-97	泥浆运输 5km 以内	m³	0.244	4.54		16.51	7.16	1.68	29.89
	1-2	泥浆池挖土方（2m 以内，三类土）	m³	0.057	0.69			0.23	0.05	0.97
	8-15	泥浆垫层(石灰拌和)	m³	0.003	0.09	0.45	0.05	0.20	0.05	0.84
	4-10	砖砌池壁（一砖厚）	m³	0.007	0.30	1.00	0.03	0.45	0.11	1.89
	8-105	砖砌池底（平铺）	m³	0.003	0.11	0.39	0.01	0.17	0.04	0.72
	11-25	池壁、池底抹灰	m²	0.025	0.23	0.35	0.03	0.21	0.05	0.87
		拆除泥浆池	座	0.001	0.59			0.20	0.05	0.084
		合计			112.11	158.52	92.73	123.54	29.07	515.97

四、附录 A.3　砌筑工程

（一）概况

本章共 6 节 25 个项目。包括砖基础、砖砌体、砖构筑物、砌块砌体、石砌体、砖散水、地坪、地沟。适用于建筑物、构筑物的砌筑工程。

（二）有关项目的说明

1. 基础垫层包括在各类基础项目内，垫层的材料种类、厚度、材料的强度等级、配合比，应在工程量清单中进行描述。

2. "砖基础"项目适用于各种类型砖基础：柱基础、墙基础、烟囱基础、水塔基础、管道基础等。

3. "实心砖墙"项目适用于各种类型实心砖墙，可分为外墙、内墙、围墙、双面混水墙、双面清水墙、单面清水墙、直形墙、弧形墙以及不同的墙厚，砌筑砂浆分水泥砂浆、混合砂浆以及不同的强度，不同的砖强度等级，加浆勾缝、原浆勾缝等，应在工程量清单项目中一一进行描述。

4. "空斗墙"项目适用于各种砌法的空斗墙。

5. "空花墙"项目适用于各种类型空花墙。

6. "实心砖柱"项目适用于各种类型柱、矩形柱、异形柱、圆柱、包柱等。

7. "零星砌砖"项目适用于台阶、台阶挡墙、梯带、锅台、炉灶、蹲台等。

8. "砖烟囱、水塔"、"砖烟道"项目适用于各种类型砖烟囱、水塔和烟道。

9. "砖窨井、检查井"、"砖水池、化粪池"项目适用于各类砖砌窨井、检查井、砖水池、化粪池、沼气池、公厕生化池等。

10. "空心砖墙、砌块墙"项目适用于各种规格的空心砖和砌块砌筑的各种类型的墙体。

11. "空心砖柱、砌块柱"项目适用于各种类型柱（矩形柱、方柱、异形柱、圆柱、包柱等）。

12. "石基础"项目适用于各种规格（条石、块石等）、各种材质（砂石、青石等）和各种类型（柱基、墙基、直形、弧形等）基础。

13. "石勒脚"、"石墙"项目适用于各种规格（条石、块石等）、各种材质（砂石、青石、大理石、花岗石等）和各种类型（直形、弧形等）勒脚和墙体。

14. "石挡土墙"项目适用于各种规格（条石、块石、毛石、卵石等）、各种材质（砂石、青石、石灰石等）和各种类型（直形、弧形、台阶形等）挡土墙。

15. "石柱"项目适用于各种规格、各种石质、各种类型的石柱。梁头、板头和梁垫所占体积。

16. "石栏杆"项目适用于无雕饰的一般石栏杆。

17. "石护坡"项目适用于各种石质和各种石料（如：条石、片石、毛石、块石、卵石等）的护坡。

18. "石台阶"项目包括石梯带（垂带），不包括石梯膀，石梯膀按石挡墙项目编码列项。

标准砖墙墙厚计算表　　　　　表 7-4-5

砖数（厚度）	1/4	1/2	3/4	1	1.5	2	2.5	3
计算厚度(mm)	53	115	180	240	365	490	615	740

分部分项工程量清单计价表　　　　　表 7-4-6

工程名称：某工程　　　　　第　页　共　页

序号	项目	项目名称	计量单位	工程数量	综合单价	合价
					金额（元）	
	010302002001	A.3 砌筑工程 内墙空斗墙 砌筑砂浆：M5	m³	83.82	238.86	20021.25

分部分项工程量清单综合单价计算表　　　　　表 7-4-7

工程名称：某工程　　　　　计量单位：m³
项目编码：010302002001　　　　　工程数量：83.82
项目名称：空斗墙　　　　　综合单价：238.86

序号	项目编号	项目名称	工程内容	综合单价组成						综合单价
				人工费	材料费	机械使用费	现场经费	企业管理费	利润	风险费用	
42	010302002001	空斗墙	1. 砂浆制作、运输								238.86 元/m³
			2. 砌砖	28.65	173.74	4.51	7.97	8.37	15.63		
			3. 装填充料								
			4. 勾缝								
			5. 材料运输								
			小计	28.65	173.74	4.51	7.97	8.37	15.63		

（三）砌筑工程共性问题的说明

1. 标准砖墙体厚度按下表计算。

2. 墙体内加筋按混凝土及钢筋混凝土的钢筋相关项目编码列项。

（四）举例：某工程内墙为空斗墙 M5 水泥砂浆砌筑，内隔墙总长度为 120.43m 墙高 2.90m，墙厚 0.24m

（1）甲方给出工程量清单空斗墙 83.82m³

（2）投标人计算：

$$120.43m \times 2.90m \times 0.24m = 83.82m^2$$

五、附录 A.4　混凝土及钢筋混凝土工程

（一）概况

本章共 17 节 69 个项目。包括现浇混凝土基础、现浇混凝土柱、现浇混凝土梁、现浇混凝土墙、现浇混凝土板、现浇混凝土楼梯、现浇混凝土其他构件、后浇带、预制混凝土柱、预制混凝土梁、预制混凝土屋架、预制混凝土板、预制混凝土楼梯、其他预制构件、混凝土构筑物、钢筋工程、螺栓铁件等。适用于建筑物、构筑物的混凝土工程。

（二）有关项目的说明

1．"带形基础"项目适用于各种带形基础，墙下的板式基础包括浇筑在一字排桩上面的带形基础。

2．"独立基础"项目适用于块体柱基、杯基、柱下的板式基础、无筋倒圆台基础、壳体基础、电梯井基础等。

3．"满堂基础"项目适用于地下室的箱式、筏式基础等。

4．"设备基础"项目适用于设备的块体基础、框架基础等。应注意：螺栓孔灌浆包括在报价内。

5．"桩承台基础"项目适用于浇筑在组桩（如：梅花桩）上的承台。

6．"矩形柱"、"异形柱"项目适用于各形柱，除无梁板柱的高度计算至柱帽下表面，其他柱都计算全高。

7．各种梁项目的工程量主梁与次梁连接时，次梁长算至主梁侧面，简而言之：截面小的梁长度计算至截面大的梁侧面。

8．"直形墙"、"弧形墙"项目也适用于电梯井。

9．混凝板采用浇筑复合高强薄形空心管时，其工程量应扣除管所占体积，复合高强薄形空心管应包括在报价内。采用轻质材料浇筑在有梁板内，轻质材料应包括在报价内。

10．单跑楼梯的工程量计算与直形楼梯、弧形楼梯的工程量计算相同，单跑楼梯如无中间休息平台时，应在工程量清单中进行描述。

11．"其他构件"项目中的压顶、扶手工程量可按长度计算，台阶工程量可按水平投影面积计算。

12．"电缆沟、地沟""散水、坡道"需抹灰时，应包括在报价内。

13．"后浇带"项目适用于梁、墙、板的后浇带。

14．有相同截面、长度的预制混凝土柱的工程量可按根数计算。

15．有相同截面、长度的预制混凝土梁的工程量可按根数计算。

16．同类型、相同跨度的预制混凝土屋架的工程量可按榀数计算。

17. 同类型相同构件尺寸的预制混凝土板工程可按块数计算。

18. 同类型相同构件尺寸的预制混凝土沟盖板的工程量可按块数计算；混凝土井圈、井盖板工程量可按套数计算。

19. "水磨石构件"需要打蜡抛光时，包括在报价内。

20. 滑模筒仓按"贮仓"项目编码列项。

21. 滑模烟囱按"烟囱"项目编码列项。

（三）共性问题的说明

1. 混凝土的供应方式（现场搅拌混凝土、商品混凝土）以招标文件确定。

2. 购入的商品构配件以商品价进入报价。

3. 附录要求分别编码列项的项目（如：箱式满堂基础、框架式设备基础等），可在第五级编码上进行分项编码。如：框架式设备基础，010401004001 设备基础、010401004002 框架式设备基础柱、010401004003 框架式设备基础梁、010401004004 框架式设备基础墙、010401004005 框架式设备基础板。这样列项：①不必再翻后面的项目编码。②一看就知道是框架式设备的基础，柱、梁、墙、板，比较明了。

4. 预制构件的吊装机械（如：履带式起重机、轮胎式起重机、汽车式起重机、塔式起重机等）不包括在项目内，应列入措施项目费。

5. 滑模的提升设备（如：千斤顶、液压操作台等）应列在模板及支撑费内。

6. 钢网架在地面组装后的整体提升、倒锥壳水箱在地面就位预制后的提升设备（如：液压千斤顶及操作台等）应列在垂直运输费内。

7. 项目特征内的构件标高（如：梁底标高、板底标高等）、安装高度，不需要每个构件都注上标高和高度，而是要求选择关键部件注明，以便投标人选择吊装机械和垂直运输机械。

（四）某工程全现浇钢筋混凝土剪力墙结构，混凝土强度等级 C25

1. 甲方根据施工图计算：

(1) 有梁板工程量　122.94m³

(2) 直形墙　756.65m³

(3) 矩形梁　122.28m³

(4) 基础　395.31m³

(5) 钢筋 ϕ10 内　96.657T

(6) 钢筋 ϕ10 外　191.146T

2. 投标人报价计算：

分部分项工程量清单计价表　　　　　　　　　表 7-4-8

工程名称：某工程　　　　　　　　　　　　　　第　页　共　页

序号	项目编号	项目名称	计量单位	工程数量	金额（元）	
					综合单价	合价
	010405001001	有梁板	m³	122.940	281.09	34557.20
	010404001007	直形墙	m³	756.650	263.11	199082.18
	010403002007	矩形梁	m³	122.28	394.55	48245.57
	010401001002	带形基础	m³	395.310	277.78	109810.06
	010416001002	现浇混凝土钢筋	t	96.657	4861.52	469899.94
	010416001001	现浇混凝土钢筋	t	191.146	4914.58	939402.31

分部分项工程量清单综合单价计算表 表 7-4-9

工程名称：某工程　　　　　　　　　　　　　　　　　　　　　　　　　　　　　　计量单位：m³

序号	项目编号	项目名称	工程内容	综合单价组成							综合单价
				人工费	材料费	机械使用费	现场经费	企业管理费	利润	风险费用	
19	010405001001	有梁板	1.混凝土制作、运输、浇筑、振捣、养护	21.89	199.70	21.89	9.37	9.85	18.39		281.09 元/m³
			小计	21.89	199.70	21.89	9.37	9.85	18.39		
20	010404001007	直形墙	1.混凝土制作、运输、浇筑、振捣、养护	23.84	182.11	21.95	8.77	9.22	17.21		263.11 元/m³
			小计	23.84	182.11	21.95	8.77	9.22	17.21		
33	010403002007	矩形梁	1.混凝土制作、运输、浇筑、振捣、养护	38.24	297.16	32.81			26.34		394.55 元/m³
			小计	38.24	297.16	32.81			26.34		
41	010401001002	带形基础	1.铺设垫层	3.83	32.72	2.59	1.51	1.58	2.96		277.78 元/m³
			2.混凝土制作、运输、浇筑、振捣、养护	19.44	167.01	15.01	7.75	8.15	15.22		
			3.地脚螺栓二次灌浆								
			小计	23.27	199.74	17.61	9.26	9.73	18.17		
5	010416001002	现浇混凝土钢筋	1.钢筋(网、笼)制作、运输	143.04	4064.18	3.76	162.12	170.38	318.04		4861.52 元/t
			2.钢筋(网、笼)安装								
			小计	143.04	4064.18	3.76	162.12	170.38	318.04		
6	010416001001	现浇混凝土钢筋	1.钢筋(网、笼)制作、运输	153.12	4100.09	3.73	163.89	172.24	321.51		4914.58 元/t
			2.钢筋(网、笼)安装								
			小计	153.12	4100.09	3.73	163.89	172.24	321.51		
		合计									

六、附录 A.5　厂库房大门、特种门、木结构工程

（一）概况

本章共 3 节 11 个项目。包括厂库房大门、特种门、木屋架、木构件。适用于建筑物、构筑物的特种门和木结构工程。

（二）有关项目的说明

1."木板大门"项目适用于厂库房的平开、推拉、带观察窗、不带观察窗等各类型木

板大门。

2. "钢木大门"项目适用于厂库房的平开、推拉、单面铺木板、双单铺木板、防风型、保暖型等各类型钢木大门。

3. "全钢板门"项目适用于厂库房的平开、推拉、折叠、单面铺钢板、双面铺钢板等各类型全钢板门。

4. "特种门"项目适用于各种防射线门、密闭门、保温门、隔音门、冷藏库门、冷藏冻结间门等特殊使用功能门。

5. "围墙铁丝门"项目适用于钢管骨架铁丝门、角钢骨架铁丝门、木骨架铁丝门等。

6. "木屋架"项目适用于各种方木、圆木屋架。

7. "钢木屋架"项目适用于各种方木、圆木的钢木组合屋架。应注意：钢拉杆（下弦拉杆）、受拉腹杆、钢夹板、连接螺栓应包括在报价内。

8. "木柱"、"木梁"项目适用于建筑物各部位的柱、梁。应注意：接地、嵌入墙内部分的防腐应包括在报价内。

9. "木楼梯"项目适用于楼梯和爬梯。

10. "其他木构件"项目适用于斜撑，传统民居的垂花、花芽子、封檐板、博风板等构件。

（三）共性问题的说明

1. 原木构件设计规定梢径时，应按原木材积计算表计算体积。

2. 设计规定使用干燥木材时，干燥损耗及干燥费应包括在报价内。

3. 木材的出材率应包括在报价内。

4. 木结构有防虫要求时，防虫药剂应包括在报价内。

（四）举例

某跃层住宅室内木楼梯，共21套，楼梯斜梁截面：80mm×150mm，踏步板900mm×300mm×25mm，踢脚板900mm×150mm×20mm，楼梯栏杆$\phi 50$，硬木扶手为圆形$\phi 60$，除扶手材质为桦木外，其余材质为杉木。

1. 甲方根据木楼梯施工图计算：

(1) 木楼梯斜梁体积为$0.256m^3$。

(2) 楼梯面积为$6.21m^2$（水平投影面积）。

(3) 楼梯栏杆为8.67m（垂直投影面积为$7.31m^2$）。

(4) 硬木扶手8.89m。

2. 投标人投标报价计算：

(1) 木斜梁制作、安装：（$0.256m^3$）

$$0.256 \div 6.21 = 0.041 m^3$$

(2) 楼梯制作、安装：（$6.21m^2$）

$$6.21 \div 6.21 = 1.000 m^2$$

(3) 楼梯刷防火漆两遍：（$22m^2$）

$$22 \div 6.21 = 3.543 m^2$$

(4) 楼梯刷地板清漆三遍。（$6.21m^2$）

$$6.21 \div 6.21 = 1.000 m^2$$

(5) 栏杆制作、安装（$8.67m^2$）

$$8.67 \div 8.67 = 1.000 \text{m}^2$$

(6) 栏杆防火漆两遍（1.57m²）

$$1.57 \div 8.67 = 0.181 \text{m}^2$$

(7) 栏杆刷聚氨酯清漆两遍（7.34m²）

$$7.34 \div 8.67 = 0.847 \text{m}^2$$

(8) 栏杆扶手制作、安装（8.89m）

$$8.89 \div 8.67 = 1.030 \text{m}$$

(9) 扶手刷防火漆两遍（1.75m²）

$$1.75 \div 8.67 = 0.202$$

(10) 扶手刷清漆三遍（8.64m²）

$$8.64 \div 8.67 = 0.997$$

分部分项工程量清单计价表　　　　　表 7-4-10

工程名称：某跃层住宅　　　　　　　　　　　第　页　共　页

序号	项目编号	项目名称	计量单位	工程数量	综合单价	合价
		A.5　厂库房大门、特种门、木结构工程				
	010503003001	木楼梯 木材种类：杉木 刨光要求：露面部分刨光 踏步板 900×300×25 踢脚板 900×150×20 斜梁截面 80×150 刷防火漆两遍 刷地板清漆两遍	m²	6.21	447.64	2779.84
	020107002001	木栏杆（硬木扶手） 木材种类：栏杆杉木 　　　　　扶手桦木 刨光要求：刨光 栏杆截面 φ50 扶手截面 φ60 刷防火漆两遍 栏杆刷聚氨酯清漆两遍 扶手刷聚氨酯清漆两遍	m	8.67	328.48	2847.92
		本页小计				
		合　　计				

分部分项工程量清单综合单价计算表　　　　表 7-4-11

工程名称：某跃层住宅　　　　　　　　　　　计量单位：m²

项目编码：010503003001　　　　　　　　　　工程数量：6.21

项目名称：木楼梯　　　　　　　　　　　　　综合单价：447.64 元

序号	定额编号	工程内容	单位	数量	人工费	材料费	机械费	管理费	利润	小计
	借北 10-18(土)	木斜梁制作、安装	m³	0.041	3.10	44.06		16.03	3.77	66.96
	借北 10-19(土)	木楼梯制作、安装	m²	1.000	51.56	184.60		80.29	18.89	335.34
	11-230(装)*	刷防火漆两遍	m²	3.543	4.71	10.73	0.46	5.41	1.27	22.58
	11-251、11-253	刷聚氨酯清漆三遍	m²	1.000	9.83	5.72	0.48	5.45	1.28	22.76
		合计			69.20	245.11	0.94	107.18	25.21	447.64

注：* 定额编号（装）系参考《全国统一装饰工程消耗量定额》（下同）。

分部分项工程量清单综合单价计算表　　　　　表 7-4-12

工程名称：某跃层住宅　　　　　　　　　　　　　　　　　　计量单位：m
项目编码：020107002001　　　　　　　　　　　　　　　　　工程数量：8.67
项目名称：木栏杆、扶手　　　　　　　　　　　　　　　　　综合单价：328.48元

序号	定额编号	工程内容	单位	数量	其中：(元)					
					人工费	材料费	机械费	管理费	利润	小计
	借北 7-21（装）	木栏杆制作、安装	m	1.000	12.55	42.54	1.69	19.30	4.54	80.62
	11-230	栏杆刷防火漆两遍	m²	0.181	0.24	0.55	0.02	0.28	0.07	1.16
	11-201	栏杆刷聚氨酯清漆两遍	m²	0.847	10.00	0.34	0.59	0.78	1.59	28.30
	借北 7-53（装）	硬木扶手制作、安装	m	1.030	7.22	133.12	4.29	49.17	11.57	205.37
	11-230	硬木扶手刷防火漆两遍	m²	0.202	0.27	0.61	0.03	0.31	0.07	1.29
	11-152、11-174	扶手刷聚氨酯清漆三遍	m²	0.997	5.76	2.26	0.24	2.81	0.66	11.74
		合　计			36.04	188.42	6.86	78.65	18.50	328.48

七、附录 A.6　金属结构工程

（一）概况

本章共 7 节 24 个项目。包括钢屋架、钢网架、钢托架、钢桁架、钢柱、钢梁、压型钢板楼板、墙板、钢构件、金属网。适用于建筑物、构筑物的钢结构工程。

（二）有关项目的说明

1．"钢屋架"项目适用于一般钢屋架和轻钢屋架、冷弯薄壁型钢屋架。

2．"钢网架"项目适用于一般钢网架和不锈钢网架。不论节点形式（球形节点、板式节点等）和节点连接方式（焊结、丝结）等均使用该项目。

3．"实腹柱"项目适用于实腹钢柱和实腹式型钢混凝土柱。

4．"空腹柱"项目适用于空腹钢柱和空腹型钢混凝土柱。

5．"钢管柱"项目适用于钢管柱和钢管混凝土柱。

6．"钢梁"项目适用于钢梁和实腹式型钢混凝土梁、空腹式型钢混凝土梁。

7．"钢吊车梁"项目适用于钢吊车梁及吊车梁的制动梁、制动板、制动桁架，车档应包括在报价内。

8．"压型钢板楼板"项目适用于现浇混凝土楼板，使用压型钢板作永久性模板，并与混凝土叠合后组成共同受力的构件。压型钢板采用镀锌或经防腐处理的薄钢板。

9．"钢栏杆"适用于工业厂房平台钢栏杆。

（三）共性问题的说明

1．钢构件的除锈刷漆包括在报价内。

2．钢构件的拼装台的搭拆和材料摊销应列入措施项目费。

3．钢构件需探伤（包括射线探伤、超声波探伤、磁粉探伤、金相探伤、着色探伤、荧光探伤等）应包括在报价内。

（四）名词解释

1．轻钢屋架，是采用圆钢筋、小角钢（小于∟45×4 等肢角钢、小于∟56×36×4 不等肢角钢）和薄钢板（其厚度一般不大于 4mm）等材料组成的轻型钢屋架。

2．薄壁型钢屋架，是指厚度在 2～6mm 的钢板或带钢经冷弯或冷拔等方式弯曲而成的型钢组成的屋架。

3. 钢管混凝土柱，是指将普通混凝土填入薄壁圆型钢管内形成的组合结构。

4. 型钢混凝土柱、梁，是指由混凝土包裹型钢组成的柱、梁。

八、附录 A.7 屋面及防水工程

（一）概况

本章共3节12个项目。包括瓦、型材屋面、屋面防水、墙、地面防水、防潮。适用于建物屋面工程。

（二）有关项目的说明

1."瓦屋面"项目适用于小青瓦、平瓦、筒瓦、石棉水泥瓦、玻璃钢波形瓦等。

2."型材屋面"项目适用于压型钢板、金属压型夹心板、阳光板、玻璃钢等。

3."膜结构屋面"项目适用于膜布屋面。

4."屋面卷材防水"项目适用于利用胶结材料粘贴卷材进行防水的屋面。

5."屋面涂膜防水"项目适用于厚质涂料、薄质涂料和有加增强材料或无加增强材料的涂膜防水屋面。

6."屋面钢性防水"项目适用于细石混凝土、补偿收缩混凝土、块体混凝土、预应力混凝土和钢纤维混凝土刚性防水屋面。

7."屋面排水管"项目适用于各种排水管材（PVC管、玻璃钢管、铸铁管等）。

8."屋面天沟、沿沟"项目适用于水泥砂浆天沟、细石混凝土天沟、预制混凝土天沟板、卷材天沟、玻璃钢天沟、镀锌铁皮天沟等；塑料沿沟、镀锌铁皮沿沟、玻璃钢天沟等。

9."卷材防水、涂膜防水"项目适用于基础、楼地面、墙面等部位的防水。

10."砂浆防水（潮）"项目适用于地下、基础、楼地面、墙面等部位的防水防潮。

11."变形缝"项目适用于基础、墙体、屋面等部位的抗震缝、温度缝（伸缩缝）、沉降缝。

（三）共性问题的说明

1."瓦屋面"、"型材屋面"的木檩条、木椽子、木屋面板需刷防火涂料时，可按相关项目单独编码列项，也可包括在"瓦屋面"、"型材屋面"项目报价内。

2."瓦屋面"、"型材屋面"、"膜结构屋面"的钢檩条、钢支撑（柱、网架等）和拉结结构需刷防护材料时，可按相关项目单独编码列项，也可包括在"瓦屋面"、"型材屋面"、"膜结构屋面"项目报价内。

（四）举例：某膜结构公共汽车等候车亭

1. 甲方要求每个公共汽车亭覆盖面积为：45m²，共15个候车亭，675m²，使用不锈钢支撑支架。

2. 投标人根据业主要求进行设计并报价：

（1）加强型 PVC 膜布制作、安装：（675m²）

$$675 \div 675 = 1.000 m^2$$

（2）不锈钢支架、支撑、拉杆、法兰制作、安装（每个候车亭不锈钢钢材 0.524t×15＝7.86T）

$$7.86 \div 675 = 0.012T$$

（3）钢丝绳（1.65t）制作、安装：

$1.65 \div 675 = 0.00T$

(4) 现浇混凝土支架基础（每个候车亭基础 $0.27m^3 \times 15 = 4.05m^3$）

分部分项工程量清单计价表 表 7-4-13

工程名称：候车亭　　　　　　　　　　　　　　　　　　　　　　　第　页 共　页

序号	项目编号	项目名称	计量单位	工程数量	金额(元) 综合单价	金额(元) 合价
	010701003001	A.7 屋面及防水工程 膜结构屋面 膜布：加强型PCV膜布、白色 支柱：不锈钢管支架支撑 钢丝绳：6股7丝	m^2	675	982.28	663039.00
	010401002001	现浇钢筋混凝土基础 混凝土强度C15	m^3	4.05	536.68	2173.55
		本页小计				
		合计				

分部分项工程量清单综合单价计算表 表 7-4-14

工程名称：候车亭　　　　　　　　　　　　　　　　　计量单位：m^2
项目编码：010701003001　　　　　　　　　　　　　　工程数量：675
项目名称：膜结构屋面　　　　　　　　　　　　　　　综合单价：982.28 元

序号	定额编号	工程内容	单位	数量	人工费	材料费	机械费	管理费	利润	小计
	估算	加强型PVC膜布制作、安装	m^2	1.000	20.46	280.34	8.75	37.15	15.48	362.18
		不锈钢支架、支撑、拉杆、法兰制作、安装	t	0.012	11.20	501.37	7.61	62.42	26.01	608.61
		钢丝绳制作、安装	t	0.002	1.20	7.93	0.69	1.18	0.49	11.49
		合计			32.86	789.64	17.05	100.75	41.98	982.28

分部分项工程量清单综合单价计算表 表 7-4-15

工程名称：候车亭　　　　　　　　　　　　　　　　　计量单位：m^3
项目编码：010401002001　　　　　　　　　　　　　　工程数量：4.05
项目名称：膜结构屋面　　　　　　　　　　　　　　　综合单价：536.68 元

序号	定额编号	工程内容	单位	数量	人工费	材料费	机械费	管理费	利润	小计
	估算	现浇混凝土块基础	m^3	1.000	90.15	282.03	5.76	128.50	30.24	536.68
		合计			90.15	282.03	5.76	128.50	30.24	536.68

九、附录A.8　防腐、隔热、保温工程

（一）概况

本章共3节14个项目。包括防腐面层、其他防腐、隔热、保温工程。适用于工业与民用建筑的基础、地面、墙面防腐，楼地面、墙体、屋盖的保温隔热工程。

（二）有关项目的说明

1. "防腐混凝土面层"、"防腐砂浆面层"、"防腐胶泥面层"项目适用于平面或立面的水玻璃混凝土、水玻璃砂浆、水玻璃胶泥、沥青混凝土、沥青砂浆、沥青胶泥、树脂砂浆、树脂胶泥以及聚合物水泥砂浆等防腐工程。

2. "玻璃钢防腐面层"项目适用于树脂胶料与增强材料（如：玻璃纤维丝、布、玻璃纤维表面毡、玻璃纤维短切毡或涤纶布、涤纶毡、丙纶布、丙纶毡等）复合塑制而成的玻璃钢防腐。

3. "聚氯乙烯板面层"项目适用于地面、墙面的软、硬聚氯乙烯板防腐工程。

4. "块料防腐面层"项目适用于地面、沟槽、基础的各类块料防腐工程。

5. "隔离层"项目适用于楼地面的沥青类、树脂玻璃钢类防腐工程隔离层。

6. "砌筑沥青浸渍砖"项目适用于浸渍标准砖。工程量以体积计算，立砌按厚度115mm计算；平砌以53mm计算。

7. "防腐涂料"项目适用于建筑物、构筑物以及钢结构的防腐。

8. "保温隔热屋面"项目适用于各种材料的屋面隔热保温。

9. "保温隔热天棚"项目适用于各种材料的下贴式或吊顶上搁置式的保温隔热的天棚。

10. "保温隔热墙"项目适用于工业与民用建筑物外墙、内墙保温隔热工程。

（三）共性问题的说明

1. 防腐工程中需酸化处理时应包括在报价内。

2. 防腐工程中的养护应包括在报价内。

3. 保温的面层应包括在项目内，面层外的装饰面层按附录B相关项目编码列项。

（四）举例：某住宅的外墙外保温

1. 甲方根据设计施工图计算。

外墙外保温墙面面积：4650m²，采用粘贴聚苯颗粒板保温，厚度100mm。

外墙装饰，丙烯酸弹性高级涂料三遍，面积4650m²。

2. 投标人根据业主要求报价计算：

（1）保温层部分（粘粘聚苯颗粒板）：（4650m²）

$$4650 \div 4650 = 1.000 m^2$$

分部分项工程量清单计价表　　　　　　　　　　表7-4-16

工程名称：某工程　　　　　　　　　　　　　　　　第　页　共　页

序号	项目编号	项目名称	计量单位	工程数量	金额（元）	
					综合单价	合价
	010803003001	A.8 防腐、隔热、保温工程 保温隔热外墙 外保温 聚苯颗粒板，厚100mm乳液型建筑胶粘剂	m²	4650	83.14	386601.00
	020207001001	外墙刷喷涂料 丙烯酸弹性高级涂料三遍	m²	4650	25.27	117524.10
		本页小计				
		合　计				

(2) 外墙装饰（丙烯酸弹性高级涂料面层）（4650m²）

$$4650 \div 4650 = 1.000 m^2$$

分部分项工程量清单综合单价计算表　　　　　　　　表 7-4-17

工程名称：某工程　　　　　　　　　　　　　　　　　计量单位：m²
项目编码：010803003001　　　　　　　　　　　　　　工程数量：4650
项目名称：外墙保温　　　　　　　　　　　　　　　　综合单价：83.14 元

序号	定额编号	工程内容	单位	数量	其中（元）					
					人工费	材料费	机械费	管理费	利润	小计
	借北 4-56	保温外墙	m²	1.000	12.52	44.62	1.73	20.02	4.25	83.14
	借北 4-57	聚苯颗粒板	m²							
		合　计			12.52	44.62	1.73	20.02	4.25	83.14

分部分项工程量清单综合单价计算表　　　　　　　　表 7-4-18

工程名称：某工程　　　　　　　　　　　　　　　　　计量单位：m²
项目编码：020207001001　　　　　　　　　　　　　　工程数量：4650
项目名称：外墙刷喷涂料　　　　　　　　　　　　　　综合单价：25.27 元

序号	定额编号	工程内容	单位	数量	其中（元）					
					人工费	材料费	机械费	管理费	利润	小计
	借北 3-31	外墙刷喷涂料	m²	1.000	1.75	15.52	0.53	6.05	1.42	25.27
		合　计			1.75	15.52	0.53	6.05	1.42	25.27

思 考 题

1. 工程量清单计价规范中附录 A、B、C、D、E 各代表哪些单位工程？
2. 工程量清单计价规范中附录 A 包括的内容及适用范围是什么？

第五节　装饰装修工程工程量清单项目及计算规则

一、概述

随着人们物质生活的提高，建筑装饰档次逐年上升，其造价已接近或超过土建工程造价，专业的建筑装饰企业逐渐成熟、壮大，成为建筑行业一大支柱产业。鉴于上述现实，我们将"装饰装修工程工程量清单项目及计算规则"单独列为附录 B（以下简称附录 B）。

（一）内容及适用范围

1. 包括内容：附录 B 清单项目包括楼地面工程、墙柱面工程、天棚工程、门窗工程、油漆涂料裱糊工程、其他工程共 6 章 47 节 214 个项目。

2. 适用范围：附录 B 清单项目适用于采用工程量清单计价的装饰装修工程。

（二）有关问题的说明

1. 附录之间的衔接。

（1）附录 B 清单项目也适用于附录 E（园林绿化工程工程量清单项目及计算规则）中未列项的清单项目。

（2）附录 A（建筑工程工程清单项目及计算规则）的垫层只适用于基础垫层，附录 B 中楼地面垫层包含在相关的楼地面、台阶项目内。

2. 共性问题的说明。

（1）附录 B 清单项目中的材料、成品、半成品的各种制作、运输、安装等的一切损耗，应包括在报价内。

（2）设计规定或施工组织设计规定的已完产品保护发生的费用，应列入工程量清单措施项目费用。

（3）高层建筑物所发生的人工降效、机械降效、施工用水加压等应包括在各分项报价内。

二、附录 B.1　楼地面工程

（一）概况

本章共 9 节 42 个项目。包括整体面层、块料面层、橡塑面层、其他材料面层、踢脚线、楼梯装饰、扶手、栏杆、栏板装饰、台阶装饰、零星装饰等项目。适用于楼地面、楼梯、台阶等装饰工程。

（二）有关项目的说明

1. 零星装饰适用于小面积（$0.5m^2$ 以内）少量分散的楼地面装饰，其工程部位或名称应在清单项目中进行描述。

2. 楼梯、台阶侧面装饰，可按零星装饰项目编码列项，并在清单项目中进行描述。

3. 扶手、栏杆、栏板适用于楼梯、阳台、走廊、回廊及其他装饰性扶手栏杆、栏板。

（三）有关项目特征说明

1. 楼地面是指构成的基层（楼板、夯实土基）、垫层（承受地面荷载并均匀传递给基层的构造层）、填充层（在建筑楼地面上起隔音、保温、找坡或敷设暗管、暗线等作用的构造层）、隔离层（起防水、防潮作用的构造层）、找平层（在垫层、楼板上或填充层上起找平、找坡或加强作用的构造层）、结合层（面层与下层相结合的中间层）、面层（直接承受各种荷载作用的表面层）等。

2. 垫层是指混凝土垫层、砂石人工级配垫层、天然级配砂石垫层、灰、土垫层、碎石、碎砖垫层、三合土垫层、炉渣垫层等材料垫层。

3. 找平层是指水泥砂浆找平层，有比较特殊要求的可采用细石混凝土、沥青砂浆、沥青混凝土找平层等材料铺设。

4. 隔离层是指卷材、防水砂浆、沥青砂浆或防水涂料等隔离层。

5. 填充层是指轻质的松散（炉渣、膨胀蛭石、膨胀珍珠岩等）或块体材料（加气混凝土、泡沫混凝土、泡沫塑料、矿棉、膨胀珍珠岩、膨胀蛭石块和板材等）以及整体材料（沥青膨胀珍珠岩、沥青膨胀蛭石、水泥膨胀珍珠岩、膨胀蛭石等）填充层。

6. 面层是指整体面层（水泥砂浆、现浇水磨石、细石混凝土、菱苦土等面层）、块料面层（石材、陶瓷地砖、橡胶、塑料、竹、木地板）等面层。

7. 面层中其他材料：

（1）防护材料是耐酸、耐碱、耐臭氧、耐老化、防火、防油渗等材料。

（2）嵌条材料是用于水磨石的分格、作图案等的嵌条，如：玻璃嵌条、铜嵌条、铝合金嵌条、不锈钢嵌条等。

（3）压线条是指地毯、橡胶板、橡胶卷材铺设的压线条，如：铝合金、不锈钢、铜压线条等。

(4) 颜料是用于水磨石地面、踢脚线、楼梯、台阶和块料面层勾缝所需配制石子浆或砂浆内加添的颜料（耐碱的矿物颜料）。

(5) 防滑条是用于楼梯、台阶踏步的防滑设施，如：水泥玻璃屑、水泥钢屑、铜、铁防滑条等。

(6) 地毡固定配件是用于固定地毡的压棍脚和压棍。

(7) 扶手固定配件是用于楼梯、台阶的栏杆柱、栏杆、栏板与扶手相连接的固定件；靠墙扶手与墙相连接的固定件。

(8) 酸洗、打蜡磨光、磨石、菱苦土、陶瓷块料等，均可用酸洗（草酸）清洗油渍、污渍，然后打蜡（蜡脂、松香水、鱼油、煤油等按设计要求配合）和磨光。

(四) 工程量计算规则的说明

1. "不扣除间壁墙和面积在 $0.3m^2$ 以内的柱、垛、附墙烟囱及孔洞所占面积"，与《基础定额》不同。

2. 单跑楼梯不论其中间是否有休息平台，其工程量与双跑楼梯同样计算。

3. 台阶面层与平台面层是同一种材料时，平台计算面层后，台阶不再计算最上一层踏步面积；如台阶计算最上一层踏步（加 30cm），平台面层中必须扣除该面积。

4. 包括垫层的地面和不包括垫层的楼面应分别计算工程量，分别编码（第五级编码）列项。

(五) 有关工程内容说明

1. 有填充层和隔离层的楼地面往往有二层找平层，应注意报价。

2. 当台阶面层与找平台层材料相同而最后一步台阶投影面积不计算时，应将最后一步台阶的踢脚板面层考虑在报价内。

(六) 举例：某工程采用建筑构造通用图集 88J1—1（以后简称 88JH）地 2 作法。

1. 甲方根据施工图计算：

地 2 低温热水地板辐射采暖地面 $608.72m^2$。

2. 投标人报价计算。

分部分项工程量清单计价表   表 7-5-1

工程名称：某工程   第 页 共 页

序号	项目编号	项目名称	计量单位	工程数量	金额（元）	
					综合单价	合价
59	020102002008	地 2 低温热水地板辐射采暖地面：1、40 厚聚苯乙烯泡沫塑料保温层；2、1.5 厚聚氨脂涂抹防水；3、50 厚 C15 细石砼随打随抹；4、100 厚 3,7 灰土上皮标高与管沟盖板上皮高平；5、素土夯实系数 0.9	m^2	608.720	84.04	51158.85

三、附录 B.2 墙、柱面工程

(一) 概况

本章共 10 节 25 个项目。包括墙面抹灰、柱面抹灰、零星抹灰、墙面镶贴块料、柱面镶贴块料、零星镶贴块料，墙饰面、柱（梁）饰面、隔断、幕墙等工程。适用于一般抹灰、装饰抹灰工程。

(二) 有关项目说明

分部分项工程量清单综合单价计算表

表 7-5-2

工程名称：某工程
项目编码：020102002008
项目名称：低温热水地板辐射采暖地面

计量单位：m²
工程数量：608.72
综合单价：84.04 元

序号	项目编号	项目名称	工程内容	综合单价组成					综合单价
				人工费	材料费	机械使用费	管理费	利润	
59	020102002008	地 2 低温热水地板辐射采暖地面：1、40 厚聚苯乙烯泡沫塑料保温层；2、1.5 厚聚氨脂涂抹防水；3、50 厚 C15 细石砼随打随抹；4、100 厚 3:7 灰土上皮标高与管沟盖板上皮高平；5、素土夯实系数 0.9	1. 基层清理、铺设垫层、抹找平层	3.19	10.11	0.97	1.37	1.10	84.04 元/m²
			2. 防水层铺设	2.20	29.66	0.42	0.94	2.33	
			3. 面层铺设	4.70	21.61	1.34	2.02	2.08	
			4. 嵌缝						
			5. 刷防护材料						
			6. 酸洗、打蜡						
			7. 材料运输						
			小计	10.09	61.38	2.73	4.33	5.51	

1. 一般抹灰包括：石灰砂浆、水泥混合砂浆、水泥砂浆、聚合物水泥砂浆、膨胀珍珠岩水泥砂浆和麻刀灰、纸筋石灰、石膏灰等。

2. 装饰抹灰包括：水刷石、水磨石、斩假石（剁斧石）、干粘石、假面砖、拉条灰、拉毛灰、甩毛灰、扒拉石、喷毛灰、喷涂、喷砂、滚涂、弹涂等。

3. 柱面抹灰项目、石材柱面项目、块料柱面项目适用于矩形柱、异形柱（包括圆形柱、半圆形柱等）。

4. 零星抹灰和零星镶贴块料面层项目适用于小面积（0.5m² 以内）少量分散的抹灰和块料面层。

5. 设置在隔断、幕墙上的门窗，可包括在隔墙、幕墙项目报价内，也可单独编码列项，并在清单项目中进行描述。

6. 主墙的界定以附录 A "建筑工程工程量清单项目及计算规则"解释为准。

（三）有关项目特征说明

1. 墙体类型指砖墙、石墙、混凝土墙、砌块墙以及内墙、外墙等。

2. 底层、面层的厚度应根据设计规定（一般采用标准设计图）确定。

3. 勾缝类型指清水砖墙、砖柱的加浆勾缝（平缝或凹缝），石墙、石柱的勾缝（如：平缝、平凹缝、平凸缝、半圆凹缝、半圆凸缝和三角凸缝等）。

4. 块料饰面板是指石材饰面板（天然花岗石、大理石、人造花岗石、人造大理石、预制水磨石饰面板等），陶瓷面砖（内墙彩釉面瓷砖、外墙面砖、陶瓷锦砖、大型陶瓷锦面板等），玻璃面砖（玻璃锦砖、玻璃面砖等），金属饰面板（彩色涂色钢板、彩色不锈钢板、镜面不锈钢饰面板、铝合金板、复合铝板、铝塑板等），塑料饰面板（聚氯乙烯塑料饰面板、玻璃钢饰面板、塑料贴面饰面板、聚酯装饰板、复塑中密度纤维板等），木质饰面板（胶合板、硬质纤维板、细木工板、刨花板、建筑纸面草板、水泥木屑板、灰板条等）。

5. 挂贴方式是对大规格的石材（大理石、花岗石、青石等）使用先挂后灌浆的方式固定于墙、柱面。

6. 干挂方式是指直接干挂法，是通过不锈钢膨胀螺栓、不锈钢挂件、不锈钢连接件、不锈钢钢针等，将外墙饰面板连接在外墙墙面；间接干挂法，是通过固定在墙、柱、梁上的龙骨，再通过各种挂件固定外墙饰面板。

7. 嵌缝材料指嵌缝砂浆、嵌缝油膏、密封胶封水材料等。

8. 防护材料指石材等防碱背涂处理剂和面层防酸涂剂等。

9. 基层材料指面层内的底板材料，如：木墙裙、木护墙、木板隔墙等，在龙骨上，粘贴或铺钉一层加强面层的底板。

（四）有关工程量计算说明

1. 墙面抹灰不扣除与构件交接处的面积，是指墙与梁的交接处所占面积，不包括墙与楼板的交接。

2. 外墙裙抹灰面积，按其长度乘以高度计算，是指按外墙裙的长度。

3. 柱的一般抹灰和装饰抹灰及勾缝，以柱断面周长乘以高度计算，柱断面周长是指结构断面周长。

4. 装饰板柱（梁）面按设计图示外围饰面尺寸乘以高度（长度）以面积计算。外围饰面尺寸是饰面的表面尺寸。

5. 带肋全玻璃幕墙是指玻璃幕墙带玻璃肋，玻璃肋的工程量应合并在玻璃幕墙工程量内计算。

（五）有关工程内容说明

1. "抹面层"是指一般抹灰的普通抹灰（一层底层和一层面层或不分层一遍成活），中级抹灰（一层底层、一层中层和一层面层或一层底层、一层面层），高级抹灰（一层底层、数层中层和一层面层）的面层。

2. "抹装饰面"是指装饰抹灰（抹底灰、涂刷107胶溶液、刮或刷水泥浆液、抹中层、抹装饰面层）的面层。

（六）举例：某工程内墙作法采用88J1—1内墙2

1. 甲方根据施工图计算：

内墙2釉面砖墙工程量为1634.88m²

2. 投标人报价计算：

（1）12mm厚钢化玻璃隔断：（10.8m²）

$$10.8 \div 10.8 = 1.000 m^2$$

（2）不锈钢边框：（1.26m²）

$$1.26 \div 10.8 = 0.117 m^2$$

分部分项工程量清单计价表　　　　表7-5-3

工程名称：某工程　　　　　　　　　　　　　　　　　　　　　　第　页　共　页

序号	项目编号	项目名称	计量单位	工程数量	金额（元）	
					综合单价	合价
44	020204003001	釉面砖墙；4、1.5厚聚合物水泥基复合防水涂料料；5、9厚1:3水泥砂浆打底压实抹平，6、素水泥浆一道（内掺建筑胶）	m²	1634.880	56.78	92828.49
		本页小计				
		合　计				

分部分项工程量清单综合单价计算表　　　　　表 7-5-4

工程名称：某工程　　　　　　　　　　　　　　　　　　　计量单位：m²
项目编码：020204003001　　　　　　　　　　　　　　　　 工程数量：1634.88
项目名称：釉面砖墙　　　　　　　　　　　　　　　　　　综合单价：56.78 元

序号	项目编码	项目名称	工程内容	综合单价组成					综合单价
				人工费	材料费	机械使用费	管理费	利润	
44	020204003001	釉面砖墙：4、1.5厚聚合物水泥基复合防水涂料层；5、9厚1：3水泥砂浆打底压实抹平；6、素水泥浆一道（内掺建筑胶）	1. 基层清理						56.78 元/m²
			10. 磨光、酸洗、打蜡						
			2. 砂浆制作、运输						
			3. 底层抹灰						
			4. 结合层铺贴						
			5. 面层铺贴	8.30	40.22	0.98	3.57	3.72	
			6. 面层挂贴						
			7. 面层干挂						
			8. 嵌缝						
			9. 刷防护材料						
			小计	8.30	40.22	0.98	3.57	3.72	

四、附录 B.3　天棚工程

（一）概况

本章共 3 节 9 个项目。包括天棚抹灰、天棚吊顶、天棚其他装饰。适用于天棚装饰工程。

（二）有关项目的说明

1. 天棚的检查孔、天棚内的检修走道、灯槽等应包括在报价内。

2. 天棚吊顶的平面、跌级、锯齿形、阶梯形、吊挂式、藻井式以及矩形、弧形、拱形等应在清单项目中进行描述。

3. 采光天棚和天棚设置保温、隔热、吸音层时，按附录 A 相关项目编码列项。

（三）有关项目特征的说明

1. "天棚抹灰"项目基层类型是指混凝土现浇板、预制混凝土板、木板条等。

2. 龙骨类型指上人或不上人，以及平面、跌级、锯齿形、阶梯形、吊挂式、藻井式及矩形、圆弧形、拱形等类型。

3. 基层材料，指底板或面层背后的加强材料。

4. 龙骨中距，指相邻龙骨中线之间的距离。

5. 天棚面层适用于：石膏板（包括装饰石膏板、纸面石膏板、吸声穿孔石膏板、嵌装式装饰石膏等）、埃特板、装饰吸声罩面板（包括矿棉装饰吸声板、贴塑矿（岩）棉吸声板、膨胀珍珠岩石装饰吸声制品、玻璃棉装饰吸声板等）、塑料装饰罩面板（钙塑泡沫装饰吸声板、聚苯乙烯泡沫塑料装饰吸声板、聚氯乙烯塑料天花板等）、纤维水泥加压板（包括穿孔吸声石棉水泥板、轻质硅酸钙吊顶板等）、金属装饰板（包括铝合金罩面板、金属微孔吸声板、铝合金单体构件等）、木质饰板（胶合板、薄板、板条、水泥木丝板、刨花板等)、玻璃饰面(包括镜面玻璃、镭射玻璃等)。

6. 格栅吊顶面层适用于木格栅、金属格栅、塑料格栅等。

7. 吊筒吊顶适用于木(竹)质吊筒、金属吊筒、塑料吊筒以及圆形、矩形、扁钟形吊筒等。

8. 灯带格栅有不锈钢格栅、铝合金格栅、玻璃类格栅等。

9. 送风口、回风口适用于金属、塑料、木质风口。

(四)有关工程量计算的说明

1. 天棚抹灰与天棚吊顶工程量计算规则有所不同：天棚抹灰不扣除柱垛所占面积；天棚吊顶不扣除柱垛所占面积，但应扣除独立柱所占面积。柱垛是指与墙体相连的柱而突出墙体部分。

2. 天棚吊顶应扣除与天棚吊顶相连的窗帘盒所占的面积。

3. 格栅吊顶、吊筒吊顶、藤条造型悬挂吊顶、织物软吊顶、网架(装饰)吊顶均按设计图示的吊顶尺寸水平投影面积计算。

(五)有关工程内容的说明

"抹装饰线条"线角的道数以一个突出的棱角为一道线，应在报价时注意。

五、附录 B.4 门窗工程

(一)概况

本章共 9 节 57 个项目。包括木门、金属门、金属卷帘门、其他门、木窗、金属窗、门窗套、窗帘盒、窗帘轨、窗台板。适用于门窗工程。

(二)有关项目的说明

1. 木门窗五金包括：折页、插锁、风钩、弓背拉手、搭扣、弹簧折页、管子拉手、地弹簧、滑轮、滑轨、门轧头、铁角、木螺丝等。

2. 铝合金门窗五金包括：卡销、滑轮、铰拉、执手、拉把、拉手、风撑、角码、牛角制、地弹簧、门销、门插、门铰等。

3. 其他五金包括：L 型执手锁、球形执手锁、地锁、防盗门扣、门眼、门碰珠、电子锁(磁卡锁)、闭门器、装饰拉手等。

4. 门窗框与洞口之间缝的填塞，应包括在报价内。

5. 实木装饰门项目也适用于竹压板装饰门。

6. 转门项目适用于电子感应和人力推动转门。

7. "特殊五金"项目指贵重五金及业主认为应单独列项的五金配件。

(三)有关项目特征的说明

1. 项目特征中的门窗类型是指带亮子或不带亮子、带纱或不带纱、单扇、双扇或三扇、半百叶或全百叶、半玻或全玻、全玻自由门或半玻自由门、带门框或不带门框、单独门框和开启方式(平开、推拉、折叠)等。

2. 框截面尺寸(或面积)指边立梃截面尺寸或面积。

3. 凡面层材料有品种、规格、品牌、颜色要求的，应在工程量清单中进行描述。

4. 特殊五金名称是指拉手、门锁、窗锁等，用途是指具体使用的门或窗，应在工程量清单中进行描述。

5. 门窗套、贴脸板、筒子板和窗台板项目，包括底层抹灰，如底层抹灰已包括在墙、柱面底层抹灰内，应在工程量清单中进行描述。

（四）有关工程量计算说明

1. 门窗工程量均以"樘"计算，如遇框架结构的连续长窗也以"樘"计算，但对连续长窗的扇数和洞口尺寸应在工程量清单中进行描述。

2. 门窗套、门窗贴脸、筒子板"以展开面积计算"，即指按其铺钉面积计算。

3. 窗帘盒、窗台板，如为弧形时，其长度以中心线计算。

（五）有关工程内容的说明

1. 木门窗的制作应考虑木材的干燥损耗、刨光损耗、下料后备长度、门窗走头增加的体积等。

2. 防护材料分防火、防腐、防虫、防潮、耐磨、耐老化等材料，应根据清单项目要求报价。

六、附录 B.5　油漆、涂料、裱糊工程

（一）概况

本章共 9 节 29 个项目。包括门油漆、窗油漆、扶手、板条面、线条面、木材面油漆、金属面油漆、抹灰面油漆、喷刷涂料、裱糊等。适用于门窗油漆、金属、抹灰面油漆工程。

（二）有关项目的说明

1. 有关项目中已包括油漆、涂料的不再单独按本章列项。

2. 连窗门可按门油漆项目编码列项。

3. 木扶手区别带托板与不带托板分别编码（第五级编码）列项。

（三）有关工程特征的说明

1. 门类型应分镶板门、木板门、胶合板门、装饰实木门、木纱门、木质防火门、连窗门、平开门、推拉门、单扇门、双扇门、带纱门、全玻门（带木扇框）、半玻门、半百叶门、全百叶门以及带亮子、不带亮子、有门框、无门框和单独门框等油漆。

2. 窗类型应分平开窗、推拉窗、提拉窗、固定窗、空花窗、百叶窗以及单扇窗、双扇窗、多扇窗、单层窗、双层窗、带亮子、不带亮子等。

3. 腻子种类分石膏油腻子（熟桐油、石膏粉、适量水）、胶腻子（大白、色粉、羧甲基纤维素）、漆片腻子（漆片、酒精、石膏粉、适量色粉）、油腻子（矾石粉、桐油、脂肪酸、松香）等。

4. 刮腻子要求，分刮腻子遍数（道数）或满刮腻子或找补腻子等。

（四）有关工程量计算的说明

1. 楼梯木扶手工程量按中心线斜长计算，弯头长度应计算在扶手长度内。

2. 博风板工程量按中心线斜长计算，有大刀头的每个大刀头增加长度 50cm。

3. 木板、纤维板、胶合板油漆，单面油漆按单面面积计算，双面油漆按双面面积计算。

4. 木护墙、木墙裙油漆按垂直投影面积计算。

5. 台板、筒子板、盖板、门窗套、踢脚线油漆按水平或垂直投影面积（门窗套的贴脸板和筒子板垂直投影面积合并）计算。

6. 清水板条天棚、檐口油漆、木方格吊顶天棚油漆以水平投影面积计算，不扣除空洞面积。

7. 暖气罩油漆，垂直面按垂直投影面积计算，突出墙面的水平面按水平投影面积计算，不扣除空洞面积。

8. 工程量以面积计算的油漆、涂料项目，线角、线条、压条等不展开。

（五）有关工程内容的说明

1. 有线角、线条、压条的油漆、涂料面的工料消耗应包括在报价内。

2. 灰面的油漆、涂料，应注意基层的类型，如：一般抹灰墙柱面与拉条灰、拉毛灰、甩毛灰等油漆、涂料的耗工量与材料消耗量的不同。

3. 空花格、栏杆刷涂料工程量按外框单面垂直投影面积计算，应注意其展开面积工料消耗应包括在报价内。

4. 刮腻子应注意刮腻子遍数，是满刮，还是找补腻子。

5. 墙纸和织锦缎的裱糊，应注意要求对花还是不对花。

七、附录 B.6　其他工程

（一）概况

本章共 7 节 48 个项目。包括柜类、货架、暖气罩、浴厕配件、压条、装饰线、雨篷、旗杆，招牌、灯箱、美术字等项目。适用于装饰物件的制作、安装工程。

（二）有关项目的说明

1. 厨房壁柜和厨房吊柜以嵌入墙内为壁柜，以支架固定在墙上的为吊柜。

2. 压条、装饰线项目已包括在门扇、墙柱面、天棚等项目内的，不再单独列项。

3. 洗漱台项目适用于石质（天然石材、人造石材等）、玻璃等。

4. 旗杆的砌砖或混凝土台座，台座的饰面可按相关附录的章节另行编码列项，也可纳入旗杆报价内。

5. 美术字不分字体，按大小规格分类。

（三）有关项目特征的说明

1. 台柜的规格以能分离的成品单体长、宽、高来表示，如：一个组合书柜分上下两部分，下部为独立的矮柜，上部为敞开式的书柜，可以上、下两部分标注尺寸。

2. 镜面玻璃和灯箱等的基层材料是指玻璃背后的衬垫材料，如：胶合板、油毡等。

3. 装饰线和美术字的基层类型是指装饰线、美术字依托体的材料，如砖墙、木墙、石墙、混凝土墙、墙面抹灰、钢支架等。

4. 旗杆高度指旗杆台座上表面至杆顶的尺寸（包括球珠）。

5. 美术字的字体规格以字的外接矩形长、宽和字的厚度表示。固定方式指粘贴、焊接以及铁钉、螺栓、铆钉固定等方式。

（四）有关工程量计算的说明

1. 台柜工程量以"个"计算，即能分离的同规格的单体个数计算，如：柜台有同规格为 1500×400×1200 的 5 个单体，另有一个柜台规格为 1500×400×1150，台底安装胶轮 4 个，以便柜台内营业员由此出入，这样 1500×400×1200 规格的柜台数为 5 个，1500×400×1150 柜台数为 1 个。

2. 洗漱台放置洗面盆的地方必须挖洞，根据洗漱台摆放的位置有些还需选形，产生挖弯、削角，为此洗漱台的工程量按外接矩形计算。挡板指镜面玻璃下边沿至洗漱台面和侧墙与台面接触部位的竖挡板（一般挡板与台面使用同种材料品种，不同材料品种应另行计算)。吊沿指台面外边沿下方的竖挡板。挡板和吊沿均以面积并入台面面积内计算。

（五）有关工程内容的说明

1. 台柜项目以"个"计算，应按设计图纸或说明，包括台柜、台面材料（石材、皮草、金属、实木等）、内隔板材料、连接件、配件等，均应包括在报价内。

2. 洗漱台现场制作，切割、磨边等人工、机械的费用应包括在报价内。

3. 金属旗杆也可将旗杆台座及台座面层一并纳入报价。

（六）举例

某厂厂区旗杆，混凝土C10基础3000mm×800mm×300mm，砖基座3500mm×1000mm×300mm，基座面层贴芝麻白20mm厚花岗石板，3根不锈钢管（0Cr18Ni19），每根长12.192m，ϕ63.5、壁厚1.2mm。

1. 经业主根据施工图计算：

(1) 土方 $0.84m^3$，回填土 $0.64m^3$、余土运输 $0.2m^3$。

(2) 混凝土C10旗杆基础体积 $0.72m^3$。

(3) 砖基座砌筑体积 $0.60m^3$。

(4) 芝麻白花岗石 500mm×500mm 台座面层 $6.24m^2$。

(5) 3根不锈钢旗杆 $0.93kg/m×36.58m=34.02kg$。

2. 投标人报价计算：

(1) 挖土方、运土方、回填土：（挖土方 $0.84m^3$，运土方 $0.2m^3$，回填土 $0.64m^3$）

挖土方　　　　　　　　$0.84÷3=0.28m^3$

运土方　　　　　　　　$0.2÷3=0.067m^3$

回填土　　　　　　　　$0.64÷3=0.213m^3$

(2) 混凝土基础：（$0.72m^3$）

$$0.72÷3=0.24m^3$$

(3) 砖基座砌筑：（$0.6m^3$）

$$0.6÷3=0.2m^3$$

(4) 台座面层：（$6.24m^2$）

$$6.24÷3=2.08m^2$$

(5) 旗杆制作、安装（3根）

$$3÷3=1根$$

分部分项工程量清单计价表　　　　　表 7-5-5

工程名称：　　　　　　　　　　　　　　　　　　　　　　第　页 共　页

序号	项目编码	项目名称	计量单位	工程数量	金额（元）	
					综合单价	合价
	020605002001	B.6 其他工程 金属旗杆 混凝土C10基础 300×800×300 砖基座 3500×1000×300 基座面层 20mm厚花岗石板 500×500 不锈钢管(0Cr18Ni19) 每根长12.19m,ϕ63.5,壁厚1.2mm	根	3	2064.55	6193.59
		本页小计				
		合　计				

分部分项工程量清单综合单价计算表　　　　　　　表 7-5-6

工程名称：某工程　　　　　　　　　　　　　　　　　计量单位：根
项目编码：020605002001　　　　　　　　　　　　　　工程数量：3
项目名称：金属旗杆　　　　　　　　　　　　　　　　综合单价：2064.53 元

序号	定额编号	工程内容	单位	数量	其中：（元）					
					人工费	材料费	机械费	管理费	利润	小计
	1-8	挖土方（三类土）	m³	0.28	3.76		0.01	1.28	0.3	5.35
	1-49	运土方（40m）	m³	0.067	0.42			0.14	0.03	0.59
	1-50									
	1-46	回填土	m³	0.213	1.57		0.42	0.68	0.16	2.83
	4-60	砖基座砌筑	m³	0.2000	11.50	25.59	0.34	12.73	2.99	53.15
	5-396	混凝土C10基础	m³	0.240	6.35	34.74	1.89	14.61	3.44	61.03
	1-008（装）	台座面层20mm厚芝麻白花岗石板	m³	2.080	13.16	284.24	2.71	102.04	24.01	426.16
	6-205（装）	不锈钢旗杆	根	1.000	242.39	751.34	73.48	362.85	85.38	1515.44
		合　计			279.13	1095.91	78.85	494.33	116.31	2064.53

思 考 题

1. 工程量清单计价规范附录 B 所包括的内容和适用范围有哪些？
2. 试计算 88J1-1 中地 1 的报价，并做出综合单价分析表？

第六节　安装工程工程量清单项目及计算规则

一、概述

本附录共 1140 个清单项目，基本满足一般工业设备安装工程和工业民用建筑（含公用建筑）配套工程（采暖、给排水、燃气、消防、电气、通风等）工程量清单的编制和计价的需要。

（一）主要内容

附录 C.1　机械设备安装工程：包括切削锻造、起重电梯、输送、风机、泵类、压缩机、工业炉、煤气发生设备等安装工程，共 121 个清单项目。

附录 C.2　电气设备安装工程：包括 10kV 以下的变配电设备、控制设备、低压电器、蓄电池等安装，电机检查接线及调试，防雷及接地装置，10kV 以下的配电线路架设、动力及照明的配管配线、电缆敷设、照明器具安装等共 126 个清单项目。

附录 C.3　热力设备安装工程：包括发电用中压锅炉及附属设备安装及炉体，汽轮发电机及附属设备安装，还包括煤场机械设备，水力冲渣、冲灰设备，化学水处理系统设备，低压锅炉及附属设备安装，共 90 个清单项目。

附录 C.4　炉窑砌筑工程：包括专业炉窑和一般工业炉窑的砌筑等共 21 个清单项目。

附录 C.5　静置设备与工艺金属结构制作安装工程：包括容器、塔器、换热器、反应器等静置设备的制作、安装，化学工业炉制作、安装，各类罐（拱顶、浮顶、金属油罐）、球形罐组对安装，气柜制作、安装，联合平台、桁架、管廊、设备框架等工艺金属结构制作、安装，共 48 个清单项目。

附录 C.6 工业管道工程：包括低、中、高压管道，管件、法兰、阀门安装，板卷管（含管件）制作、安装，管材表面及焊缝无损探伤等共 123 个清单项目。

附录 C.7 消防工程：包括水灭火系统、气体灭火系统、泡沫灭火系统、火灾自动报警系统安装等共 52 个清单项目。

附录 C.8 给排水、采暖、燃气工程：包括给排水、采暖、燃气管道及管道附件安装，卫生、供暖、燃气器具安装等共 86 个清单项目。

附录 C.9 通风空调工程：包括通风空调设备及部件制作、安装，通风管道及部件制作、安装等共 44 个清单项目。

附录 C.10 自动化控制仪表安装工程：包括过程检测、控制仪表安装，集中检测、监视与控制仪表安装，工业计算机安装与调试，仪表管路敷设，工厂通讯及供电等共 68 个清单项目。

附录 C.11 通信设备及线路工程：包括通信设备、通信线路安装，通信布线，移动通信设备安装等共 270 个清单项目。

附录 C.12 建筑智能化系统设备安装工程：包括通讯系统安装、计算机网络系统设备安装、楼宇小区多表远传系统、自控系统安装、有线电视系统、停车场管理系统、楼宇安全防范系统安装等共 68 个清单项目。

附录 C.13 长距离输送管道工程：包括管沟土石方挖填、管道敷设、管道穿越（跨越）等共 23 个清单项目。

（二）适用范围

工业与民用建筑（含公用建筑）的给排水、采暖、通风空调、电气、照明、通信、智能等设备，管线的安装工程和一般机械设备安装工程量清单的编制与计价。不适用于专业专用设备安装工程量清单的编制计价。

（三）本书中介绍的内容：

附录 C.3 电气设备安装工程

附录 C.7 消防工程

附录 C.8 给排水、采暖、燃气工程

附录 C.9 通风空调工程

二、附录 C.2 电气设备安装工程

（一）概况

本节共设置了 12 节 126 个清单项目。包括变压器、配电装置、母线及绝缘子、控制设备及低压电器、蓄电池、电机检查接线与调试、滑触线装置、电缆、防腐接地装置、10kV 以下架空及配电线路、电器调整试验、配管及配线、照明器具（包括路灯）等安装工程。适用于工业与民用建设工程中 10kV 以下变配电设备及线路安装工程量清单编制与计量。

（二）工程量清单项目设置

1. C.2.1 变压器安装

本节适用于油浸电力变压器、干式变压器、自耦式变压器、带负荷调压变压器、电炉变压器、整流变压器、电抗器及消弧线圈安装的工程量清单项目的编制和计量。

（1）清单项目的设置与表述：根据规范表 7-6-1 变压器安装，工程量清单项目设置及工程量计算规则，应按表 7-6-1 的规定执行。

变压器安装（编码：030201）　　　　　　表 7-6-1

项目编码	项目名称	项目特征	计量单位	工程量计算规则	工程内容
030201001	油浸电力变压器	1. 名称 2. 型号 3. 容量(kV·A)	台	按设计图示数量计算	1. 基础型钢制作、安装 2. 本体安装 3. 过滤绝缘油 4. 干燥 5. 网门及铁构件制作安装 6. 刷(喷)油漆
030201002	干式变压器				1. 基础型钢制作、安装 2. 本体安装 3. 干燥 4. 端子箱(汇控箱)安装 5. 刷(喷)油漆

从表 7-6-1 看，030201001～030201006 都是变压器安装项目。所以设置清单项目时，首先要区别所要安装的变压器的种类，即名称、型号，再按其容量来设置项目。名称、型号、容量完全一样的，数量相加后，设置一个项目即可。型号、容量不一样的，应分别设置项目，分别编码。

举例说明：某工程的设计图示，需要安装四台变压器，其中：

一台油浸式电力变压器 SL_1-1000kV·A/10kV

一台油浸式电力变压器 SL_1-500kV·A/10kV

二台干式变压器 SG-100kV·A/10-0.4kV

SL_1-1000kV·A/10kV 需做干燥处理，其绝缘油要过滤。根据计价规范表 7-6-1 的规定，上例中的项目特征为：①名称；②型号；③容量。

该清单项目名称可以这样表述：

表 7-6-2

第一组特征(名称)	第二组特征(型号)	第三组特征(容量)
油浸电力变压器	LS_1-	1000kV·A/10kV
油浸电力变压器	LS_1-	500kV·A/10kV
干式变压器	LG-	100kV·A/10-0.4kV

依据计价规范 3.2.3 的规定，后三位数字由编制人设置，按容量的大小顺序排列在清单项目表中。并按设计要求和附录中工程内容，对该项目进行描述（见下表）。

分部分项工程量清单　　　　　　表 7-6-3

序号	项目编码	项目名称	计量单位	工程数量
1	030201001001	油浸电力变压器安装 SL_1-1000kV·A/10kV (1)变压器需作干燥处理 (2)绝缘油需过滤 (3)基础型钢制作安装	台	1
2	030201001002	油浸电力变压器安装 SL_1-500kV·A/10kV 基础型钢制作、安装	台	1
3	030201002001	干式变压器安装 SG-100kV·A/10-0.4kV 基础型钢制作、安装	台	2

(2) 清单项目的计量：

1) 根据表 7-6-1 的规定，变压器安装工程计量单位为"台"。

2) 计量规则：按设计图示数量，区别不同容量以"台"计算。

(3) 工程量清单的编制。根据计价规范 3.1.3 规定，工程量清单应由分部分项工程量清单、措施项目清单、其他项目清单组成。现就分部分项工程量清单的编制作以下说明。

1) 编制的规则：计价规范 3.2.2 条"分部分项工程量清单应根据附录 A、附录 B、附录 C、附录 D、附录 E 中规定的统一项目编码、项目名称、计量单位和工程量计算规则进行编制。"这是一条强制性的条文，3.2.3～3.2.6。条又进一步规定了项目编码和项目名称的设置要求，这几部分在上节已进行了详细解释。此 5 条是编制人员必须遵守的规则。

2) 工程量清单编制依据：主要依据是设计施工图或扩初设计文件和有关施工及验收规范，招标文件、合同条件及拟采用的施工方案可作为修改依据。

3) 工程量清单编制的一般顺序和要求：

工程量清单编制的要求：

① 项目名称设置要规范。

② 项目描述要到位。

③ 工程量计算按规则要准确。

a. 工程量的计算应按附录 A、附录 B、附录 C、附录 D、附录 E 中的工程量计算规则执行。所谓按规则就是必须按附录中每个清单项目的计算规则计量。

3.2.6 条并对数量的有效位数作了规定。

b. 工程量的有效位数应遵守下列规定：

以"t"为单位，应保留小数点后三位数字，第四位四舍五入；

以"m^3"、"m^2"、"m"为单位，应保留小数点后两位小数，第三位四舍五入；

以"个"、"次"等为单位，应取整数。

(4) 工程量清单计价：工程量清单计价主要是指投标标底计算或投标报价的计算。

根据计价规范 4.0.2 条规定，单位工程造价由分部分项清单费、措施项目清单费、其他项目清单费、规费和税金组成。

综合单价的构成在计价规范 2.0.3 条已明确规定：即完成一个规定计量单位工程所需的人工费、材料费、机械费、管理费和利润，并考虑风险因素。

它的编制依据是投标文件、合同条件、工程量清单及定额。特别要注意清单对项目内容的描述，必须按描述的内容计算，这就是所谓的"包括完成该项目的全部内容"。

综合单价的计算，应从综合单价分析表开始（如下表所示）。

表 7-6-4

工程名称：

序号	项目编码	项目名称	工程内容	综合单价组成					综合单价
				人工费	材料费	机械费	管理费	利润	

工程内容指该清单项目所综合的工程内容，按项逐一填写。如前例油浸式电力变压器安装，清单描述：变压器安装、干燥、滤油。

体现在分析表的工程内容栏应为：

表 7-6-5

序号	工程内容	单位	数量	序号	工程内容	单位	数量
1	油浸电力变压器 SL_1-1000kV·A/10kV 安装	台	1	4	干燥棚搭拆	座	1
2	变压器干燥	台	1	5	铁梯扶手等构件制作	100kg	2.5
3	绝缘油过滤	kg	1	6	铁梯扶手等构件安装	100kg	2.5

综合单价在参照定额计算价格时，表内的单位可按预算定额规定。数量与实物工程量就不是一个概念了。这里的数量是指包括采取措施后的预留量，也就是预算工程量计算规则中规定的量。

以前面的油浸电力变压器 SL_1-1000kV·A/10kV 安装为例，其综合单价计算表如下：

分部分项工程量清单综合单价计算表　　　　　　　表 7-6-6

工程名称：　　　　　　　　　　　　　　　　　　　　计量单位：台
项目编码：030201001001　　　　　　　　　　　　　　工程数量：1
项目名称：油浸式电力变压器安装 SL_1-1000kV·A/10kV　　综合单价：8140.32 元

序号	定额编号	工程内容	单位	数量	其中：（元）					
					人工费	材料费	机械费	管理费	利润	小计
	2-3	油浸式电力变压器 SL_1-1000kV·A/10kV 安装	台	1	113.31	120.39	124.99	176.08	67.99	584.76
	2-25	变压器干燥	台	1	109.80	414.04	14.82	170.62	65.88	775.17
	补	干燥棚搭拆	座	1	510.0	1190.0				1700.0
	2-30	绝缘油过滤	t	0.71	55.72	155.89	232.95	86.59	33.43	564.58
	2-358	铁梯、扶手等构件制作	100kg	2.5	626.95	1025.0	103.58	974.28	376.17	3105.98
	2-359	铁梯、扶手等构件安装	100kg	2.5	407.50	60.98	63.60	633.26	244.50	1409.84
		合　计			1823.28	2948.30	539.94	2040.83	787.97	8140.32

此分析表中因工期短的因素没有考虑风险，如果因工期长或其他因素，需要考虑风险时，可在人工费、材料费上按系数增加风险费，也可在总计后加个百分点，作为风险损失。

2. C.2.2　配电装置安装

（1）本节的内容：包括各种断路器、真空接触器、隔离开关、负荷开关、互感器、电抗器、电容器、滤液装置、高压成套配电柜、组合型成套箱式变电站及环钢柜等安装。

（2）适用范围：各配电装置的工程量清单项目设置与计量。

（3）清单项目的设置与计量：依据施工图所示的工程内容（指各项工程实体），按照附录 C.2.2 上的项目特征：名称、型号、容量等设置具体清单项目名称，按对应的项目编码编好后三位码。

本节大部分项目以"台"为计量单位，少部分以"组""个"为计量单位。计算规则均是按设计图示数量计算。

举例：设计图示安装 2 台多油断路器（型号为 DN1-10-600A），根据 C.2.2 配电装置安装（编码：030202）中多油断路器的项目特征为①名称；②型号；③容量，依据特征来表述该清单项目名称为：

多油断路器 DN1-10-600A

编码为 030202001001

该项应综合的工程内容有：①多油断路器的本体安装；②绝缘油过滤；③基础槽（角）钢安装或支架制作、安装；④除锈、刷油漆。

上述 4 项内容若有不需承包商做的，在描述该项工程内容时就不应写上。如果除 4 项内容外，还需对方做的，应补充描述在该清单项目名称中。

3．C.2.3 母线安装

（1）本节内容：包括软母线、带型母线、槽形母线、共箱母线、低压封闭插接母线、重型母线安装。

（2）适用范围：适用于以上各种母线安装工程工程量清单项目设置与计量。

（3）清单项目的设置与计量：依据施工图所示的工程内容（指各项工程实体），按照附录 C.2.3 的项目特征：名称、型号、规格等设置具体项目名称，并按对应的项目编码编好后三位码。

本节除重型母线外的各项计量单位均为"m"，重型母线的计量单位为"t"。计算规则均为按设计图尺寸以单线长度计算，而重型母线按设计图示尺寸以重量计算。

举例：某工程设计图示的工程内容有 300m 带形铜母线安装。

依据附录 C.2.3 母线安装（编码：030203）中，030202003 带形母线的项目特征：型号、规格、材质来表述，该清单项目名称为：带形铜母线（型号、规格即截面积），其编码030203003001。如果该工程还有其他规格的铜带形母线，就在最后的 001 号依此往下编码。

从附录 C.2.3 中可看出其计量单位是"m"，这是必须采用的单位。计算规则为按设计图示尺寸以单线长度计算。

该项应综合的内容见其工程的内容栏：如：①支持绝缘子，穿墙套管的耐压试验安装；②穿通板制作安装；③母线安装；④母线桥安装；⑤引下线安装；⑥伸缩节安装；⑦过渡板安装；⑧刷分相漆。

以上各项凡要求承包商做的，均应在描述该清单项目时予以说明，便于投标报价。

4．C.2.4 控制设备及低压电器安装（编码：030204）

（1）本节的内容：包括控制设备：各种控制屏、继电信号屏、模拟屏、配电屏、整流柜、电气屏（柜）、成套配电箱、控制箱等；低压电器：各种控制开关、控制器、接触器、启动器等。本节还包括现在大量使用的集装箱式配电室。

（2）适用范围：上述控制设备及低压电器的安装工程工程量清单项目设置计量。

（3）清单项目的设置与计量：本节的清单项目的特征均为名称、型号、规格（容量），而且特征中的名称即实体的名称，所以设备就是项目的名称，只需表述其型号和规格就可以确定其具体编码。因此项目名称的设置很直观、简单。

本节除集装箱式配电室的计量单位按"吨"外，大部分为以"台"计量，个别以"套""个"计量。计算规则均按设计图示数量计算。

举例：某工程设计图示工程内容中，安装一台控制屏，该屏为成品、内部配线一切都配好。设计要求只需做基础槽钢和进出的接线。

依据附录C.2.4控制设备及低压电器安装（编码：030204）中，030204001控制屏项目特征为：名称型号、规格，便可列出该清单项目的名称、编码和计量单位。结合设计要求，该项目的工程内容应为：①基础槽钢制作、安装、防腐；②屏安装；③焊（压）接线端子。

报价者（或标底编制者）按上述三个内容报价即可。

5. C.2.5 蓄电池安装

（1）本节的内容：蓄电池安装工程量清单项目包括碱性蓄电池、固定密闭式铅酸蓄电池和免维护铅酸蓄电池安装。

（2）适用范围：适用于以各种蓄电池安装工程量清单项目设置与计量。

（3）清单项目的设置与计量：依据施工图所示的工程内容（指各项工程实体），对应附录C.2.5的项目特征：名称、型号、容量，设置具体清单项目名称，并按对应的项目编号编好后三位编码。

本节的各项计量单位均为"个"。免维护铅酸蓄电池的表现形式为"组件"，因此也可称多少个组件。计算规则按设计图示数量计算。

6. C.2.6 电机检查接线及调试

（1）本节内容：电机检查接线调试工程量清单项目包括交直流电动机和发电机的检查接线及调试。

（2）适用范围：适用于发电机、调相机、普通小型直流电动机、可控硅调速直流电动机、普通交流同步电动机、低压交流异步电动机、高压交流异步电动机、交流变频调速电动机、微型电机、电加热器、电动机组的检查接线及调试的清单项目设置与计量。

（3）清单项目的设置与计量：本节的清单项目特征除共同的基本特征（如名称、型号、规格）外，还有表示其调试的特殊个性。这个特性直接影响到其接线调试费用，所以必须在项目名称中表述清楚。如：

1）普通交流同步电动机的检查接线及调式项目，要注明启动方式：直接启动还是降压启动。

2）低压交流异步电动机的检查接线及调试项目，要注明控制保护类型：刀开关控制、电磁控制、非电量联锁、过流保护、速断过流保护及时限过流保护……

3）电动机组检查接线调试项目，要表述机组的台数，如有联锁装置应注明联锁的台数。

本节除电动机组清单项目以"组"为单位计量外，其他所有清单项目的计量单位均为"台"。计算规则按设计图示数量计算。

7. C.2.7 滑触线接置安装

（1）本节内容：滑触线装置安装工程量清单项目包括轻型、安全节能型滑触线，扁钢、角钢、圆钢、工字钢滑触线及移动软电缆安装。

（2）适用范围：适用于以上各种滑触线安装工程量清单项目的设置与计量。

（3）清单项目的设置与计量：本节的清单项目特征均为名称、型号、规格、材质。而特征中的名称既为实体名称，亦为项目名称，直观、简单。但是规格却不然。如节能型滑触线的规格是用电流（A）来表述。

角钢滑触线的规格是角钢的边长×厚度；

扁钢滑触线的规格是扁钢截面长×宽；

圆钢滑触线的规格是圆钢的直径；

工字钢、轻轨滑触线的规格是以每米重量（kg/m）表述。

本节各清单项目的计量单位均为"m"。计算规则是按设计图示以单根长度计算。

各清单项目应综合考虑的工程内容要描述清楚：①滑触线支架制作、安装；②滑触线安装；③拉紧装置及挂式支持器制作、安装；④除锈、刷油（油漆名称、刷油要求）。

8．C.2.8 电缆敷设

（1）本节内容：电缆敷设工程量清单项目包括电力电缆和控制电缆的敷设，电缆桥架安装，电缆阻燃槽盒安装，电缆保护管敷设等。

（2）适用范围：适用于以上电缆敷设及相关工程的工程量清单项目的设置和计量。其中电缆保护管敷设项目指埋地暗敷设或非埋地的明敷设两种；不适用于过路或过基础的保护管敷设。

（3）清单项目设置与计量：本节的各项目特征基本为型号、规格、材质，但各有其表述法。如：

电缆敷设项目的规格指电缆截面；

电缆保护管敷设项目的规格指管径；

电缆桥架项目的规格指宽＋高的尺寸，同时要表述材质：钢制、玻璃钢制或铝合金制。还要表述类型：指槽式、梯式、托盘式、组合式等；

电缆阻燃盒项目的特征是型号、规格（尺寸）。以上所有特征均要表述清楚。

清单项目的计量单位均为"m"。电缆敷设计量规则均为按设计图示单根尺寸计算，桥架按图示中心线长度计算。

清单项目设置的方法：依据设计图示的工程内容（电缆敷设的方式、位置、桥架安装的位置等）对应附录C.2.8的项目特征，列出清单项目名称、编码。

9．C.2.9 防雷及接地装置

（1）本节内容：包括接地装置和避雷装置的安装。接地装置包括生产、生活用的安全接地、防静电接地、保护地等一切接地装置的安装。避雷装置包括建筑物、构筑物、金属塔器等防雷装置，由受雷体、引下线、接地干线、接地极组成一个系统。

（2）适用范围：适用于上述接地装置和防雷装置的工程量清单的编制与计量。

（3）清单项目的设置与计量：依据设计图关于接地或防雷装置的内容，对应附录C.2.9的项目特征，表述其项目名称，并有相对应的编码、计量单位和计算规则。根据"工程内容"一栏的提示，描述该项目的工程内容，如避雷针防雷系统。其特征有：

1）受雷体名称、材质、规格、技术要求；

2）引下线材质（名称）规格、技术要求；

3）接地极材质（名称）规格、数量、技术要求；

4）接地母线材质（名称、规格）；

5）均压环材质（名称）规格、设计要求；

举例：某建筑上设有避雷针防雷装置。清单项目名称为：避雷针防雷系统安装。钢管$\phi25$,针长2.5m，平屋面上安装，利用柱筋引下（2根柱筋），接地极∟50×50×5角钢，接地母线扁钢40×4。

以上特征必须表述清楚。装设的部位也很重要，它影响到安装费用，如：装在烟囱上；装在平面屋顶上；装在墙上；装在金属容器顶上；装在金属容器壁上；装在构筑物上。

引下线的形式主要是单设引下线还是利用柱筋引下。

描述在此显得更重要，因为计量单位为"项"，它要求必须把包括的内容说清楚。"项"是按设计要求一个系统（接地电阻值）便可作为一项计量。每一项中应给出各项的数量，如接地极根数、引下线米数等。

10. C.2.10　10kV以下架空配电线路

（1）本节内容：10kV以下架空配电线路工程量清单项目包括电杆组立、导线架设两大部分项目。

（2）适用范围：适用于上述工程的工程量清单项目的设置与计量。

（3）清单项目的设置与计量：依据设计图示的工程内容（指电杆组立或线路架设），对应附录C.2.10电杆组立的项目特征：材质、规格、种类、地形等。材质指电杆的材质，即木电杆还是混凝土杆；规格指杆长；种类指单杆、接腿杆、撑杆。

以上内容必须对项目表述清楚。

电杆组立的计量单位是"根"，按图示数量计。

在设置项目时，一定要按项目特征表述该清单项目名称。对其应综合的辅助项目（工程内容），也要描述到位：如电杆组立要发生的项目：工地运输；土（石）方挖填；底、拉、卡盘安装；木电杆防腐；电杆组立；横担安装；拉线制作、安装。

导线架设的项目特征为：型号（即有材质）、规格，导线的型号表示了材质，是铝线还是铜导线。规格是指导线的截面。

导线架设的工程内容描述为：导线架设；导线跨越；跨越间距；进户线架设应包括进户横担安装。

导线架设的计量单位为"km"，按设计图示尺寸，以单根长度计算。

在设置清单项目时，对同一型号、同一材质，但规格不同的架空线路要分别设置项目，分别编码（最后三位码）。

11. C.2.11　电气调整试验

（1）本节内容：电气调整试验清单项目包括电力变压器系统、送配电装置系统、特殊保护装置（距离保护、高频保护、失灵保护、失磁保护、交流器断线保护、小电流接地保护）、自动投入装置、接地装置等系统的调整试验。

（2）适用范围：适用于上述各系统的电气设备的本体试验和主要设备分系统调试的工程量清单项目设置与计量。

（3）清单项目的设置与计量：本节的项目特征基本上是以系统名称或保护装置及设备本体名称来设置的。如变压器系统调试就以变压器的名称、型号、容量来设置。

供电系统的项目设置：1kV以下和直流供电系统均以电压来设置，而10kV以下的交流供电系统则以供电用的负荷隔离开关、断路器和带电抗器分别设置。

特殊保护装置调试的清单项目按其保护名称设置，其他均按需要调试的装置或设备的名称来设置。

计量单位多为"系统"，也有"台"、"套"、"组"，按设计图示数量计算。

名称和编码均按表C.2.11规定设置。

12. C.2.12　配管、配线

（1）本节内容：电气工程的配管、配线工程量清单项目。配管包括电线管敷设，钢管及防煤钢管敷设，可挠金属管敷设，塑料管（硬质聚氯乙烯管、刚性阻燃管、半硬质阻燃管）敷设。配线包括管内穿线，瓷夹板配线，塑料夹板配线，鼓型、针式、蝶式绝缘子配线，木槽板、塑料槽板配线，塑料护套线敷设，线槽配线。

（2）适用范围：适用于上述配管、配线工程量清单项目的设置与计量。

（3）清单项目的设置与计量：依据设计图示工程内容（指配管、配线），按照附录C.2.12上的项目特征，如配管特征：名称、材质、规格、配置形式及部位，和对应的编码，编好后三位码。

1）在配管清单项目中，名称和材质有时是一体的，如钢管敷设，"钢管"即是名称，又代表了材质，它就是项目的名称。而规格指管的直径，如 $\phi25$。配置形式在这里表示明配或暗配（明、暗敷设）。部位表示敷设位置：①砖、混凝土结构上；②钢结构支架上；③钢索上；④钢模板内；⑤吊棚内；⑥埋地敷设。

举例：项目名称，钢管 $\phi25$ 混凝土结构暗敷设，包括了所有项目特征。这些特征都将直接影响单价，所以必须描述清楚。另外，影响钢管 $\phi25$ 敷设单价的因素还有完成其安装的工程内容，见表 C.2.12 工程内容栏。如：①刨混凝土沟槽（指混凝土地面刨沟，动力管常见）；②钢索架设（指钢索上配管项目）；③支架制作、安装；④管路本身敷设；⑤接线盒（箱）、灯头盒的安装；⑥防腐刷油；⑦接地。

以上内容在本工程中将要发生的或承包商必须完成的内容全部要描述在该清单项目中。如果本工程不是在钢索上敷设的，除②以外均应给予描述，即综合单价中包括了①③④⑤⑥⑦的工作内容，报价人必须据此报价。

上例的清单项目设置如下表：

表 7-6-7

序 号	项目编码	项目名称	计量单位	工程数量
1	030212001001	钢管 $\phi25$，混凝土结构暗设 (1) 刨混凝土沟槽 (2) 支架制作、安装 (3) 接线盒、灯位盒等安装 (4) 接地 (5) 防腐刷油（油漆名称）	m	

本节的计量单位均为"m"。计算规则：按设计图示尺寸以延长米计算，不扣除管路中间的接线箱（盒）、灯位盒、开关盒所占长度。

根据计算规则，将数量填到"工程数量"一栏内就完成了该项目的清单编制。

2）在配线工程中，清单项目名称要紧紧与配线形式连在一起，因为配线的方式会决定选用什么样的导线，因此对配线形式的表述更显得重要。

配线形式有：①管内穿线；②瓷夹板或塑料夹板配线；③鼓型、针式、蝶式绝缘子配线；④木槽板或塑料槽板配线；⑤塑料护套线明敷设；⑥线槽配线。

电气配线项目特征中的"敷设部位或线制"也很重要。

敷设部位一般指：①木结构上；②砖、混凝土结构；③顶棚内；④支架或钢索上；⑤沿屋架、梁、柱；⑥跨层架、梁、柱。

在不同的部位上，工艺不一样，单价就不一样。

线制主要在夹板和槽板配线中要注明,因为同样长度的线路,由于两线制与三线制所用主材导线的量就差30%多。辅材也有差别,因此要描述线制。

举例:某工程电气工程配线为SC20穿BV-2.5线三线制。

1. 招标人根据施工图计算

(1) SC20钢管 12980m

(2) BV-2.5塑料铜线 12980×3=38940m

2. 投标人报价计算:

分部分项工程量清单计价表　　　　　　　　　　　　　　　表7-6-8

工程名称:某工程　　　　　　　　　　　　　　　　　　　　　第　页　共　页

序号	项目编号	项目名称	计量单位	工程数量	金额(元)	
					综合单价	合价
	030212001001	电气配管SC20,暗敷设在墙、板内,管的防腐油漆,接线箱盒安装接地	m	12980.000	12.02	155960.30
	030212003001	电气配线BV2.5,管内穿线	m	38940	1.54	59967.60

分部分项工程量清单综合单价计算表　　　　　　　　　　　表7-6-9

工程名称:　　　　　　　　　　　　　　　　　　　　　　　　计量单位:m

序号	项目编号	项目名称	工程内容	综合单价组成				综合单价
				人工费	材料费	机械使用费	管理费 利润	
	030212001001	电气配管SC20,暗敷设在墙、板内,管的防腐油漆,接线箱盒安装接地	1. 刨沟槽					12.02 元/m
			2. 钢索架设(拉紧装置安装)					
			3. 支架制作、安装					
			4. 电线管路敷设	2.37	6.09	0.28	1.23	
			5. 接线盒(箱)、灯头盒、开关盒、插座盒安装	0.76	0.69	0.21	0.40	
			6. 防腐油漆					
			7. 接地					
			小计	3.13	6.78	0.49	1.61	
	030212003001	电气配线BV2.5,管内穿线	1. 支持体(夹板、绝缘子、槽板等)安装					1.54 元/m
			2. 支架制作、安装					
			3. 钢索架设(拉紧装置安装)					
			4. 配线					
			5. 管内穿线	0.25	1.15	0.01	0.13	
			小计	0.25	1.15	0.01	0.13	

13. C.2.13 照明器具安装

(1) 本节内容:各种照明灯具、开关、插座、门铃等工程量清单项目。包括普通吸顶灯及其他灯具、工厂灯及其他灯具、装饰灯具、荧光灯具、医疗专用灯具、一般路灯、广场灯、高杆灯、桥栏杆灯、地道涵洞灯等安装。

(2) 适用范围:适用于工业与民用建筑(含公用设施)及市政设施的照明器具的清单项目的设置与计量。

下列清单项目适用的灯具如下:

030213001 普通吸顶灯及其他灯具：圆球、半圆球吸顶，方形吸顶灯，软线吊灯，吊链灯，防水吊灯，一般弯脖灯，一般墙壁灯，软线吊灯头、座灯头。

030213002 工厂灯及其他灯具：直杆工厂吊灯，吊链式工厂灯，吸顶式工厂灯，弯杆式工厂灯，悬挂式工厂灯，防水防尘灯，防潮灯，腰形舱顶灯，碘钨灯，管形氙气灯，投光灯，安全灯，防爆灯，高压水银防爆灯，防爆荧光灯。

030213003 装饰灯具：吊式艺术装饰灯，吸顶式艺术装饰灯，荧光艺术装饰灯，几何形状组合艺术灯，标志诱导艺术装饰灯，水下艺术装饰灯，点光源艺术装饰灯，草坪灯，歌舞厅灯。

030213004 荧光灯具：组装型荧光灯，成套型荧光灯。

030213005 医疗专用灯具：病房指示灯，病房暗脚灯，无影灯。

(3) 清单项目的设置与计量：依据设计图示工程内容（灯具）对应附录C.2.13的项目特征，表述项目名称即可。本节项目的基本特征（名称、型号、规格）大致一样，所以实体的名称就是项目名称，但要说明型号、规格，而市政路灯要说明杆高、灯杆材质、灯架形式及臂长，以便区别其安装单价。

本节各清单项目的计量单位为"套"，计算规则按图示数量计算。

举例：某工程采用户内普通吸顶灯安装。

1. 招标人根据施工图计算：

户内普通吸顶灯的工程量420套

2. 投标人报价计算：

分部分项工程量清单计价表　　　　　　　　　　　　　表 7-6-10

工程名称：某工程　　　　　　　　　　　　　　　　　　　第　页　共　页

序号	项目编号	项目名称	计量单位	工程数量	金额(元)	
					综合单价	合价
40	030213001001	户内普通吸顶灯安装,无吊灯,试运行	套	420.000	47.72	20042.40

分部分项工程量清单综合单价分析表　　　　　　　　　表 7-6-11

工程名称：某工程　　　　　　　　　　　　　　　　　　　第　页　共　页

序号	项目编号	项目名称	工程内容	综合单价组成					综合单价
				人工费	材料费	机械使用费	管理费	利润	
40	030213001001	户内普通吸顶灯安装,无吊顶,试运行	1. 支架制作、安装						47.72 元/套
			2. 组装	9.19	33.46	0.32	4.75		
			3. 油漆						
			小计	9.19	33.46	0.32	4.75		

三、附录C.7 消防工程

（一）概况

1. 附录C.7消防工程内容包括：水灭火系统、气体灭火系统、泡沫灭火系统、火灾自动报警系统。水灭火系统中包括消火栓灭火和自动喷淋灭火两部分。

2. 本附录共分6节，共47个项目。其中包括灭火管道安装、部件及阀门法兰安装、报警装置、水流指示器、消火栓、气体驱动装置、泡沫发生器等。

3. 本附录适用于采用工程量清单计价的工业与民用建筑的消防工程。

4. 本附录与其他有关工程的界限划分。

（1）水消防管道的室内外划分，以建筑外墙皮 1.5m 处为分界点。如入口处设阀门时，以阀门为分界点。

（2）消防水泵房内的管道为工业管道项目，与消防管道划分以泵房外墙皮或泵房屋顶板为分界点。

（3）消防管道与市政管道的划分，以计量井为界。无计量井的，以市政给水管道的碰头点为界。

5. 本附录需要说明的问题：

（1）关于项目特征。项目特征是工程量清单计价的关键依据之一，由于项目的特征不同，其计价的结果也相应发生差异，因之招标单位在编制工程量清单时，应在可能的情况下明确描述该工程量清单项目的特征。投标人按招标人提出的特征要求计价。

（2）关于工程量清单计算规则。

1）工程量清单的工程量，必须依据工程量计算规则的要求编制，工程量只列实物量，所谓实物量即是工程完工后的实体量。如土石方工程，其挖填土石方工程量只能按设计沟断面尺寸乘沟长度计算，不能将放坡的土石方量计入工程量内。绝热工程量只能按设计要求的绝热厚度计算，不能将施工的误差增加量计入绝热工程量。投标人在投标报价时，可以按自己的企业技术水平和施工方案的具体情况，将土石方挖填的放坡量和绝热的施工误差量计入综合单价内。增加的量越小越有竞标能力。

2）有的工程项目，由于特殊情况不属于工程实体，但在工程量清单计量规则中列有清单项目，也可以编制工程量清单，如本附录的消防系统试调项目就属此种情况。

（3）关于工程内容。工程量清单的工程内容是完成该工程量清单可能发生的综合工程项目，工程量清单计价时，按图纸、规程、规范等要求，选择编列所需项目。

6. 下列几项费用，投标人在报价时可根据现场实际需要和企业的技术能力酌情增列施工增加费，并计入综合单价。

（1）高层建筑施工增加费；

（2）安装与生产同时进行增加费；

（3）在有害身体健康环境中施工增加费；

（4）超高施工增加费；

（5）设置在管道间、管廊内管道施工增加费；

（6）现场浇筑的主体结构配合施工增加费；

（7）沟内、地下室内、暗室内、库内无自然采光需人工照明的施工增加费。

7. 关于措施项目清单。措施项目清单为工程量清单的组成部分，措施项目可按照计价规范表 3.3.1 所列项目，根据工程需要情况选择列项。消防工程可能发生的措施项目一般有：脚手架搭拆费、临时设施、文明施工、安全施工、夜间施工、二次搬运等费用。措施项目清单应单独编制，并应按措施项目清单编制要求计价。

8. 编制本附录清单项目如涉及到管沟及管沟的土石方、垫层、基础、砌筑、抹灰、地沟盖板、土石方回填、土石方运输等工程内容时，按附录 A 的相关项目编制工程量清单。路面开挖及修复、管道支墩、井砌筑等工程内容，按附录 D 相关项目编制工程量清单。

9. 清单项目如涉及到管道油漆、除锈，支架的除锈、油漆，管道的绝热、防腐等工程量清单项目，可参照《全国统一安装工程预算定额》刷油、防腐蚀、绝热工程册的工料机耗用量计价。

（二）工程量清单项目设置

1. 附录 C.7.1 水灭火系统

（1）概况。

1）水灭火系统包括消火栓灭火和自动喷淋灭火。包括的项目有管道安装、系统组件安装（喷头、报警装置、水流指示器）、其他组件安装（减压孔板、末端试水装置、集热板）、消火栓（室内外消火栓、水泵接合器）、气压水罐、管道支架等工程，并按安装部位（室内外）、材质、型号规格、连接方式、及除锈、油漆、绝热等不同特征设置清单项目。编制工程量清单时，必须明确描述各种特征，以便计价。

2）特征中要求描述的安装部位：管道是指室内、室外；消火栓是指室内、室外、地上、地下；消防水泵接合器是指地上、地下、壁挂等。要求描述的材质：管道是指焊接钢管（镀锌、不镀锌）、无缝钢管（冷拔、热轧）。要求描述的型号规格：管道是指口径（一般为公称直径，无缝钢管应按外径及壁厚表示）；阀门是指阀门的型号，如 Z41T-10-50、J11T-16-25；报警装置是指湿式报警，干湿两用报警、电动雨淋报警、预作用报警等；连接形式是指螺纹连接、焊接。

（2）需要说明的问题。

1）工程内容所列项目大多数为计价项目，但也有些项目是包括在《全国统一安装工程预算定额》相应项目的工作内容中。如招标单位是依据《全国统一安装工程预算定额》工料机耗用量编制招标工程标底时，应删除《全国统一安装工程预算定额》工作内容中与本附录各项工程内容相同的项目，以免重复计价。

2）招标人编制工程标底如以《全国统一安装工程预算定额》为依据计价时，以下各工程应按下列规定办理。

① 消火栓灭火系统的管道安装，按《全国统一安装工程预算定额》第八册相关项目的规定计价。

② 喷淋灭火系统的管道安装、消火栓安装、消防水泵接合器安装，按《全国统一安装工程预算定额》第七册相关项目的规定计价。

③ 水灭火系统的阀门、法兰安装、套管制作安装，按《全国统一安装工程预算定额》第六册相关项目的规定计价。

④ 水灭火系统的室外管道安装，按《全国统一安装工程预算定额》第八册相关项目的规定计价。

3）无缝钢管法兰连接项目，管件、法兰安装已计入管道安装价格中，但管件、法兰的主材价按成品价另计。

2. 附录 C.7.2 气体灭火系统

（1）概况。

1）气体灭火系统是指卤代烷（1211、1301）灭火系统和二氧化碳灭火系统。包括的项目有管道安装、系统组件安装（喷头、选择阀、储存装置）、二氧化碳称重检验装置安装，并按材质、规格、连接方式、除锈要求、油漆种类、压力试验和吹扫等不同特征，设置清单项目。编制工程量清单时，必须明确描述各种特征，以便计价。

2）特征要求描述的材质：无缝钢管（冷拔、热轧、钢号要求）、不锈钢管（1Cr18Ni9、1Cr18Ni9Ti、Cr18Ni13 Mo3Ti）铜管为纯铜管（T1、T2、T3）、黄铜管（H59～H96），规格为公称直径或外径（外径应按外径乘管厚表示），连接方式是指螺纹连接和焊接，除锈标准是指采用的除锈方式（手工、化学、喷砂），压力试验是指采用试压方法（液压、气压、泄露、真空），吹扫是指水冲洗、空气吹扫、蒸汽吹扫，防腐刷油是指采用的油漆种类。

(2) 需要说明的问题。

1）储存装置安装应包括灭火剂储存器及驱动瓶装置两个系统。储存系统包括灭火气体储存瓶、储存瓶固定架、储存瓶压力指示器、容器阀、单向阀、集流管、集流管与容器阀连接的高压软管，集流管上的安全阀；驱动瓶装置包括驱动气瓶、驱动气瓶支架、驱动气瓶的容器阀、压力指示器等安装，气瓶之间的驱动管道安装应按气体驱动装置管道清单项目列项。

2）二氧化碳为灭火剂储存装置安装不需用高纯氮气增压，工程量清单综合单价不计氮气价值。

3. 附录 C.7.3 泡沫灭火系统

(1) 泡沫灭火系统包括的项目有管道安装、阀门安装、法兰安装及泡沫发生器、混合储存装置安装，并按材质、型号规格、焊接方式、除锈标准、油漆品种等不同特征列项。编制工程量清单时，必须明确描述各种特征，以便计价。

(2) 如招标单位是按照建设行政主管部门发布的现行消耗量定额为依据时，泡沫灭火系统的管道安装、管件安装、法兰安装、阀门安装、管道系统水冲洗、强度试验、严密性试验等按照《全国统一安装工程预算定额》第六册的有关项目的工料机耗用量计价。

4. 附录 C.7.4 管道支架制作安装

(1) 管道支架制作安装适用于各灭火系统项目的支架制作安装，灭火系统的设备支架也使用本项目。

(2) 支架制作安装工程量清单应描述支架的除锈要求、刷油的油种等特征。

5. 附录 C.7.5 火灾自动报警系统

(1) 概况。火灾自动报警系统主要包括探测器、按钮、模块（接口）、报警控制器、联动控制器、报警联动一体机、重复显示器、报警装置（指声光报警及警铃报警）、远程控制器等。并按安装方式、控制点数量、控制回路、输出形式、多线制、总线制等不同特征列项。编列清单项目时，应明确描述上述特征。

(2) 需要说明的问题。

1）火灾自动报警系统分为多线制和总线制两种形式。多线制为系统间信号按各自回路进行传输的布线制式，总线制为系统间信号按无限性两根线进行传输的布线制式。

2）报警控制器、联动控制器和报警联动一体机安装的工程内容的本体安装，应包括消防报警备用电源安装内容。

3）消防通讯项目工程量清单按计价规范附录 C.11 规定编制工程量清单。

4）火灾事故广播项目工程量清单按计价规范附录 C.11 规定编制工程量清单。

6. 附录 C.7.6 消防系统调试

(1) 概况。消防系统调试内容包括自动报警系统装置调试、水灭火系统控制装置调试、防火控制系统装置调试、气体灭火控制系统装置调试,并按点数、类型、名称、试验容器规格等不同特征设置清单项目。编制工程量清单时,必须明确描述各种特征,以便计价。

(2) 各消防系统调试工作范围如下:

1) 自动报警系统装置调试为各种探测器、报警按钮、报警控制器,以系统为单位按不同点数编制工程量清单并计价。

2) 水灭火系统控制装置调试为水喷头、消火栓、消防水泵接合器、水流指示器、末端试水装置等,以系统为单位按不同点数编制工程量清单并计价。

3) 气体灭火控制系统装置调试由驱动瓶起始至气体喷头为止。包括进行模拟喷气试验和储存容器的切换试验。调试按储存容器的规格、容器的容量不同以个为单位计价。

4) 防火控制系统装置调试包括电动防火门、防火卷帘门、正压送风门、排压阀、防火阀等装置的调试,并按其特征以处为单位编制工程量清单项目。

(3) 需要说明的问题。气体灭火控制系统装置调试如需采取安全措施时,应按施工组织设计要求,将安全措施费用按计价规范表 3.3.1 安全施工项编制工程量清单。

四、附录 C.8 给排水、采暖、燃气工程

(一) 概况

1. 附录 C.8 给排水、采暖、燃气工程系指生活用给排水工程、采暖工程、生活用燃气工程安装,及其管道、附件、配件安装和小型容器制作等。

2. 附录 C.8 共 74 个项目,其中包括暖、卫、燃气的管道安装,管道附件安装,管支架制作安装,暖、卫、燃气器具安装,采暖工程系统调整等项目。

3. 附录 C.8 适用于采用工程量清单计价的新建、扩建的生活用给排水、采暖、燃气工程。

4. 本附录与其他相关工程的界限划分:

(1) 室内外界限的划分:

1) 给水管道以建筑外墙皮 1.5m 处为分界点,入口处设有阀门的以阀门为分界点。

2) 排水管道以排水管出户后第一个检查井为分界点,检查井与检查井之间的连接管道为室外排水管道。

3) 采暖管道以建筑外墙皮 1.5m 处为分界点,入口处设有阀门的以阀门为分界点。

4) 燃气管道由地下引入室内的以室内第一个阀门为分界点,由地上引入的以墙外三通为界。

(2) 与市政管道的界限划分:

1) 给水管道以计量表为界,无计量表的以与市政管道碰头点为界。

2) 排水管道以室外排水管道最后一个检查井为界,无检查井的以与市政管道碰头点为界。

3) 由市政管网统一供热的按各供热点的供热站为分界线,由室外管网至供热站外墙皮 1.5m 处的主管道为市政工程,由供热站往外送热的管道以外墙皮 1.5m 处分界,分界点以外为采暖工程。

(3) 与锅炉房内的管道界限划分。锅炉房内的生活用给排水、采暖工程,属本附录工程内容。锅炉房内锅炉配管、软化水管、锅炉供排水、供气、水泵之间的连接管等属工业管道范围。由锅炉房外墙皮以外的给排水、采暖管道属本附录工程范围。

5. 本附录需要说明的问题。

(1) 关于项目特征。项目特征是工程量清单计价的关键依据之一,由于项目的特征不同，其计价的结果也相应发生差异，因此招标人在编制工程量清单时，应在可能的情况下明确描述该工程量清单项目的特征。投标人按招标人提出的特征要求计价。

(2) 关于工程量清单计算规则。

1) 工程量清单的工程量必须依据工程量计算规则的要求编制，工程量只列实物量，所谓实物量即是工程完工后的实体量，如土石方工程，其挖填土石方工程量只能按设计沟断面尺寸乘沟长度计算，不能将放坡的土石方量计入工程量内。绝热工程量只能按设计要求的绝热厚度计算，不能将施工的误差增加量计入绝热工程量。投标人在投标报价时，可以按自己的企业技术水平和施工方案的具体情况，将土石方挖填的放坡量和绝热的施工误差量计入综合单价内。增加的量越小越有竞标能力。

2) 有的工程项目，由于特殊情况不属于工程实体，但在工程量清单计量规则中列有清单项目，也可以编制工程量清单，如本附录的采暖系统调整项目就属此种情况。

(3) 关于工程内容。工程量清单的工程内容是完成该工程量清单可能发生的综合工程项目，工程量清单计价时，按图纸、规程规范等要求选择编列所需项目。

6. 以下费用可根据需要情况由投标人选择计入综合单价。

(1) 高层建筑施工增加费；

(2) 安装与生产同时进行增加费；

(3) 在有害身体健康环境中施工增加费；

(4) 安装物安装高度超高施工增加费；

(5) 设置在管道间、管廊内管道施工增加费；

(6) 现场浇筑的主体结构配合施工增加费。

7. 关于措施项目清单。措施项目清单为工程量清单的组成部分，措施项目可按计价规范表 3.3.1 所列项目，根据工程需要情况选择列项。在本附录工程中可能发生的措施项目有：临时设施、文明施工、安全施工、二次搬运、已完工程及设备保护费、脚手架搭拆费。措施项目清单应单独编制，并应按措施项目清单编制要求计价。

8. 编制本附录清单项目如涉及到管沟及管沟的土石方、垫层、基础、砌筑抹灰、地沟盖板、土石方回填、土石方运输等工程内容时，按附录 A 的相关项目编制工程量清单。路面开挖及修复、管道支墩、井砌筑等工程内容，按附录 D 有关项目编制工程量清单。

9. 本附录项目如涉及到管道油漆、除锈，支架的除锈、油漆，管道的绝热、防腐等工程量清单项目，可参照《全国统一安装工程预算定额》刷油、防腐蚀、绝热工程册的工料机耗用量计价。

(二) 工程量清单项目设置

1. 附录 C.8.1 给排水、采暖、燃气管道 (1) 概况。给排水、采暖、燃气管道安装，是按安装部位、输送介质管径、管道材质、连接形式、接口材料及除锈标准、刷油、防腐、绝热保护层等不同特征设置的清单项目。编制工程量清单时，应明确描述各项特征，以便计价。

应明确描述以下各项特征：

(1) 安装部位应按室内、室外不同部位编制清单项目。

(2) 输送介质指给水管道、排水管道、采暖管道、雨水管道、燃气管道。

(3) 材质应按焊接钢管（镀锌、不镀锌）、无缝钢管、铸铁管（一般铸铁、球墨铸铁）、铜管（T1、T2、T3、H59-96）、不锈钢管（1Cr18Ni9、1Cr18Ni9Ti）、非金属管（PVC、UPVC、PPC、PPR、PE、铝塑复合、水泥、陶土、缸瓦管）等不同特征分别编制清单项目。

(4) 连接方式应按接口形式不同，如螺纹连接、焊接（电弧焊、氧乙炔焊）、承插、卡接、热熔、粘接等不同特征分别列项。

(5) 接口材料指承插连接管道的接口材料，如铅、膨胀水泥、石棉水泥等。

(6) 除锈标准为管材除锈的要求，如手工除锈、机械除锈、化学除锈、喷砂除锈等不同特征必须明确描述，以便计价。

(7) 套管形式指铁皮套管、防水套管、一般钢套管等。

(8) 防腐、绝热及保护层的要求指管道的防腐蚀、遍数、绝热材料、绝热厚度、保护层材料等不同特征必须明确描述，以便计价。

2. 附录 C.8.2 管道支架制作安装

概况。本附录为管道支架制作安装项目，暖、卫、燃气器具、设备的支架可使用本项目编制工程量清单。

3. 附录 C.8.3 管道附件安装

概况。本附录管道附件包括阀门、法兰、计量表、伸缩器、PVC 排水管消声器和伸缩节、水位标尺、抽水缸、调长器，按类型、材质、型号、规格、连接方式等不同特征设置清单项目。编制工程量清单时，必须明确描述各种特征，以便计价。

4. 附录 C.8.4～C.8.6 卫生、供暖、燃气器具安装

(1) 概况。卫生、供暖、燃气器具安装工程。卫生器具包括浴盆、净身盆、洗脸盆、洗涤盆、化验盆、淋浴器、烘干器、大便器、小便器、排水栓、扫除口、地漏，各种热水器、消毒器、饮水器等；供暖器具包括各种类型散热器、光排管、暖风机、空气幕等；燃气器具包括燃气开水器、燃气采暖炉、燃气热水器、燃气灶具、气嘴等项目。按材质及组装形式、型号、规格、开关种类、连接方式等不同特征编制清单项目。

(2) 下列各项特征必须在工程量清单中明确描述，以便计价。

1) 卫生器具中浴盆的材质（搪瓷、铸铁、玻璃钢、塑料）、规格（1400、1650、1800）、组装形式（冷水、冷热水、冷热水带喷头），洗脸盆的型号（立式、台式、普通）、规格、组装形式（冷水、冷热水）、开关种类（肘式、脚踏式），淋浴器的组装形式（钢管组成、铜管成品），大便器规格型号（蹲式、坐式、低水箱、高水箱）、开关及冲洗形式（普通冲洗阀冲洗、手压冲洗、脚踏冲洗、自闭式冲洗），小便器规格、型号（挂斗式、立式），水箱的形状（圆形、方形）、重量。

2) 供暖器具的铸铁散热器的型号及规格（长翼、圆翼、M132、柱型），光排管散热器的型号（A、B型）、长度，散热器的除锈标准、油漆种类。

3) 燃气器具如开水炉的型号、采暖炉的型号、沸水器的型号、快速热水器的型号（直排、烟道、平衡）、灶具的型号（煤气、天然气、民用灶具、公用灶具、单眼、双眼、三眼）。

(三) 单位工程案例

现将某高层（12层）住宅楼采暖工程采用《建筑工程工程量清单计价规范》计价编制工程清单时，招标人、投标人应填报的部分表格填报形式和方法举例如下。

分部分项工程量清单
表 7-6-12

工程名称：某工程给排水工程　　　　　　　　　　　　　　　　　第　页 共　页

序号	项目编码	项　目　名　称	计量单位	工程数量
1	030801005023	室内给水管钢塑管 $\phi 32$ 卡环式连接，管道打压、水冲洗，消毒冲洗，焊接钢管套管制安，套管刷防锈漆二道	m	39
		序号 2～4 略		
5	030801005028	室内 UPVC 排水管 $\phi 100$，粘结连接，管道下水通球试验，焊接钢管套管制安套管刷防锈漆二道	m	727
		序号 6～9 略		
10	030803013001	伸缩节 $\phi 100$	个	2
		序号 11～13 略		
14	030803013002	阻火圈 $\phi 100$	个	120
		序号 15～16 略		
17	030803001002	铜截止阀 DN25　J41T-16	个	164
18	030803001003	铜截止阀 DN20　J41T-16	个	36
19	030803001004	铜平衡阀 DN50　KPF-16	个	5
20	030804003002	挂式洗脸盆　冷热水铜管连接（次卫内）	组	4

1. 招标人工程招标时应填报的部分表格。
(1) 分部分项工程量清单。
(2) 措施项目清单。
(3) 其他项目清单。

措施项目清单　　表 7-6-13

工程名称：某工程给排水工程　　　　第　页 共　页

序号	项目名称
1	临时设施费
2	文明施工费
3	安全施工费
4	二次搬运费
5	脚手架搭拆费

其他项目清单　　表 7-6-14

工程名称：某工程给排水工程　　　　第　页 共　页

序号	项目名称
1	预留金
2	工程分包和材料购置费
3	总承包服务费
4	零星工作费
5	其他

(4) 零星工作项目表。

零星工作项目表
表 7-6-15

工程名称：工程给排水工程　　　　　　　　　　　　　　　第　页 共　页

序　号	名　称	计量单位	数量
1	人工		
1.1	专业技工	工日	20.00
1.2	普通技工	工日	20.00
	小计		
2	材料		
2.1	管材	T	1.00
2.2	热镀锌钢管	T	1.00
2.3	型钢	T	
2.4	防腐材料	m²	10.00
2.5	防火涂料	m²	10.00
	小计		

续表

序 号	名 称	计量单位	数量
3	机械		
3.1	吊装设备	台班	5.00
3.2	管道加工设备	台班	5.00
3.3	其他	台班	5.00
	小计		
	合计		

2. 投标人在报价时应填报的部分表格。

(1) 单位工程费汇总表。

单位工程费汇总表　　　　　　　　　　　　表 7-6-16

工程名称：某工程给排水工程　　　　　　　　第 页 共 页

序 号	项 目 名 称	金额(元)
1	分部分项工程费合计	1024037.70
2	措施项目费合计	9060
3	其他项目费合计	294680
4	规费	5000
5	税金	45314.44
	合　计	1378092.14

(2) 分部分项工程量清单计价表。

分部分项工程量清单计价表　　　　　　　　表 7-6-17

工程名称：某工程给排水工程　　　　　　　　第 页 共 页

序号	项目编码	项目名称	计量单位	工程数量	金额(元)	
					综合单价	合价
1	030801005023	室内给水管钢塑管φ32 卡环式连接、管道打压水冲洗,消毒冲洗、焊接钢管套管制安,套管刷防锈漆二道	m	39	76.99	3002.71
		序号 2～4 略				
5	030801005028	室内 UPVC 排水管φ100,粘接连接、管道下水通球试验、焊接钢管套管制安,套管刷防锈漆二道	m	727	61.42	44650.29
		序号 6～9 略				
10	030803013001	伸缩节φ100	个	60	256.18	15370.80
		序号 11～13 略				
14	030803013002	阻火圈φ100	个	120	194.51	23341.20
		序号 15,16 略				
17	030803001002	铜截止阀 DN25 J41T-16	个	164	120.07	19691.48
18	030803001003	铜截止阀 DN20 J41T-16	片	36	116.75	4203.00
19	030803001004	铜平衡阀 DN50 KPF-16	个	5	391.37	1956.85
20	030804003002	挂式洗脸盆、冷热水铜管连接(次卫内)	kg	4	158.16	632.64
		合　计				1024037.70

(3) 措施项目清单计价表。

措施项目清单计价表　　　　　　　　　　　表 7-6-18

工程名称：某工程给排水工程　　　　　　　　第 页 共 页

序号	项目编号	项 目 名 称	金额(元)	备注
1	1.1	环境保护	1350.00	
2	1.2	文明施工	1350.00	

续表

序号	项目编号	项目名称	金额(元)	备注
3	1.3	安全施工	1700.00	
4	1.4	临时设施	4660.00	
5	1.6	二次搬运		
		合计	9060.00	

(4) 其他项目清单计价表。

其他项目清单计价表　　　　　　　　　表7-6-19

工程名称：某工程给排水工程　　　　　　　　　　第　页 共　页

序号	项目名称	金额(元)	备注
1	招标人部分		
1.1	预留金	10000.00	
1.2	材料购置费		
1.3	暂估价材料费	280000.00	
1.4	电梯工程(其中设备150000元)	200000.00	
1.5	弱电工程(不含埋管穿线)	80000.00	
	小计	290000.00	
2	投标人部分		
2.1	总承包服务费	4680.00	
2.2	零星工作费		
	小计	4680.00	
	合计	294680.00	

(5) 零星项目工作计价表。

零星工作项目计价表　　　　　　　　　表7-6-20

工程名称：某工程(给排水工程)　　　　　　　　　第　页 共　页

序号	名称	计量单位	数量	金额(元)	
				综合单价	合价
1	人工				
1.1	专业技工	工日	20.00	35.00	700.0
1.2	普通技工	工日	20.00	25.00	500.0
	小计				1200.00
2	材料				
2.1	管材	T	1.00	2500.00	2500.0
2.2	热镀锌钢管	T	1.00	2700.00	2700.0
2.3	型钢	T	1.00	2800.00	2800.0
2.4	防腐材料	m²	10.00	18.00	180.0
2.5	防火涂料	m²	10.00	15.00	150.0
	小计				8330.00
3	机械				
3.1	吊装设备	台班	5.00	200.00	1000.0
3.2	管道加工设备	台班	5.00	20.00	100.0
3.3	其他	台班	5.00	30.00	150.0
	小计				1250.00
	合计				10780.00

(6) 分部分项工程量清单综合单价计算表。

分部分项工程量清单综合单价分析表　　　　　　表 7-6-21

工程名称：某工程（给排水工程）　　　　　　　　　第　页 共　页
项目编码：030801005023　　　　　　　　　　　　　计量单位：m
项目名称：室内给水管钢塑管 φ32 卡环式连接，管道打压、水冲洗，　　综合单价：76.99元
　　　　　消毒冲洗，焊接钢管套管制安，套管刷防锈漆二道

序号	工程内容	单位	数量	综合单价（元）							
				人工费	材料费	机械费	现场经费	企业管理费	利润	风险费用	小计
1	钢管沟槽连接70	m	39.000	3.31	60.83	0.16	0.68	1.03	4.62		70.63
2	一般填料套管制安32	个	10.000	2.31	5.35	0.11	0.47	0.72	0.63		9.59
3	水冲洗50	100m	0.390	64.72	5.51	11.43	13.29	20.17	8.06		123.18
4	管道消毒冲洗50	100m	0.390	13.30	0.46	0.64	2.73	4.15	1.49		22.77
5	低、中压管道液压试验100	100m	0.390	118.45	29.46	19.26	24.32	36.92	15.99		244.41
	合计										470.58

分部分项工程量清单综合单价分析表　　　　　　表 7-6-22

工程名称：某工程（给排水工程）　　　　　　　　　第　页 共　页
项目编码：030801005028　　　　　　　　　　　　　计量单位：m
项目名称：室内UPVC排水管 φ100，粘结连接，管道下水通球试验，　　综合单价：61.42元
　　　　　焊接钢管套管制安　套管刷防锈漆二道

序号	工程内容	单位	数量	综合单价（元）							
				人工费	材料费	机械费	现场经费	企业管理费	利润	风险费用	小计
1	PVC-U排水塑料管(粘接)100	m	727.000	6.81	36.87	0.33	1.40	2.12	3.33		50.86
2	刚性防水套管安装100	个	15.000	16.64	29.35	0.80	3.42	5.19	3.88		59.27
3	刚性防水套管制作100	个	15.000	25.34	61.60	20.71	5.20	7.90	8.45		129.20
4	一般填料套管制安100	个	100.000	6.11	25.65	0.30	1.25	1.90	2.47		37.68
5	钢管刷防锈漆（第一遍）	m²	41.000	2.51	1.99	0.12	0.52	0.78	0.41		6.33
6	下水通球试验100	100m	7.270	55.22	15.00	6.71	11.34	17.21	7.38		112.86
	合计										396.20

分部分项工程量清单综合单价分析表　　　　　　表 7-6-23

工程名称：某工程（给排水工程）　　　　　　　　　第　页 共　页
项目编码：030803013001　　　　　　　　　　　　　计量单位：个
项目名称：伸缩节 φ100　　　　　　　　　　　　　　综合单价：256.18元

序号	工程内容	单位	数量	综合单价（元）							
				人工费	材料费	机械费	现场经费	企业管理费	利润	风险费用	小计
1	波纹(套筒)伸缩器安装100	个	60.000	24.56	183.51	18.65	5.04	7.66	16.76		256.18
	合计										256.18

分部分项工程量清单综合单价分析表　　　　　表 7-6-24

工程名称：某工程（给排水工程）　　　　　　　　　第　页　共　页
项目编码：030803013002　　　　　　　　　　　　 计量单位：个
项目名称：阻火圈 φ100　　　　　　　　　　　　　综合单价：194.51 元

| 序号 | 工程内容 | 单位 | 数量 | 综合单价（元） ||||||| 小计 |
				人工费	材料费	机械费	现场经费	企业管理费	利润	风险费用	
1	阻火圈安装 100	个	120.000	9.58	166.79	0.46	1.97	2.99	12.72		194.51
	合计										194.51

分部分项工程量清单综合单价分析表　　　　　表 7-6-25

工程名称：某工程（给排水工程）　　　　　　　　　第　页　共　页
项目编码：030803001002　　　　　　　　　　　　 计量单位：个
项目名称：铜截止阀 DN25　J41T-16　　　　　　　 综合单价：120.07 元

| 序号 | 工程内容 | 单位 | 数量 | 综合单价（元） ||||||| 小计 |
				人工费	材料费	机械费	现场经费	企业管理费	利润	风险费用	
1	低压丝扣法兰阀安装 1.6MPa 25	个	164.000	6.41	102.15	0.34	1.32	2.00	7.85		120.07
	合计										120.07

分部分项工程量清单综合单价分析表　　　　　表 7-6-26

工程名称：某工程（给排水工程）　　　　　　　　　第　页　共　页
项目编码：030803001003　　　　　　　　　　　　 计量单位：个
项目名称：铜截止阀 DN20　J41T-16　　　　　　　 综合单价：116.75 元

| 序号 | 工程内容 | 单位 | 数量 | 综合单价（元） ||||||| 小计 |
				人工费	材料费	机械费	现场经费	企业管理费	利润	风险费用	
1	低压丝扣法兰阀安装 1.6MPa 20	个	36.000	5.11	101.09	0.27	1.05	1.59	7.64		116.75
	合计										116.75

分部分项工程量清单综合单价分析表　　　　　表 7-6-27

工程名称：某工程（给排水工程）　　　　　　　　　第　页　共　页
项目编码：030803001004　　　　　　　　　　　　 计量单位：个
项目名称：铜平衡阀 DN50　KPF-16　　　　　　　 综合单价：391.37 元

| 序号 | 工程内容 | 单位 | 数量 | 综合单价（元） ||||||| 小计 |
				人工费	材料费	机械费	现场经费	企业管理费	利润	风险费用	
1	低压焊接法兰阀安装 1.6MPa 50	个	5.000	11.25	343.04	5.66	2.31	3.51	25.60		391.37
	合计										391.37

分部分项工程量清单综合单价分析表

表 7-6-28

工程名称：某工程（给排水工程）　　　　　　　　　　　　　第 页 共 页
项目编码：030804003002　　　　　　　　　　　　　　　　计量单位：组
项目名称：挂式洗脸盆　冷热水铜管连接（次卫内）　　　　综合单价：158.16 元

序号	工程内容	单位	数量	综合单价（元）							
				人工费	材料费	机械费	现场经费	企业管理费	利润	风险费用	小计
1	洗脸盆安装（铜管连接冷热）	组	4.000	9.75	132.55	0.47	2.00	3.04	10.35		158.16
	合计										158.16

（7）措施项目计算表。

措施项目费分析表

表 7-6-29

工程名称：某工程（给排水工程）　　　　　　　　　　　　　第 页 共 页

序号	措施项目名称	单位	数量	金 额（元）					小计
				人工费	材料费	机械费	管理费	利润	
1	环境保护	项	1.000	100	800	200	154.0	96	1350
2	文明施工	项	1.000	100	800	200	154.0	96	1350
3	安全施工	项	1.000	150	900	340	195.0	115	1700
4	临时设施	项	1.000	450	2320	1050	535.0	305	4660
5	二次搬运	项	1.000				0		
	合计						0		9060

主要材料报价表

表 7-6-30

工程名称：某工程（给排水工程）　　　　　　　　　　　　　第 页 共 页

序号	材料编码	材料名称	规格、型号等特殊要求	单位	单价
1	01013	型钢		kg	2.370
2	01014	圆钢 φ10 以内		kg	2.340
3	01018	扁钢 60 以内		kg	2.370
4	01030	普通钢板 δ=3.5～4.0		kg	2.580
5	01031	普通钢板 δ=4.1～7		kg	2.710
6	01032	普通钢板 δ=8～15		kg	2.670
7	01033	普通钢板 δ=16～20		kg	2.640
8	010390001	钢塑管		m	59.500
9	010390002	钢塑管 50		m	89.000
10	010390004	钢塑管 40		m	69.500
11	010390005	钢塑管 25		m	44.000
12	010390006	钢塑管 20		m	30.000
13	010390007	钢塑管 15		m	24.000
14	010390008	钢塑管 32		m	59.500
15	01053	镀锌钢管 15		m	3.990
16	01054	镀锌钢管 20		m	5.190

五、附录 C.9 通风空调工程

（一）概况

1. 通风工程包括通风及空调设备安装、各种材质的通风管道的制作安装、管道部件（阀类、风口、风帽及消声器等）制作安装项目。

2. 本附录适用于采用工程量清单报价的新建、扩建工程中的通风空调工程。本附录分 4 节，共 43 个清单项目，包括通风空调设备安装、通风管道制作安装、通风管道部件制作安装、通风工程检测、试调等。

3. 本附录的通风设备、除尘设备、专供为通风工程配套的各种风机及除尘设备、其他工业用风机（如热力设备用风机）及除尘设备应按附录 C.1 及附录 C.3 的相关项目编制工程量清单。

4. 本附录需要说明的问题。

（1）关于项目特征。项目特征是工程量清单计价的关键依据之一，由于项目的特征不同，其计价的结果也相应发生差异，因此招标单位在编制工程量清单时，应在可能的情况下明确描述该工程量清单项目的特征。投标人应按招标人提出的特征要求计价。

（2）关于工程内容。工程量清单的工程内容是完成该工程量清单可能发生的综合工程项目，工程量清单计价时，按图纸、规程、规范等要求，选择编列所需项目。

（3）关于工程量计算，必须依据工程量计算规则的要求编制，工程量只列实物量，所谓实物量即是工程完工后的实体量，如绝热工程量只能按设计要求的绝热厚度计算，不能将施工的误差增加量计入绝热工程量。投标人在投标报价时，可以按本企业技术水平和施工方案的具体情况将绝热的施工误差量计入综合单价内。增加的量越小越有竞标能力。

1) 有的工程项目，由于特殊情况不属于工程实体，但在工程量清单计量规则中列有清单项目，也可以编制工程量清单，如通风工程检测、试调等项目就属此种情况。

2) 风管法兰、风管加固框、托吊架等的刷油工程量可按风管刷油量乘适当系数计价。

3) 风管部件油漆工程量按重量计算，可按部件本身重量乘适当系数计价。

5. 以下费用可根据需要情况，由投标人选择计入综合单价：

（1）高层建筑施工增加费；

（2）在有害身体健康环境中施工增加费；

（3）工程施工超高增加费；

（4）沟内、地下室内无自然采光需人工照明的施工增加费。

6. 本附录项目如涉及到管道油漆、除锈，支架的除锈、油漆，管道的绝热、防腐蚀等内容时，可参照《全国统一安装工程预算定额》刷油、防腐蚀、绝热工程册的工料机耗用量计价。

（二）工程量清单项目设置

1. 附录 C.9.1 通风及空调设备

（1）概况。

1) 本节为通风及空调设备安装工程，包括空气加热器、通风机、除尘设备、空调器（各式空调机、风机盘管等）、过滤器、净化工作台、风淋室、洁净室及空调机的配件制作安装项目。

2) 通风空调设备应按项目特征不同编制工程量清单，如风机安装的形式应描述离心式、轴流式、屋顶式、卫生间通风器,规格为风机叶轮直径 4#、5# 等;除尘器应标出每台的重量;空调器的安装位置应描述吊顶式、落地式、墙上式、窗式、分段组装式,并标出每台空调器的重量;风机盘管的安装应标出吊顶式、落地式;过滤器的安装应描述初效过滤器、中效过滤器、高效过滤器。

(2) 需要说明的问题。

1) 冷冻机组站内的设备安装及管道安装,按本附录 C.1 及 C.6 的相应项目编制清单项目;冷冻站外墙皮以外通往通风空调设备的供热、供冷、供水等管道,按附录 C.8 的相应项目编制清单项目。

2) 通风空调设备安装的地脚螺栓按设备自带考虑。

2. 附录 C.9.2 通风管道制作安装

(1) 概况。

1) 通风管道制作安装工程,包括碳钢通风管道制作安装、净化通风管道制作安装、不锈钢板风管制作安装、铝板风管制作安装、塑料风管制作安装、复合型风管制作安装、柔型风管安装。

2) 通风管道制作安装工程量清单应描述风管的材质、形状(圆形、矩形、渐缩形)、管径(矩形风管按周长)、风管厚度、连接形式(咬口、焊接)、风管及支架油漆种类及要求、风管绝热材料、风管保护层材料、风管检查孔及测温孔的规格、重量等特征,投标人按工程量清单特征或图纸要求报价。

(2) 需要说明的问题。

1) 通风管道的法兰垫料或封口材料,可按图纸要求的材质计价。

2) 净化风管的空气清净度按 100000 度标准编制。

3) 净化风管使用的型钢材料如图纸要求镀锌时,镀锌费另列。

4) 不锈钢风管制作安装,不论圆形、矩形均按圆形风管计价。

5) 不锈钢、铝风管的风管厚度,可按图纸要求的厚度列项。厚度不同时只调整板材价,其他不做调整。

6) 碳钢风管、净化风管、塑料风管、玻璃钢风管的工程内容中均列有法兰、加固框、支吊架制作安装工程内容,如招标人或受招标人委托的工程造价咨询单位编制工程标底采用《全国统一安装工程预算定额》第九册为计价依据计价时,上述的工程内容已包括在该定额的制作安装定额内,不再重复列项。

3. 附录 C.9.3 通风管道部件制作安装

(1) 概况。通风管道部件制作安装,包括各种材质、规格和类型的阀类制作安装、散流器制作安装、风口制作安装、风帽制作安装、罩类制作安装、消声器制作安装等项目。

(2) 下列各项特征,在编制工程量清单时,应明确描述,以便计价。

1) 有的部件图纸要求制作安装、有的要求用成品部件、只安装不制作,这类特征在工程量清单中应明确描述。

2) 碳钢调节阀制作安装项目,包括空气加热器上通风旁通阀、圆形瓣式启动阀、保温及不保温风管蝶阀、风管止回阀、密闭式斜插板阀、矩形风管三通调节阀、对开多叶调节阀、风管防火阀、各类风罩调节阀等。编制工程量清单时,除明确描述上述调节阀的类型外,还应描述其规格、重量、形状(方形、圆形)等特征。

3）散流器制作安装项目，包括矩形空气分布器、圆形散流器、方形散流器、流线型散流器、百叶风口、矩形风口、旋转吹风口、送吸风口、活动箅式风口、网式风口、钢百叶窗等。编制工程量清单时，除明确描述上述散流器及风口的类型外，还应描述其规格、重量、形状（方形、圆形）等特征。

4）风帽制作安装项目，包括碳钢风帽、不锈钢板风帽、铝风帽、塑料风帽等。编制工程量清单时，除明确描述上述风帽的材质外，还应描述其规格、重量、形状（伞形、锥形、筒形）等特征。

5）罩类制作安装项目包括皮带防护罩、电动机防雨罩、侧吸罩、焊接台排气罩、整体分组式槽边侧吸罩、吹吸式槽边通风罩、条缝槽边抽风罩、泥心烘炉排气罩、升降式回转排气罩、上下吸式圆形回转罩、升降式排气罩、手锻炉排气罩等，在编制上述罩类工程量清单时，应明确描述出罩类的种类、重量等特征。

6）消声器制作安装项目，包括片式消声器、矿棉管式消声器、聚酯泡沫管式消声器、卡普隆纤维式消声器、弧形声流式消声器、阻抗复合式消声器、消声弯头等。编制消声器制作安装工程量清单时，应明确描述出消声器的种类、重量等特征。

4. 附录 C.9.4 通风工程检测、调试

概况。通风工程检测、调试项目，安装单位应在工程安装后做系统检测及调试。检测的内容应包括管道漏光、漏风试验，风量及风压测定，空调工程温度、湿度测定，各项调节阀、风口、排气罩的风量、风压调整等全部试调过程。

思 考 题

1. 工程量清单计价规范中，附录 C 中包括哪些单位工程，它们各自的内容及适用范围有哪些？

2. 自备一套施工图，计算出建筑工程、装饰工程、电气工程、消防工程、给排水采暖燃气工程的工程量清单，工程量清单计价和综合单价分析表。